CALCUL

DES PROBABILITÉS.

TYPOGRAPHIE DE Mᵐᵉ WEISSENBRUCH

IMPRIMEUR DU ROI

RUE DU POINÇON, 45, A BRUXELLES

CALCUL

DES

PROBABILITÉS

ET

THÉORIE DES ERREURS

AVEC

DES APPLICATIONS AUX SCIENCES D'OBSERVATION EN GÉNÉRAL

ET A LA GÉODÉSIE EN PARTICULIER,

PAR

LE LIEUTENANT-GÉNÉRAL J. B. J. LIAGRE

Commandant et Directeur des Études de l'École militaire,
Secrétaire perpetuel de l'Académie royale.

DEUXIÈME ÉDITION

REVUE PAR LE CAPITAINE D'ÉTAT-MAJOR

CAMILLE PENY

PROFESSEUR A L'ÉCOLE MILITAIRE.

BRUXELLES
LIBRAIRIE C. MUQUARDT
MERZBACH & FALK, ÉDITEURS
MÊME MAISON A LEIPZIG

PARIS
LIBRAIRIE POLYTECHNIQUE
J. BAUDRY, LIBRAIRE-ÉDITEUR
15, RUE DES SAINTS-PÈRES

1879

PRÉFACE

DE LA SECONDE ÉDITION.

La première édition de cet ouvrage est épuisée depuis fort longtemps, et l'on m'a souvent demandé d'en faire paraître une seconde. Mais une simple réimpression du livre eût été insuffisante : en effet, certaines théories avaient besoin d'être remaniées, afin de tenir compte des progrès de la science, et des applications nouvelles devaient être traitées; cependant mes nombreuses occupations m'empêchaient de consacrer à ce travail le temps qui était nécessaire.

Heureusement, un de mes anciens élèves, M. le capitaine d'état-major Camille Peny, aujourd'hui Professeur des cours de probabilités et de géodésie à l'École militaire de Belgique, a bien voulu se charger des soins à donner à cette seconde édition; et si, comme je le pense, l'ouvrage a été

amélioré sous plusieurs rapports, c'est à cet officier distingué qu'en revient le mérite. Je me plais
à lui rendre ici ce témoignage, qui m'est dicté
non-seulement par la justice, mais encore par le
sentiment d'une profonde estime et d'un sincère
attachement.

J. LIAGRE.

PRÉFACE

DE LA PREMIÈRE ÉDITION.

Si toutes nos connaissances étaient susceptibles de nous conduire à la *certitude*, comme le font les propositions fondamentales des mathématiques pures, nos jugements seraient toujours accompagnés d'une *conviction* pleine et entière, que nous pourrions faire partager à tout être raisonnable. Mais il n'en est pas ainsi : la plupart de nos connaissances et de nos jugements ne sont que de simples *croyances* plus ou moins fondées; elles n'ont, pour nous servir d'une expression admise dans le langage ordinaire, qu'un certain *degré de certitude*.

Suivant ces différents degrés, un événement peut nous paraître *certain, probable, douteux, improbable* ou *impossible*.

Il est *certain* pour nous lorsqu'il n'existe, à notre connaissance, *aucun* motif qui lui soit contraire.

Il nous paraît *probable, douteux* ou *improbable,*

lorsqu'il y a *plus, autant* ou *moins* de motifs pour son existence que contre elle.

Enfin, nous le jugeons *impossible*, lorsque nous ne voyons *aucun* motif qui soit favorable à son existence.

De la certitude en faveur d'un événement on passe à la certitude contraire par une infinité de degrés qui constituent une *probabilité* plus ou moins grande. La probabilité peut donc se *mesurer;* comme telle, les lois des *nombres* lui deviennent applicables, et cette application, dans son acception générale, forme l'objet d'une branche importante des mathématiques, qu'on a désignée sous différents noms, tels que : Géométrie du hasard, Théorie des chances, Calcul des probabilités, etc.

L'application des mathématiques à la recherche de la probabilité des événements a soulevé contre elle, dès le principe, des préjugés nombreux qui ne sont pas encore entièrement dissipés. Vouloir soumettre le *hasard* à des règles géométriques paraît une utopie, qu'on pardonne à la naïveté des hommes de cabinet, mais sur laquelle les hommes qui se disent pratiques savent à quoi s'en tenir. N'est-ce pas du reste une opinion généralement admise, que le hasard se plaît à tromper les prévisions les plus justes, à déjouer les plus sages combinaisons?

A cette objection nous répondrons par un seul mot : — Préjugé. — Non, le hasard, dans l'acception ordinaire du mot, n'est pas aussi bizarre qu'on le dit; on est vivement frappé de ses rares anomalies, mais ses innombrables effets réguliers passent inaperçus : voilà la vérité. D'ailleurs, si l'on voulait réfléchir, on reconnaîtrait bientôt que tout événement simple n'est autre chose qu'un *effet*, c'est-à-dire le produit d'une *cause;* que les mêmes causes, en se répétant ou en se combinant entre elles, doivent nécessairement amener les mêmes événements composés; et que, par suite, tout ce qu'on attribue au hasard n'est qu'une conséquence forcée et mathématique de la théorie des combinaisons.

Dans beaucoup de questions, il est vrai, les causes sont si nombreuses et si délicates, qu'il devient impossible de les assigner *toutes* à priori : mais quelle est la branche des mathématiques *appliquées* qui ait dans ses résultats la rigueur des vérités géométriques, et qui ne soit réduite, dans certains cas, à invoquer l'expérience ou à se contenter de l'approximation? Dès qu'on entre dans le champ de l'application, on doit, par ce fait même, abandonner la recherche de la vérité absolue; il faut renoncer à la voie idéale qui mène au résultat mathématique, pour prendre un des mille sentiers qui aboutissent dans son voisinage. Or, par quelles indications l'esprit se laissera-t-il guider dans le choix de la route à suivre? — Par des raisonnements tirés des probabilités, et par cette considération capitale, qu'il doit arriver *le plus près possible* du but, en s'écartant *le moins possible* du véritable chemin.

La théorie des probabilités s'applique donc naturellement, et pour ainsi dire d'elle-même, aux *sciences d'observation*. Ici l'expérience nous trace un cercle plus ou moins étendu dans lequel doit se trouver la vérité : où placerons-nous la vérité elle-même, si ce n'est au *centre* de ce cercle, point qui satisfait le *mieux* et le plus *simplement* possible à l'ensemble des observations? Le caractère analytique de cette dernière condition est que la somme des carrés des corrections soit un minimum : nous considérerons cette relation en son lieu; pour le moment, contentons-nous de remarquer qu'elle est la traduction rigoureuse d'un grand principe de la nature, celui de la moindre action;

chaque observation plus ou moins *précise* étant assimilée à un corps matériel plus ou moins *pesant*, la vérité doit résider au centre de gravité du système.

Malheureusement la science des probabilités a un tort grave aux yeux du monde, c'est le nom qu'elle porte. Dans notre époque d'indifférence et de scepticisme, le mot *probable* est devenu si vague, qu'il a perdu, pour ainsi dire, toute signification déterminée; et tel est l'empire des mots sur l'esprit des hommes, que toute application des *probabilités* leur paraît entachée d'un vice originel, le manque de *réalité*. Changez le titre de cette science, elle ne tardera pas à dépouiller le caractère conjectural qu'on lui attribue dans le monde, et elle prendra rang, sans aucune difficulté, parmi les applications les plus curieuses et les plus utiles des mathématiques. Si des objections sérieuses ont quelquefois été faites au calcul des probabilités, c'est dans ses applications aux sciences judiciaires, politiques et morales : ces objections cependant ne sont pas sans réplique; et l'on pourrait, à l'autorité des Dupin, des Poinsot, des Cousin, opposer celle de Condorcet, Laplace, Poisson, Quetelet, etc. Mais comme cette espèce d'application des probabilités n'entre pas dans le cadre de mon ouvrage, je n'ai pas à la justifier ici.

Considérée comme un simple exercice intellectuel, l'étude des probabilités est éminemment propre à donner à l'esprit de la pénétration et de la flexibilité; elle nous apprend à analyser les causes, à les combiner, à leur assigner leur juste degré d'importance; elle nous met en garde contre une foule de préjugés vulgaires ou d'illusions captieuses qui naissent le plus souvent, soit de l'irréflexion, soit d'une énumération incomplète des circonstances qui accompagnent les phénomènes; enfin, s'appliquant à des sujets aussi nombreux que variés, elle fortifie le sens pratique et corrige cette sécheresse d'idées qu'on remarque souvent chez les hommes qui se sont absorbés dans des études fortes et sérieuses, mais dirigées vers un but unique.

Aussi, depuis Pascal et Fermat, un grand nombre de géomètres et de philosophes ont-ils fait une étude spéciale de la science des probabilités. C'est à elle que Laplace a été redevable de ce tact particulier, qui lui faisait si bien juger du degré de certitude avec lequel les phénomènes naturels paraissaient ressortir de l'observation : il avoue lui-même (*Essai philosophique sur les probabilités*) que la considération des probabilités lui a servi de base et de point de départ pour ses plus belles découvertes astronomiques. Avant de reconnaître les deux inégalités du mouvement lunaire, dues à l'ellipticité du sphéroïde terrestre, il commença par s'assurer que leur existence, au milieu de l'incertitude des observations, était indiquée avec une probabilité assez forte, pour qu'il crût devoir en rechercher la cause. C'est encore en suivant la même marche philosophique qu'il fut amené, dit-il, à trouver la cause de l'équation séculaire de la lune, celle des grandes inégalités de Jupiter et de Saturne, et enfin celle de la loi remarquable qui régit les mouvements moyens des trois premiers satellites de Jupiter.

Par contre, combien l'histoire des sciences n'a-t-elle pas enregistré de mécomptes, dus à l'oubli de cette règle prudente! Combien de théories spécieuses n'a-t-on pas laborieusement enfantées, pour chercher à expliquer des phénomènes qu'on croyait suffisamment établis par l'observation, et qui, soumis plus tard à une saine critique, ont été trouvés n'avoir qu'une existence imaginaire!

Le calcul des probabilités prit naissance, avons-nous dit, entre les mains de Pascal et de Fermat. En 1654, un joueur, le chevalier de Méré, proposait à Pascal deux questions relatives au jeu, savoir : « 1° En combien de coups peut-on espérer d'ame- « ner un *sonnez* au jeu de trictrac? 2° Dans quelle « proportion doit-on répartir les enjeux, lorsqu'on « cesse de jouer avant que la partie soit ter- « minée? »

Le grand géomètre résolut facilement ces deux questions; mais en même temps, il vit dans cette étude une science toute nouvelle et pleine d'avenir : il en jeta aussitôt les fondements et lui donna le nom de *géométrie du hasard* (*aleæ geometria*). Fermat, sur l'invitation de · Pascal, tourna ses réflexions vers ce sujet, et c'est lui qui, le premier, appliqua la théorie des combinaisons au calcul des probabilités.

Huygens suivit immédiatement la voie ouverte par les deux géomètres français : il publia, en 1658, un petit traité sur les jeux de hasard, inti- tulé : *De ratiociniis in ludo aleæ.*

On voit que, dans l'esprit de ses inventeurs, le but de la théorie des probabilités se bornait aux spéculations aléatoires. Le premier qui ait songé à l'appliquer aux sciences économiques est le grand pensionnaire Jean de Witt, illustre disciple de Descartes. Il exposa (1671) la manière de fixer le taux des rentes viagères, d'après les chances de vie qu'indiquerait une table de mortalité. Nous ignorons de quelle table il se servait à cet effet, car la plus ancienne qui fut répandue en Europe est celle que Halley a publiée en 1693 dans les *Transactions philosophiques.*—Un autre géomètre hollandais, initié comme Jean de Witt au maniement des affaires, Hudde, écrivit aussi sur le même sujet, au rapport de Leibnitz.

Les grandes découvertes qui signalèrent la fin du XVIIe siècle, la création de la mécanique céleste, de l'optique, du calcul infinitésimal, éclipsèrent pour un moment le nouveau calcul des hasards. Mais enfin Jacques Bernoulli vint lui donner une constitution définitive dans son important ouvrage intitulé : *Ars conjectandi.* Cet ouvrage, imprimé en 1713, huit ans après la mort de son auteur, contient en germe toute la *philosophie* du calcul des probabilités ; mais elle y est demeurée presque ensevelie, jusqu'à ce que Condorcet l'ait rappelée, perfectionnée et étendue. Bernoulli se proposait même d'y montrer l'application du calcul des probabilités aux sciences morales et économiques :

la mort l'empêcha de mettre la dernière main à son travail.

Depuis lors, l'importance de cette science s'est rapidement accrue : elle a été cultivée et étendue successivement par de Montmort, Moivre, Leibnitz, Jean, Nicolas et Daniel Bernoulli, Buffon, Hume, Euler, Condorcet, d'Alembert, Lagrange, Laplace, Gauss, Lacroix, Legendre, Poisson, Cournot, Quetelet, etc., et l'on peut signaler comme un fait remarquable que les philosophes les plus illustres, les géomètres les plus distingués se sont tous portés vers l'étude de cette science avec une singulière prédilection.

Aussi, la théorie des probabilités a-t-elle pris aujourd'hui une si grande extension, qu'il faudrait des volumes pour présenter un aperçu complet de ce vaste sujet et des applications nombreuses qu'il a reçues. Forcés de nous restreindre, nous tâcherons de ne laisser que les lacunes les moins regrettables dans l'ouvrage que nous publions aujourd'hui ; nous nous attacherons principalement, dans la partie *théorique*, à l'*esprit* des méthodes, et, dans la partie *pratique*, aux questions dont l'*utilité* nous paraîtra incontestable.

Nous diviserons cet ouvrage en trois sections :

La première traite des probabilités *théoriques* ou *à priori* : on y part des *causes*, supposées connues, et on les combine pour arriver à la probabilité des *événements*. Les auteurs allemands désignent cette espèce de probabilité par la dénomination de *Wahrscheinlichkeit aus Gründen*.

La seconde section embrasse les probabilités *physiques* ou *à posteriori* (*Wahrscheinlichkeit aus Beobachtung*) : on y part de l'observation des *événements*, pour remonter aux *causes* qui les ont produits; elle établit donc un lien, une transition, entre les probabilités *pures* et les probabilités *appliquées*.

Enfin la troisième section présente les *applications* du calcul des probabilités aux observations et aux expériences; elle indique la manière la plus avantageuse de combiner les équations de condition et de répartir les erreurs fortuites; elle apprend à trouver les résultats moyens les plus probables et à en estimer la précision, etc. L'analyse qu'exige ce genre de questions est des plus délicates, et c'est un des principaux objets du grand ouvrage que Laplace a publié sur la théorie des probabilités. Les auteurs allemands en général, et en particulier Gauss, Bessel, Baeyer, Encke,

Gerling, nous ont laissé à ce sujet d'admirables modèles théoriques et pratiques.

Lorsque j'ai entrepris mon travail, j'avais en vue un double but :

1° Montrer comment, dans une série d'observations, on doit traiter les inconnues et répartir les erreurs, si l'on veut obtenir le résultat le plus plausible et pouvoir en même temps apprécier la grandeur de l'erreur à craindre;

2° Appliquer la théorie des moindres carrés à des exemples tirés de diverses sciences, l'astronomie, la météorologie, la statistique, la physique, l'artillerie, etc., mais particulièrement à la haute topographie et à la géodésie.

Pour exposer convenablement ce sujet, je devais m'appuyer sur les principes fondamentaux du calcul des probabilités; et mon ouvrage aurait manqué d'ensemble et offert une lacune, si je n'avais commencé par les rappeler : tel est le motif pour lequel je me suis hasardé à présenter, à mon point de vue, la théorie élémentaire des probabilités, quoique, dans notre langue, plusieurs auteurs aient déjà traité cette matière avec une grande supériorité. Du reste, je leur ai emprunté largement, et j'ai des obligations particulières à Lacroix, Cournot et Quetelet. Si je ne les ai pas nommés plus souvent, non plus que les auteurs allemands auxquels je dois beaucoup, c'est uniquement pour ne pas devoir à chaque instant interrompre le discours par des citations qui intéressent peu le lecteur. Je pense, d'ailleurs, que l'auteur d'un ouvrage destiné à l'enseignement ne doit pas ambitionner le titre d'*inventeur* : ce qu'il doit rechercher, c'est l'unité dans la conception de l'ensemble, l'ordre dans la disposition des parties, la simplicité dans le choix des méthodes, et enfin la clarté dans l'exposition du sujet. Heureux lorsqu'il peut réunir quelques-unes de ces qualités.

Il me reste à expliquer, en terminant, pourquoi j'ai choisi dans la géodésie le plus grand nombre de mes applications. Les observateurs et les savants français sont certainement les premiers qui aient placé cette science au rang élevé qu'elle occupe aujourd'hui; et tout le monde rend justice aux beaux travaux pratiques ou théoriques de Delambre, Biot, Arago, Puissant, Brousseaud, Corabœuf, etc. Mais depuis une vingtaine d'années, la géodésie, entre les mains de Schumacher, Gauss, Struve, Bessel, Baeyer, a pris en Allemagne une forme nouvelle, basée entièrement sur l'application de la théorie des moindres carrés. Les procédés d'observation et de calcul, employés aujourd'hui chez nos voisins de l'Est, sont encore peu connus en France et en Belgique; et cependant ils sont susceptibles d'un si haut degré de précision, que notre Dépôt de la guerre leur a accordé la préférence sur les méthodes françaises : ils sont exclusivement suivis dans la triangulation qui s'exécute actuellement dans notre pays, sous la direction d'un de nos officiers supérieurs les plus distingués. C'était donc une œuvre d'actualité, que de chercher à vulgariser les procédés géodésiques usités en Allemagne.

J. L.

Gand, 1er juin 1852.

THÉORIE DES PROBABILITÉS.

PREMIÈRE SECTION.

PARTIE THÉORIQUE. — PROBABILITÉS A PRIORI.

CHAPITRE PREMIER.

NOTIONS PRÉLIMINAIRES. — DES COMBINAISONS ET DE L'ORDRE.

§ 1. — Rien dans la nature n'est livré au *hasard*. Tous les événements, ceux même qui nous paraissent les plus fortuits, sont une conséquence nécessaire de *lois* primordiales et éternelles. La courbe irrégulière décrite par une simple molécule de vapeur flottante est déterminée d'une manière aussi certaine que les orbites des corps célestes.

Sans aborder des considérations d'ordre *moral,* qui sortiraient de notre sujet, nous posons donc en principe que l'existence de tout phénomène *physique* est liée à celle d'une *cause* antérieure qui le produit ; de sorte que l'*état* actuel de l'univers entier, jusque dans ses parties les plus imperceptibles, n'est que l'*effet* de son état passé, et la *cause* de son état futur. Une intelligence supérieure qui, pour un instant donné, connaîtrait toutes les forces dont la nature est animée et la situation respective des éléments qui la composent, pourrait (si d'ailleurs elle était assez vaste pour soumettre ces données à l'analyse) embrasser dans une même formule les mouvements des plus grands corps de l'univers et ceux du plus léger atome : pour elle, tout événement à venir serait *certain* ou *impossible*.

Mais pour l'homme dont les facultés sont limitées ou tout au moins simplement progressives, l'*équivalent* du hasard existe : c'est l'ignorance où il se trouve relativement aux causes. Incapable de remonter aux conditions premières qui concourent à la production des événements, de les démêler entre elles, de les énumérer et de les combiner, il reste dans le *doute*. Mais lorsqu'il récapitule les circonstances connues qui sont en relation évidente avec les causes, ainsi que tous les indices qui peuvent donner quelque connaissance du mode d'action de ces causes, la vue de son esprit est portée plus fréquemment, selon les cas, sur un événement que sur tout autre possible, et alors il est amené à croire à l'arrivée de cet événement qui devient ainsi *probable* pour lui.

Pour pouvoir évaluer la probabilité, il convient, d'après cela, de décomposer, comme dans toute méthode de numération, les événements du même genre en un certain nombre de cas également possibles, c'est-à-dire tels que nous soyons également indécis sur leur arrivée, et de déterminer le nombre de ces cas qui correspondent à l'événement dont on cherche la probabilité. « Le rapport de ce nombre à celui de tous les cas pos- « sibles est la mesure de cette probabilité. »

Chaque cas possible est ce qu'on nomme une *chance*. Le tirage d'une carte déterminée hors d'un jeu ordi- naire présente 32 chances, puisqu'on peut, au moins à nos yeux, prendre indifféremment l'une quelconque des 32 cartes dont le jeu se compose.

Dans cet exemple, les chances sont réputées égales entre elles et l'on ne doit considérer que leur nombre. Si on les jugeait inégales, on devrait avoir égard à la fois à leur nombre et à leur *valeur*, c'est-à-dire qu'il faudrait chercher à décomposer chacune d'elles jusqu'à ce qu'elles soient toutes ramenées à la même unité de possibilité; or, une chance deux fois plus forte qu'une autre équivaut évidemment, dans le dénombrement des chances, à deux chances égales à cette autre; il y a donc moyen, si l'on parvient à déterminer la valeur relative des chances, de ramener le cas des chances inégales à celui des chances égales. Dans ce dernier cas, il est évident que la probabilité d'un événement peut s'exprimer numériquement par « une fraction dont « le dénominateur est le nombre total des chances, et « dont le numérateur est le nombre de ces chances qui « correspondent à la production de l'événement ». Celles- ci sont ordinairement appelées les chances *favorables*.

§ 2. — Il arrive fréquemment que la question posée ne comporte pas l'énumération des chances, parce qu'elles ne constituent pas autant d'unités *discrètes* ou que leur nombre est infini. L'expression de la probabilité s'obtient alors par des procédés indirects, basés sur le principe que cette probabilité est égale au « rapport « de l'*étendue* des chances favorables à l'étendue totale « des chances ». Ce principe embrasse évidemment la formule, donnée ci-dessus, de l'expression numérique de la probabilité dans le cas où toutes les chances peuvent être énumérées.

Quand toutes les chances sont favorables à un événement, le numérateur de la fraction qui représente la probabilité devient égal à son dénominateur ; la probabilité se change en certitude et son expression numérique devient égale à l'unité. « L'unité est donc le symbole de la certitude. »

Lorsqu'on jette un dé à six faces, märquées chacune de l'un des nombres depuis 1 jusqu'à 6, l'arrivée d'un point déterminé a donc pour probabilité $\frac{1}{6}$. Lorsqu'on jette à la fois deux dés, chacune des faces de l'un peut se montrer avec chacune des faces de l'autre ; en sorte que, si l'on désigne le premier dé par A et le second par B, on aura les trente-six chances indiquées dans le tableau suivant :

A	B	A	B	A	B	A	B	A	B	A	B
1	1	2	1	3	1	4	1	5	1	6	1
1	2	2	2	3	2	4	2	5	2	6	2
1	3	2	3	3	3	4	3	5	3	6	3
1	4	2	4	3	4	4	4	5	4	6	4
1	5	2	5	3	5	4	5	5	5	6	5
1	6	2	6	3	6	4	6	5	6	6	6

Toutes les combinaisons de points marquées dans ce tableau sont des chances également possibles. Ainsi, amener 5 avec le dé A et 2 avec le dé B, est une chance pareille à celle d'amener la combinaison 6 et 6, ordinairement nommée le *sonnez*. Mais si l'on considère les points obtenus sans distinguer le dé avec lequel chacun a été amené, il est bien évident que la combinaison 5 et 2, par exemple, pouvant se faire avec 5 par le dé A ou par le dé B, correspond à deux des chances inscrites au tableau, tandis que le sonnez ne correspond qu'à une seule chance. Par conséquent, suivant la définition donnée ci-dessus, la probabilité d'amener la combinaison de points 5 et 2, est $\frac{2}{36} = \frac{1}{18}$, et celle d'amener 6, 6 est seulement $\frac{1}{36}$.

Si l'événement désiré était, non pas l'arrivée de points considérés chacun à part, mais celle de la somme des points pris collectivement, on trouverait des possibilités très-diverses. Par exemple, le nombre 2 ne peut s'obtenir que d'une seule manière, savoir par la combinaison 1, 1 ; le nombre 7, au contraire, résulte de six combinaisons différentes, savoir :

$$1, 6 ; 6, 1 ; 2, 5 ; 5, 2 ; 3, 4 ; 4, 3 ;$$

et suivant ces conditions, la probabilité d'obtenir la somme 2 serait seulement $\frac{1}{36}$, tandis que celle d'obtenir la somme 7 serait $\frac{6}{36}$ ou $\frac{1}{6}$.

§ 3. — La probabilité *contraire* à un événement

(*die Ergänzung der Wahrscheinlichkeit*[1]) s'estime par un procédé analogue au précédent, c'est-à-dire en divisant le nombre des chances *défavorables* par le nombre total des chances. Elle représente d'ailleurs la somme des probabilités de tous les événements possibles au tres que celui considéré.

Soit m le nombre des chances favorables à un événement;

Soit n le nombre des chances défavorables.

La probabilité de son arrivée sera

$$\frac{m}{m+n}$$

et celle de sa non-arrivée

$$\frac{n}{m+n}.$$

« La somme de ces deux probabilités doit évidemment être égale à l'unité. »

$$\frac{m}{m+n} + \frac{n}{m+n} = \frac{m+n}{m+n} = 1.$$

§ 4. — La principale difficulté du calcul des probabilités réside dans l'énumération de toutes les chances possibles. Quelle que soit la question posée, il est avantageux de chercher à la ramener, par des assimilations, au cas de l'extraction d'un certain nombre de boules hors d'une ou de plusieurs urnes qui renferment des boules de couleurs diverses, ou au jet de dés présentant un certain nombre de faces numérotées.

---

[1] Le complément de la probabilité.

Supposons qu'on nous présente une urne remplie de boules qui ne diffèrent entre elles que par la couleur, et qu'on nous demande la probabilité que la première boule tirée sera blanche. Pour pouvoir répondre, il nous faudra des renseignements préalables sur le contenu de l'urne. Si, par exemple, on nous dit qu'elle renferme deux boules blanches, trois noires et quatre rouges, en tout neuf boules, la probabilité que la première boule tirée sera blanche est $\frac{2}{9}$.

Il n'est même pas nécessaire qu'on nous dise combien il y a de boules en tout, et qu'on nous indique le nombre des boules de chaque couleur : il suffit que nous connaissions *le rapport* de ces derniers nombres. Il est clair, en effet, que la probabilité de tirer une boule blanche resterait la même, si l'urne renfermait :

4 boules blanches, 6 noires et　8 rouges ; ou
6　—　　—　　9　—　　12　—　　etc.

Cette proposition, que Laplace a démontrée directement (*Essai philosophique sur les probabilités*), résulte suffisamment de l'égalité des fractions, qui ne diffèrent entre elles que par un facteur commun au numérateur et au dénominateur.

Ce genre de questions, dans lequel le *nombre* des chances de chaque espèce (ou du moins *le rapport* de ces nombres) peut être déterminé et se déduit *à priori* de l'énoncé de la question, se rattache à une branche particulière du calcul des probabilités, qu'on nomme détermination des *probabilités à priori* : c'est la partie purement mathématique de la science, et celle qui fait l'objet de notre première section.

En général, dans les différents jeux qu'on nomme jeux de hasard, le nombre des chances est limité et leur nature est connue ; mais il n'en est pas de même dans ce qui se rapporte aux sciences d'observation. L'urne qui renferme le secret de la nature est ouverte devant nous ; il nous est permis de faire autant de tirages que nous le voulons ; c'est-à-dire de multiplier les épreuves ou les expériences ; mais l'urne est inépuisable : nous ne compterons jamais le nombre de boules qu'elle renferme, et ce n'est que par induction que nous pourrons nous donner des lumières sur son contenu. La détermination des probabilités *à posteriori* a pour objet cet autre genre de questions : le nombre total des chances y est *illimité*, et ses rapports avec le nombre des chances de chaque espèce sont *inassignables*.

On entrevoit déjà que, dans la détermination des probabilités *à priori*, qui est ordinairement ramenée au tirage d'un certain nombre de boules de couleurs désignées, on a souvent besoin de calculer le nombre des combinaisons d'une certaine espèce qu'on peut former avec n éléments, distincts ou non. Nous allons donc rappeler ici, en peu de mots, les principales formules de la théorie des combinaisons numériques.

§ 5. — Soient des éléments distincts en nombre m à combiner entre eux ; et, pour fixer les idées, désignons-les par les lettres :

$$a, b, c, \ldots k, l.$$

Pour former toutes les combinaisons 2 à 2 dont ces éléments sont susceptibles, on pourra combiner l'élément a, avec chacun des $(m-1)$ restants, b, c, ... k, l; puis l'élément b, avec chacun des $(m-1)$ autres éléments, a, c, ... k, l; et ainsi de suite; ce qui donnera en tout un nombre de combinaisons exprimé par le produit $m(m-1)$. Mais de cette manière il est évident que chaque combinaison (celle de a et de b, par exemple) aura été obtenue deux fois, savoir : en combinant d'abord b avec a; puis en combinant a avec b : le nombre des combinaisons proprement dites, c'est-à-dire qui diffèrent entre elles au moins par un élément, sera donc exprimé par

$$\frac{m(m-1)}{2}. \tag{a}$$

Les combinaisons ternaires se formeront en associant successivement chaque combinaison binaire $(a\,b)$ avec chacun des $(m-2)$ éléments restants c, ... k, l. Par là on obtiendra trois fois la même combinaison $(a\,b\,c)$, savoir : en combinant $(a\,b)$ avec c; $(a\,c)$ avec b; $(b\,c)$ avec a. Le nombre des combinaisons ternaires sera donc

$$\frac{m(m-1)(m-2)}{2.\,3.}. \tag{b}$$

On conclut, par une induction évidente, que le nombre des combinaisons distinctes entre m éléments pris n à n a pour valeur

$$_{m}C_{n} = \frac{m(m-1)(m-2)\ldots(m-n+1)}{1.\,2.\,3\ldots n}. \tag{1}$$

§ 6. — Si l'on associait à l'idée générale de combinaison celles de certaines relations *d'ordre* ou de position, en sorte que la combinaison (*b a*) dût être réputée différente de (*a b*), les combinaisons regardées comme identiques dans le raisonnement précédent cesseraient de l'être; par suite les m éléments fourniraient $m(m-1)$ *arrangements* binaires, $m(m-1)(m-2)$ arrangements ternaires, et en général un nombre d'arrangements n à n représenté par

$$m \, A_n = m(m-1)(m-2) \ldots (m-n+1). \tag{2}$$

§ 7. — Puisque le nombre des *arrangements* entre m éléments pris n à n est exprimé par le produit (2), tandis que le nombre des *combinaisons* se trouve exprimé par le quotient (1), il est évident que le dénominateur de cette dernière expression ou le produit

$$A_n = 1.2.3.4 \ldots n. \tag{3}$$

représente le nombre de tous les changements d'ordre ou de toutes les *permutations* possibles entre n éléments. C'est, du reste, ce qu'il serait facile de prouver par un raisonnement direct.

Si les n éléments à permuter devaient être rangés dans une série circulaire, et qu'on ne dût pas avoir égard aux lieux absolus qu'ils occupent, mais seulement à l'ordre suivant lequel ils se succèdent, le nombre des permutations distinctes se réduirait à

$$1.2.3.4 \ldots (n-1). \tag{4}$$

En effet, comme on peut rompre le cercle à la place occupée par un quelconque des n éléments, chaque combinaison circulaire donne lieu à n combinaisons rectilignes ; autrement dit, le nombre des premières est n fois moindre que le nombre des dernières.

§ 8. — Il est bon d'observer que le nombre de combinaisons de m éléments n à n est le même que le nombre de combinaisons de ces m éléments $(m - n)$ à $(m - n)$. En effet, à chacune des premières correspond une combinaison $(m - n)$ à $(m - n)$ fournie par les éléments qui n'entrent pas dans la combinaison considérée, et réciproquement.

§ 9. — Applications. — 1° Sur m éléments proposés on en désigne m' : Quel est le nombre X de toutes les combinaisons v à v, dont chacune renferme v' des éléments désignés et non plus ?

$$X = m' \, C_v \left[(m - m') \, C_{(v - v')} \right].$$

Exemple : dans combien de combinaisons 4 à 4 formées avec les dix premières lettres de l'alphabet, la lettre a entre-t-elle ?... $m' = v' = 1$; d'où $X = 84$.

Combien de ces combinaisons contiennent a sans b ou b sans a ?... $m' = 2$; $v' = 1$; d'où $X = 112$.

Combien renferment a et b ensemble ?... $m' = v' = 2$; d'où $X = 28$.

Combien ne renferment ni a ni b ?... $m' = 2$; $v' = o$; d'où $X = 70 = 8 \, C_4$. (Ici $m' \, C_o = m' \, C (m' - o) = 1$.)

Combien renferment deux des trois lettres a, b, c ?... $m' = 3$; $v' = 2$; d'où $X = 63$.

2° Parmi tous les arrangements de m éléments v à v,

quel est le nombre x de ceux qui commencent par v' éléments sur m' désignés, et ne renferment que ces v' là sur les m'?

$$x = m'\, \mathrm{A}_{v'}\, \{(m - m')\, \mathrm{A}_{(v - v')}\}.$$

Ainsi, sur les 840 arrangements de 7 lettres prises 4 à 4, il y en a 72 qui commencent par deux des trois lettres a, b, c et ne renferment pas la troisième.

Si l'on demandait simplement que v' (au moins) des m' éléments désignés commencent les arrangments considérés, le nombre de ceux-ci serait :

$$x_1 = m'\, \mathrm{A}_{v'}\, \{(m - v')\, \mathrm{A}_{(v - v')}\}.$$

Pour l'exemple traité plus haut, x est égal à 120.

3° Quel est le nombre y des arrangements de m éléments v à v dans lesquels se trouvent l'un près de l'autre, v' éléments sur m' désignés, ces v' étant aussi les seuls parmi les m' dans un même arrangement?

$$y = (v - v' + 1) \times x.$$

Ainsi, sur les 24 arrangements de 4 lettres 3 à 3, il y en a 18 où la lettre a se trouve; 4 qui commencent par les deux lettres a et b; et 8 où a et b sont voisins.

De même sur les 360 arrangements de 6 lettres 4 à 4, il y en a 240 qui contiennent la lettre a et 108 où se trouvent l'une à côté de l'autre deux des trois lettres a, b, c, la troisième n'y étant pas.

Si l'on ne demande pas que les v' éléments voisins soient *les seuls* des m' dans un même arrangement, le nombre cherché est représenté par une somme dont chaque partie est de la forme :

$$m' A_{v'} \{(m - m') A_{v - v' - n}\} (m' - v') A_n \times (v - v' - n + 1).$$

n étant le nombre des éléments m' contenus, en dehors des v', dans les arrangements considérés ; n peut varier, par conséquent, de o à $v - v'$.

Parmi tous les arrangements de 6 lettres 4 à 4, le nombre de ceux où deux des trois lettres a, b, c sont voisines, la troisième étant ou non dans les arrangements considérés, est égal à :

$$108 + 36 = 144.$$

4° Quel est le nombre r des arrangements de m éléments v à v qui renferment v' éléments sur m' désignés et non plus?

Dans ce cas, les v' éléments ne doivent plus être nécessairement voisins.

$$r = X \times A_v.$$

Remarque générale. — On pourrait demander dans chacun des cas que nous avons traités, que v' fût le nombre *minimum* des éléments désignés qui se trouvent dans les combinaisons ou les arrangements répondant à la question ; les X, x, y, ... se changeraient alors en ΣX, Σx, Σy ... (somme de X, x, y ...) et ces sommes seraient formées de valeurs de X, x, y ... pour v' égal successivement à v', $v' + 1$, $v' + 2$ ..., v.

Ainsi dans les arrangements de 6 lettres 4 à 4, le

nombre de ceux qui renferment au moins deux des trois lettres a, b, c (voisines ou non), est égal à :

$$\Sigma r_{2,\,3} = 216 + 72 = 288.$$

5° Dans un jeu de 52 cartes contenant 13 cœurs, on tire 4 cartes au hasard. Quelle probabilité y a-t-il que ces 4 cartes renferment 3 cœurs ?

Le nombre total des chances est

$$\frac{52 \times 51 \times 50 \times 49}{1.\,2.\,3.\,4} = 13.\,17.\,25.\,49.$$

Le nombre des chances favorables est représenté par X, en faisant $m = 52$; $v = 4$; $v' = 3$; $m' = 13$; d'où

$$X = \frac{13.\,12.\,11}{1.\,2.\,3} \times 39.$$

La probabilité demandée se réduit donc à 0.041.

Si l'on avait demandé qu'il y eût au moins 3 cœurs parmi les 4 cartes tirées, la probabilité eût été :

$$0,041 + \frac{13.\,11.\,5}{13.\,17.\,25.\,49} = 0,0436.$$

Remarque. — La question pourrait être traitée en partant de la formule r, si, par exemple, on considérait subsidiairement l'ordre dans lequel les cartes se présentent dans les tirages. Il est facile de reconnaître d'ailleurs que le résultat serait le même, puisque A_4 est alors facteur commun au numérateur et au dénominateur de la probabilité.

6° Six personnes doivent se ranger sur un banc dont les places sont tirées au sort : trois amis désirent être voisins. Quelle probabilité y a-t-il que cela arrivera?

Le nombre total des chances est $6 A_6 = 720$.

Le nombre des chances favorables est y, en faisant $m = v = 6$; $m' = v' = 3$; d'où $y = 144$. La probabilité cherchée est donc $\frac{1}{5} = 0,2$.

$7°$ Même question, en supposant les amis rangés autour d'une table.

Le nombre total d'arrangements est ici $1. 2. 3. 4. 5$.

Si nous regardons le système des trois amis comme ne formant qu'un seul élément, les quatre éléments du cercle pourront s'arranger de $1. 2. 3$ manières distinctes; mais pour chacune de ces manières, les trois amis peuvent permuter entre eux. Le nombre des chances favorables est donc ici $1. 2. 3 \times 1. 2. 3$ et la probabilité $0,3$.

La réponse à cette question aurait pu se déduire du $6°$, en supposant que l'on ploie le banc en forme circulaire. Le nombre des chances favorables devient alors $144 + 2 x$, en calculant x par la formule $(2°)$ dans laquelle $m = 6$; $v = 5$; $m' = 3$; $v' = 2$; d'où $x = 36$. La probabilité est donc $\frac{216}{720} = 0,3$.

Si l'on demandait que l'un des amis, B, se trouvât entre les deux autres, A et C, la probabilité se réduirait à $0,01$. En effet, il est évident que dans les arrangements considérés précédemment, chacune des lettres A, B et C occupe le même nombre de fois le milieu du groupe des trois; par conséquent, le rapport des deux probabilités est 1 à 3.

§ 10. — Le nombre d'arrangements que peuvent présenter $(m + n)$ éléments distincts pris ensemble est

$$(m+n)(m+n-1)(m+n-2)\ldots 4.3.2.1 = (m+n)A_{(m+n)}.$$

Supposons qu'on identifie m des éléments, le nombre d'arrangements se réduira à

$$\frac{(m+n)A_{(m+n)}}{mA_m}$$

ou

$$\frac{(m+n)(m+n-1)(m+n-2)\ldots 4.3.2.1}{m(m-1)(m-2)\ldots 4.3.2.1}$$

car les arrangements primitifs, qui ne diffèrent que par des transpositions d'ordre dans le groupe des m éléments identifiés, deviennent eux-mêmes identiques entre eux.

Si dans les nouveaux arrangements on identifie encore n éléments, il ne reste plus que

$$\frac{(m+n)A_{(m+n)}}{mA_m \times nA_n} = (m+n)C_n \tag{5}$$

arrangements distinctifs, qui sont formés de deux éléments pris l'un en nombre m et l'autre en nombre n. Ces éléments peuvent représenter des événements de même ordre, mais de nature différente et qui se succèdent ; alors la formule (5) indique le nombre de modes de succession distincte possible.

L'analogie indique suffisamment que, s'il s'agissait de partager un groupe total de $(m + n + p)$ éléments en trois groupes partiels, comprenant respectivement m, n et p éléments, le quotient

$$\frac{1.2.3\ldots(m+n+p)}{1.2.3\ldots m \times 1.2.3\ldots n \times 1.2.3\ldots p}$$

exprimerait en combien de manières *distinctes* ce partage peut s'opérer ; qu'il exprimerait pareillement combien de séries distinctes on peut former avec m lettres a, n lettres b et p lettres c.

§ 11. — Nous avons considéré jusqu'ici des combinaisons, arrangements, permutations, formés avec des éléments tous distincts. Lorsque quelques-uns sont identiques, ou, ce qui revient au même, lorsque les mêmes éléments peuvent être reproduits dans un même groupe (comme les lettres dans les combinaisons alphabétiques, les chiffres dans les combinaisons numérales), les combinaisons et les arrangements sont dits : *avec répétition*.

Avec m lettres a, b, c,... k, l, on formera de la sorte m^2 *arrangements* deux à deux.

$$aa, ab, ac... ak, al; \ ba, bb, bc... bk, bl; \ \text{etc.}$$

qui tous diffèrent les uns des autres, ou par les lettres employées, ou par l'ordre dans lequel elles sont écrites. On formerait, avec les mêmes lettres, m^3 arrangements 3 à 3 et, en général, m^n arrangements n à n. Donc

$$m \, A \, A_n = m^n... \tag{6}$$

§ 12. — Pour les *combinaisons*, il est facile de voir que, lorsqu'on assemble les éléments 2 à 2, la faculté de répéter le même élément revient à donner un élément de plus, ou à remplacer m par $(m + 1)$ dans la formule des combinaisons sans répétition.

Lorsque l'on combine m éléments 3 à 3 avec répétition, c'est comme si l'on combinait $(m + 2)$ éléments sans répétition, etc.

Donc, la formule qui donne le nombre des combinaisons de m éléments n à n avec répétition, se déduira de la formule (1) en remplaçant dans celle-ci m par $m + n - 1$. On aura de cette manière :

$$m\,CC_n = \frac{m\,(m+1)\,(m+2)\,\ldots\,(m+n-1)}{1.\quad 2.\quad 3\ldots\quad n}. \qquad (7)$$

En multipliant les deux termes du second membre par $1, 2, 3\ldots (m-1)$, on obtient

$$m\,CC_n = \frac{1.\,2.\,3\ldots\,m\,(m-1)\ldots\,(m+n-1)}{1.\,2.\,3\ldots\,(m-1)\,\times\,1.\,2.\,3\ldots\,n}.$$

Le second membre restant le même lorsqu'on y change $(m-1)$ en n et n en $(m-1)$, a donc aussi pour valeur $(n+1)\,CC_{(m-1)}$.

Donc « les combinaisons avec répétition de m élé- « ments n à n et de $(n+1)$ éléments $(m-1)$ à $(m-1)$ sont en même nombre. »

Par exemple : il y a 715 combinaisons avec répétition soit de 10 lettres 4 à 4, soit de 5 lettres 9 à 9.

Quand on projette deux dés à jouer, chacune des six faces du premier dé peut se présenter avec chacune des six faces de l'autre dé, aussi bien avec la face similaire qu'avec les autres ; ce qui donne un nombre d'arrangements exprimé par le carré de 6 ou par 36. Mais si l'on n'a égard qu'aux points amenés, par exemple *deux* et *trois*, sans examiner si le point *deux* se trouve sur le premier dé et le point *trois* sur le deuxième, ou inversement, le nombre de coups distincts se réduira à

$$\frac{6 \times 7}{2} = 21 = (6 + 1)\, CC_2.$$

Avec trois dés le nombre d'arrangements différents s'élèverait à $6^3 = 216$, et celui des coups distincts serait seulement de

$$\frac{6 \times 7 \times 8}{1.\ 2.\ 3} = 56 = (6 + 3 - 1)\, CC_3.$$

§ 13. — La formule du binôme

$$(x + a)^m = x^m + m\, a\, x^{m-1} + \frac{m\,(m-1)}{1.\ 2}\, a^2\, x^{m-2} + \dots + a^m \dots \quad (8)$$

donne, quand on fait $x = 1$, $a = 1$, et qu'on transpose le premier terme du second membre,

$$2^m - 1 = \frac{m}{1} + \frac{m\,(m-1)}{1.\ 2} + \frac{m\,(m-1)\,(m-2)}{1.\ 2.\ 3} + \dots + 1 \dots \quad (9)$$

Donc « la somme de toutes les combinaisons pos-
« sibles entre m éléments, quand on les prend un à
« un, deux à deux, trois à trois, etc., et enfin tous
« ensemble, est égale à $2^m - 1$. »

Posons, dans la formule (8), $x = 1$, $a = -1$; transposons le premier terme du second membre et changeons tous les signes, il viendra

$$1 = \frac{m}{1} - \frac{m\,(m-1)}{1.\ 2} + \frac{m\,(m-1)\,(m-2)}{1.\ 2.\ 3} - \dots + \dots \text{etc.} \quad (10)$$

La partie additive du second membre de cette dernière équation est la somme des nombres de combinaisons d'ordre *impair*, ou un à un, trois à trois, cinq à cinq, etc. La partie soustractive est la somme des nombres de combinaisons d'ordre *pair*, c'est-à-dire deux à deux, quatre à quatre, etc. Or, si l'on ajoute membre à membre les équations (9) et (10), la somme des combinaisons d'ordre pair disparaîtra, et l'on trouvera le nombre des combinaisons d'ordre impair égal à la moitié de 2^m ou à 2^{m-1}; par suite, le nombre des combinaisons d'ordre pair sera $2^m - 1 - 2^{m-1} = 2^{m-1} - 1$.

« Le nombre des combinaisons d'ordre impair sur-« passe donc toujours d'une unité celui des combinai-« sons d'ordre pair, quel que soit le nombre m, pair ou « impair. »

Il suit de là que, dans le jeu de *pair ou impair*, il y a avantage à deviner impair ; mais cet avantage est ordinairement très-faible, ainsi que nous le verrons plus loin.

§ 14 — Nous terminerons par quelques exemples numériques cette exposition succincte des principes les plus généraux de la théorie des combinaisons.

1° Dans la *Loterie royale de France*, établie sous l'ancien régime, supprimé en 1793. rétablie en 1797 et définitivement abolie en 1839, on comptait 90 numéros dont on tirait cinq au sort ; il y avait donc :

90 *extraits,* ou combinaisons 1 à 1, possibles ;

$$\frac{90.\ 89}{1.\ 2} = 4005 \text{ } ambes, \text{ ou combinaisons 2 à 2 ;}$$

$$\frac{90.\ 89.\ 88}{1.\ 2.\ 3} = 117480 \text{ } ternes, \text{ ou combinaisons 3 à 3 ;}$$

$$\frac{90.\ 89.\ 88.\ 87}{1.\ 2.\ 3.\ 4} = 2555190 \text{ } quaternes, \text{ ou combinaisons 4 à 4 ;}$$

$$\frac{90.\ 89.\ 88.\ 87.\ 86}{1.\ 2.\ 3.\ 4.\ 5} = 43949268 \text{ } quines, \text{ ou combinaisons 5 à 5.}$$

Les cinq numéros composant un tirage offraient

d'autre part 5 extraits; $\frac{5.\,4}{1.\,2} = 10$ ambes; $\frac{5.4.3}{1.2.3} = 10$ ternes; $\frac{5.\,4.\,3.\,2}{1.\,2.\,3.\,4} = 5$ quaternes, et enfin 1 quine. Ce dernier jeu était interdit.

Les chances du ponte ou joueur et celles de la banque étaient ainsi respectivement $\frac{5}{90}$ et $\frac{85}{90}$ pour l'extrait; $\frac{10}{4005}$ et $\frac{3995}{4005}$ pour l'ambe; $\frac{10}{117480}$ et $\frac{117470}{117480}$ pour le terne, et $\frac{5}{2555190}$ et $\frac{2555185}{2555190}$ pour le quaterne.

On jouait aussi sur l'extrait ou l'ambe *déterminé*, c'est-à-dire formé par un ou deux numéros sortis dans un ordre indiqué par le joueur. Les chances correspondantes étaient $\frac{1}{90}$ et $\frac{1}{2} \times \frac{1}{4005} = \frac{1}{8010}$.

Nous établirons plus loin que la règle d'équité n'était pas observée dans les rapports des mises et des gains éventuels; la Banque se réservait de très-grands avantages. On sait d'ailleurs que l'institution de la Loterie avait un but fiscal.

2° L'opération qu'on appelle *donner*, au jeu de piquet, revient à distribuer 32 cartes en quatre groupes; deux de 12 cartes qui sont pris respectivement par chaque joueur, et deux autres groupes, l'un de 5, l'autre 3 cartes, qui forment le *talon*. Le nombre de combinaisons auxquelles peut donner lieu cette distribution en quatre groupes partiels a pour expression :

$$\frac{1.\ 2.\ 3.\ 4\ ...\quad 32.}{1.2.3\ ...\ 12 \times 1.\ 2.\ 3\ ...\ 12 \times 1.\ 2.\ 3.\ 4.\ 5 \times 1.\ 2.\ 3}$$

ou

$$1\ 592\ 814\ 947\ 068\ 800$$

Parmi toutes ces combinaisons, si l'on ne considérait que celles où les quatre as se trouvent à la fois dans l'un des paquets de 12 cartes, on en trouverait le nombre en imaginant que les quatre as soient mis à part, et les 28 cartes restantes distribuées de toutes les manières possibles en quatre groupes ou paquets, l'un de 8 cartes, l'autre de 12 cartes, les deux derniers de 5 et de 3 cartes pour le talon. Ce nombre a donc pour expression

$$\frac{1.\ 2.\ 3.\ 4\ \ldots..\ \ 28}{1.\ 2.\ 3\ldots 8 \times 1.\ 2.\ 3\ldots 12 \times 1.\ 2.\ 3.\ 4.\ 5 \times 1.\ 2.\ 3.}$$

Le rapport de ce nombre à celui qu'on a formé plus haut, ou

$$\frac{9.\ 10.\ 11.\ 12}{29.\ 30.\ 31.\ 32} = 0,0137653$$

est la probabilité de la particularité considérée.

3° Une assemblée législative de 132 membres est répartie par le sort en 6 bureaux de 22 membres chacun : quel est le nombre de distributions possibles ?

$$\frac{1.\ 2.\ 3\ \ldots..\ \ 132}{(1.\ 2.\ 3.\ 4.\ 5\ldots 22)^6}$$

CHAPITRE II.

DE LA PROBABILITÉ ABSOLUE ET RELATIVE, SIMPLE ET COMPOSÉE.

§ 15. — Dans l'évaluation de la probabilité d'un événement, le mode d'énumération de toutes les chances possibles est souvent indépendant de la question posée. Ainsi, supposons qu'une urne contienne T boules dont m soient blanches, n noires, q rouges, p bleues, etc., et que l'événement attendu corresponde à l'extraction d'une boule blanche ou d'une boule rouge. L'énumération des chances se fait en comptant le nombre des boules; cependant, pour que ce mode d'énumération fût en relation immédiate avec l'événement considéré, il faudrait pouvoir compter au moyen d'une unité qui distingue d'emblée les boules blanches ou rouges, de celles qui ne le sont pas. Dans le système d'énumération imposé par la nature de la question, l'événement attendu correspond à deux ordres de chances ou à deux éventualités; sa probabilité est donc égale à la somme des probabilités de ces deux éventualités. En général, on peut poser la règle suivante : « La proba-« bilité d'un événement qui correspond à l'arrivée de

« plusieurs éventualités, est la somme des probabilités
« relatives à chacune de ces éventualités. »

Si, par exemple, on jouait avec deux dés, sous la
condition d'amener indistinctement le point 7 ou le
point 8, on verrait, par le tableau du § 2, que la probabilité de cet événement est

$$\frac{6}{36} + \frac{5}{36} = \frac{11}{36}.$$

§ 16. — On pourrait demander, non pas la probabilité *absolue* que le joueur gagnera, mais la probabilité
relative que, s'il gagne, ce sera en amenant tel point
plutôt que tel autre, ou en extrayant une boule d'une
certaine couleur plutôt qu'une boule d'une autre couleur. Dans ce cas, il faut évidemment faire abstraction
des chances défavorables au joueur, ou regarder comme
nuls les coups qui le feraient perdre dans le cas **de la**
probabilité absolue.

Ainsi, supposons que, dans une urne contenant
T boules, il y en ait m blanches, n noires, q rouges, les
autres étant de couleurs différentes quelconques ; et que
l'événement aléatoire, le gain d'un joueur, soit subordonné à l'extraction d'une boule de l'une des trois couleurs précitées. La probabilité qu'il gagnera par suite
de l'extraction d'une boule blanche, plutôt que par suite
de l'extraction d'une boule noire ou rouge, est

$$\frac{m}{m+n+q};$$

expression qui revient à celle-ci :

$$\frac{m}{T} : \frac{m+n+q}{T}.$$

Or, la probabilité absolue d'amener une boule blanche est $\frac{m}{T}$; celle d'amener une boule de l'une des trois couleurs en question est

$$\frac{m + n + q}{T};$$

donc :

« La probabilité *relative* d'un événement est le quo-
« tient qu'on obtient en divisant la probabilité absolue
« de cet événement par la somme des probabilités
« absolues des événements que l'on compare. »

Lorsqu'on jette deux dés à la fois, la probabilité d'amener le point 7 plutôt que le point 4 serait donc (§ 2)

$$\frac{\dfrac{6}{36}}{\dfrac{6}{36} + \dfrac{3}{36}} = \frac{2}{3}.$$

§ 17. — Souvent l'événement attendu se compose du concours de deux ou de plusieurs événements qui ont chacun leur probabilité propre, desquelles il faut déduire celle de l'événement composé.

Soient, par exemple, deux urnes renfermant, l'une m boules blanches et m' boules noires ; l'autre n boules blanches et n' boules noires : on demande la probabilité d'extraire deux boules blanches, une de chaque urne.

Chaque boule extraite de la première urne pouvant être jointe à toutes celles de la seconde, il y a autant de combinaisons ou de chances égales que d'unités dans le produit qu'on obtient en multipliant le nombre total des boules de la première urne par le nombre total des boules de la seconde. De même, il y a autant de combinaisons ou de chances favorables à l'événement composé dont il s'agit, que d'unités dans le produit qu'on obtient en multipliant le nombre des boules blanches de la première urne par le nombre des boules blanches de la seconde. La probabilité cherchée est donc

$$\frac{m\,n}{(m+m')\,(n+n')} = \frac{m}{m+m'} \times \frac{n}{n+n'}.$$

L'exemple précédent pourrait être remplacé par le jet simultané de deux dés, le premier ayant m faces marquées A et m' faces blanches ; le deuxième n faces marquées B et n' faces blanches. L'apparition simultanée des deux lettres A, B, aura pour probabilité

$$\frac{m}{m+m'} \times \frac{n}{n+n'}.$$

En généralisant le raisonnement, on pourra énoncer la règle suivante :

« Le produit des probabilités de plusieurs événe-
« ments *indépendants* les uns des autres exprime la
« probabilité de l'événement composé résultant du
« concours de ces événements. »

Ou plus brièvement :

« La probabilité composée est le produit des proba-
« bilités simples.

Moivre (*Doctrine of Chances*) est le premier qui ait fait usage des probabilités composées, d'une manière générale.

§ 18. — Un cas particulier de la probabilité composée est celui où l'arrivée d'un premier événement influe sur la probabilité de l'arrivée des autres et ainsi successivement. Il suffit alors de calculer les probabilités de chaque événement dans l'ordre où ils doivent se présenter et en tenant compte des événements déjà produits.

Ainsi la probabilité d'extraire n boules blanches de suite hors d'une urne qui en contient a blanches et b noires (en admettant qu'on ne remette pas dans l'urne les boules tirées) est

$$\frac{a}{a+b} \cdot \frac{a-1}{a+b-1} \cdot \frac{a-2}{a+b-2} \cdots \frac{a-n+1}{a+b-n+1}.$$

La probabilité d'amener une boule blanche, puis une boule noire, serait

$$\frac{a}{a+b} \cdot \frac{b}{a+b-1}.$$

L'emploi du principe précédent facilite souvent le calcul des probabilités déduites des nombres de combinaisons possibles. Supposons, par exemple, qu'on ait assemblé au hasard dans un paquet les 13 cartes d'une même couleur, et qu'on demande la probabilité qu'en les tirant successivement, la première soit un *as* et la seconde un *deux*. La probabilité que l'as se trouve à la première place est $\frac{1}{13}$; l'*as ôté*, il reste 12 cartes, et la probabilité que le *deux* se trouve à la première place est $\frac{1}{12}$. La probabilité du concours de ces deux événements, dont le second est subordonné au premier, a donc pour valeur

$$\frac{1}{13} \cdot \frac{1}{12} = \frac{1}{156}.$$

Pour résoudre directement cette question par l'énumération des chances, on remarquerait que le nombre des arrangements possibles entre les 13 cartes est 1. 2. 3… 13; et qu'après qu'on a fixé l'as et le deux aux 1er et 2e rangs, il reste 11 cartes entre lesquelles le nombre des permutations est 1. 2. 3… 11. La probabilité cherchée est donc

$$\frac{1.2.3\ldots 11}{1.2.3\ldots 11.12.13} = \frac{1}{12 \times 13}.$$

§ 19. — La question suivante servira à mettre en lumière la simplicité qui résulte de la considération des probabilités composées, et donnera lieu à quelques remarques utiles.

On a deux urnes, l'une contenant m boules blanches et m' boules noires; l'autre n boules blanches et n' boules noires : on demande la probabilité d'amener une boule blanche, en tirant au hasard dans l'une ou dans l'autre de ces urnes.

La probabilité que le tirage se fera dans la 1re urne est 1/2; celle d'en extraire une boule blanche est

$$\frac{m}{m + m'};$$

la probabilité du concours de ces deux événements est donc

$$\frac{1}{2}\left(\frac{m}{m + m'}\right).$$

Pour la même raison, la probabilité d'extraire une boule blanche de la seconde urne est

$$\frac{1}{2}\left(\frac{n}{n+n'}\right).$$

Donc la probabilité d'amener une boule blanche est

$$\frac{1}{2}\left\{\frac{m}{m+m'}+\frac{n}{n+n'}\right\}$$

Celle d'amener une boule noire serait

$$\frac{1}{2}\left\{\frac{m'}{m+m'}+\frac{n'}{n+n'}\right\}$$

La somme de ces deux probabilités est l'unité, parce qu'en effet on doit nécessairement amener une boule blanche ou une boule noire.

On se tromperait évidemment si l'on prenait pour la probabilité d'amener une boule blanche, le rapport du nombre total des boules blanches contenues dans *les deux* urnes, au nombre total des boules, sans égard à l'agencement particulier des combinaisons, résultant de la répartition des boules dans deux urnes différentes. En effet, quand les boules sont séparées, la probabilité de tirer une quelconque des boules placées dans la première urne est égale à celle de tirer une boule quelconque de celles placées dans la seconde ; mais quand on mêle les boules dans une seule urne, les résultats changent, du moins en général.

Je dis *en général*, car cette inégalité des résultats fournis par les deux méthodes disparaît : 1° quand le nombre des boules est le *même* dans les deux urnes ;

2° lorsque le *rapport* entre le nombre des boules blanches et des boules noires est le même dans les deux urnes.

En effet, la probabilité que nous avons trouvée plus haut,

$$\frac{1}{2}\left\{\frac{m}{m+m'}+\frac{n}{n+n'}\right\}$$

peut se mettre sous la forme

$$\frac{1}{2}\left\{\frac{m\,(n+n')+n\,(m+m')}{(m+m')\,(n+n')}\right\}$$

ou bien, en faisant

$$m+m'=r\,;\,n+n'=s$$
$$\frac{1}{2}\left\{\frac{m\,s+n\,r}{r\,s}\right\}.$$

Résultat qui diffère en général de la fraction

$$\frac{m+n}{r+s}$$

formée en divisant le nombre des boules blanches des deux urnes par le nombre total des boules. Mais les deux valeurs concordent :

1° Lorsque $r=s$; car elles deviennent alors

$$\frac{m+n}{2\,r}\,;$$

2° Lorsque $m'=k\,m\,;\,n'=k\,n\,;$ car alors on a $r=m\,(1+k)\,;\,s=n\,(1+k)$, et les deux expressions se réduisent à

$$\frac{1}{1+k}.$$

Si l'on voulait, dans le cas général de rapports inégaux, résoudre le problème par la considération des probabilités simples, on pourrait le faire en commençant par égaliser le nombre de boules contenues dans les deux urnes, sans changer le rapport des boules blanches aux boules noires dans chacune d'elles. On y parvient en réduisant au même dénominateur les deux fractions $\frac{m}{r}$ et $\frac{n}{s}$. Considérant donc les boules comme réunies dans une même urne, on a, pour la probabilité d'extraire une boule blanche,

$$\frac{m\,s + n\,r}{r\,s + r\,s} = \frac{1}{2}\left\{\frac{m\,s + n\,r}{r\,s}\right\}.$$

Supposons, par exemple, que la première urne renferme une boule blanche et deux boules noires; la seconde cinq blanches et trois noires; la probabilité d'amener une boule blanche sera $\frac{23}{48}$, inférieure à $\frac{1}{2}$, quoique le nombre total des boules blanches excède celui des boules noires.

Application numérique. — On prend au hasard deux nombres A et B de sept chiffres (par exemple, les parties décimales de deux logarithmes dans une table de Callet); quelle probabilité y a-t-il que la soustraction arithmétique A — B puisse s'effectuer sans emprunt (y compris celle du chiffre des plus hautes unités de B)?

Chaque chiffre de A pouvant avoir les dix valeurs comprises de zéro à 9, aussi bien que chaque chiffre de B, il y a 100 cas possibles pour chaque soustraction partielle; on admet que même le 1er chiffre à gauche puisse être 0, afin de comprendre les cas analogues à celui des parties décimales d'un logarithme.

Si l'un des chiffres de A est zéro, il faudra, pour qu'on ne doive pas recourir à l'emprunt, que le chiffre correspondant de B soit zéro, ce qui fournit *un* seul cas favorable.

Si le chiffre de A est 1, le chiffre correspondant de B pourra être 0 ou 1, ce qui donne *deux* cas favorables.....

Enfin, si le chiffre de A est 9, celui de B pourra être compris entre 0 et 9, et il y aura *dix* cas favorables.

La probabilité que la soustraction d'un chiffre s'effectue sans emprunt est donc

$$\frac{1+2+3\ldots+10}{100} = \frac{11}{20}.$$

La probabilité que cette soustraction s'effectue *simultanément* pour les sept chiffres est donc

$$\left(\frac{11}{20}\right)^7 = 0{,}0152\,;$$

fraction comprise entre

$$\frac{1}{66} \text{ et } \frac{1}{65}.$$

Si nous avions supposé qu'on prît deux nombres *ordinaires*, de sept chiffres, il aurait fallu exclure le cas où le premier chiffre de chaque nombre pouvait être un zéro. Le nombre des chances possibles, pour la dernière soustraction partielle, se serait réduit à 81 et le nombre des chances favorables à 45 : la probabilité cherchée serait donc devenue

$$\left(\frac{11}{20}\right)^6 \times \frac{5}{9} = 0{,}0154 = \frac{1}{65}.$$

Enfin elle serait $\left(\frac{11}{20}\right)^6$ si le nombre soustrait était supposé le plus petit des deux.

Même solution pour le cas où l'on demanderait que la *somme* des deux nombres se fît sans report.

§ 20. — Prenons encore, comme exercice, un problème auquel donne lieu le tirage annuel pour le recrutement militaire.

N jeunes gens sont inscrits sur la liste; parmi eux il s'en trouve n qui ont des motifs légaux d'exemption; le contingent est de c; on demande la probabilité que le n° x partira?

Nous entendons la question dans ce sens que celui qui a le n° x n'étant pas susceptible d'exemption et la répartition des $(x-1)$ numéros antérieurs n'étant pas connue, on cherche à évaluer la probabilité qu'il a de partir.

Les $(N-1)$ numéros autres que le n° x pouvant être départis d'un façon quelconque entre $(N-1)$ inscrits, le nombre des chances possibles est $A_{(N-1)}$.

Pour que le n° x ne parte pas, il faut qu'il y ait au moins c jeunes gens valides parmi ceux qui ont tiré les $(x-1)$ numéros antérieurs. Cherchons donc le nombre d'arrangements de $(N-1)$ éléments pris $(x-1)$ à $(x-1)$ qui renferment *au moins c* éléments sur $(N-n-1)$ désignés, ces derniers correspondants aux jeunes gens valides moins celui qui a le n° x. Le nombre cherché est, § 9, 4° :

$$\Sigma r_{c,\,(c+1),\,(c+2)\ldots(x-1)} = T.$$

Or, à la suite des $(x-1)$ numéros de chacun de ces arrangements, s'ajoutent après le n° x, pour compléter

4

une répartition entière des N numéros, (N — x) numéros qui peuvent être distribués d'une façon quelconque entre le même nombre d'inscrits restants; par conséquent, le nombre M de chances favorables est

$$T \times A_{(N-x)}$$

et la probabilité cherchée égale

$$\frac{M}{A_{(N-1)}}.$$

Supposons N = 10, $n = 3$, $c = 5$ et $x = 7$; il viendra :

$$r_5 = 6\,C_5.3\,C_1 \times A_6 \text{ et } r_6 = 6\,C_6 \times A_6$$

d'où :

$$M = 6.3.2.3.4.5.6.2.3 + 2.3.4.5.6.2.3$$

et la probabilité cherchée sera $\frac{19}{84}$.

Si la question devait s'entendre dans ce sens, qu'avant le tirage, on demanderait la probabilité que celui auquel écherra le n° x sera incorporé, il faudrait d'abord remarquer que le nombre des chances possibles deviendrait A_N; ensuite, pour déterminer le nombre des chances favorables, on considérerait deux cas, celui où le n° x serait tiré par un inscrit valide et celui où il écherrait à un des jeunes gens susceptibles d'exemption. Le premier cas est le même que celui que nous avons traité ci-dessus; mais chacun des (N — n) inscrits valides pouvant détenir le n° x, le nombre des chances favorables devient M $\times$ (N — n). Pour le second cas, il suffit de former tous les arrangements de (N — 1) éléments et d'y introduire un N^{me} élément correspondant à l'inscrit réservé, susceptible d'exemption et auquel est supposé échu le n° x. Chacun des n inscrits qui ne peuvent être incorporés pouvant être ce N^{me}, le nombre possible des chances de l'espèce est

$$A_{(N-1)} \times n.$$

Ainsi, la probabilité cherchée devient :

$$\frac{M \times (N-n) + A_{(N-1)} \times n}{A_N}.$$

Pour l'exemple numérique ci-dessus on aurait :

$$\frac{19 \times 7}{84 \times 10} + \frac{3}{10} = \frac{11}{24}.$$

§ 21. — Quelquefois des considérations particulières, tirées des conditions physiques de la question, dispensent de toute énumération des chances et de tout calcul. Le jeu de *passe-dix* en offre un exemple. On jette trois dés sur une table, et un joueur parie que la somme des points amenés excédera 10. Pour connaître ses chances de gain, il faudrait, parmi les 216 combinaisons possibles, énumérer celles qui donnent une somme de points supérieure à 10. Mais remarquons que les points sont disposés sur les dés ordinaires, de manière que la somme des points marqués sur deux faces opposées soit constamment 7, l'as étant opposé au six, le deux au cinq, et ainsi de suite. Et quand même les fabricants de dés n'auraient pas adopté cet usage, on pourrait toujours, sans changer les conditions du sort, admettre qu'on emploie des dés où les points sont ainsi arrangés. Dans cette supposition, la somme des points amenés, et la somme des points qui se trouvent sur les faces opposées, par lesquelles les dés reposent sur la table, font ensemble 21. Donc, à chaque combinaison qui fait gagner le joueur pariant pour le passe-dix, en correspond une autre qui le ferait perdre, savoir : celle qu'on obtiendrait en retournant les trois dés, et en faisant la lecture sur les faces opposées. Donc, chaque joueur a autant de chances pour lui que contre lui.

§ 22. — Nous terminerons ce chapitre par quelques exemples de questions dans lesquelles les chances possibles ne peuvent être énumérées en unités discrètes (page 23). Ces questions se résolvent généralement au moyen de considérations géométriques parfois très-simples.

1° Sur un sol pavé de carreaux polygonaux on projette au hasard une pièce de monnaie, et un joueur parie pour *franc-carreau*, c'est-à-dire, pour que la pièce, après sa chute, repose tout entière sur un seul carreau. L'adversaire parie qu'elle tombera sur un joint. — Si l'on inscrit dans l'un des polygones un autre polygone qui ait tous ses côtés parallèles à ceux du premier, et distants de ceux-ci du demi-diamètre de la pièce, il est clair que le premier joueur gagnera lorsque le centre de la pièce tombera dans l'intérieur du petit polygone, et perdra lorsqu'il tombera entre les contours des deux polygones. D'ailleurs, comme les compartiments polygonaux sont supposés égaux, il suffit d'en considérer

un seul ; et dès lors, on voit que la probabilité de gain
du premier joueur est mesurée par le rapport de l'aire
du petit polygone à celle du grand.

2° Considérons une série de parallèles équidistantes,
sur lesquelles on laisse tomber au hasard une aiguille
dont la longueur est au plus égale à l'intervalle entre
deux parallèles. On demande la probabilité que l'aiguille
reposera sur une des parallèles.

Nous n'avons évidemment à nous occuper que de la
parallèle la plus voisine du centre de l'aiguille ; car si
l'on considérait toutes les autres, il faudrait multiplier
par un même facteur le nombre des cas favorables et
celui des cas possibles, ce qui ne changerait pas la
probabilité.

Soit l la longueur de l'aiguille ; a l'intervalle entre
deux parallèles : on a par hypothèse $l < a$. On peut,
pour représenter géométriquement une position quelconque de l'aiguille, imaginer, son milieu étant en un

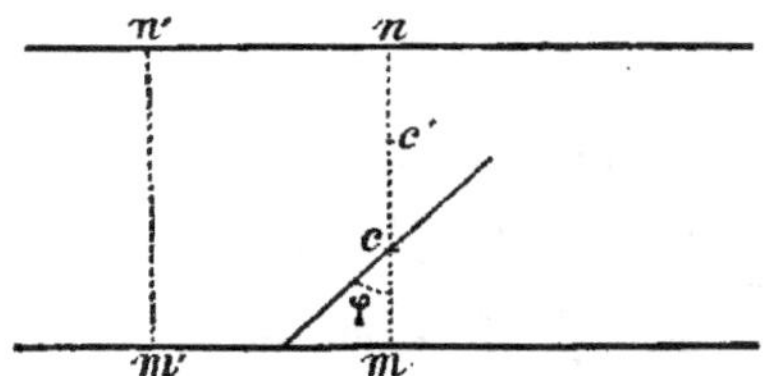

point c, qu'elle figure un diamètre d'une circonférence
dont c est le centre ; si l'on suppose c à une distance
quelconque de l'une des parallèles, c'est-à-dire occupant successivement tous les points de la perpendiculaire $m\ n$, toutes les chances à comparer dans la ques-

tion pourront être réduites à celles, qui se produiront dans ces diverses positions de c, car il est évident que ces chances se représenteront dans le même rapport pour une autre perpendiculaire quelconque $m'n'$.

Soit φ l'angle entre cm et la position de l'aiguille quand celle-ci aboutit, sans la couper, à la parallèle $m\,m'$. Pour la position du milieu de l'aiguille en c, la probabilité de la rencontre comprendra, dans le cercle entier $2\,\pi$, l'amplitude $2\,\varphi$, pour chacune des deux extrémités de l'aiguille ; elle sera donc égale à :

$$\frac{4\,\varphi}{2\,\pi} \text{ ou } \frac{2\,\varphi}{\pi}.$$

La valeur de φ est évidemment la même pour un point c' distant de n d'une quantité égale à cm ; nous pouvons donc nous borner à rechercher la somme des probabilités analogues à $\dfrac{2\,\varphi}{\pi}$ pour tous les points compris entre m et le milieu de $m\,n$, sauf à doubler cette somme pour obtenir la probabilité demandée.

φ varie avec cm, car on a

$$cm = \frac{l}{2}\cos\varphi;$$

afin de pouvoir introduire cette relation dans l'expression de la probabilité, remplaçons

$$\frac{2\,\varphi}{\pi} \text{ par } \frac{2\,\varphi \times cm}{\pi \times cm} \text{ ou } \frac{l\cos\varphi \times \varphi}{\pi . cm}.$$

Quand cm varie de o à $\dfrac{a}{2}$, φ varie de $\dfrac{\pi}{2}$ à o et reste o pour toutes les valeurs de cm, plus grandes que $\dfrac{l}{2}$. La somme des probabilités analogues à

$$\frac{l\cos\varphi \times \varphi}{\pi . cm}$$

s'obtiendra donc en prenant au numérateur φ, depuis o jusque $\frac{\pi}{2}$, et au dénominateur cm, depuis $\frac{a}{2}$ jusque o. On arrive ainsi à $\frac{l}{a\,\pi}$ et, enfin, en doublant cette fraction, on a la probabilité cherchée de la rencontre de l'aiguille et d'une des parallèles, égale à $\frac{2\,l}{a\,\pi}$.

3° Si les étoiles dont l'espace céleste est parsemé s'y trouvaient distribuées au hasard ; s'il n'existait aucune liaison physique entre elles, certains couples pourraient nous paraître formés de deux astres très-rapprochés, présentant l'aspect d'une véritable étoile double ; mais ce cas fortuit devrait être extrêmement rare. Le calcul suivant montre quelle est, pour certaines limites d'écartement, la probabilité de la formation d'une de ces étoiles doubles *optiques*.

La terre n'est pas le centre de l'univers étoilé, mais le nombre des étoiles étant indéfini, la répartition de ces astres autour d'elle, s'ils sont distribués dans l'espace d'après les lois du hasard seul, est la même, en vertu de la loi des grands nombres (voir plus loin), que si elle en était réellement le centre.

Supposons que l'on compte, sur toute la sphère céleste, n étoiles comprises entre les 1er et N^{me} ordres de grandeur : on pourra, en les combinant deux à deux, former un nombre de couples donné par l'expression

$$\frac{n\,(n-1)}{2}.$$

Ces couples seront espacés sur tout le ciel ; mais, si l'on n'a égard qu'à ceux dont l'écartement r (exprimé en secondes) serait le rayon d'un petit cercle occupant la m^{me} partie de la surface du ciel, il ne devra moyennement se trouver que

$$\frac{n\,(n-1)}{2\,m}$$

étoiles doubles optiques, pour lesquelles l'écartement des deux composantes sera inférieur ou égal à r secondes.

La surface de la sphère, exprimée en secondes, est $4\,\pi\,(206265)^2$; le cercle, décrit avec la distance r comme rayon, aura pour surface $\pi\,r^2$, et la portion du ciel qu'il couvrira sera

$$\frac{r^2}{4.(206265)^2}=\frac{1}{m}.$$

Substituant cette valeur de m dans l'expression précédente, on trouve

$$\frac{n\,(n-1).r^2}{8.(206265)^2}$$

pour le nombre d'étoiles doubles optiques, distantes de r secondes au plus, que doit présenter la voûte céleste.

Or, d'après W. Struve, le nombre d'étoiles des huit premiers ordres ne dépasse pas 100000. En outre, dans sa revue générale de la partie du ciel comprise entre le pôle nord et le 15e degré de déclinaison australe, le même astronome a trouvé :

1re classe, entre	0″ et 1″ d'écartement,	62 étoiles doubles.
2e — —	1 et 2 —	116 —
3e — —	2 et 4 —	. 133 —
4e — —	4 et 8 —	130 —
5e — —	8 et 12 —	54 —
6e — —	12 et 16 —	52 —
7e — —	16 et 24 —	54 —
8e — —	24 et 32 —	52 —

Tandis que, d'après les probabilités, il n'aurait dû trouver, dans cette zone céleste, que les nombres suivants :

1ʳᵉ classe.	$\frac{1}{20}$ étoile double.
2ᵉ —	$\frac{1}{7}$ —
3ᵉ —	$\frac{4}{7}$ —
4ᵉ —	2 ¹/₄ —
5ᵉ —	3 ³/₄ —
6ᵉ —	5 ¹/₄ —
7ᵉ —	15 —
8ᵉ —	21 —

Ainsi, sur les 653 étoiles doubles observées par Struve, il est probable que 48 au plus sont accidentelles ou *optiques* ; et les trois premières classes, qui, prises ensemble, en contiennent 311, ont pour elles la probabilité d'en renfermer une au plus ! On voit donc que les groupes binaires très-resserrés, qui existent au ciel, ne sont pas un pur effet du hasard, et que leur nombre est infiniment supérieur à celui qu'il serait rationnel d'attendre. Il faut en conclure nécessairement qu'il existe un lien *physique*, établissant une dépendance mutuelle entre les composantes de l'immense majorité de ces groupes.

On parviendrait à la même conclusion par la remarque suivante : Si la formation d'un groupe binaire n'était qu'un phénomène fortuit, la richesse de chacune des classes devrait être proportionnelle à la *surface* de la zone céleste qui lui correspond. Dans ce cas, les nombres trouvés par Struve seraient entre eux comme

$$1 : 3 : 12 : 48 : 80 : 112 : 320 : 448.$$

Or, la huitième classe, bien loin d'être 448 fois plus riche que la première, n'en forme que les cinq sixièmes.

CHAPITRE III.

DES LOIS DE LA PROBABILITÉ MATHÉMATIQUE DANS LA RÉPÉTITION DES MÊMES ÉPREUVES.

§ 23. — On entend par *épreuves répétées* celles pendant toute la durée desquelles les chances restent invariables.

La solution de toutes les questions qu'on peut se proposer au sujet des épreuves répétées, se trouve implicitement dans la règle des probabilités composées (§ 17).

Soit a le nombre de chances d'un événement A (par exemple, le nombre de boules blanches contenues dans une urne); b le nombre de chances de l'événement contradictoire B, ou le nombre de boules noires de l'urne, que nous supposons, pour plus de simplicité, ne renfermer que des boules de ces deux couleurs. Les probabilités d'un tirage *simple* seront respectivement

$$\frac{a}{a+b} = p; \frac{b}{a+b} = q,$$

et on aura, par hypothèse,

$$p + q = 1.$$

Les probabilités pour un tirage répété s'obtiendront en combinant chaque probabilité simple avec elle-même et avec l'autre, et offriront par conséquent les quatre valeurs suivantes :

$$p\,p;\; p\,q;\; q\,p;\; q\,q.$$

Mais si l'on fait abstraction de *l'ordre* dans lequel chaque événement simple se produit pour former l'événement composé, alors les deux probabilités $p\,q,\; q\,p$ se réunissent en une seule, et l'événement composé dans un tirage double présente les trois probabilités

$$p^2;\; 2\,p\,q;\; q^2;$$

qui ne sont autre chose que les termes du développement de $(p+q)^2$.

Les probabilités correspondant à un tirage **répété** trois fois, ou *triple*, s'obtiendront en combinant de nouveau chacune des précédentes avec les probabilités simples p et q, et deviendront évidemment

$$p^3;\; 3\,p^2\,q;\; 3\,p\,q^2;\; q^3;$$

si l'on fait encore abstraction de l'ordre dans lequel les événements simples se produisent.

L'ensemble de ces quatre probabilités représente le développement de $(p+q)^3$; chaque terme correspondant respectivement aux événements composés

$$3\,A;\; 2\,A,\, 1\,B;\; 1\,A,\, 2\,B;\; 3\,B.$$

En général, si l'on désigne par m le nombre des épreuves ou des tirages, les différents termes du développement de $(p+q)^m$ exprimeront les probabilités de tous les événements composés que ces épreuves peuvent présenter. Si l'on considère, en effet, $(m-n)$ répétitions du premier événement simple et n répétitions de l'événement contradictoire, la probabilité correspondante à un ordre quelconque de succession de ces répétitions sera évidemment $p^{m-n} q^n$, et comme dans les m épreuves tous les ordres de succession sont également possibles, la probabilité de l'événement composé sera égale à $p^{m-n} q^n$ multiplié par

$$\frac{m\, A_m}{(m-n)\, A_{(m-n)} \times n\, A_n}$$

ou (§ 10)

$$m\, C_n\, p^{m-n}\, q^n$$

qui est le terme général du développement de $(p+q)^m$.

Effectuons ce développement

$$(p+q)^m = 1 = p^m + \frac{m}{1} p^{m-1} q + \frac{m(m-1)}{1.2} p^{m-2} q^2 + \ldots$$

$$+ \frac{m(m-1)(m-2)\ldots(m-n+1)}{1.2.3\ldots n} p^{m-n} q^n + \ldots + q^m.$$

Le premier terme p^m indique donc la probabilité que, sur le nombre m d'épreuves, l'événement A arrivera m fois de suite.

Le second terme

$$\frac{m}{1} p^{m-1} q$$

représente la probabilité que l'événement A arrivera $(m-1)$ fois et l'événement B une fois... et ainsi de suite.

Il est clair que, si l'on voulait établir une succession déterminée dans l'arrivée de chaque événement simple. il faudrait supprimer les coefficients numériques ; mais nous n'avons pas à considérer ce cas.

On voit que, « dans le développement du binôme, « chaque terme exprime la probabilité d'un événement « composé de A répété autant de fois que le marque

« l'exposant de la lettre p, et de B répété autant de
« fois que le marque l'exposant de la lettre q. »

« La *somme* des termes du développement, depuis
« le premier jusqu'au terme général inclusivement,
« exprime donc la probabilité que, dans m épreuves,
« l'événement A n'arrivera *pas moins* de $(m — n)$ fois
« (arrivera $(m — n)$ fois *ou plus*), ou, ce qui revient
« au même, la probabilité que l'événement contraire,
« B, n'arrivera *pas plus* de n. fois (arrivera n fois *ou*
« *moins*) (§ 15). »

Ce théorème est de la plus haute importance.

Si p, q, r désignent les probabilités simples de *trois*
événements A, B, C, dont l'un doit nécessairement
résulter de l'épreuve aléatoire, de sorte qu'on ait
$$p + q + r = 1,$$
le facteur binôme $p + q$, dans le développement précédent, se trouvera remplacé par le facteur trinôme
$p + q + r$, et ainsi de suite. — Nous n'insistons pas
sur cette généralisation, parce qu'elle est inutile à notre
but.

La probabilité p^m diminuant à mesure que m augmente (et cela d'après une progression géométrique
dont la raison est p), il s'ensuit que la reproduction
multiple d'un événement peut acquérir une probabilité
très-faible, bien que l'événement simple soit assez probable par lui-même. Supposons qu'un fait ait été transmis successivement par vingt personnes, de telle sorte
que la première l'ait raconté à la seconde, la seconde à
la troisième, et ainsi de suite ; admettons d'ailleurs que
le degré de croyance à accorder à chacune d'elles, ou

la probabilité de véracité de chaque récit, soit $\frac{9}{10}$: la probabilité du fait qui nous aura été transmis de cette manière sera

$$\left(\frac{9}{10}\right)^{20} = 0,1216,$$

c'est-à-dire qu'il y aura plus de huit à parier contre un que le fait est faux, du moins tel qu'on le raconte.

Ce décroissement considérable de la probabilité peut très-bien être assimilé à l'oblitération de la clarté des objets, lorsqu'on les regarde à travers plusieurs lames de verres superposées. Une seule lame ne diminue presque pas la clarté; mais lorsqu'on augmente progressivement leur nombre, elles arrivent bientôt à intercepter totalement la lumière. Les historiens n'ont pas toujours égard à cette circonstance, lorsqu'ils parlent de faits dont la tradition a dû passer par plusieurs générations ; et bien des événements historiques, dont on ne songe pas à révoquer en doute l'authenticité, paraîtraient pour le moins très-douteux, s'ils étaient soumis à une telle épreuve. La fraction $\frac{9}{10}$ est ordinairement trop faible s'il s'agit d'un fait matériel, mais aussi elle dépasse souvent la probabilité des circonstances accessoires d'un récit.

§ 24. — Exemples :

1° Déterminer la probabilité d'amener, en 8 épreuves successives du jeu de *croix ou pile*, 5 fois croix et conséquemment 3 fois pile.

Réponse. $\dfrac{8.7.6.5.4}{1.2.3.4.5}\left(\dfrac{1}{2}\right)^5\left(\dfrac{1}{2}\right)^3 = \dfrac{56}{2^8} = \dfrac{56}{256}.$

2° Déterminer la probabilité d'amener 8 fois de suite *croix* en 8 épreuves. $= \dfrac{1}{256}$.

3° Quelle est la probabilité d'amener *une fois* seulement le point 6 en quatre jets successifs d'un dé à jouer ?

Ici on a

$$p = \frac{1}{6}\,;\; q = \frac{5}{6}\,;\; m = 4\,;$$

et il vient pour la probabilité cherchée :

$$\frac{4\,.\,3\,.\,2}{1\,.\,2\,.\,3}\,p^1\,q^3 = \frac{500}{1296} = \frac{5}{13} \text{ à peu près.}$$

4° Quelle est la probabilité d'amener le point 6 *au moins* deux fois dans quatre jets successifs d'un dé à jouer ?

On l'obtient en prenant la somme

$$p^4 + 4\,p^3\,q + 6\,p^2\,q^2 = \frac{1}{6^4} + 4\,\frac{1\,.\,5}{6^4} + 6\,\frac{1\,.\,25}{6^4} = \frac{171}{1296} \text{ entre } \frac{1}{7} \text{ et } \frac{1}{8}.$$

Si l'on eût demandé la probabilité d'amener 6 au moins une fois, il aurait fallu prendre la somme des quatre premiers termes du développement de $(p + q)^4$; mais il est plus court de calculer ici la probabilité *contraire*, qui est $q^4 = \dfrac{625}{1296}$, et de la retrancher de l'unité ; on obtient ainsi $\dfrac{671}{1296}$ pour la probabilité demandée ; et puisqu'elle surpasse $\dfrac{1}{2}$, *il est probable*, dans le sens usuel du mot, que le point 6 arrivera au moins une fois dans quatre jets.

§ 25. — On voit, par ce dernier exemple, comment la probabilité d'amener le point 6 au moins une fois, qui n'était que $\frac{1}{6}$ à la première épreuve, s'est accrue par la répétition des jets du dé. Cette remarque nous conduit à la question suivante :

« Déterminer le nombre d'épreuves nécessaires pour « que l'arrivée d'un événement acquière une probabilité « donnée. »

Supposons qu'on demande en combien d'épreuves on acquerrait la probabilité $\frac{1}{2}$ d'amener le point 6 au moins une fois : on aurait

$$p = \frac{1}{6}; \quad q = \frac{5}{6};$$

et il faudrait déterminer m par la condition que la somme des termes

$$p^m + \frac{m}{1}\, p^{m-1}\, q + \cdots + \frac{m}{1}\, p\, q^{m-1}$$

fût égale à $\frac{1}{2}$; ce qui ne pourrait se faire que par tâtonnement ; mais dans ce cas particulier, en prenant la probabilité égale et contraire, exprimée par le seul terme q^m, il suffira de trouver la valeur de m qui convient à l'équation $q^m = \frac{1}{2}$; et cela est facile au moyen des logarithmes. On obtient ainsi $m = 3{,}802$.

S'il s'agissait de trouver le nombre de jets de deux dés, pour lequel il y a autant de probabilité d'amener deux six (ou *sonnez*) que de ne pas le faire, il suffirait de poser $q = \frac{35}{36}$, d'où l'on déduit par le même artifice

$m = 24, 6$. — C'est le problème proposé à Pascal par le chevalier de Méré. Ainsi, l'on parierait avec supériorité de chances, d'amener au moins une fois un *sonnez* en 25 coups, et avec infériorité de chances de l'amener en 24 coups. C'est l'unique manière d'interpréter dans ce cas la valeur fractionnaire trouvée pour le nombre m qui, de sa nature, doit être entier.

§ 26. — Lorsqu'on jette une pièce à deux faces que je désignerai par A et B, la probabilité d'amener la face A au moins une fois en deux coups est, d'après ce qui précède :

$$p^2 + 2\,p\,q = \frac{1}{4} + \frac{1}{2} = \frac{3}{4}.$$

D'Alembert (*opusc. Math.*, t. II, p. 20) prétend que cette probabilité n'est que de 2/3 : car, dit-il, si l'on amène A au premier coup, le jeu est fini ; et si l'on amène au contraire la face B, il faudra jouer le second coup qui donnera A ou B ; en sorte qu'il ne peut réellement arriver que l'un de ces trois événements A, BA, BB, dont deux font gagner le pari.

Ce raisonnement est spécieux : mais l'erreur consiste à supposer aux deux événements *composés*, B A, B B, la *même* probabilité qu'à l'événement *simple* A. La probabilité de celui-ci est $\frac{1}{2}$ comme celle de B ; mais celle des événements B A, B B, qui n'ont lieu qu'au deuxième coup, est, avant le premier coup,

$$\frac{1}{2} \times \frac{1}{2} = \frac{1}{4}.$$

Ainsi le joueur qui parie d'amener A au moins une fois
a en sa faveur la probabilité

$$\frac{1}{2} + \frac{1}{4} = \frac{3}{4}.$$

On arriverait au même résultat par l'énumération
des arrangements que présentent les deux épreuves
combinées ensemble, savoir :

$$AA, \quad AB, \quad BA, \quad BB.$$

§ 27. — « Un joueur a reconnu que, dans une partie
« formée de 3 points, il peut en céder deux à son adver-
« saire pour établir entre eux l'égalité : on demande
« la probabilité qu'a le premier joueur de gagner *un*
« point. »

Il résulte de l'énoncé qu'il a la probabilité 1/2 de
gagner 3 points de suite, puisqu'il perdrait la partie si
son adversaire en gagnait un auparavant ; on a donc
pour ce cas

$$p^3 = \frac{1}{2}, \text{ d'où } p = \frac{1}{\sqrt[3]{2}},$$

ce qui revient à environ 0,79 ou un peu moins de $\frac{4}{5}$.

Si le premier joueur ne cédait qu'un point sur trois,
alors les chances en sa faveur seraient de gagner les
trois points de suite ou en quatre coups au plus ; car
s'il manquait deux coups, son adversaire gagnerait la
partie. Ainsi, l'on aurait

$$p^4 + 4 p^3 q = \frac{1}{2};$$

ou, en remplaçant q par $(1-p)$,

$$4\,p^3 - 3\,p^4 = \frac{1}{2}.$$

Cette équation étant résolue donne

$$p = 0{,}6143 \text{ environ.}$$

§ 28. — La considération des événements composés qui peuvent arriver dans les épreuves répétées des mêmes hasards, mérite toute notre attention, parce qu'elle fournit les meilleures bases que l'on puisse donner à la philosophie du calcul des probabilités, pour fonder l'utilité de ses applications.

Chaque terme du développement du binôme (§ 23) correspond à l'une des hypothèses possibles sur le rapport du nombre des événements A au nombre des événements B, le nombre total des épreuves étant m. La somme de tous les termes, ou de toutes les probabilités correspondantes à ces diverses hypothèses, est égale à l'unité ; et comme le nombre des termes ou des hypothèses est $(m+1)$, on comprend que les valeurs *absolues* des divers termes doivent devenir de plus en plus petites à mesure que le nombre des épreuves devient plus grand. Mais pendant que ces valeurs décroissent, elles conservent entre elles certains *rapports*, dont la *loi* est ce qu'il y a de plus important dans le sujet qui nous occupe.

Le terme général du développement de $(p+q)^m$, savoir :

$$\frac{m\,(m-1)\,(m-2)\ldots(m-n+2)\,(m-n+1)}{1.2.3.\ldots(n-1)\,n}\,p^{m-n}\,q^n \ldots (n+1)^{\text{ème}} \text{ terme}$$

est précédé d'un autre qui a pour expression

$$\frac{m\,(m-1)\,(m-2)\ldots(m-n+2)}{1\,.\,2\,.\,3\,.\,\ldots\,(n-1)}\, p^{m-n+1}\, q^{n-1}\ldots n^e \text{ terme.}$$

En divisant la première de ces expressions par la seconde, on aura

$$\frac{m-n+1}{n}\times\frac{q}{p}\,\ldots\,(a)$$

pour le rapport d'un terme au précédent, valeur qui *diminue* à mesure que *n augmente*.

Mais il est clair que le terme renfermant q^n sera supérieur, égal ou inférieur à celui qui le précède, selon que le rapport

$$\frac{m-n+1}{n}\times\frac{q}{p}>=\text{ou}<1.$$

Dans le premier cas, on aura

$$n<\frac{q\,(m+1)}{p+q}\,;$$

dans le dernier,

$$n>\frac{q\,(m+1)}{p+q}.$$

Donc, si le second membre était un nombre entier, en le prenant pour la valeur de n, on rendrait le rapport (a) précisément *égal* à l'unité : il y aurait alors deux termes consécutifs égaux et plus grands que tous les autres, le n^e et le $(n+1)^e$.

Dans le cas contraire, *la plus petite* valeur *entière* de n qui, substituée dans le rapport (a), le rendra plus petit que l'unité, correspondra au *premier* terme qui décroît. Il faut donc prendre pour premier terme décroissant celui pour lequel l'exposant de q est égal au nombre entier immédiatement *supérieur* à l'expression fractionnaire

$$\frac{q\,(m+1)}{p+q}.$$

Le terme précédent, qui est le terme *maximum*, sera donc celui pour lequel l'exposant n de q est égal au nombre entier immédiatement *inférieur* à

$$\frac{q\,(m+1)}{p+q}.$$

Ainsi, n est compris entre les nombres fractionnaires

$$\frac{q\,(m+1)}{p+q} \text{ et } \frac{q\,(m+1)}{p+q}-1.$$

Comme nous prenons p et q pour les probabilités de deux événements contradictoires A et B, on a $p+q=1$, et ainsi

$$n \begin{cases} < q\,(m+1) \\ > q\,(m+1)-1. \end{cases}$$

Si le produit qm est un nombre entier, qm sera précisément le plus grand entier, n, contenu dans $q\,(m+1)$; $(m-n)$ sera donc un autre nombre entier égal à pm, et « *le plus grand* terme du développement « sera de la forme M $p^{mp}\,q^{mq}$, et correspondra, par « conséquent, à la combinaison pour laquelle le rapport « du nombre des événements A au nombre des événe- « ments B est précisément le même que celui de la « probabilité de l'événement A à la probabilité de l'évé- « nement B ».

En tout cas, le plus grand nombre entier, n, contenu dans $q\,(m + 1)$ différera de qm de moins d'une unité (puisque q est toujours une fraction); et on pourra dire qu'en général, « la combinaison la plus probable est « celle où le nombre des événements A est au nombre « des événements B dans le rapport de la probabilité « de A à celle de B. »

§ 29. — Après avoir reconnu le rang et l'expression du terme qui surpasse tous les autres, il faut encore examiner la marche de ses rapports avec ceux-ci. Pour cela faisons, dans le rapport (a), $n = qm$; $m - n = pm$: ce rapport deviendra celui du terme maximum au terme antérieur, soit

$$\frac{pm + 1}{qm} \times \frac{q}{p} = 1 + \frac{1}{mp},$$

quantité qui approche de l'unité d'autant plus que le nombre d'épreuves, m, est plus considérable.

Dans le terme qui suit, le maximum n devient $n + 1 = qm + 1$; $m - n$ devient $m - n - 1 = pm - 1$, et le rapport de ce terme au terme maximum est

$$\frac{mp}{qm + 1} \times \frac{q}{p} = \frac{1}{1 + \dfrac{1}{mq}},$$

fraction qui tend sans cesse vers l'unité, à mesure que m augmente.

En passant ainsi à des termes distants de deux, trois ... places du terme maximum M, on reconnaîtra

sans peine que, de chaque côté de ce terme, le décroissement devient de moins en moins rapide à mesure
qu'on fait croître le nombre m. De là résulte l'agglomération dans le voisinage du maximum, de termes qui
ont des valeurs diminuant lentement, et dont la somme
doit faire la plus grosse part de la somme totale (*l'unité*)
des termes du développement.

Il doit résulter de là aussi qu'à mesure qu'on s'approche des extrémités de ce développement, « on arrive
« à des termes L, par exemple, dont le rapport avec M
« décroît, de manière qu'on peut toujours assigner à m
« une valeur assez grande pour que ce rapport devienne
« aussi petit qu'on voudra. »

Voici à peu près comment Jacques Bernoulli démontre cette importante proposition.

§ 30. — L'exposant de q, dans le terme maximum,
doit être compris, venons-nous de voir, entre

$$\frac{q(m+1)}{p+q} \text{ et } \frac{q(m+1)}{p+q} - 1 \, ;$$

faisons $m = r(p+q)$: il viendra

$$n \begin{cases} < qr + \dfrac{q}{p+q} \\ > qr - \dfrac{p}{p+q} \end{cases}$$

Donc, le terme maximum du développement de
$(p+q)^{rp+rq}$ sera :

$$M = \frac{(rp+rq)(rp+rq-1)\ldots(rp+1)}{1.2.3\ldots \qquad rq} p^{rp} \, q^{rq}.$$

et, en général, si m est égal à $ar\,(p+q)$, on aura :

$$M = \frac{(arp + arq)\,(arp + arq - 1)\ldots(arp + 1)}{1.2.3\ldots\qquad arq}\, p^{arp}\, q^{arq}.$$

Considérons un terme L éloigné de r places du maximum ; il sera de la forme :

$$\frac{(arp + arq)\,(arp + arq - 1)\ldots(arp \pm.r + 1)}{1.2.3\ldots(arq \mp r)}\, p^{arp \pm r}\, q^{arq \pm r}.$$

Prenons le rapport de M à L, nous aurons

$$\frac{M}{L} = \frac{(arp + r)\,(arp + r - 1)\ldots(arp + 2)\,(arp + 1)}{(arq - r + 1)\,(arq - r + 2)\ldots arq} \times \frac{q^r}{p^r}$$

ou bien

$$\frac{M}{L'} = \frac{(arq + r)\,(arq + r - 1)\ldots(arq + 2)\,(arq + 1)}{(arp - r + 1)\,(arp - r + 2)\ldots arp} \times \frac{p^r}{q^r}$$

après la suppression des facteurs communs.

On voit, d'ailleurs, que le second rapport ne diffère du premier que par le changement de p en q et réciproquement.

Démontrons, maintenant, que ces deux rapports peuvent être rendus aussi grands qu'on le veut. A cet effet, décomposons p^r et q^r, afin de joindre p ou q à chacun des facteurs du numérateur ou du dénominateur ; il viendra :

$$\frac{M}{L} = \frac{(arpq + rq)\,(arpq + rq - q)\ldots(arpq + q)}{(arpq - rp + p)\,(arpq - rp + 2\,p)\ldots arpq}.$$

On peut considérer $\dfrac{M}{L}$ comme le produit de r facteurs dont le k^e a pour expression :

$$\frac{arpq + rq - (k-1)\,q}{arpq - rp + kp} = \frac{apq + q - \dfrac{(k-1)}{r}\,q}{apq - p + \dfrac{k}{r}\,p}$$

Chacun des r facteurs est > 1, car si l'on retranche le dénominateur du numérateur, le reste

$$(p + q)\left(1 - \frac{k}{r}\right) + \frac{q}{r}$$

est toujours positif, puisque la plus grande valeur de k est r.

On voit, en outre, que pour une même valeur de k, le numérateur croît, tandis que le dénominateur décroît lorsque r augmente, d'où il suit que la valeur des facteurs augmente avec leur nombre et que, par conséquent, leur produit devient de plus en plus grand.

Enfin, pour une même valeur de r, le numérateur diminuant lorsque k augmente, tandis que le contraire a lieu pour le dénominateur, il est évident que les facteurs forment une suite décroissante, dont le premier et le dernier terme,

$$\frac{apq + q}{apq - p + \dfrac{p}{r}}, \qquad \frac{apq + \dfrac{q}{r}}{apq},$$

comprennent entre eux la quantité

$$\frac{apq + q}{apq} = \frac{ap + 1}{ap}.$$

Or, il est toujours possible d'assigner la valeur d'un nombre k, tel que $\left(\dfrac{ap + 1}{ap}\right)^{k}$ égale ou surpasse un nombre donné C ; il suffit de poser

$$k = \frac{\log C}{\log (ap + 1) - \log ap} :$$

si le second membre est fractionnaire, on prendra pour k le nombre entier immédiatement supérieur.

Maintenant, on peut faire en sorte que le facteur placé au rang marqué par k dans la valeur de $\frac{M}{L}$, devienne égal à $\frac{ap+1}{ap}$; il suffit, pour cela, de poser l'équation

$$\frac{arpq + rq - (k-1)\,q}{arpq - rp + kp} = \frac{ap+1}{ap}$$

et de déterminer r en conséquence. Cette équation donne

$$r = k + \frac{a\,(k-1)\,q}{ap+1}$$

d'où

$$ar\,(p+q) = m = a \left\{ k + \frac{a\,(k-1)\,q}{ap+1} \right\} (p+q).$$

Pour cette valeur de r, les $k-1$ facteurs pris sur la gauche de la valeur de $\frac{M}{L}$ surpassant $\frac{ap+1}{ap}$, qui est égal au facteur de rang k, le produit des premiers par ce dernier surpassera nécessairement $\left(\frac{ap+1}{ap}\right)^{k}$, c'est-à-dire le nombre C. Enfin, les facteurs qui suivent étant tous > 1, le produit complet, ou la valeur de $\frac{M}{L}$ surpassera à plus forte raison le nombre C.

Par ce qui précède, on a donc déterminé le nombre r, de manière qu'en élevant le binôme $(p+q)$ à la puissance $ar\,(p+q)$, le rapport $\frac{M}{L}$ surpassera tel nombre qu'on voudra.

Pour traiter de même le rapport $\frac{M}{L'}$, il suffira de changer p en q et réciproquement dans la formule précédente, ce qui donnera

$$k' = \frac{\log C}{\log (aq + 1) - \log aq};$$

$$ar (p + q) = m = a\left\{ k' + \frac{a (k' - 1) p}{aq + 1} \right\}(p + q).$$

Lorsque cette valeur différera de la précédente, il faudra employer la plus considérable des deux, qui rendra en même temps

$$\frac{M}{L} \text{ et } \frac{M}{L'} > C.$$

Si, en faisant croître r, on peut rendre M aussi considérable qu'on veut par rapport à L, d'autre part, la valeur *absolue* de ce terme M diminuant sans cesse, tend à s'abaisser jusqu'à devenir une fraction très-petite, comme il est facile de s'en assurer en transformant son expression par la formule de Stirling (§ 34), qui donne

$$M = \frac{1}{\sqrt{2\pi m\, pq}};$$

Mais la probabilité *relative* de l'événement composé qui correspond à M, reste toujours voisine de l'unité par rapport à celle de l'événement L, comme le prouve l'expression de cette probabilité relative :

$$\frac{M}{M + L} = \frac{1}{1 + \dfrac{L}{M}}$$

quantité très-voisine de l'unité.

Si l'on admet que le terme maximum peut décroître

indéfiniment en valeur absolue quand le nombre de termes augmente, on reconnaîtra que la probabilité de la production d'un nombre d'événements A qui diffère au plus d'une constante absolue l du nombre de ces événements dans le terme maximum, peut être rendue aussi petite qu'on voudra. En effet, cette probabilité se compose de $2\,l + 1$ termes, tous plus petits que le maximum, et commençant à celui affecté de $p^{arp + l}\, q^{arq - l}$, pour finir à celui affecté de $p^{arp - l}\, q^{arq + l}$; si le maximum peut être rendu aussi faible qu'on le veut, il est évident que la diminution de la somme des $(2\,l + 1)$ termes en question est aussi sans limites. Nous ferons plus loin usage de cette remarque.

§ 31. — Afin d'éclaircir ces notions par un exemple, supposons qu'il s'agisse d'extraire au hasard une boule d'une urne qui contient deux boules blanches et une noire. L'événement A consistera dans l'apparition d'une boule blanche et aura pour probabilité $\frac{2}{3}$; l'événement contraire, B, dont la probabilité est $\frac{1}{3}$, consistera dans l'apparition d'une boule noire.

La formule du binôme donnera successivement :
1° pour une série de 3 tirages,

	(3bl., 0noir)	(2,1)	(1,2)	(0,3)
Probabilités :	$\dfrac{8}{27}$,	$\dfrac{12}{27}$,	$\dfrac{6}{27}$,	$\dfrac{1}{27}$.

2° pour une série de 6 tirages,

	(6,0)	(5,1)	(4,2)	(3,3)	(2,4)	(1,5)	(0,6)
id. :	$\dfrac{64}{729}$,	$\dfrac{192}{729}$,	$\dfrac{240}{729}$,	$\dfrac{160}{729}$,	$\dfrac{60}{729}$,	$\dfrac{12}{729}$,	$\dfrac{1}{729}$.

3° pour une série de 9 tirages,

Probabilités :

$$\frac{(9,0)}{512}, \frac{(8,1)}{2304}, \frac{(7,2)}{4608}, \frac{(6,3)}{5376}, \frac{(5,4)}{4032}, \frac{(4,5)}{2016}, \frac{(3,6)}{672}, \frac{(2,7)}{144}, \frac{(1,8)}{18}, \frac{(0,9)}{1}$$

Les figures ci-après présentent la traduction gra-

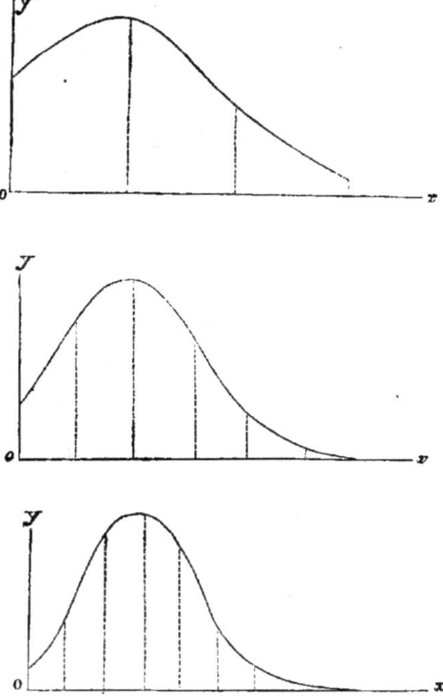

phique de ces résultats. Les *abscisses* sont proportionnelles aux nombres d'événements A qui entrent dans
chaque événement composé, et les *ordonnées*, à la probabilité de chacun de ces derniers. On remarque que,

dans les trois séries, le plus grand terme est la probabilité correspondant à la combinaison qui donne un nombre de boules blanches précisément double de celui des boules noires. Les termes vont en décroissant de part et d'autre de ce terme maximum. Les rapports des plus grands termes à ceux qui les précèdent ou qui les suivent immédiatement, vont en diminuant et en se rapprochant de l'unité, à mesure que la série comprend un plus grand nombre de termes. Au contraire, les rapports des plus grands termes aux termes extrêmes, vont toujours en augmentant, les termes extrêmes diminuant avec une grande rapidité, tandis que le plus grand terme diminue aussi, mais bien plus lentement.

Pour une série de 9 tirages, qui donne dix termes ou combinaisons différentes, la somme du plus grand terme, de celui qui le précède et de celui qui le suit immédiatement, forme plus des sept dixièmes de la somme totale des termes du développement.

Si l'on embrasse une série de 90 tirages, on trouvera, avec le secours de tables de *sommes de logarithmes*, calculées spécialement pour cet objet, les valeurs suivantes pour les cinq termes les plus grands :

$$(62,28) \quad (61,29) \quad (60,30) \quad (59,31) \quad (58,32)$$
$$0,084817 ; \ 0,087460 ; \ 0,088918 ; \ 0,086049 ; \ 0,079327 \ [1].$$

Leur somme est égale à 0,423571, ou à plus des deux cinquièmes de la somme totale des 91 termes du développement. Au contraire, les valeurs numériques

---

[1] *Voyez* « Tabularum ad faciliorem et breviorem probabilitatis computationem utilium Enneas » auct. Degen.

des deux termes extrêmes sont d'une excessive petitesse ; puisque celle du terme (90,0) serait exprimée par
une fraction ayant pour numérateur l'unité et pour
dénominateur un nombre de 16 chiffres ; tandis que la
valeur de l'autre terme extrême (0,90) se trouverait
exprimée par une fraction incomparablement plus
petite encore, ayant pour numérateur l'unité, et pour
dénominateur un nombre de 43 chiffres.

Remarque. — Nous venons de voir que, pour une
série de 9 tirages hors d'une urne contenant des boules
blanches et des boules noires dans le rapport de 6 à 3,
la probabilité du terme maximum (6,3) est

$$\frac{5376}{19683} = 0,2731.$$

Si le rapport des boules des deux couleurs avait été de
7 à 2, la probabilité du terme maximum (7,2) serait
devenue plus grande, et se serait élevée à 0,3061.

Cela revient à dire que la probabilité de l'événement
composé le plus probable augmente en même temps
que la différence de probabilité des deux événements
simples ; en d'autres termes, les anomalies du hasard
tendent à se compenser d'autant mieux que l'on opère
sur deux espèces d'événements contraires dont les probabilités simples diffèrent davantage.

Ce fait remarquable sera *démontré* d'une manière
générale au § 68 ; mais nous l'énonçons dès à présent,
parce que sa *signification géométrique*, qui ressort très-
clairement des considérations précédentes, disparaîtra

presque complétement au milieu des développements analytiques du paragraphe en question.

§ 32. — De l'agglomération des plus grands termes du développement du binôme dans le voisinage du terme maximum, résulte une proposition de la plus haute importance, démontrée pour la première fois par Jacques Bernoulli, et qui s'énonce ainsi :

« On peut toujours assigner un nombre d'épreuves
« tel, qu'il donne une probabilité aussi approchante
« de la certitude qu'on le voudra, que le rapport du
« nombre de répétitions du même événement au nombre
« total des épreuves ne s'écartera pas de la probabilité
« simple de cet événement, au delà de certaines limites
« données, quelque resserrées qu'on suppose ces li-
« mites. »

Pour le prouver, soit encore p la probabilité d'un événement A, et m le nombre des épreuves. Il arriverait $p \times m$ événements de cette espèce, s'ils se répétaient exactement d'après leur probabilité simple. Au lieu de cela, supposons que, sur le nombre m d'épreuves, il n'y ait pas plus de $\left(p + \frac{1}{a}\right) m$, ni moins de $\left(p - \frac{1}{a}\right) m$ événements A ; et pour que ces derniers nombres soient entiers, faisons $m = ar$: ils deviendront respectivement $apr + r$, $apr - r$. Ainsi, dans le développement de $(p + q)^{arp + arq}$, les $2r + 1$ termes pris depuis celui où l'exposant de la lettre p est $apr + r$, jusqu'à celui où cet exposant est $apr - r$, inclusivement, donneront toutes les chances pour les événements dont la composition est renfermée entre les limites assignées ci-dessus. Le plus grand terme se trouvera placé au milieu de ceux que je viens d'indiquer, car leur ensemble pourra être représenté par

$$(\text{Exposants}) \quad p^{ar\,p\,+\,r} q^{ar\,q\,-\,r} \ \ldots\ p^{ar\,p}\, q^{ar\,q} \ \ldots\ p^{ar\,p\,-\,r}\, q^{ar\,q\,+\,r}$$
$$\mathrm{L}\ldots \qquad\qquad \mathrm{M}\ldots \qquad\qquad\qquad \mathrm{L'}.$$

Cela posé, il suit de la proposition démontrée § 30, « que la somme des termes compris entre M et L inclu- « sivement, peut être rendue aussi grande qu'on voudra, « par rapport à la somme des r autres termes, pris sur « la gauche de L, en allant vers le premier terme du « développement. »

En effet, si l'on désigne par F, G, H.... les termes compris entre M et L, en allant de M à L; par P, Q, R... les termes qui précèdent L, en allant vers le premier terme p^{ar}, on aura le développement suivant :

$$p^{ar}\ldots \mathrm{R},\ \mathrm{Q},\ \mathrm{P},\ \mathrm{L}\ldots\mathrm{H},\ \mathrm{G},\ \mathrm{F},\ \mathrm{M},\ \mathrm{F'},\ \mathrm{G'},\ \mathrm{H'}\ldots\mathrm{L'},\ \mathrm{P'},\ \mathrm{Q'},\ \mathrm{R'}\ldots q^{ar}.$$

Or, comme le rapport de deux termes consécutifs du développement croît vers la gauche à partir de M (§ 28), on aura :

$$\frac{\mathrm{M}}{\mathrm{F}} < \frac{\mathrm{L}}{\mathrm{P}};\ \ \frac{\mathrm{F}}{\mathrm{G}} < \frac{\mathrm{P}}{\mathrm{Q}};\ \ \frac{\mathrm{G}}{\mathrm{H}} < \frac{\mathrm{Q}}{\mathrm{R}}\ldots$$

d'où

$$\frac{\mathrm{M}}{\mathrm{L}} < \frac{\mathrm{F}}{\mathrm{P}} < \frac{\mathrm{G}}{\mathrm{Q}} < \frac{\mathrm{H}}{\mathrm{R}}\ldots$$

or, on a l'identité

$$\frac{M}{L} = \frac{\dfrac{M}{L} P + \dfrac{M}{L} Q + \dfrac{M}{L} R + \dots}{P + Q + R + \dots}$$

donc

$$\frac{M}{L} < \frac{F + G + H + \dots}{P + Q + R + \dots}$$

Il suit de là que la valeur de r qui rend $\frac{M}{L} > C$ (§ 30) rendra à plus forte raison

$$\frac{F + G + H + \dots}{P + Q + R + \dots} > C.$$

Or, le terme M, affecté de $p^{arp} q^{arq}$ en a arq avant lui ; le terme L, pris r places avant M, en a donc $arq - r$ avant lui, qui pourront être partagés en $aq - 1$ groupes, composés chacun de r termes, dont la subordination ira en croissant progressivement comme celle de P, Q, R... par rapport à F, G, H..., de sorte que la somme des termes de chaque groupe sera à celle des termes du groupe antérieur à partir du maximum, dans un rapport $< \frac{1}{C}$. Si maintenant on considère les rapports de chaque groupe à celui F, G, H..., ces rapports seront respectivement inférieurs à :

$$\frac{1}{C}, \frac{1}{C^2}, \frac{1}{C^3} \dots \frac{1}{C^{aq-1}}.\,{}^{1}$$

[1] On pourrait évidemment employer à la démonstration une série décroissant moins rapidement que la progression géométrique ; mais aucune n'est aussi simple que celle-ci. La démonstration resterait d'ailleurs la même, mais on aboutirait à un nombre moindre d'épreuves nécessaires pour obtenir la même probabilité. Celui dont nous donnons l'expression est donc dans un certain sens une limite.

Or, ces fractions forment une progression géométrique dont la somme est :

$$\frac{\dfrac{1}{C^{aq}} - \dfrac{1}{C}}{\dfrac{1}{C} - 1} ;$$

cette somme est donc supérieure au rapport entre tous les groupes à gauche de celui F, G, H... et celui-ci.

Posons :

$$\frac{\dfrac{1}{C^{aq}} - \dfrac{1}{C}}{\dfrac{1}{C} - 1} \quad \text{ou} \quad \frac{C^{aq-1} - 1}{C^{aq} - C^{aq-1}} = \frac{1}{i}.$$

La valeur de C tirée de cette relation sera telle que la somme des r termes F, G, H... du développement de $(p + q)^{ar}$, surpassera i fois celle de tous les autres termes à leur gauche.

Or on a, à très-peu près :

$$\frac{C^{aq-1} - 1}{C^{aq} - C^{aq-1}} = \frac{1}{C - 1}$$

d'où

$$i = C - 1 \text{ et } C = i + 1.$$

La valeur de k (§ 29) est donc :

$$k = \frac{\log i + 1}{\log (ap + 1) - \log ap}$$

et la valeur de r en résulte.

En général, comme ap est un nombre considérable, on peut remplacer

$$\log (ap + 1) \text{ par } \log ap + \frac{1}{ap} - \frac{1}{2\,\overline{ap}^{2}},$$

en négligeant les termes trop faibles

$$\frac{1}{3\,\overline{ap}^{3}}, \quad \frac{1}{4\overline{ap}^{4}} \cdots$$

Il vient ainsi

$$k = \frac{\log\,(i+1)}{\dfrac{1}{ap} - \dfrac{1}{2\,\overline{ap}^{2}}} = \frac{2\,\overline{ap}^{2} \times \log\,(i+1)}{2\,ap - 1}.$$

Cette expression peut encore se simplifier en remarquant que $2\,ap$ est, dans l'usage du théorème de Bernoulli, un grand nombre, et qu'on peut par conséquent ne pas tenir compte de la quantité -1 au dénominateur; d'ailleurs, comme on doit aussi calculer

$$k' = \frac{2\,\overline{aq}^{2} \times \log\,(i+1)}{2\,aq - 1}$$

et prendre la plus forte des valeurs r ou r', alors même que p ou q serait très-faible, la suppression de -1 au dénominateur serait encore sans importance, puisque, dans ce cas, $2\,aq$ ou $2\,ap$ serait d'autant plus considérable.

Il vient donc :

$$k = ap \times \log\,(i+1).$$

Mais

$$r = k + \frac{a\,(k-1)}{ap+1}\,q.$$

Cette expression peut se réduire, en supprimant l'unité au dénominateur et en remplaçant q par $1-p$, à :

$$r = k + \frac{k-1}{p} - (k-1) = 1 + \frac{k-1}{p}$$

et enfin, si l'on met pour k sa valeur,

$$r = a \log (i + 1) - \frac{q}{p}.$$

On trouverait de même pour r' :

$$a \log (i + 1) - \frac{p}{q}.$$

La probabilité qui, dans l'énoncé du théorème de Bernoulli, est aussi approchante de la certitude qu'on le veut, est représentée dans nos notations par $\frac{i}{1 + i}$: les limites d'écart du rapport du nombre de répétitions du même événement au nombre total des épreuves sont de même $\pm \frac{1}{a}$, et enfin le nombre total des épreuves nécessaires est $a \times r$.

Jacques Bernoulli applique les formules précédentes au cas où

$$p = \frac{3}{5}, \; q = \frac{2}{5} ; \; i = 1000 \text{ et } \frac{1}{a} = \frac{1}{50}.$$

On obtient successivement :

$$k = 50 \times \frac{3}{5} \times 6{,}91 = 208{,}3 \text{ soit } 209 \quad r = 345{,}5 - \frac{2}{3}$$

$$k' = 50 \times \frac{2}{5} \times 6{,}91 = 138{,}2 \quad \text{»} \quad 139 \quad r' = 345{,}5 - \frac{3}{2}$$

on prendra donc $r = 345$ et le nombre d'épreuves nécessaires sera : $50 \times 345 = 17{,}250$. Il y a donc avantage à parier $1{,}000$ contre 1 que, dans ces $17{,}250$ épreuves, il n'y aura pas plus de $\left(\frac{31}{50}\right) \times 17{,}250 = 10{,}695$ répétitions de l'événement correspondant à p, et pas moins de $\left(\frac{29}{50}\right) \times 17{,}250 = 10{,}005$ de ces répétitions.

§ 33. — Pour se représenter les considérations précédentes, on peut prendre une ligne AB qu'on divisera en m parties égales. Par les $(m+1)$ points de division, on élèvera les ordonnées A a, A' a'... etc., qu'on prendra proportionnelles aux 1er, 2e, etc., termes du développement de $(p+q)^m$. Joignant les extrémités de ces ordonnées, on obtiendra une courbe (qu'on est convenu d'appeler *courbe de possibilité*) dont l'allure représentera la loi de probabilité des divers événements composés qui peuvent se produire. La somme de toutes ces ordonnées, qui est équivalente à $(p+q)^m = 1$, représente la somme des probabilités de tous les événements possibles, ou la *certitude*. Une ordonnée quelconque I i correspond à la probabilité que le nombre des événements A sera au nombre des événements B, dans le rapport de B I à I A. L'ordonnée maximum correspond à un point K pour lequel on a $AK : KB = q : p$.

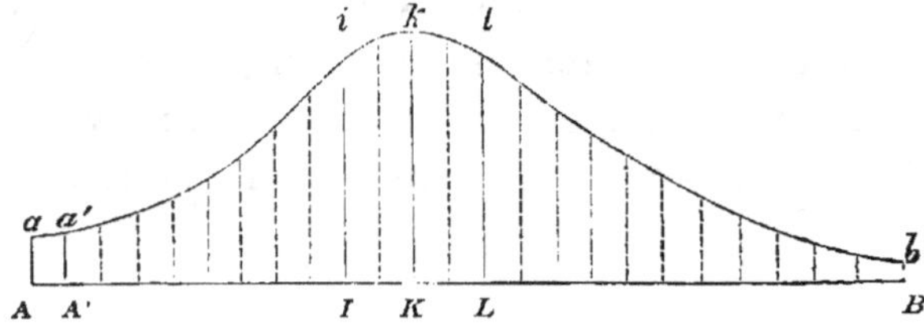

Quand on fait croître m, les exposants de p et de q dans deux termes voisins du développement $(p+q)^m$, diffèrent *relativement* moins, c'est-à-dire que les événements composés qui leur correspondent sont de moins en moins distincts. Considérons, par exemple.

les deux développements $(p+q)^m$ et $(p+q)^{\alpha m}$; le terme général et celui qui le suit immédiatement seront, d'une part :

$$\mathrm{A}\, p^{m-n}\, q^{n} \quad \text{et} \quad \mathrm{B}\, p^{m-n-1}\, q^{n+1}$$

et d'autre part :

$$\mathrm{A}'\, p^{\alpha(m-n)}\, q^{\alpha n} \quad \text{et} \quad \mathrm{B}'\, p^{\alpha(m-n)-1}\, q^{\alpha n+1}.$$

L'événement composé varie donc, dans le second cas, dans un rapport α fois moindre que dans le premier cas. Pour exprimer géométriquement la proportion des deux variations, il suffit de représenter par une même longueur AB, la différence entre les deux événements composés extrêmes, qui, dans les deux cas, sont relativement les mêmes, puisqu'ils ne comprennent que des événements d'une seule espèce. Il résulte de cette hypothèse, que, dans les deux courbes de possibilité, les abscisses égales correspondent à des événements composés relativement de la même manière. L'ordonnée maximum aura encore son pied en k ; mais les ordonnées I i, L l de la première courbe auront décru plus rapidement que cette ordonnée maximum

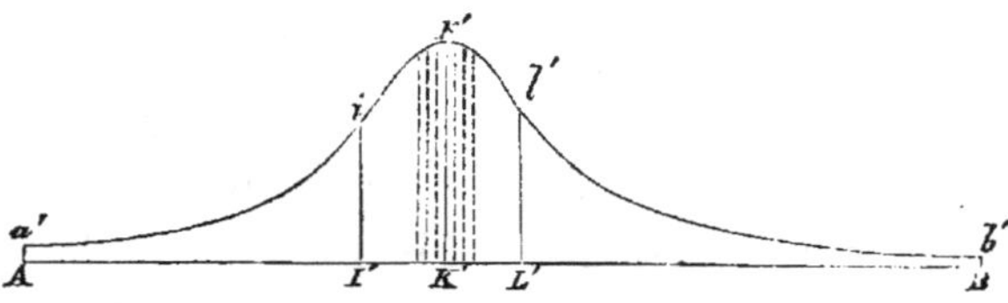

et l'on peut même (§§ 29 et 30) prendre m assez grand pour que le rapport de I i à I' i' surpasse telle quantité qu'on voudra. La courbe de possibilité aura donc une forme telle, que la somme des ordonnées entre I' i' et L' l' soit devenue une plus grande partie de la somme totale prise de A à B; et même, quelqu'étroites qu'on suppose les limites K' I' et K' L', on pourra toujours, en prenant α suffisamment grand (§ 32), faire en sorte que la somme partielle diffère aussi peu qu'on voudra de la somme totale, les branches i' a' et l' b' s'abaissant indéfiniment.

§ 34. — Un cas très-important à considérer à cause des applications nombreuses qu'il présente, est celui où les probabilités p et q sont égales. Il est facile de voir que la courbe de possibilité présente alors une forme *symétrique* à droite et à gauche de l'ordonnée *maximum*, laquelle passe par le point milieu de l'axe des abscisses; les propriétés de cette courbe méritent en outre d'être envisagées de plus près.

Il arrive fréquemment dans la pratique qu'un événement composé est la résultante d'un grand nombre d'événements simples *d'importance uniforme*, et dont la probabilité égale 1/2 ou, du moins, dont nous devons prendre la probabilité égale à 1/2, vu l'état d'ignorance ou d'incertitude absolue où nous sommes sur les conditions de production de ces événements simples. Par exemple, supposons deux joueurs qui entament une longue série de parties; leurs mises sont égales, ce qui implique qu'ils ont chacun la probabilité 1/2 de gagner; admettons en outre que ces mises soient constantes; l'évaluation de la probabilité pour l'une ou l'autre joueur de gagner finalement une somme égale à un certain nombre, c, de fois la mise, sera évidemment représentée par le terme du développement de $\left(\frac{1}{2} + \frac{1}{2}\right)^m$ dans lequel la différence des exposants de $\frac{1}{2}$ est c, m étant le nombre de parties jouées. Par rapport à la courbe de possibilité, ce terme est l'ordonnée du point dont l'abscisse diffère de celle de l'ordonnée moyenne, de $\pm \frac{c}{2}$.

Dans l'hypothèse $p = q = \frac{1}{2}$, l'équation de la courbe de possibilité devient :

$$y = m\, C_n \times \left(\frac{1}{2}\right)^m \qquad (1)$$

n, qui indique le rang du terme dans le développement, étant la variable. Le facteur $\left(\frac{1}{2}\right)^m$ existe dans chaque terme ; on peut donc en faire abstraction dans la représentation graphique de la marche des valeurs des différents termes, c'est-à-dire dans le tracé de la courbe de possibilité ; mais il ne faudrait pas perdre de vue que, pour exprimer la probabilité d'une valeur particulière de n, on doit multiplier l'ordonnée correspondante par $\left(\frac{1}{2}\right)^m$, fraction d'autant plus faible que m est plus considérable.

D'après le théorème de Bernoulli, quand m est très-grand, la majeure partie de la somme des probabilités se trouve dans le voisinage de la probabilité maximum, pour laquelle $n = \frac{m}{2}$. On peut donc, dans l'équation de la courbe de possibilité, considérer en général n

aussi comme très-grand, sauf à n'avoir pas égard aux branches de la courbe éloignées de l'ordonnée maximum.

Si l'on fait abstraction du facteur $\left(\frac{1}{2}\right)^{m}$, l'équation (1) devient

$$y = m\,C_{n}$$

c'est-à-dire qu'elle représente la suite des nombres de combinaisons qu'on peut former avec m éléments pris successivement 1 à 1, 2 à 2... m à m. Or, l'expression

$$m\,C_{n} = \frac{m\,(m-1)\,(m-2)\ldots(m-n+1)}{1\,.\,2\,.\,\ldots\,n}$$

est formée au numérateur et au dénominateur du produit d'une suite de nombres entiers consécutifs. Les produits de l'espèce s'évaluent au moyen d'une formule de Stirling qui, si le nombre extrême est considérable, se réduit à :

$$1\,.\,2\,.\,3\,.\,4\ldots(m-1)\,m = \sqrt{2\,\pi}\;m^{m+\frac{1}{2}}\,e^{-m} = m\,!$$

Pour appliquer cette formule à l'expression de $m\,C_{n}$, il faut multiplier le numérateur et le dénominateur par le produit

$$1\,.\,2\,.\,3\ldots(m-n),$$

il viendra :

$$m\,C_{n} = \frac{m\,!}{n\,!\,(m-n)\,!}$$

ce qui, d'après la formule de Stirling, équivaut à :

$$\frac{m^{m+\frac{1}{2}}}{\sqrt{2\,\pi}\;n^{n+\frac{1}{2}}\,(m-n)^{(m-n)+\frac{1}{2}}};$$

mais pour l'ordonnée maximum Y, on a $n = \dfrac{m}{2}$, d'où

$$Y = \frac{2^{m+1}}{\sqrt{2\,\pi\,m}}$$

la valeur de $m\,C_n$ peut donc se mettre sous la forme :

$$Y \times \frac{m^{m+1}}{n^{n+\frac{1}{2}}(m-n)^{(m-n)+\frac{1}{2}}} \times \frac{1}{2^{m+1}}$$

ce qui peut s'écrire :

$$Y \times \left\{ \frac{m}{2\,(m-n)} \right\}^{(m-n)+\frac{1}{2}} \times \left\{ \frac{m}{2\,n} \right\}^{n+\frac{1}{2}} \tag{2}$$

Comme l'étude que nous faisons de la courbe de possibilité est limitée à quelque distance de part et d'autre de l'ordonnée maximum, il est avantageux de placer l'origine des abscisses au pied de cette ordonnée. Dans ce cas, le terme général $m\,C_n$ devient

$$m\,C_{\left(\frac{m}{2} - k \right)},$$

k indiquant le rang du terme considéré par rapport au terme ou à l'ordonnée maximum. Remplaçons dans (2) n par $\dfrac{m}{2} - k$, nous aurons :

$$Y \times \left\{ \frac{m}{2\left(\frac{m}{2} + k\right)} \right\}^{\frac{m}{2} + k + \frac{1}{2}} \times \left\{ \frac{m}{2\left(\frac{m}{2} - k\right)} \right\}^{\frac{m}{2} - k + \frac{1}{2}}$$

Afin de simplifier cette expression, on la met d'abord

sous la forme :

$$Y \times \left(1 + \frac{2\,k}{m}\right)^{-\frac{m}{2} - k - \frac{1}{2}} \times \left(1 - \frac{2\,k}{m}\right)^{-\frac{m}{2} + k - \frac{1}{2}},$$

puis on développe chacun des facteurs. Soit

$$\left(1 + \frac{2\,k}{m}\right)^{-\frac{m}{2} - k - \frac{1}{2}} = r$$

on aura successivement :

$$\log r = -\left(\frac{m}{2} + k + \frac{1}{2}\right) \log \left(1 + \frac{2\,k}{m}\right)$$

$$\log r = -\left(\frac{m}{2} + k + \frac{1}{2}\right) \left(\frac{2\,k}{m} - \frac{4\,k^2}{2\,m^2} + \frac{8\,k^3}{3\,m^3} \cdots\right)$$

$$\log r = -k + \frac{k^2}{m} - \frac{2\,k^2}{m} - \frac{k}{m} = -\frac{k^2}{m} - k\left(1 + \frac{1}{m}\right)$$

en négligeant les termes qui ont m à la puissance 2, ou à une puissance plus élevée, au dénominateur ; ces termes sont évidemment d'autant plus petits que m est plus grand, car la fraction $\frac{k}{m}$, d'après le théorème de Bernoulli, est au plus égale, pour la portion de la courbe que nous considérons, à $\frac{1}{a}$ (§ 32).

On a donc finalement :

$$\left(1 + \frac{2\,k}{m}\right)^{-\frac{m}{2} - k - \frac{1}{2}} = e^{-\frac{k^2}{m} - k\left(1 + \frac{1}{m}\right)}$$

et on trouverait de même :

$$\left(1 - \frac{2\,k}{m}\right)^{-\frac{m}{2} + k - \frac{1}{2}} = e^{-\frac{k^2}{m} + k\left(1 + \frac{1}{m}\right)}$$

Par suite, l'expression de l'ordonnée correspondante à l'abscisse k, dans le nouveau système d'axes passant au point milieu des abscisses, est :

$$Y \times e^{-\frac{2\,k^2}{m}} \text{ ou } Y \times e^{-\frac{2}{m}x^2}$$

en exprimant l'abscisse par x au lieu de k. On sait que l'expression Ae^{-x^2} peut être envisagée comme type algébrique des fonctions qui décroissent symétriquement, avec une grande rapidité, de part et d'autre de l'origine de la variable x [1]; de sorte que la valeur numérique de la fonction, sans jamais devenir rigoureusement nulle, est déjà excessivement petite pour des valeurs de x tant soit peu considérables. C'est bien l'allure de la courbe de possibilité telle qu'elle résulte du théorème de Bernoulli.

Quant à l'expression de la probabilité d'une valeur particulière de x, elle s'obtiendrait en introduisant de nouveau le facteur $\left(\frac{1}{2}\right)^m$ dont il a été fait abstraction dans la recherche de la forme de la courbe de possibilité. Si, en outre, on remplace Y par sa valeur, on aura :

$$y = \sqrt{\frac{2}{\pi\,m}} \times e^{-\frac{2}{m}x^2}.$$

Supposons 2 joueurs qui engagent chacun 1 franc à chaque partie; la probabilité qu'au bout de 1000 parties aucun des deux n'aura gagné ni perdu, sera

$$Y_{(m\,=\,1000)} = \frac{1}{39,8} = 0,025 \text{ environ};$$

[1] *Voir* la table n° 1, à la fin du volume.

et celle qu'ils n'auront gagné ni perdu plus de 20 francs
sera :

$$\Sigma \left(\sqrt{\frac{2}{\pi m}} \times e^{-\frac{2}{m} x^2} \right)_{-10}^{+10} = 0,489 \text{ environ};$$

ainsi, il y a près de 49 chances sur 100, qu'au bout de
1000 parties le gain de l'un ou l'autre joueur ne dépassera pas 20 francs. On trouverait facilement qu'il y
a plus d'une chance sur deux (50 sur 100), que ce gain
n'atteindra pas 21 francs. Ce résultat paraîtra étonnant,
en présence des faits d'observation personnelle que
chacun peut avoir eus sous les yeux ; mais il faut remarquer qu'il est rare que deux joueurs soient exactement
de même force, c'est-à-dire que la chance de gagner soit
réellement $\frac{1}{2}$; en outre, il n'arrive presque jamais que
l'expérience soit poussée jusqu'au nombre de 1000 parties, qui est cependant indispensable ici.

Dans la valeur de y, la fraction $\frac{2}{m}$ est un véritable
paramètre ; si on la représente par h^2, il vient

$$y = \frac{h}{\sqrt{\pi}} e^{-h^2 x^2};$$

cette forme se retrouvera plus loin dans la recherche de
la probabilité d'une erreur accidentelle d'observation.
Le paramètre, toutefois, aura une autre signification.

§ 35. — Le théorème de Bernoulli est applicable
au cas où les événements possibles, à chaque épreuve,
sont en nombre quelconque. Si l'on représente par p,

q, r, s... la probabilité de chacun d'eux, l'événement composé le plus probable dans m épreuves, est formé de pm répétitions du premier événement simple, de qm répétitions du deuxième, de rm du troisième, et ainsi de suite. Les termes du développement de $(p + q + r + s...)^m$ se rangent par ordre de grandeur dans le voisinage du terme maximum, et l'on peut encore calculer le nombre d'épreuves pour lequel on aura une probabilité aussi approchante de la certitude qu'on voudra, que les rapports des nombres de répétitions de chaque événement simple, à ce nombre d'épreuves, ne s'écarteront pas des probabilités p, q, r, s... en plus ou en moins, d'une fraction quelque faible qu'elle soit.

La démonstration de ces propriétés se fait par le procédé que nous avons suivi dans le cas de deux événements simples : mais les opérations sont beaucoup plus compliquées.

§ 36. — Poisson a recherché la loi suivant laquelle les événements simples *dont la probabilité n'est pas nécessairement constante pendant la durée des épreuves*, se répètent dans un grand nombre d'épreuves ; mais il n'est pas parvenu à trouver l'expression rigoureuse de cette loi, qu'il appelle *loi des grands nombres*. Cependant il a réussi à étendre le théorème de Bernoulli à ce cas général. Pour les usages pratiques, on peut conclure de cette extension, que si l'on connaît les valeurs par rapport auxquelles la probabilité de chacun des événements simples varie le plus régulièrement dans les deux sens, l'événement composé le plus probable sera celui où les événements simples seront répétés des nombres de fois proportionnels à ces valeurs. Cette conclusion est très-importante pour les applications du calcul des chances aux Assurances, ainsi qu'aux lois de Mortalité, etc.

§ 37. — Comme appendice à ce chapitre, nous examinerons le cas où chaque expérience influe sur les conditions des épreuves ultérieures. Alors donc que jusqu'ici nous avons assimilé les épreuves à des tirages successifs dans une urne où l'on rejetait à chaque fois la boule extraite, nous admettrons maintenant que cette boule n'y soit plus rejetée.

Supposons qu'une urne renferme a boules blanches et b boules noires, et recherchons la probabilité d'en retirer dans m tirages, n boules blanches et $(m - n)$ boules noires.

Continuons de désigner par A l'événement simple qui consiste dans la sortie d'une boule blanche, et par B l'événement contraire, ou la sortie d'une boule noire; de sorte que A B indique l'événement composé qui consiste dans la sortie d'une boule blanche suivie de la sortie d'une boule noire; et ainsi de suite. Il est clair, par le principe des probabilités composées (§ 18), qu'un événement composé, tel que A A B, a pour probabilité

$$\frac{a}{a+b} \times \frac{a-1}{a+b-1} \times \frac{b}{a+b-2} = \frac{a\,(a-1)\,b}{(a+b)\,(a+b-1)\,(a+b-2)};$$

tandis que la probabilité de l'événement composé ABA, qui ne diffère du précédent que par l'ordre de succession des événements simples, est

$$\frac{a}{a+b} \times \frac{b}{a+b-1} \times \frac{a-1}{a+b-2} = \frac{a\,b\,(a-1)}{(a+b)\,(a+b-1)\,(a+b-2)};$$

fraction qui, elle-même, ne diffère de la précédente que par l'ordre des facteurs du numérateur. Il suit de cette remarque, dont la généralité est évidente, que la probabilité cherchée a pour valeur la fraction

$$\frac{a\,(a-1)\,(a-2)\ldots(a-n+1) \times b\,(b-1)\,(b-2)\ldots(b-m+n+1)}{(a+b)\,(a+b-1)\,(a+b-2)\ldots(a+b-m+1)}$$

prise autant de fois qu'on peut faire de permutations distinctes dans l'ordre des événements. Donc la valeur de la probabilité cherchée est

$$\frac{m\,(m-1)\ldots(n+1)}{1.2.3\ldots(m-n)}$$
$$\times \frac{a\,(a-1)\,(a-2)\ldots(a-n+1) \times b\,(b-1)\,(b-2)\ldots(b-m+n+1)}{(a+b)\,(a+b-1)\,(a+b-2)\ldots(a+b-m+1)}\ldots(N)$$

Si l'on fait successivement, dans cette expression générale, $n = 1, 2, 3, \ldots (m-1)$, on aura les probabilités d'amener en m tirages, $1, 2, 3, \ldots (m-1)$ boules blanches, et $(m-1), (m-2), (m-3) \ldots 1$ boules noires. Quant à la probabilité de n'amener que des boules blanches, elle est évidemment égale à

$$\frac{a\,(a-1)\,(a-2)\ldots(a-m+1)}{(a+b)\,(a+b-1)\,(a+b-2)\ldots(a+b-m+1)}.$$

La somme de toutes ces probabilités compose l'unité, puisqu'elles correspondent à autant d'hypothèses, dont l'une doit forcément se réaliser ; donc on a

$$\frac{a\,(a-1)\,(a-2)..(a-m+1)}{(a+b)(a+b-1)..(a+b-m+1)} + \frac{m}{1}\,\frac{a\,(a-1)\,(a-2)...(a-m+2)\,b}{(a+b)(a+b-1)...(a+b-m+1)}$$

$$+ \frac{m\,(m-1)...(n+1)}{1.2.3...(m-n)}\,\frac{a\,(a-1)...(a-n+1)\times b\,(b-1)...(b-m+n+1)}{(a+b)\,(a+b-1)...(a+b-m+1)}...$$

$$+ \frac{b\,(b-1)\,(b-2)...(b-m+1)}{(a+b)\,(a+b-1)\,...\,(a+b-m+1)} = 1. ... (M)$$

ou bien

$$(a+b)\,(a+b-1)\,(a+b-2)\,...\,(a+b-m+1)$$

$$= a\,(a-1)\,(a-2)...(a-m+1) + \frac{m}{1}\,a\,(a-1)\,(a-2)...\,(a-m+2).\,b + ...$$

$$+ \frac{m\,(m-1)...(n+1)}{1.2.3\,...\,(m-n)}\,a\,(a-1)...(a-n+1).\,b\,(b-1)...(b-m+n+1) + ...$$

$$+ b\,(b-1)\,(b-2)\,...\,(b-m+1).$$

Cette dernière formule est remarquable par son analogie avec celle du binôme : les factorielles de l'une remplacent les puissances de l'autre.

En prenant la somme des $m-n+1$ premiers termes du développement (M) jusqu'au terme (N) inclusivement, on a la probabilité que, sur m tirages, il ne viendra pas moins de n boules blanches. Au lieu de tirer les m boules *successivement*, on pourrait ici évidemment les extraire *toutes à la fois*, sans rien changer à la probabilité d'amener n boules blanches et $(m-n)$ boules noires.

§ 38. — La valeur maximum de (N) représente la probabilité de l'événement composé le plus probable en m tirages. Pour rechercher ce maximum, remarquons que si dans l'expression de (N), on multiplie le numérateur et le dénominateur du coefficient par

$$n (n - 1) (n - 2) \dots 2.1 \text{ ou } n!,$$

et de même le numérateur et le dénominateur de la fraction qui exprime la probabilité d'un tirage déterminé, par $(a - n)!$ et $(b - m + n)!$, on obtient :

$$(N) = \frac{m!}{(m - n)! \times n!}$$

$$\times \frac{a! \times b!}{(a+b) (a+b-1) (a+b-2) \dots (a+b-m+1) \times (a-n)! \times (b-m+n)!}$$

Le numérateur de cette expression est constant, et, au dénominateur, le produit $(a + b) (a + b - 1) \dots (a + b - m + 1)$ est aussi constant ; il suffit donc de rechercher le maximum de la fraction :

$$\frac{1}{(m - n)! \times n! \times (a - n)! \times (b - m + n)!}$$

ou le minimum de

$$(m - n)! \times n! \times (a - n)! \times (b - m + n)! \qquad (p)$$

D'après la formule de Stirling, ce produit vaut :

$$(\sqrt{2\pi})^4 (m - n)^{(m - n) + \frac{1}{2}} \times n^{n + \frac{1}{2}} \times (a - n)^{(a - n) + \frac{1}{2}}$$

$$\times (b - m + n)^{(b - m + n) + \frac{1}{2}} \times e^{- (a + b)}$$

Le premier coefficient différentiel donne, après suppression des constantes, et du facteur commun,

$$(m-n)^{(m-n) + \frac{1}{2}} \times n^{n + \frac{1}{2}} \times (a-n)^{(a-n) + \frac{1}{2}} \times (b-m+n)^{b-m+n+\frac{1}{2}},$$

l'équation suivante :

$$- \frac{(m - n) + \frac{1}{2}}{(m - n)} - \log (m - n)$$

$$+ \frac{n + \frac{1}{2}}{n} + \log n$$

$$+ \frac{(a - n) + \frac{1}{2}}{(a - n)} - \log (a - n)$$

$$+ \frac{(b - m + n) + \frac{1}{2}}{b - m + n} + \log (b - m + n) = 0.$$

Les fractions

$$\frac{(m - n) + \frac{1}{2}}{(m - n)}, \qquad \frac{n + \frac{1}{2}}{n} \dots,$$

peuvent être prises égales à l'unité dont elles diffèrent
très-peu ; il reste donc :

$$-\log (m - n) + \log n - \log (a - n) + \log (b - m + n) = 0$$

ou

$$\log \left\{ \frac{n (b - m + n)}{(m - n) (a - n)} \right\} = 0$$

par conséquent :

$$\frac{n (b - m + n)}{(m - n) (a - n)} = 1$$

et enfin

$$n = \frac{am}{a + b} \qquad (m - n) = \frac{bm}{a + b}$$

Il est facile de reconnaître que ces valeurs conduisent
à un minimum pour le produit (p), et sont par suite

celles qui rendent (N) maximum. On voit que ce maximum correspond à l'événement composé dans lequel chacun des événements A et B est répété un nombre de fois proportionnel au *nombre total possible* de ces événements.

La probabilité de cet événement composé peut s'écrire :

$$\frac{m}{\left(\frac{bm}{a+b}\right)! \times \left(\frac{am}{a+b}\right)!} \times \frac{a! \times b! \times (a+b-m)!}{(a+b)! \times (a-n)! \times (b-m+n)!}$$

ce qui vaut :

$$\frac{\sqrt{2\pi}\, m^{m+\frac{1}{2}}\, e^{-m}}{\sqrt{2\pi}\left(\frac{bm}{a+b}\right)^{\left(\frac{bm}{a+b}\right)+\frac{1}{2}} \times \sqrt{2\pi}\left(\frac{am}{a+b}\right)^{\left(\frac{am}{a+b}\right)+\frac{1}{2}} \times e^{-m}}$$

$$\times \frac{(\sqrt{2\pi})^3\, a^{a+\frac{1}{2}}\, b^{b+\frac{1}{2}}\, (a+b-m)^{(a+b-m)+\frac{1}{2}}\, e^{-2(a+b)+m}}{(\sqrt{2\pi})^3\, (a+b)^{(a+b)+\frac{1}{2}}\, e^{-(a+b)}} \times$$

$$\times\, e^{-(a+b)+m} \times \left\{\frac{a(a+b-m)}{(a+b)}\right\}^{\frac{a(a+b-m)}{(a+b)}+\frac{1}{2}} \times$$

$$\times \left\{\frac{b(a+b-m)}{(a+b)}\right\}^{\frac{b(a+b-m)}{(a+b)}+\frac{1}{2}}$$

remarquons 1° que $(\sqrt{2\pi})^4$ est facteur commun au numérateur et au dénominateur ; 2° qu'il en est de même de

$$m^{m+\frac{1}{2}}$$

ainsi que de

$$e^{-m} \text{ et de } e^{-2(a+b)+m}$$

qui s'annule avec

$$e^{-a+b} \times e^{-(a+b)+m};$$

3° que

$$(a+b-m)^{(a+b-m)+\frac{1}{2}}$$

est aussi facteur commun, comme

$$a^{a+\frac{1}{2}} \text{ et } b^{b+\frac{1}{2}}$$

ainsi qu'il est facile de le reconnaître, et 4° qu'enfin

$$(a+b)^{(a+b)+\frac{1}{2}}$$

s'évanouit aussi au dénominateur ; il reste donc :

$$\frac{1}{\sqrt{2\pi m}} \times \frac{(a+b)^{\frac{3}{2}}}{a^{\frac{1}{2}} \times b^{\frac{1}{2}} \times (a+b-m)^{2}}$$

ce qui peut s'écrire :

$$\frac{1}{\sqrt{2\pi m \times \dfrac{a}{a+b} \times \dfrac{b}{a+b}}} \times \sqrt{\frac{a+b}{a+b-m}}$$

Ce résultat est remarquable ; le premier facteur de cette expression représente, en effet, le terme maximum du développement de

$$\left(\frac{a}{a+b} + \frac{b}{(a+b)}\right)^{m}$$

comme il est facile de s'en assurer par les formules connues ; or ce terme maximum correspond à un événement composé qui est précisément le même que celui auquel correspond l'expression considérée tout entière ; donc, dans le cas où l'on épuise un à un dans les épreuves successives, la suite des événements simples possibles, la probabilité de cet événement composé est plus grande dans le rapport de

$$\sqrt{\frac{a+b}{a+b-m}},$$

à l'unité. On peut s'expliquer cet accroissement en réfléchissant qu'avant chaque épreuve, les valeurs qu'on doit attribuer aux probabilités qui en résulteront pour l'épreuve suivante, diffèrent plus dans ce second cas que dans celui des épreuves répétées des mêmes hasards. Ainsi, par exemple, la probabilité de tirer une boule blanche au deuxième tirage dans l'urne, évaluée avant le premier tirage, est :

$$\frac{a-1}{a+b-1} \text{ ou } \frac{a}{a+b-1}$$

et la moyenne de ces probabilités est $\gtrless \dfrac{a}{a+b}$ suivant que $a \gtrless b$. Or on sait que le terme maximum du développement de $(p+q)^m$ est d'autant plus grand que p et q diffèrent davantage, comme le prouve immédiatement l'expression

$$\frac{1}{\sqrt{2\,\pi\,m\,p\,q}};$$

donc ce terme maximum dans le cas où l'on épuise les événements possibles, doit tendre à augmenter. On voit d'ailleurs que le rapport

$$\sqrt{\frac{a+b}{a+b-m}}$$

s'approche d'autant plus de l'unité que m est plus faible relativement à $(a+b)$.

Le cas que nous venons de traiter constitue évidemment une application des recherches de Poisson sur la loi des grands nombres, puisque les probabilités y varient à chaque épreuve. C'est en raison de cette circonstance, que nous l'avons développé.

§ 39. — Comme problème numérique, considérons la question suivante. Chez les Romains il arrivait assez souvent qu'on décimait une troupe qui s'était livrée à des actes de mutinerie ou qui avait faibli devant l'ennemi. Pour procéder à l'exécution on mettait dans un casque les noms de tous les soldats qui étaient accusés d'avoir forfait à l'honneur ou au devoir, et tous ceux dont le nom sortait au dixième tour étaient sacrifiés ; la pratique de la peine revenait donc au tirage de $\frac{m}{10}$ boules d'une urne renfermant $\alpha\, m$ boules blanches et $(1 - \alpha)\, m$ boules noires. Pour apprécier l'équité *absolue* de cette peine, il suffit de remarquer que l'événement le plus probable est celui formé de $\frac{m}{10} \times \alpha$ boules blanches et $(1 - \alpha) \times \frac{m}{10}$ boules noires, les unes représentant les hommes réellement coupables et les autres les hommes qui s'étaient seulement laissés entraîner. On voit que ceux-ci, ordinairement les plus nombreux, fournissent le plus grand nombre de victimes. Il serait donc permis de dire que la peine était injustement barbare, s'il ne fallait tenir compte de considérations morales, ainsi que de l'importance relative de la peine de mort en temps de guerre pour les militaires[1].

[1] Ce mode de punition a été employé jusqu'au xviie siècle, et même de nos jours, en Espagne.

On ferait aussi rentrer directement dans la théorie précédente la plupart des questions auxquelles donnent lieu les épreuves du sort, au sein d'une assemblée politique, dont les membres sont ordinairement rangés en deux classes, la majorité et la minorité. Par exemple, l'assemblée étant de 108 membres, dont 60 appartiennent à la majorité et 48 à la minorité, si l'on tire au sort une commission de 20 membres, il y a lieu de demander quelle est la probabilité que la majorité ou la minorité de l'assemblée sera en majorité dans cette commission. — Si des causes fortuites, et qui agissent sans acception de partis, telles que des maladies, doivent tenir 16 membres éloignés au moment d'un vote, on peut demander quelle est la probabilité que la majorité se déplacera, et ainsi de suite. On voit facilement que la dernière question revient à extraire, en 16 tirages consécutifs, au moins 15 boules blanches d'une urne qui contient 60 boules blanches et 48 noires.

Le droit de récuser un certain nombre de jurés, dévolu à l'accusé dans les procès criminels, donnerait lieu à des questions analogues. Par exemple, on doit tirer au sort douze jurés sur une liste de trente-six noms : l'accusé a intérêt à écarter six de ces noms; quelle est la probabilité qu'il n'aura pas besoin d'user de son droit de récusation? — C'est comme si l'on demandait la probabilité de n'extraire, en 12 tirages, que des boules blanches d'une urne qui contiendrait 30 boules blanches et 6 noires, probabilité égale à 0,07 environ.

CHAPITRE QUATRIÈME.

De la valeur vénale des chances ou des probabilités. — Du marché aléatoire et du jeu en général.

§ 40. — La valeur *absolue* des chances, telle que nous l'avons considérée jusqu'ici, doit souvent être associée à leur valeur *vénale*, c'est-à-dire au prix ou à l'importance des objets sur lesquels ces chances donnent des droits éventuels. Ce nouveau point de vue nous amène à la considération de l'*Espérance mathématique* : par cette alliance de mots assez bizarre, on est convenu d'exprimer « le produit qu'on obtient en « multipliant la valeur d'une chose, en unités corres- « pondantes, par la fraction qui exprime la probabi- « lité mathématique du gain de cette chose. » D. Bernoulli l'appelle *sors* ou *lucrum*, et les Allemands *die Erwartung*.

Soit a le gain attendu et p sa probabilité ; l'espérance mathématique sera $p \times a$, quantité qui représente la valeur *actuelle* du gain *éventuel*. Cette proposition peut être admise comme évidente par elle-même ; il est d'ailleurs à remarquer que si l'on faisait un grand nombre d'épreuves, m, de l'événement aléatoire, la valeur moyenne du gain le plus probable réparti sur chacune des épreuves serait précisément égale à l'espérance mathématique. En effet, en m épreuves, l'événement composé le plus probable comprendra mp fois l'événement simple qui fait gagner, le gain sera donc $mp \times a$ et la moyenne de $mp \times a$ divisé par le nombre d'épreuves est bien $p \times a$, ou l'espérance mathématique. Mais on sait, d'après le théorème de Bernoulli, qu'on peut augmenter indéfiniment la probabilité que p représentera à très-peu près le rapport du nombre de répétitions de l'événement favorable au nombre total des épreuves; par conséquent l'espérance mathématique représente presque avec certitude une approximation indéfiniment grande du gain moyen d'une épreuve, la moyenne étant prise sur le nombre le plus étendu possible d'épreuves. Nous aurons à revenir, d'une manière générale, sur la considération de la moyenne; dans le cas présent, il est évident qu'elle donne la valeur la plus *équitable* du gain éventuel.

De ces considérations sur l'espérance mathématique résulte immédiatement la règle qui doit servir de base aux paris et aux jeux de hasard; cette règle est que « les joueurs doivent toujours, au début, avoir la même espérance mathématique ». Si deux parieurs, ayant respectivement en leur faveur les probabilités p et q, exposent les enjeux P, Q, il faut donc, pour que le pari soit équitable, qu'on ait :

$$p \times Q = q \times P \tag{1}$$

ou

$$P : Q = p : q$$

c'est-à-dire que « les enjeux doivent être proportionnels à la chance qu'on a de gagner ».

Ainsi, celui qui dans le jet d'un dé à six faces, parierait d'amener une face désignée, ne devrait engager que la cinquième partie de ce qu'y mettrait son adversaire, puisqu'il n'aurait en sa faveur qu'une chance, tandis que celui-ci en aurait cinq.

De la proportion précédente, on déduit :

$$P + Q : P = p + q : p = 1 : p,$$

d'où

$$P = (P + Q)\, p \ldots \tag{3}$$

on aurait de même

$$Q = (P + Q)\, q; \tag{3}$$

c'est-à-dire que « la mise de chaque joueur doit être « égale à l'espérance mathématique qu'il a sur le fonds « du jeu ».

Enfin, si l'on met l'équation (1) sous la forme

$$p\, Q - q\, P = o \ldots \tag{4}$$

et qu'on regarde les *pertes* comme des sommes *négatives*, le produit $(- q\, P)$ de la somme $(- P)$ par la probabilité, q, du gain du second joueur, pourra entrer dans l'évaluation de l'espérance mathématique du premier, laquelle « se formera alors en multipliant le profit « ou la perte que lui apporte chacun des événements « possibles, par la probabilité de cet événement, et « donnant aux pertes le signe moins. »

C'est en appliquant la règle des jeux ou paris qu'on reconnaît les avantages réservés à la Banque dans la *Loterie royale de France,* dont il a été parlé § 14, page 40. Le joueur qui prenait un numéro n'avait pour lui qu'une probabilité de gagner égale à $\frac{1}{90}$; celle de la Banque était, au contraire, de $\frac{89}{90}$. Quand le joueur ou le *ponte* gagnait, il aurait dû, par conséquent, recevoir comme *gain* 89 fois sa mise; or il ne recevait en tout que 70 fois celle-ci, soit un gain réel de 69 mises; le bénéfice de la Banque, c'est-à-dire l'espérance mathématique résultant pour elle du jeu, équivalait donc aux 20 mises, différence entre 89 et 69, multipliées par la probabilité $\frac{1}{90}$ du tirage qui faisait gagner le ponte.

Pour l'*ambe*, les probabilités respectives de gain du joueur et de la Banque étaient $\frac{10}{4005}$ et $\frac{3995}{4005}$, et cependant le premier ne recevait que 270 fois sa mise quand ses deux numéros se trouvaient compris dans les cinq numéros tirés. Le bénéfice de la Banque était donc représenté par la fraction

$$(399,5 - 269) \times \frac{10}{4005} = \frac{29}{89}$$

de chaque mise.

Son avantage était plus considérable encore pour le terne, le quaterne et le quine, qui rapportaient respectivement 5,500, 75,000 et 1,000,000 de fois la mise; le bénéfice s'élevait, en effet, alors à $\frac{142}{267}$, $\frac{218}{256}$ et $\frac{429}{439}$ de chaque mise. Au point de vue mathématique, on peut donc appliquer à la loterie ce que Buffon dit des jeux publics en général : « Le Banquier n'est qu'un fripon avoué et le ponte une dupe, dont on est convenu de ne pas se moquer [1]. »

[1] De crainte des coups malheureux, la Banque n'admettait pas le jeu sur le *quine*, et la mise sur le *quaterne* était limitée à 12 francs. La

§ 41. — Une fois la partie entamée, les joueurs peuvent désirer la cesser avant qu'elle soit terminée; alors ils ne doivent pas, en bonne justice, retirer chacun son enjeu, mais « se partager la somme des enjeux « dans la proportion des probabilités de gain qu'ils ont « en leur faveur à l'instant où la partie est rompue ». D'ailleurs, c'est une convention généralement admise dans tous les jeux, que le joueur perd la *propriété* de l'argent qu'il dépose, mais qu'il acquiert en revanche, sur le *fonds* du jeu, un *droit* proportionnel à la probabilité qu'il a de gagner ce fonds.

La règle de l'espérance mathématique, qu'on suit encore dans ce cas, prend ici le nom de *règle des partis* (compositio sortis (ou) aleæ [1]) : c'est à son occasion que Pascal entreprit les premières recherches sur la probabilité mathématique, et ce grand penseur ne songeait nullement aux applications immenses que sa *Géométrie du hasard* [2] comportait dans toutes les branches des connaissances humaines. Fermat, Huygens, Leibnitz, qui s'occupèrent du calcul des combinaisons et des chances en même temps que Pascal, ou quelques années après lui, n'avaient également en vue que la règle des partis.

§ 42. — Comme exemple de la règle des *partis*

Loterie, supprimée en 1793, fut rétablie en 1797 et définitivement abolie en 1839.

[1] Compositio aleæ in ludis ipsi subjectis quod gallico nostro idiomate dicitur « faire les partis des jeux. » (*Œuvres de Pascal*, t. IV.)

[2] Stupendum hunc titulum jure sibi arrogat « aleæ geometria. » — (*Ibid.*)

combinée avec la règle des *paris*, supposons qu'une personne parie d'amener deux fois le point 6 dans deux jets consécutifs d'un dé à six faces : la probabilité de cet événement étant seulement $\frac{1}{36}$, et celle de l'événement contraire $\frac{35}{36}$, cette personne ne doit mettre au jeu que 1 fr. et son adversaire 35. Admettons que, le premier jet ayant eu lieu, le point désigné ait paru, et qu'alors les joueurs veuillent se séparer; celui qui a parié d'amener le point désigné aurait encore, au second jet, *une* chance pour lui et seulement *cinq* contre lui : son espérance est donc différente de ce qu'elle était avant le premier jet. Dans ce cas, la mise totale étant considérée comme appartenant au jeu, toutes les chances également possibles ont un droit égal au partage de cette somme, et celui qui réunit plusieurs chances doit avoir les parts correspondantes ; ainsi le premier joueur prendra le sixième de la mise totale, ou 6 fr., et son adversaire les $\frac{5}{6}$, ou 30 fr.

Deuxième exemple. Deux joueurs ont formé un fonds destiné à celui qui aura le plus tôt gagné trois parties : ils se séparent lorsque le premier en a gagné deux et le second une. On demande la part que chacun doit avoir sur le fonds du jeu, en supposant que la probabilité de gagner isolément une partie soit $\frac{1}{2}$ pour chaque joueur.

En examinant ce qui arriverait si le jeu était continué, on trouvera facilement pour réponse $\frac{3}{4}$ et $\frac{1}{4}$.

Cette question est une de celles qui avaient été proposées à Pascal par le chevalier de Méré. Il la résolut par un raisonnement très-simple, en se bornant à chercher ce qui arriverait si la 4ᵉ partie était jouée. Fermat y appliqua d'abord la méthode des combinaisons, puis celle des probabilités composées.

Troisième exemple. Deux personnes jouent en *rabattant*, c'est-à-dire que la partie doit se terminer aussitôt que l'un des deux joueurs a fait *n* points *de plus* que l'autre. Ici, la séparation des joueurs avant la décision du sort, est quelquefois nécessaire, car la partie peut se continuer indéfiniment. Pour simplifier les calculs, supposons $n = 2$; le premier joueur ayant gagné *un* point, propose d'arrêter la partie : comment les enjeux doivent-ils se répartir ?

On trouve, comme dans l'exemple précédent, $\frac{3}{4}$ et $\frac{1}{4}$.

Quatrième exemple. Trois joueurs, jouant à qui aura le premier gagné trois points, se séparent sans terminer la partie, lorsqu'il manque encore au 1ᵉʳ un point, au 2ᵉ deux, et au 3ᵉ trois : on demande comment ils doivent se partager l'enjeu.

Nous extrayons cet énoncé du *Dictionnaire de Mathématiques* de Montferrier, article *Probabilité ;* mais la solution donnée dans cet ouvrage est évidemment vicieuse ; et si l'erreur ne saute pas aux yeux, c'est grâce à une faute de calcul qui masque l'impossibilité du résultat.

Représentons respectivement par *a*, *b*, *c*, les événements correspondant au gain d'un point par le premier, le deuxième et le troisième joueur. Dans l'état où est arrivée la partie, elle doit être terminée en quatre coups au plus : le nombre total des chances est donc $3^4 = 81$.

Puisque le gain d'un seul point donne la partie au premier joueur, les événements composés qui le font gagner sont tous les arrangements quatre à quatre des trois lettres a, b, c, renfermant au moins une fois la lettre a, sauf ceux de ces arrangements dans lesquels a est précédé de *deux* b ou de *trois* c. Ces arrangements exceptionnels sont au nombre de sept, savoir :

$$
\begin{array}{cccc}
c & c & c & a \\
b & b & b & a \\
b & b & c & a \\
b & c & b & a \\
c & b & b & a \\
b & b & a & b \\
b & b & a & c
\end{array}
$$

D'ailleurs, le nombre des arrangements qui renferment au moins un a est 65 (c'est la somme des coefficients des termes de $(a + b + c)^4$ renfermant a comme facteur à une puissance quelconque). Le nombre des chances favorables au premier joueur est donc 58, et sa probabilité de gagner $\frac{58}{81}$.

Les événements composés qui font gagner le troisième joueur sont les neuf arrangements renfermant au moins *trois* c, sauf les trois arrangements où la lettre a se trouve à la première, la deuxième ou la troisième place. Ce joueur a donc pour lui la probabilité $\frac{6}{81}$.

Donc il reste au deuxième joueur la probabilité $\frac{17}{81}$; et l'enjeu doit être réparti dans le rapport des nombres 58, 17 et 6.

§ 43. — « Lorsque les mises P et Q de deux joueurs

« sont proportionnelles à leurs chances de gain, p, q,
« l'événement le plus probable, après un certain nombre
« de parties, est qu'aucun des deux n'ait perdu ni
« gagné. »

Cela résulte immédiatement des considérations sur
l'espérance mathématique, et de l'hypothèse

$$P \times q = Q \times p.$$

Plus le nombre de parties augmente, plus croît la
probabilité que les rapports des nombres de parties
gagnées par chacun des joueurs au nombre total de
parties, resteront voisins de p et de q. Il suit de là
« qu'en multipliant suffisamment le nombre des parties,
« la perte ou le gain de chaque joueur pourra être
« représenté par une *fraction* aussi petite qu'on voudra
« de sa *mise totale* (comprenant la somme de tous ses
« enjeux successifs). »

En effet on peut, d'après le § 32, obtenir une probabilité *absolue,* de plus en plus grande, que le rapport du nombre des parties gagnées par le premier
joueur au nombre total des parties jouées, sera compris entre les limites

$$p + \frac{1}{a} \quad \text{et} \quad p - \frac{1}{a}.$$

Considérons, comme dans le paragraphe cité, un
nombre ar d'épreuves ou de parties. En déterminant
r comme il a été dit, il y aura une probabilité $\frac{i}{i+1}$ que
les nombres de parties gagnées par chacun des joueurs
seront compris respectivement entre $a.r.p + r$ et
$a.r.p - r$, et entre $a.r.q - r$ et $a.r.q + r$.

Dans les cas les plus extrêmes, le premier joueur

recevra une somme $Q(a.r.p + r)$ et paiera une somme $P(a.r.q - r)$, ou bien recevra seulement $Q(a.r.p - r)$ et paiera $P(a.r.q + r)$. Par rapport à ce joueur, le gain sera donc :

$$Q.a.r.p + Q.r - P.a.r.q + P.r = a.r(Qp - Pq) + r(Q + P)$$

ou bien :

$$Q.a.r.p - Q.r - P.a.r.q - P.r = a.r(Qp - Pq) - r(Q + P).$$

Mais on a $Qp = Pq$, donc ces expressions se réduisent à :

$$r(Q + P) \text{ ou } -r(Q + P).$$

Or, la mise totale du joueur a été $a.r.P$; par conséquent son gain ou sa perte maximum s'élèvera à la fraction

$$\frac{r(Q + P)}{a.r.P}$$

de cette mise totale. Remplaçons Q par $\frac{q}{p}P$, il viendra :

$$\frac{\frac{q}{p}P + P}{a.P} = \frac{1}{ap}.$$

Pour rendre cette fraction aussi petite qu'on voudra, il suffit de prendre a assez grand.

On obtiendrait semblablement pour le rapport de la perte ou du gain maximum du second joueur, à sa mise totale, la fraction

$$\frac{1}{aq}$$

la mise totale étant $a.r.Q$. Si l'on demande qu'aucun des deux joueurs ne risque plus d'une fraction donnée de sa mise totale, il faudra prendre pour a la plus grande des valeurs obtenues en égalant $\frac{1}{ap}$ et $\frac{1}{aq}$ à cette fraction.

Remarquons qu'il ne s'agit pas ici de limiter ou la perte ou le gain des joueurs, mais seulement le rapport de cette perte ou de ce gain à la somme totale des enjeux pour chacun d'eux ; au contraire, cette somme totale croissant avec le nombre de parties jouées, il est facile de voir que la perte ou le gain limite augmente presque dans le même rapport. En effet, cette perte ou ce gain limite est exprimé par :

$$\frac{a.r.P}{ap} = \frac{r.P}{p}$$

mais r (§ 32) est égal à :

$$a \log (i + 1) - \frac{q}{p}$$

donc la limite devient :

$$\frac{a \log (i + 1)}{p} \times P - \frac{q}{p} \times \frac{P}{p}$$

et le premier terme de cette expression croît, comme on le voit, proportionnellement à a.

§ 44. — Les conséquences sont plus tranchées si, au lieu d'avoir $p\,Q - q\,P = o$, on a $p\,Q - q\,P = \pm\,k^2$, quelque petit que soit k^2, c'est-à-dire si l'un des joueurs a sur l'autre un avantage, même très-minime. En effet, il vient alors pour le gain ou pour la perte maximum du joueur qui a la chance p, et en supposant k^2 négatif,

$$- a\,r\,k^2 \pm r\,(Q + P) = r\,\{- a\,k^2 \pm (Q + P)\}$$

Or, le nombre a, pouvant être pris aussi grand qu'on veut, on pourra toujours, quel que soit k^2, faire en sorte que cette quantité soit négative aussi bien quand le second terme est pris avec le signe $+$ qu'avec le signe $-$; alors le premier joueur perd dans le premier

comme dans le second cas, et il s'ensuit que « quelque
« petite que l'on suppose la différence entre les espé-
« rances mathématiques des deux joueurs, on pourra
« toujours, en multipliant le nombre des épreuves,
« obtenir telle probabilité qu'on voudra que le joueur
« favorisé sera finalement en gain, et l'autre en perte. »

Dans les jeux publics, où les coups se succèdent
très-rapidement, et sont par suite extrêmement nombreux, il suffit donc que le banquier se réserve un très-
faible avantage pour être presque certain de réaliser
des bénéfices. Ces bénéfices croissent d'ailleurs avec
le nombre de coups joués, puisque dans l'expression

$$r \left\{ - ak^2 \pm (P + Q) \right\}$$

le premier terme du second facteur tend alors à augmenter, de même que r, qui croît avec a. Ainsi, il
arrivera presque infailliblement, les parties jouées se
comptant par milliers et les enjeux étant considérables,
que le bénéfice s'élèvera à une somme énorme. C'est ce
que l'expérience a toujours vérifié, comme on sait.

§ 45. — La proposition du § 43, basée sur le théorème de Bernoulli, présente l'une des conséquences
les plus importantes dans la pratique, de la considération de l'espérance mathématique. En montrant l'influence que le nombre d'épreuves d'un même hasard
a sur la perte ou le gain que ce hasard peut amener,
elle prouve indirectement que le temps doit entrer
dans l'appréciation des éventualités soumises à une probabilité déterminée. Le temps permet, en effet, la répétition des hasards contraires qui doivent se contre-

balancer dans le rapport de cette probabilité. Ainsi il n'est pas conforme à la prudence de s'exposer sans nécessité aux chances d'une épreuve qu'on ne peut tenter un grand nombre de fois, car il est impossible alors de s'en reposer sur les probabilités favorables. C'est dans ce sens qu'on est en droit de contester avec d'Alembert et Condorcet, que deux conditions soient toujours égales lorsque les avantages de chacune d'elles sont en raison inverse de leur probabilité. « La probabilité $\frac{1}{2}$ « d'avoir 2 écus, dit avec raison Condorcet[1], n'est point « égale à la certitude d'en avoir 1 ; le joueur qui a la « probabilité $\frac{1}{10}$ de gagner 9 écus n'est point dans une « position égale à celle d'un autre homme qui aurait la « probabilité $\frac{9}{10}$ de gagner 1 écu. »

§ 46. — Dans l'exemple traité au § 34, nous avons vu que deux joueurs qui engagent un franc à chaque partie, gardent la probabilité 0,489 de ne pas perdre, en mille parties, plus de 20 francs ou le $\frac{1}{50^e}$ de leur *mise totale.* Si le nombre de parties était seulement de 100, la probabilité que la perte ou le gain ne dépassera pas la même fraction de la mise totale, se réduirait à 0,131, et ce serait la fraction $\frac{9}{100}$ environ de cette mise totale, que les joueurs auraient la probabilité 0,489 de perdre ou de gagner. Mais il faut remarquer que dans le cas de 1,000 parties, le $\frac{1}{50^e}$ de la mise est 20 francs, tandis qu'il n'est que 2 francs dans le cas

---

[1] Essai sur l'application de l'analyse à la probabilité des décisions, etc. Discours préliminaire.

de 100 parties ; dans ce second cas, la fraction $\frac{9}{100}$ de la mise, est seulement 9 fr., encore fort inférieure à 20 fr. On voit donc, conformément à la remarque finale du § 43, que la somme risquée avec le même degré de chances favorables ou défavorables, croît avec le nombre de parties jouées.

Si les deux joueurs ne sont pas dans des conditions d'égalité, c'est-à-dire si l'espérance mathématique de l'un des deux est supérieure à celle de l'autre, la chance de perdre du moins favorisé, devient de plus en plus grande, ainsi qu'il a été démontré, au § 44, à mesure que le nombre de parties jouées augmente. On peut rechercher en combien de parties un joueur qui engage le $\frac{1}{50^e}$ de son fonds à chaque partie, se trouvera avoir 99 chances sur 100 d'être ruiné, en admettant que son adversaire ait sur lui un avantage

$$k^2 = \frac{1}{19} \times \frac{1}{50^e},$$

c'est-à-dire que les chances respectives soient $\frac{10}{19}$ et $\frac{9}{19}$, comme à *la Roulette* (en général). Le nombre cherché étant $a.r$, on a pour déterminer a et r les deux équations :

$$r = a \log 100 - \frac{10}{9}$$

$$- 50 = r\left(-\frac{a}{19} + 2\right)$$

en représentant par l'unité chacune des mises, égales au $\frac{1}{50^e}$ du fonds. On en tire :

$$a = 48 \qquad r = 95 \qquad \text{d'où } a.r = 4560.$$

Ainsi il y a 99 à parier contre 1 que le joueur qui n'a pour lui que la chance $\frac{9}{19}$ sera ruiné en 4560 parties au plus. Ce résultat peut se vérifier ainsi : l'événement composé le plus probable en 4560 parties, comprend $\frac{10}{19} \times 4560 = 2400$ gains pour le joueur favorisé (la Banque), et $\frac{9}{19} 4560 = 2160$ gains pour l'autre joueur. Si l'on prend les r termes à droite et à gauche du maximum, l'événement composé le plus favorable à ce second joueur comprendra 2400 — 95 gains pour la Banque, et 2160 + 95 gains pour lui. Or, la différence entre ces deux restes est précisément 50, c'est-à-dire le nombre de fois qu'il peut renouveler sa mise sans épuiser son fonds. On voit donc que tous les événements composés correspondants aux 191 (y compris le maximum) termes considérés du développement de

$$\left(\frac{10}{19} + \frac{9}{19} \right)^{4560},$$

amènent sa ruine. Il suffit de se reporter au § 32, pour reconnaître que la somme de ces 191 termes est supérieure à $\frac{99}{100}$.

La formule de l'espérance mathématique s'applique également au cas où il y a plus de deux événements possibles à chaque épreuve. Supposons, par exemple, qu'un joueur jette un dé ordinaire, et que son adversaire s'engage à lui payer autant de francs qu'il amène de points à chaque coup. On demande quel doit être l'enjeu du premier joueur.

L'espérance mathématique de celui-ci se forme évidemment en ajoutant celles que donnent tous les événements possibles, et qui sont égales au produit de chacun des six points par la probabilité $\frac{1}{6}$ de l'amener. Le résultat est donc

$$\frac{1}{6}\,(1 + 2 + 3 + 4 + 5 + 6) = 3,50.$$

L'enjeu cherché est donc 3 francs, 50 : c'est la *moyenne* entre les sommes que le second joueur peut avoir à payer.

§ 47. — En parlant de la valeur vénale des chances, nous avons supposé que l'unité monétaire représentait une quantité *absolue,* ayant le même prix pour tout le monde. En réalité cependant, elle n'a qu'une valeur *de convenance,* subordonnée à la position particulière, à la fortune et même au caractère du possesseur. Il faut reconnaître qu'un homme *risque* d'autant plus en achetant une chance, c'est-à-dire un bien incertain, que le prix certain qu'il en donne est plus considérable relativement au bien qu'il possède ; la raison dit aussi que l'importance d'une somme d'argent diminue pour celui dont la fortune s'accroît : mais n'est-ce pas abuser du calcul que de vouloir soumettre à ses lois les considérations morales relatives aux privations qu'impose une perte, aux jouissances que procure un gain? Comment apprécier numériquement cette valeur *relative* des chances que l'on a désignée sous le nom de *valeur morale?* Plusieurs auteurs ont proposé des règles à ce sujet : nous allons en indiquer quelques-unes, mais en déclarant d'avance qu'elles nous semblent plus ou moins arbitraires, et sans applications rigoureuses.

Buffon (*Essais d'arithmétique morale*) a proposé de prendre pour mesure de l'importance morale d'une somme, ajoutée à un bien quelconque, *le rapport de l'une à l'autre;* et d'admettre en conséquence que l'homme qui possède 1000 francs et qui en gagne 100, reçoit un *avantage* égal à celui qui, possédant 100000 francs, en gagnerait 10000, ou qui, n'en possédant que 10, en gagnerait un. L'illustre écrivain déduit de son hypothèse la conclusion, très-juste et très-morale dans tous les cas, qu'une même somme acquiert plus d'importance lorsqu'on la perd que lorsqu'on la gagne; et que par suite le *jeu* le plus simple et le plus égal (celui de deux personnes également riches, jouant à chances égales) entraîne toujours une *perte* absolue d'aisance, puisque moralement l'événement diminue plus le bien du perdant qu'il n'augmente celui du gagnant. Si, par exemple, l'enjeu est la moitié de la fortune de chaque joueur, les valeurs morales de la perte et du gain sont exprimées respectivement par $\frac{1}{2}$ et $\frac{1}{3}$, et par conséquent la chance du jeu équivaut à une perte morale d'aisance de $\frac{1}{6}$.

En général, soit A le bien antérieur, et a la somme éventuelle; l'importance morale de cette somme sera exprimée par $\frac{a}{A}$ comme perte et par $\frac{a}{A+a}$ comme gain; la différence sera $\frac{a^2}{A(A+a)}$.

Ceci conduit naturellement à chercher la valeur de la perte dont l'importance morale est équivalente à celle du gain a. Soit x cette perte ; on aura :

$$\frac{x}{A} = \frac{a}{A + a}, \quad \text{d'où } x = \frac{A\,a}{A + a} = \frac{a}{1 + \dfrac{a}{A}}.$$

On voit que la valeur de x approchera d'autant plus de celle de a, que la fraction $\dfrac{a}{A}$ sera plus petite ; en sorte que, dans l'hypothèse de Buffon, le gain et la perte ne peuvent être d'égale importance que lorsqu'ils sont infiniment petits par rapport au bien antérieur.

§ 48. — Daniel Bernoulli développe une théorie qui diffère de celle de Buffon, en ce qu'elle fait croître bien moins rapidement l'importance morale des pertes (*Specimen theoriæ novæ de mensurâ sortis : Comm. Acad. Petrop.*, t. V, p. 175). Elle s'accorde cependant à diminuer le prix des sommes éventuelles, à mesure que le bien antérieur est plus considérable, et à donner plus d'importance à la perte qu'au gain. Bernoulli, qui le premier a soumis au calcul l'appréciation de la valeur *morale* des sommes éventuelles, part de trois propositions fondamentales, savoir :

1º Tout homme possède un bien *physique* quelconque, au moins équivalent à la subsistance qu'il peut tirer de son industrie, ou de l'emploi de ses forces vitales. Il n'y a que l'individu sur le point de mourir de faim, duquel on puisse dire qu'il ne possède absolument rien.

2º La valeur morale d'une somme infiniment petite est directement proportionnelle à cette somme, et inversement proportionnelle à la valeur absolue du bien physique de son possesseur.

3° La valeur physique totale peut être considérée comme une somme de valeurs physiques infiniment petites ; et la valeur morale correspondante, comme la somme des valeurs morales des éléments infiniment petits de l'avoir physique.

Soit donc x un capital quelconque ; k une constante ; dx l'accroissement différentiel du capital : $\dfrac{k\,dx}{x}$ sera la valeur morale de cet accroissement (2°), et celle du capital entier sera (3°) :

$$y = \int k\,\frac{dx}{x} = k \log x + \log h$$

en représentant par $\log h$ la constante arbitraire. Pour la déterminer, il faudrait assigner la valeur de y qui correspond à une valeur donnée de x ; on n'oubliera pas, toutefois, que y et x ne peuvent être supposés ni nuls, ni négatifs (1°).

Représentons par y' la valeur morale d'un nouveau capital x' ; nous aurons

$$y' = k \log x' + \log h ;$$

et par suite

$$y' - y = k\,(\log x' - \log x) = k.\log \frac{x'}{x}.$$

Faisons donc $x = A$, $x' = A \pm a$: l'importance morale de la somme éventuelle a en présence du capital A sera exprimée par la différence des valeurs morales y' et y :

$$k.\log \frac{A + a}{A}$$

comme gain ; et

$$k.\log \frac{A - a}{A}$$

comme perte. Naturellement dans ce second cas la différence est négative, mais sa valeur absolue est plus grande.

Pour déterminer, dans l'hypothèse de Bernoulli, la *perte, z,* dont la valeur morale serait égale à celle du *gain a*, nous remarquerons d'abord qu'il s'agit ici de cette valeur prise d'une manière *absolue*, c'est-à-dire positivement; et comme $\log \dfrac{A - z}{A}$ est négatif, nous poserons

$$- k.\log \frac{A - z}{A} = k.\log \frac{A + a}{A}$$

d'où

$$\frac{A}{A - z} = \frac{A + a}{A}$$

ou enfin

$$z = \frac{Aa}{A + a} = \frac{a}{1 + \dfrac{a}{A}}$$

valeur identique avec celle qui résulte de l'hypothèse de Buffon.

§ 49. — Supposons qu'un bien physique, ou absolu, A, soit dans le cas de recevoir des variations a, a', a''...., lesquelles peuvent être positives ou négatives; soient de plus p, p', p''.... les probabilités de chacune de ces variations, de sorte qu'on ait nécessairement $p + p' + p'' + \ldots = 1$.

La *fortune morale éventuelle* du possesseur (*fortune morale* de Laplace; *mensura sortis* de Bernoulli; *erwartetes moralisches Vermögen*, de Grunert) s'évaluera en multipliant, dans chaque hypothèse de variation, la valeur morale du bien physique résultant par la probabilité de la variation, et en faisant la somme de tous les produits. On aura donc

$$Y = p\,[k \log (A + a) + \log h] + p'\,[k \log (A + a') + \log h] + \dots$$
$$= p\,k \log (A + a) + p'\,k \log (A + a') + \dots + (p + p' + p'' + \dots) \log h$$
$$= p\,k \log (A + a) + p'\,k \log (A + a') + p''\,k \log (A + a'') + \dots + \log h.$$

Désignons maintenant par X la fortune *physique* éventuelle correspondant à la fortune *morale* éventuelle Y : d'après la première équation du paragraphe précédent, ces deux quantités seront liées entre elles par la relation

$$Y = k \log X + \log h;$$

égalant les deux valeurs de Y, on obtient, après quelques réductions faciles,

$$X = (A + a)^p\,(A + a')^{p'}\,(A + a'')^{p''} \dots$$

pour la fortune physique *éventuelle* correspondant à la fortune physique A. La différence X — A est ce que Laplace nomme *espérance morale*, et elle a pour expression

$$X - A = (A + a)^p\,(A + a')^{p'}\,(A + a'')^{p''} \dots - A\,;$$

tandis que l'*espérance mathématique* serait

$$p\,a + p'\,a' + p''\,a'' + \dots$$

Si l'on développe la valeur de X — A suivant les puissances de a, a', a''…, en négligeant les termes renfermant les puissances supérieures de ces quantités, on obtient

$$A^{p + p' + p'' + \dots} + A^{p + p' + p'' + \dots - 1}\,(p\,a + p'\,a' + p''\,a'' + \dots) - A$$

mais

$$p + p' + p'' + \dots = 1\,;\quad p + p' + p'' + \dots - 1 = 0\,;$$

donc

$$X - A = p\,a + p'\,a' + p''\,a'' + \dots$$

L'espérance morale est donc toujours supérieure à l'espérance mathématique, ce qui se comprend, puisque la première est considérée relativement à un avoir nécessairement limité; on reconnaît d'ailleurs facilement que les termes négligés dans l'expression de X—A ne renfermant que les puissances supérieures des variations de fortune, l'espérance morale s'approche d'autant plus de l'espérance mathématique, que ces variations sont plus petites, et que même les deux valeurs se confondent lorsque la fortune A peut être considérée comme infiniment grande vis-à-vis des pertes ou des gains éventuels a, a', a''_*...

Ce qui précède confirme l'opinion de Buffon, que le jeu le plus égal est désavantageux aux joueurs. Si, par exemple, deux joueurs possédant chacun un bien physique 100, exposent 50 avec la probabilité $\frac{1}{2}$ de gagner ou de perdre, on aura

$$A = 100 \,;\, a = + 50 \,;\, a' = - 50 \,;\, p = p' = \frac{1}{2} :$$

par suite l'espérance morale de chaque joueur est

$$(100 + 50)^{\frac{1}{2}}. \ (100 - 50)^{\frac{1}{2}} - 100 = - 13,4$$

c'est-à-dire que l'aléa du jeu équivaut pour chacun d'eux à la crainte *de perdre* 13,4.

§ 50. — Dans le mémoire que nous avons cité plus haut, Bernoulli donne plusieurs applications curieuses de son principe : nous nous contenterons de mentionner la suivante.

Un négociant possède une fortune physique A; mais un vaisseau qui est en mer doit lui rapporter un bénéfice a s'il arrive au port. La probabilité de cette arrivée est p, d'après l'expérience. Quelle est l'espérance morale du négociant?

La probabilité que le vaisseau n'arrive pas au port est $1 - p$; et cet événement laisse la fortune physique du négociant égale à A. Il s'ensuit que son espérance morale est

$$X - A = (A + a)^p A^{1 - p} - A.$$

Quant à sa fortune morale éventuelle elle-même, son expression sera

$$Y = p\, k \log (A + a) + (1 - p)\, k \log A + \log h.$$

Si l'on veut prendre A pour unité, les deux formules précédentes se simplifieront et deviendront respectivement, le bénéfice a étant aussi exprimé en unités A,

$$X - 1 = (1 + a)^p - 1$$
$$Y = p\, k \log (1 + a) + \log h.$$

Ce que nous venons de dire suppose que le négociant n'assure pas le vaisseau. S'il l'assure, il peut n'avoir à payer à la compagnie que $(1 - p)\, a$, puisque la probabilité de perte du navire est $(1 - p)$; et alors sa fortune morale éventuelle, après le payement de la prime d'assurance, est

$$y = k \log [1 + a - (1 - p)\, a] + \log h = k \log (1 + a\, p) + \log h.$$

Or, comme p est une fraction proprement dite, on a

$$\frac{p.\, d\, a}{1 + a\, p} > \frac{p.\, d\, a}{1 + a}$$

ou

$$\int \frac{p.\, d\, a}{1 + a\, p} > \int \frac{p.\, d\, a}{1 + a}$$

ou enfin

$$\log (1 + a\,p) > p \log (1 + a).$$

Il s'ensuit que $y > \mathrm{Y}$, ou que la fortune morale éventuelle du négociant, lorsqu'il assure, est plus grande que sa fortune morale éventuelle, dans le cas où il n'assure pas. Il y a donc avantage à assurer le navire, dans le cas où la prime ne dépasse pas $(1 - p)\,a$.

Mais si l'on exige du négociant une prime plus élevée, par exemple $(1 - p)\,a + a'$, sa fortune morale éventuelle, après l'assurance, devient

$$k \log [1 + a - (1 - p)\,a - a'] + \log h = k \log [1 - a' + a\,p] + \log h.$$

Par conséquent l'assurance ne présentera ni avantage, ni désavantage, si l'on a

$$p\,k \log (1 + a) + \log h = k \log (1 - a' + a\,p) + \log h,$$

d'où l'on tire

$$a' = 1 + a\,p - (1 + a)^{p}.$$

La prime à payer par le négociant doit donc s'élever au plus à

$$(1 - p)\,a + 1 + a\,p - (1 + a)^{p} = (1 + a)\left[1 - (1 + a)^{p-1}\right], \quad \text{(P)}$$

et il y aura pour lui avantage ou désavantage moral à assurer le navire, suivant que la prime sera inférieure ou supérieure à cette somme.

Soit, par exemple

$$a = 10000 \text{ fr.}; \; p = \frac{19}{20};$$

$\mathrm{A} = $ la fortune du négociant : il doit payer au plus

$$\left[1 + \frac{a}{\mathrm{A}} - \left(1 + \frac{a}{\mathrm{A}}\right)^{p}\right]\mathrm{A} = \mathrm{A} + a - (\mathrm{A} + a)^{p} \cdot \mathrm{A}^{1-p}$$
$$= \mathrm{A} + 10000 - (\mathrm{A} + 10000)^{\frac{19}{20}} \cdot \mathrm{A}^{\frac{1}{20}}.$$

La prime limite P croît avec a, dont l'expression numérique est d'autant plus élevée que A, l'unité, est plus faible. Il s'ensuit que celui qui possède *moins* a un intérêt *plus* grand à s'assurer; on peut donc se demander quelle fortune au moins doit posséder le négociant pour qu'il ait avantage à renoncer à l'assurance, lorsque la compagnie lui demande une prime déterminée, par exemple 800 fr. Dans ce cas on a l'équation

$$A + 10000 - (A + 10000)^{\frac{19}{20}} . A^{\frac{1}{20}} = 800$$
$$(A + 10000)^{19} . A = (A + 9200)^{20};$$

d'où Bernoulli déduit A = 5043 à peu près. Si la fortune du négociant surpasse ce chiffre, il peut renoncer à l'assurance; s'il possède moins, la prudence exige qu'il assure le vaisseau.

Enfin on peut encore se demander quel est le capital minimum dont la compagnie doit disposer, pour pouvoir assurer sans désavantage au prix de 800 fr. dans les circonstances précédentes.

Soit x ce capital. Si le vaisseau arrive au port, événement dont la probabilité est $\frac{19}{20}$, le capital de la compagnie deviendra $x + 800$; si le vaisseau périt, événement dont la probabilité est $\frac{1}{20}$, la compagnie ne possédera plus que $x + 800 - 10000 = x - 9200$. Donc, lorsque l'assurance a lieu, la fortune morale éventuelle de la compagnie est

$$(x + 800)^{\frac{19}{20}} . (x - 9200)^{\frac{1}{20}};$$

lorsque l'assurance n'a pas lieu, son capital reste x, et comme la compagnie est par nature vouée aux spéculations, on doit poser l'équation

$$(x + 800)^{19}. (x - 9200) = x^{20}$$

d'où Bernoulli tire approximativement $x = 14243$. Tel est le minimum de capital que la compagnie doit posséder, pour offrir l'assurance au taux de 800 francs. Dans le cas contraire, elle aurait tort de s'engager dans cette spéculation.

§ 51. — Une question analogue à celle que nous venons de traiter se présente quand il s'agit de décider s'il convient d'engager une somme ou un risque donné sur un seul hasard ou sur plusieurs hasards de même ordre. Ainsi vaut-il mieux faire transporter une cargaison sur un seul navire ou la répartir sur plusieurs, mettant à part bien entendu les différences dans le prix du fret, dans l'aménagement, etc.; ou bien encore, vaut-il mieux dans un jeu, engager la somme qu'on consent à risquer en un plus ou moins grand nombre de parties?

La réponse à ces questions est facile. Les alternatives favorable et contraire ayant les probabilités p et $1 - p$, les éventualités possibles dans le cas de la répartition en 2, 3, 4 ... n épreuves du même hasard, auront des probabilités exprimées par les termes du développement de $(p + (1 - p))$ élevé à la puissance 2, 3, 4 ... ou n. Par conséquent, l'espérance morale correspondant à la répartition en **2, 3, 4** … n épreuves, sera

ou
$$(A + a)^{p^2} \times \left(A + \frac{a}{2}\right)^{2\,p\,(1-p)} \times A^{(1-p)^2} \quad - A$$

$$(A + a)^{p^3} \times \left(A + \frac{2\,a}{3}\right)^{3\,p^2\,(1-p)} \times \left(A + \frac{a}{3}\right)^{3\,p\,(1-p)^2} \times A^{(1-p)^3} - A$$

$$\cdots\cdots\cdots\cdots\cdots$$

ou
$$(A + a)^{n} \times \left(A + \frac{(n-1)}{n}\,a\right)^{n\,p^{n-1}\,(1-p)} \times \ldots\ldots - A$$

Ces quantités vont en croissant à mesure que le nombre de facteurs augmente; par conséquent il y a avantage, *moralement*, à multiplier le nombre des hasards de même ordre entre lesquels on répartit un risque quelconque. Au point de vue de l'espérance mathématique, le nombre des répartitions est évidemment indifférent.

La théorie de l'espérance morale pourrait être appliquée à l'appréciation des *emprunts à primes,* qui ont acquis une vogue si grande auprès d'une certaine catégorie de rentiers. On reconnaîtrait ainsi que ces emprunts ne peuvent guère être considérés comme avantageux, que pour les rentiers les moins riches; c'est aussi parmi eux qu'est leur plus grande clientèle.

§ 52. — Nous terminerons ce qui a rapport à l'espérance morale par une question piquante, qui fut présentée à Montmort par Nicolas Bernoulli, et qui a reçu le nom de *Problème de Pétersbourg,* à cause sans doute de la mention qu'en a faite Daniel Bernoulli dans les Mémoires de l'Académie de cette ville. — En voici l'énoncé.

Pierre et Paul jouent à croix ou pile ; Pierre jette la pièce de monnaie, et promet de donner à Paul 1 franc si pile arrive au premier coup ; 2 francs si pile arrive au deuxième coup ; 4 francs au troisième ; 8 francs au quatrième, et ainsi de suite, en doublant à chaque coup, de manière que la partie ne se termine que lorsque pile est arrivé. On demande l'espérance mathématique de Paul, ou ce qu'il doit déposer pour enjeu.

D'après les notions fondamentales du calcul, Paul a les probabilités

$$\frac{1}{2}, \quad \frac{1}{4}, \quad \frac{1}{8}, \quad \frac{1}{16}, \quad \cdots \quad \frac{1}{2^n}$$

de gagner

$$1, \quad 2, \quad 4, \quad 8, \quad \cdots \quad 2^{n-1} \text{ francs,}$$

selon que pile arrivera au

$$1^{er}, \quad 2^e, \quad 3^e, \quad 4^e, \quad \cdots \quad n^e \text{ coup.}$$

Son espérance mathématique de gain vaudra donc

$$\frac{1}{2} \cdot 1 + \frac{1}{4} \cdot 2 + \frac{1}{8} \cdot 4 + \frac{1}{16} \cdot 8 + \cdots + \frac{1}{2^n} \cdot 2^{n-1} = \frac{n}{2}.$$

Ainsi, Paul devrait déposer pour enjeu 50 francs si l'on mettait pour condition que le jeu cessera au 100e coup ; 500 francs si l'on convenait qu'il devra cesser au $1,000^e$ coup ; enfin, il doit déposer une somme *infinie* quand on convient que le jeu se prolongera jusqu'à ce que Pierre ait amené pile, si loin qu'il faille aller pour cela. Cependant, quel est l'homme sensé qui voudrait risquer pour enjeu, non pas une somme infinie, mais une somme tant soit peu forte ?

Pour expliquer ce paradoxe, la plupart des géomètres ont eu recours à l'espérance morale, soit en employant, comme Lacroix, l'hypothèse de Daniel Bernoulli; soit en fixant, comme Cramer, pour maximum du gain de Paul, une somme tellement grande, qu'on dût regarder comme absolument *inutile* tout ce qu'on pourrait y ajouter. D'autres ont cherché à limiter le nombre de coups en fixant une probabilité assez grande $\left(\frac{9999}{10000}, \text{ par exemple}\right)$ pour qu'on fût *moralement sûr* que pile a dû arriver : mais toutes ces explications laissent beaucoup d'arbitraire.

Poisson a fait la remarque bien simple que Pierre ne peut pas payer plus qu'il n'a; et que s'il possédait cinquante millions, somme exorbitante pour un particulier, il ne pourrait loyalement s'engager à prolonger le jeu au delà du vingt-sixième coup, puisqu'au vingt-septième sa dette envers Paul, en cas de perte, serait le nombre de francs exprimé par $2^{26} = 67\ 108\ 864$, somme supérieure à sa fortune. Réciproquement, Paul, connaissant la fortune de Pierre, ne s'engagera pas à jouer plus de vingt-six coups et ne risquera que 13 francs. En supposant qu'il ne limite pas le nombre de coups, comme il ne peut pas recevoir de Pierre, quoi qu'il arrive, plus de cinquante millions, on trouve que la valeur de son espérance mathématique ne surpasse pas 13 fr. 50 c.

Selon nous, l'espérance mathématique des deux joueurs a une expression plus complexe que celle donnée ci-dessus. En effet, chacun d'eux doit nécessairement débourser une certaine somme et, d'autre part, en recevoir une autre; il faut donc tenir compte de ces sommes dans l'évaluation de leur espérance mathématique. Soit X la mise de Paul, son espérance mathématique sera :

$$(1 - X).\frac{1}{2} + (2 - X).\frac{1}{4} + (4 - X).\frac{1}{8} + \dots (2^{n-1} - X).\frac{1}{2^n},$$

et celle de Pierre :

$$(X - 1).\frac{1}{2} + (X - 2).\frac{1}{4} + (X - 4).\frac{1}{8} + \dots (X - 2^{n-1}).\frac{1}{2^n},$$

En égalant ces deux expressions, on trouve

$$X = n.\frac{2^n - 1}{2^n - 1}$$

quantité qui converge vers $\frac{n}{2}$, à mesure que n augmente.

Il est constant que personne ne risquerait un enjeu un peu important sur la condition posée ; mais cela résulte de ce que personne n'admet que « pile » n'arrivera pas après un très-petit nombre de coups, s'il n'y a pas une cause quelconque pour la reproduction de « croix ». C'est donc un effet du sens intime et de l'expérience, qui indiquent que l'existence d'une cause ignorée est révélée par la répétition anormale ou seulement fréquente d'un événement que le hasard seul paraissait devoir déterminer. On verra plus loin la recherche de la probabilité des causes ainsi considérées. Dans le cas du jeu si simple de « croix ou pile », il paraît généralement impossible qu'il existe une cause qui amène la reproduction consécutive de « croix » un grand nombre de fois, et c'est pour cela que personne n'acceptera la condition attribuée à Pierre.

§ 53. — On rencontre souvent des joueurs systématiques qui se sont tracé un plan de conduite, d'après lequel ils se croient sûrs de réaliser des bénéfices, ou du moins de ne pas perdre. Pour cela, ils suivent certaines progressions dans leurs mises, ou se prescrivent des règles pour entrer au jeu et pour en sortir. Mais il ressort mathématiquement des définitions mêmes que, dans tout jeu *égal*, le joueur, quelque système qu'il suive, ne peut acquérir une probabilité de 100 contre 1 de gagner un franc, sans courir un risque mesuré par la probabilité de 1 contre 100 de perdre 100 francs ; les deux produits qu'on obtient en multipliant le gain possible par la probabilité du gain, et la perte possible par la probabilité de la perte, devant toujours rester égaux si le jeu est égal, inégaux si le jeu est inégal. Tout ce que le joueur imagine a donc pour but de *forcer* la chance. Quel rapport y a-t-il cependant entre les pratiques singulières que nous signalons, et l'alea d'un jeu, lequel peut, en résumé, être assimilé à une expérience toute physique dont nous ignorons la formule?

L'illusion la plus commune est celle qui consiste à croire que les anomalies du hasard doivent *se compenser* à très-peu près, quand on embrasse une longue série d'épreuves. En général, cela n'est pas exact, parce que le hasard n'existe pas réellement : il constituerait une antinomie dans la nature ; mais nous l'employons subjectivement comme expédient de calcul ou de raisonnement, quand les causes des événements à venir sont ignorées. C'est donc faire une hypothèse *à priori* sur la nature de ces causes, que supposer qu'elles agissent alternativement dans les deux sens. Il est évidemment plus rationnel, quand un événement s'est déjà répété souvent, de conclure, au contraire, qu'il existe quelque chance inconnue qui favorise son arrivée.

DEUXIÈME SECTION.

CHAPITRE V.

DÉTERMINATION DE LA PROBABILITÉ DES CAUSES PAR LES OBSERVATIONS. — PROBABILITÉ D'UN NOUVEL ÉVÉNEMENT.

§ 54. — Dans les applications les plus nombreuses, et on peut dire aussi les plus importantes du Calcul des probabilités, les *rapports des chances*, qui servent de mesure à l'action des causes dont dépend la production des événements, ne sont pas connus *à priori*. On ne pourrait donc former aucune prévision sur les résultats d'épreuves ultérieures, si l'on ne savait déduire, des expériences déjà faites, des évaluations plausibles sur ces rapports, c'est-à-dire sur la probabilité de l'action des causes. Les procédés qui ont pour but de déterminer la probabilité des événements à venir d'après les résultats des épreuves antérieures, constituent le calcul des *Probabilités à posteriori*.

Dans tout ce qui suit, les causes doivent être considérées comme s'excluant mutuellement ; une cause est donc ce qui attribue une probabilité déterminée à l'événement à venir. Ainsi si cet événement peut avoir, à nos yeux, toutes les probabilités possibles depuis 0 jusque 1, le nombre des causes est considéré comme infini.

Nous nous occuperons d'abord du cas où ce nombre est limité.

Pour prendre un exemple, imaginons qu'on ait des urnes renfermant toutes trois boules ; mais les unes renfermant trois boules blanches, les autres deux boules blanches et une noire, et d'autres enfin, d'une troisième catégorie, renfermant une boule blanche et deux noires. Les urnes des trois catégories sont en même nombre. On a trié une urne au hasard et ensuite extrait au hasard une boule de l'urne. Cette boule s'est trouvée blanche : quelles sont les probabilités que l'extraction s'est faite dans une urne de la première catégorie, ou de la seconde, ou de la troisième? c'est-à-dire que la cause mise en action a été celle qui attribue à l'événement réalisé la probabilité 1, $\frac{2}{3}$ ou $\frac{1}{3}$?

Puisque les urnes de chaque catégorie sont en même nombre, la probabilité de puiser dans une urne de l'une ou l'autre catégorie est $\frac{1}{3}$, et par conséquent, *à priori* (§ 15), la probabilité d'amener une boule blanche est *avant toute épreuve* :

$$\frac{1}{3} \cdot 1 + \frac{1}{3} \cdot \frac{2}{3} + \frac{1}{3} \cdot \frac{1}{3} = \frac{6}{9} = \frac{2}{3}.$$

Si l'on désigne respectivement par A_1, A_2, A_3, les

événements consistant dans l'extraction d'une boule blanche d'une urne de la première, de la deuxième et de la troisième catégorie ; et si l'on répète un grand nombre m de fois l'épreuve qui consiste dans le triage fortuit, suivi d'un tirage pareillement fortuit, le nombre des événements A_1 sera sensiblement $\frac{1}{3} m$; celui des événements A_2 sera à très-peu près égal à $\frac{2}{9} m$; et enfin celui des événements A_3 ne différera guère de $\frac{1}{9} m$.

Réciproquement on doit admettre que, si une boule blanche a été extraite sans qu'on sache de quelle urne, les probabilités, qu'elle provient d'une urne de la première, de la deuxième ou de la troisième catégorie, sont entre elles, dans le rapport des nombres $3 : 2 : 1$. D'ailleurs, la somme de ces probabilités *à posteriori* doit être égale à l'unité, puisque l'une des trois *hypothèses* a nécessairement lieu. La probabilité que la boule extraite provient de la première, de la deuxième ou de la troisième urne, est donc égale au nombre correspondant à chacune de ces urnes divisé par la somme des trois nombres, ou à

$$\frac{3}{6}, \quad \frac{2}{6} \quad \text{et} \quad \frac{1}{6}.$$

§ 55. — Cet exemple fait comprendre le sens de la règle suivante, attribuée au géomètre anglais Bayes (*Phil. Transact.*, 1763, p. 370) : « Les probabilités « des causes (ou des hypothèses) sont proportionnelles « aux probabilités que ces causes donnent pour les évé- « nements observés. La probabilité de l'une de ces

« causes ou hypothèses est une fraction qui a pour
« numérateur la probabilité de l'événement par suite
« de cette cause, et pour dénominateur la somme des
« probabilités semblables, relatives à toutes les causes
« ou hypothèses. »

Pour démontrer ce principe d'une façon générale,
représentons par p_1, p_2, p_3...... p_n... les probabilités
que les diverses causes possibles donnent à l'événement observé, et par h_1, h_2.... h_n..... les probabilités
de ces causes; soit, en outre, H_n la probabilité que,
avant toute épreuve, l'événement observé soit dû à la
cause à laquelle correspondent h_n et p_n : on aura,
d'après le principe des probabilités composées,

$$H_n = h_n \times p_n.$$

Mais si X_n est la probabilité que l'événement qui a eu
lieu est dû à la cause considérée, on aura de même H_n
égal à la probabilité calculée avant l'épreuve, que cet
événement aura lieu, multipliée par X_n, c'est-à-dire :

$$H_n = (h_1 \times p_1 + h_2 \times p_2 + ... + h_n \times p_n + ...) \times X_n$$

d'où

$$X_n = \frac{h_n \times p_n}{h_1 \times p_1 + h_2 \times p_2 + ... + h_n \times p_n + ...}$$

C. Q. F. D.

§ 56. — Ces préliminaires étant très-importants,
prenons un second exemple.

On a tiré successivement d'une urne trois boules
blanches et une noire, en ayant soin (comme nous le

supposons toujours) de remettre chaque fois la boule sortie : on sait d'ailleurs que le nombre total des boules est 4. On pourra faire, sur la constitution de l'urne, les trois hypothèses ci-dessous :

$$3 \text{ boules blanches } 1 \text{ boule noire} : p = \frac{3}{4}, \; q = \frac{1}{4}$$

$$2 \quad - \quad 2 \quad - \quad p = \frac{2}{4}, \; q = \frac{2}{4}$$

$$1 \quad - \quad 3 \quad - \quad p = \frac{1}{4}, \; q = \frac{3}{4}$$

La *probabilité* de l'*événement*, composé de la sortie de 3 boules blanches et de 1 noire (§ 23), sera dans les trois hypothèses,

$$4\,p^3\,q = \frac{27}{64} \text{ ou } \frac{16}{64} \text{ ou } \frac{3}{64}.$$

Les *probabilités* des trois *hypothèses* sur la constitution de l'urne sont donc entre elles comme $27 : 16 : 3$, et valent respectivement

$$h \;\; = \frac{27}{46} = \frac{27}{64} : \frac{46}{64}$$

$$h' \; = \frac{16}{46} = \frac{16}{64} : \frac{46}{64}$$

$$h'' = \frac{3}{46} = \frac{3}{64} : \frac{46}{64}.$$

§ 57. — Quand on a déterminé la probabilité de chaque *hypothèse* possible, on en déduit facilement la probabilité des *événements* qui peuvent arriver aux tirages suivants.

Dans l'exemple précédent, chacune des compositions possibles de l'urne a une probabilité que nous venons de calculer; on connaît aussi pour chacune de ces compositions la probabilité du tirage d'une boule blanche ; donc, d'après le principe des probabilités composées, la probabilité de la sortie d'une boule blanche au cinquième tirage sera :

$$\frac{27}{46} \times \frac{3}{4} + \frac{16}{46} \times \frac{2}{4} + \frac{3}{46} \times \frac{1}{4} = \frac{29}{46}$$

celle de la sortie d'une boule noire

$$\frac{27}{46} \cdot \frac{1}{4} + \frac{16}{46} \cdot \frac{2}{4} + \frac{3}{46} \cdot \frac{3}{4} = \frac{17}{46} \cdot$$

Ainsi :

« La probabilité d'un nouvel événement simple « s'obtient en calculant, d'après les événements passés, « la probabilité des diverses hypothèses possibles, et « faisant la somme des produits de ces probabilités par « celles de l'événement, prises dans chaque hypo- « thèse. »

§ 58. — Pour appliquer les considérations précédentes aux probabilités des événements naturels, il faut observer qu'alors le nombre total des chances ou des hypothèses doit être regardé comme *infini* (§ 54), car toutes les probabilités simples, c'est-à-dire tous les rapports compris entre o et 1, sont possibles, tant qu'on ignore quel est le véritable rapport, ou du moins quelles sont les limites entre lesquelles il doit être renfermé.

Soient donc A et B deux événements contradictoires, dont l'un est arrivé m fois et l'autre n fois. La probabilité simple de l'événement A peut varier depuis $x = o$ jusqu'à $x = 1$, pendant que celle de B variera depuis $x = 1$ jusqu'à $x = o$. La probabilité de *l'événement,* composé de m fois A et de n fois B, aura toujours une expression de la forme (§ 23)

$$k\, x^m (1 - x)^n$$

dans l'*hypothèse* que la probabilité de l'événement A soit x. En divisant cette quantité par la somme des probabilités de l'événement dans *toutes* les hypothèses possibles, on aura, avons-nous vu § 56, la *probabilité* de l'*hypothèse* correspondant à x.

Quand on passe à la limite et qu'on fait varier x d'une manière continue, on obtient, après avoir multiplié par dx les deux termes de la fraction qui exprime la probabilité :

$$\frac{x^m (1 - x)^n\, dx}{\displaystyle\int_0^1 x^m (1 - x)^n\, dx}$$

pour la *probabilité* infiniment petite de l'*hypothèse* qui consiste à attribuer à l'événement A une probabilité comprise entre x et $x + dx$.

L'intégrale indéfinie

$$\int x^m (1 - x)^n\, dx \quad \text{ou} \quad \int x^m\, dx\, (1 - x)^n$$

s'obtient facilement par parties : on a successivement

$$\int x^m\, dx\, (1 - x)^n = \frac{x^{m+1} (1 - x)^n}{m + 1} + \frac{n}{m + 1} \int x^{m+1}\, dx\, (1 - x)^{n-1};$$

$$\int x^{m+1}\, dx\, (1 - x)^{n-1} = \frac{x^{m+2} (1 - x)^{n-1}}{m + 2} + \frac{n+1}{m+2} \int x^{m+2}\, dx\, (1 - x)^{n-2};$$

$$\int x^{m+2}\, dx\, (1 - x)^{n-2} = \frac{x^{m+3} (1 - x)^{n-2}}{m + 3} + \frac{n-2}{m+3} \int x^{m+3}\, dx\, (1 - x)^{n-3}.$$

Répétant n fois cette opération, on fera disparaître le facteur $(1 - x)$.

D'ailleurs, si nous supposons $x = o$, la valeur de

10

l'intégrale doit se réduire à zéro ; car, lorsque l'événement A a une probabilité nulle, tout événement composé qui devrait renfermer A a aussi une probabilité nulle : il n'y a donc pas de constante arbitraire à ajouter.

Faisant la somme des différents termes de la série, on aura

$$(A)\ldots \int x^m (1 - x)^n\, dx = \frac{x^{m+1}(1-x)^n}{m+1} + \frac{n x^{m+2}(1-x)^{n-1}}{(m+1)(m+2)} +$$
$$+ \frac{n(n-1) x^{m+3}(1-x)^{n-2}}{(m+1)(m+2)(m+3)} \ldots + \frac{n(n-1)(n-2)\ldots 3\,2.1.\, x^{m+n+1}}{(m+1)(m+2)(m+3)\ldots.(m+n+1)}.$$

Lorsque l'on prend l'intégrale définie depuis $x = o$ jusqu'à $x = 1$, tous les termes de la série disparaissent, sauf le dernier, et il reste

$$(A')\ldots \int_0^1 x^m(1-x)^n\, dx = \frac{n(n-1)(n-2)\ldots 3.\,2.\,1}{(m+1)(m+2)(m+3)\ldots(m+n+1)}.$$

Dans le cas où m et n sont des nombres considérables, on pourra appliquer à cette expression la formule de Stirling, et elle deviendra

$$(A'')\ldots. \quad \frac{m^m\, n^n}{(m+n)^{m+n+1}} \sqrt{\frac{2\pi\, m\, n}{m+n}}.$$

Si l'on fait $n = o$, c'est-à-dire si l'on ne suppose qu'une seule espèce d'événements, la série (A) se réduit à son premier terme qui devient

$$(B)\ldots. \quad \frac{x^{m+1}}{m+1},$$

ce qui donne pour l'intégrale définie

$$(B')\ldots. \quad \frac{1}{m+1}$$

et pour la probabilité : $(m+1) x^m\, dx$, valeur d'autant

plus grande, m restant d'ailleurs le même (voir plus loin), que x est plus grand, ce qui était à prévoir.

§ 59. — Il nous est facile maintenant de nous élever à la probabilité des événements futurs. En effet, la *probabilité* d'une *hypothèse* quelconque correspondant à x, est

$$\frac{x^m\,(1 - x)^n\,dx}{\displaystyle\int_o^1 x^m\,(1 - x)^n\,dx} :$$

en la multipliant par la *probabilité*, x, de l'*événement* correspondant, A, on aura

$$\frac{x^{m+1}\,(1 - x)^n\,dx}{\displaystyle\int_o^1 x^m\,(1 - x)^n\,dx};$$

et la *somme* des produits semblables, prise pour *toutes* les hypothèses possibles, exprimera (§ 56) la probabilité d'un nouvel événement A. Or, cette *somme* s'obtiendra ici en *intégrant* le numérateur depuis $x = o$ jusqu'à $x = 1$, et en affectant le résultat du dénominateur commun. On a ainsi, d'après (A')

$$\frac{\displaystyle\int_o^1 x^{m+1}\,(1 - x)^n\,dx}{\displaystyle\int_o^1 x^m\,(1 - x)^n\,dx} = \frac{\dfrac{n\,(n - 1)\,(n - 2)\ldots 3.\,2.\,1}{(m+2)\,(m+3)\ldots(m+n+2)}}{\dfrac{n\,(n - 1)\,(n - 2)\ldots 3.\,2.\,1}{(m+1)\,(m+2)\ldots(m+n+1)}} = \frac{m+1}{m+n+2}\ldots(C)$$

Si l'on demandait la probabilité de l'arrivée d'un nouvel événement B, la probabilité particulière de cet événement étant $(1 - x)$, on aurait l'expression

$$\frac{\displaystyle\int_o^1 x^m\,(1 - x)^{n+1}\,dx}{\displaystyle\int_o^1 x^m\,(1 - x)^n\,dx} = \frac{\dfrac{(n+1)\,(n)\,(n-1)\ldots 3.\,2.\,1}{(m+1)\,(m+2)\ldots(m+n+2)}}{\dfrac{n\,(n-1)\,(n-2)\ldots 3.\,2.\,1}{(m+1)\,(m+2)\ldots(m+n+1)}} = \frac{n+1}{m+n+2}\ldots(C')$$

La somme de ces deux probabilités est égale à l'unité, et il est évident qu'il doit en être ainsi.

§ 60. — Si l'événement A avait été observé seul, m fois *de suite*, on aurait $n = o$, et la probabilité qu'il se reproduise encore une fois serait exprimée par

$$\frac{m + 1}{m + 2} \qquad \dots (C'');$$

Si donc un dé, dont on ignore le numérotage, a amené quatre fois de suite le même point, on doit conclure qu'on a la probabilité $\frac{5}{6}$ d'amener encore le même point au cinquième coup. Nous pouvons aussi, dans ce cas, dire que, si nous représentons le nombre de fois que l'événement est arrivé par un nombre égal de boules blanches que nous jetons dans une urne, en y ajoutant encore une boule blanche et une boule noire, la probabilité de la reproduction de l'événement sera égale à celle du tirage d'une boule blanche.

Chaque reproduction de l'événement observé équivaut, par conséquent, à la mise d'une nouvelle boule blanche dans une urne, où se trouvaient déjà, avant le commencement des épreuves, une boule blanche et une boule noire.

Les probabilités

$$\frac{m + 1}{m + n + 2} \text{ et } \frac{n + 1}{m + n + 2}$$

s'approchent d'autant plus de

$$\frac{m}{m + n} \text{ et } \frac{n}{m + n}$$

que m et n sont plus considérables. En effet, en divisant par $(m + n)$ les deux termes de ces probabilités, on a

$$\frac{\dfrac{m}{m+n} + \dfrac{1}{m+n}}{1 + \dfrac{2}{m+n}} \quad \text{et} \quad \frac{\dfrac{n}{m+n} + \dfrac{1}{m+n}}{1 + \dfrac{2}{m+n}},$$

expressions qui tendent évidemment vers

$$\frac{m}{m+n} \quad \text{et} \quad \frac{n}{m+n}$$

à mesure que $(m+n)$ augmente. Ce résultat est conforme au théorème de Bernoulli, qui dit que plus le nombre $(m+n)$ d'épreuves croît, plus les rapports des nombres de répétitions de chaque alternative au nombre total des épreuves, s'approchent des probabilités simples de ces alternatives. Ainsi

$$\frac{m}{m+n} \quad \text{et} \quad \frac{n}{m+n}$$

tendent vers les véritables valeurs de x et de $(1-x)$ et, par conséquent, vers les probabilités de l'arrivée de l'une ou l'autre alternative à l'épreuve nouvelle. Nous rechercherons plus loin l'approximation possible de

$$\frac{m}{m+n} \quad \text{et} \quad \frac{n}{m+n}$$

par rapport à x et à $(1-x)$, d'après les valeurs comparées de m et de n.

La différence

$$\frac{m}{m+n} - \frac{m+1}{m+n+2} = \frac{m-n}{(m+n)(m+n+2)}$$

est positive quand $m > n$, ce qui doit être, car la probabilité de l'événement correspondant à x qui, avant toute épreuve, devrait être prise égale à $\frac{1}{2}$, expression du doute, ne peut être portée à $\dfrac{m}{m+n}$ que si $(m+n)$ est infini; elle est donc comprise entre $\dfrac{1}{2}$ et $\dfrac{m}{m+n}$; de même celle de l'événement correspondant à $(1-x)$, est comprise entre $\dfrac{1}{2}$ et $\dfrac{n}{m+n}$, c'est-à-dire qu'on doit avoir

$$\frac{n}{m+n} < \frac{n+1}{m+n+2},$$

ce qui est évident si $m > n$.

§ 61. — La probabilité que, sur un nombre p de renouvellements du même hasard, il arrivera un nombre $(p-q)$ d'événements A et un nombre q d'événements B, se déduit sans difficulté des principes exposés précédemment. Dans l'hypothèse que l'événement simple A ait x pour probabilité, la probabilité de l'*événement composé* en question est (§ 23)

$$\frac{p\,(p-1)\,(p-2)\ldots\ldots(p-q+1)}{1.\;\;2.\;\;3\ldots\ldots\;\;q}\,x^{p-q}\,(1-x)^q :$$

en la multipliant par la probabilité de l'*hypothèse*, ou par

$$\frac{x^m\,(1-x)^n\,dx}{\displaystyle\int_0^1 x^m\,(1-x)^n\,dx},$$

et faisant la somme des produits dans *toutes* les hypothèses de valeur de x, on aura (§ 56) pour la probabilité que l'on cherche

$$\frac{p\,(p-1)\,(p-2)\ldots\ldots(p-q+1)}{1.\;\;2.\;\;3\ldots\ldots\;\;q}\;\frac{\displaystyle\int_0^1 x^{m+p-q}\,(1-x)^{n+q}\,dx}{\displaystyle\int_0^1 x^m\,(1-x)^n\,dx} \quad\ldots\text{(D)}$$

Si l'on prend, par exemple, $p = 3$, $q = 1$, l'expression précédente donnera la probabilité de l'événement composé de 2 fois A et une fois B : ce sera, d'après (A')

$$3 \frac{(m + 1)(m + 2)(n + 1)}{(m + n + 2)(m + n + 3)(m + n + 4)}.$$

En divisant par $(m + n)$ chacun des facteurs du numérateur et du dénominateur de cette fraction, on reconnaîtra aisément qu'elle tend sans cesse vers

$$\frac{3 m^2 n}{(m + n)^3},$$

probabilité composée qui résulterait des probabilités simples

$$\frac{m}{m + n} \quad \text{et} \quad \frac{n}{m + n}.$$

§ 62. — La formule (D) permet de réunir dans une seule expression toutes les probabilités des événements composés auxquels peut donner lieu un nombre p de renouvellements du même hasard. Il suffit pour cela de faire successivement $q = o, = 1, = 2, = 3$, etc. : on formera la suite   ... (D')

$$\frac{1}{\displaystyle\int_0^1 x^m (1 - x)^n \, dx} \left\{ \begin{array}{l} \displaystyle\int_0^1 x^{m+p} (1 - x)^n \, dx + \frac{p}{1} \int_0^1 x^{m+p-1} (1 - x)^{n+1} \, dx \\[2ex] + \frac{p(p-1)}{1 \cdot 2} \int_0^1 x^{m+p-2} (1 - x)^{n+2} \, dx + \dots \\[2ex] + \int_0^1 x^m (1 - x)^{n+p} \, dx \end{array} \right.$$

qui tient, dans les probabilités *à posteriori*, la place que le développement du binôme occupe dans la détermination *à priori* des probabilités pour les épreuves réitérées. La somme des termes, depuis le premier jusqu'au terme général

$$\frac{p\,(p-1)\,(p-2)\,\ldots\,(p-q+1)}{1.\ \ 2.\ \ 3\,\ldots\,q}\;\cdot\;\frac{\displaystyle\int_{0}^{1} x^{m+p-q}\,(1-x)^{n+q}\,dx}{\displaystyle\int_{0}^{1} x^{m}\,(1-x)^{n}\,dx}$$

inclusivement donnera la probabilité qu'il n'arrivera pas moins de $(p-q)$ événements A et pas plus de q événements B.

Dans le cas particulier où l'on a simultanément $q=o$, $n=o$, il ne faut prendre que le premier terme de la série (D'), qui se réduit à

$$\frac{\displaystyle\int_{0}^{1} x^{m+p}\,dx}{\displaystyle\int_{0}^{1} x^{m}\,dx}=\frac{\dfrac{1}{m+p+1}}{\dfrac{1}{m+1}}=\frac{m+1}{m+p+1}\ \ldots \qquad (\mathrm{C'''})$$

C'est la probabilité qu'on aura p fois *de suite* l'événement A lorsqu'il aura été observé m fois sans interruption. Nous pouvons donc poser la règle suivante, dont la formule (C'') n'est qu'un cas particulier :

« La probabilité qu'un événement, observé un nombre
« quelconque de fois de suite, se reproduira encore
« *plusieurs fois*, est une fraction dont le numérateur
« est le nombre d'observations déjà faites, augmenté
« d'une unité ; et dont le dénominateur surpasse le
« numérateur du nombre de fois que l'événement doit
« se reproduire. »

Si donc un dé inconnu a amené quatre fois de suite le même point, on a la probabilité $\frac{5}{9}$ d'amener encore le même point quatre fois de suite. En général, lorsque

$m = p$, la probabilité en question devient sensiblement $\frac{1}{2}$, pour peu que m soit considérable.

En usant de la comparaison déjà employée au § 60, nous dirons que les choses se passent comme si chaque reproduction de l'événement observé répondait à la mise d'une boule blanche dans une urne où se trouvaient déjà, avant le commencement des épreuves, une boule blanche et autant de boules noires que l'événement observé est supposé devoir encore se reproduire de fois.

Si, dans la formule (C‴), mise sous la forme

$$P = \frac{m + 1}{m + p + 1},$$

on regarde les quantités P, m et p comme trois variables, on aura l'équation d'une surface réglée, sur laquelle une ligne droite peut s'appliquer dans toute son étendue, parallèlement au plan des coordonnées m et p. En faisant en effet P constant, il ne reste plus que l'équation d'une ligne droite, qu'on peut écrire de la manière suivante :

$$m = \frac{P\,p}{1 - P} - 1,$$

d'où

$$\frac{m + 1}{p} = \text{constante}.$$

Cette relation très-simple étant remplie, on aura toujours la même probabilité P que l'événement arrivé m fois de suite se reproduise encore p fois.

§ 63. — La probabilité *absolue* de chaque hypothèse particulière sur la valeur de x, est infiniment petite, ainsi que nous l'avons fait remarquer à la fin du § 57. Dans la pratique, ce qu'il importe le plus souvent de connaître, c'est la probabilité *relative* des diverses hypothèses ; on l'obtient aisément en changeant x en x', x''... dans l'expression générale

$$\frac{x^m (1 - x)^n \, dx}{\displaystyle\int_0^1 x^m (1 - x)^n \, dx},$$

et en prenant les rapports conformément au § 16. On obtient ainsi :

$$\frac{x^m (1 - x)^n}{x^m (1 - x)^n + x'^m (1 - x')^n} \quad \text{ou} \quad \frac{1}{1 + \dfrac{x'^m (1 - x')^n}{x^m (1 - x)^n}}.$$

On voit qu'en général cette fraction tend d'autant plus vers l'unité que x' est plus grand ou plus petit, ce qui se rattache à la remarque déjà faite § 60, que la probabilité que la valeur de l'inconnue s'éloigne de $\frac{1}{2}$, croît très-lentement.

La valeur la *plus probable* de x est donnée par l'équation :

$$m x^{m-1} (1 - x)^n - n x^m (1 - x)^{n-1} = 0$$

d'où

$$x = \frac{m}{m + n} \qquad 1 - x = \frac{n}{m + n}.$$

Ce résultat remarquable peut se formuler ainsi : « la plus probable de toutes les causes est celle pour laquelle les probabilités simples des événements A et B sont égales au rapport du nombre de fois que chacun de ces événements est arrivé à leur nombre total » : ce qui est évidemment conforme à la proposition du § 28.

Il est de même facile d'établir que le terme maximum du développement (D′) est celui dans lequel on a

$$q = \frac{n}{m+n} \times p$$

d'où

$$p - q = \frac{m}{m+n} \times p.$$

La conclusion est donc générale, et emporte les mêmes conséquences que dans le cas des probabilités *a priori*.

§ 64. — Dans l'exemple du § 55, la probabilité de l'extraction d'une boule blanche à un cinquième tirage, a été trouvée égale à $\frac{29}{46}$; tandis que l'hypothèse la plus probable est, d'après ce qui vient d'être trouvé, celle qui donne pour la probabilité de l'extraction d'une boule blanche la fraction $\frac{3}{4}$ (puisque sur 4 tirages on a amené 3 boules de cette couleur). Si l'on suppppose le cinquième tirage déjà fait et ayant amené une boule noire, la probabilité de l'extraction d'une boule blanche au 6ᵉ tirage devient $\frac{77}{136}$, et l'hypothèse la plus probable devient celle qui donne à l'extraction d'une boule de cette couleur la probabilité $\frac{3}{5}$. On voit que $\frac{77}{136}$ diffère moins de $\frac{3}{5}$ que $\frac{29}{46}$ de $\frac{3}{4}$; si l'on supposait un 6ᵉ tirage ayant amené une boule blanche, on obtiendrait respectivement $\frac{205}{308}$ et $\frac{2}{3}$, fractions plus voisines encore l'une de l'autre que $\frac{77}{136}$ et $\frac{3}{5}$: c'est ce qui avait été établi d'une façon générale au § 60. Mais ce résultat remarquable nous amène maintenant à un théorème important qui peut être considéré comme l'*inverse de celui de Bernoulli*. Voici ce théorème : « Si l'on multiplie suffisamment le nombre des épreuves, on peut acquérir une probabilité aussi approchante de la certitude qu'on voudra, que le rapport du nombre de répétitions d'un événement au nombre total des épreuves, vers lequel tend la probabilité d'un nouvel événement semblable, représentera, avec une approximation aussi grande qu'on le désire, la véritable probabilité de cet événement. »

§ 65. — Soit $\pm\, l$ l'approximation désirée du rapport $\dfrac{m}{m+n}$ et de la véritable valeur de x. Il faudra que si, dans l'expression de la probabilité de x, on remplace x successivement par toutes les valeurs comprises entre

$$\frac{m}{m+n} + l \ \text{et} \ \frac{m}{m+n} - l,$$

la somme des probabilités de toutes ces valeurs s'approche de l'unité autant qu'on voudra. Or, cette somme est évidemment l'intégrale de

$$\frac{x^m (1 - x)^n\, dx}{\displaystyle\int_0^1 x^m (1 - x)^n\, dx}$$

prise entre les limites $\dfrac{m}{m+n} + l$ et $\dfrac{m}{m+n} - l$.

Pour faciliter les écritures, représentons $\dfrac{m}{m+n}$ par p, $\dfrac{n}{m+n}$ par q, et $(m+n)$ par r ; l'intégrale définie s'écrira alors :

$$\frac{\displaystyle\int_{p-l}^{p+l} x^{pr} (1 - x)^{qr}\, dx}{\displaystyle\int_0^1 x^{pr} (1 - x)^{qr}\, dx} = \mathrm{P}.$$

La valeur du dénominateur de cette fraction est connue ; pour évaluer le numérateur, remarquons qu'eu égard à la forme des deux limites, $p \pm l$, il y a avantage à représenter x par $p + z$, z étant une nouvelle variable dont les limites sont évidemment $\pm l$; il vient ainsi pour le numérateur de la probabilité que x est compris entre $\dfrac{m}{m + n} + l$ et $\dfrac{m}{m + n} - l$:

$$\int_{-l}^{+l} (p + z)^{pr} (q - z)^{qr}\, dz.$$

Cette intégrale peut se mettre sous la forme :

$$p^{pr} q^{qr} \int_{-l}^{+l} \left(1 + \frac{z}{p}\right)^{pr} \left(q - \frac{z}{q}\right)^{qr} dz.$$

Or, on a :

$$\left(1 + \frac{z}{p}\right)^{pr} = e^{pr \log \left(1 + \frac{z}{p}\right)}$$

et

$$\log \left(1 + \frac{z}{p}\right) = \frac{z}{p} - \frac{z^2}{2p^2} + \frac{z^3}{3p^3} \ldots \text{ etc.}$$

d'où

$$pr \log \left(1 + \frac{z}{p}\right) = rz - \frac{rz^2}{2p} + \frac{rz^3}{3p^2} \ldots \text{ etc.}$$

Comme z, toujours inférieur à l, est généralement une fraction très-petite, nous négligerons le terme en z^3 et les suivants, sauf à rechercher plus tard l'importance de cette suppression. Il reste donc :

$$\left(1 + \frac{z}{p}\right)^{pr} = e^{rz - \frac{rz^2}{2p}}.$$

On trouverait de même :

$$\left(1 - \frac{z}{q}\right)^{qr} = e^{-rz - \frac{rz^2}{2q}}.$$

L'intégrale cherchée prend ainsi la forme

$$p^{pr} q^{qr} \int_{-l}^{+l} e^{-\frac{rz^2}{2}\left(\frac{1}{p}+\frac{1}{q}\right)} dz = \int_{-l}^{+l} e^{-\frac{rz^2}{2pq}} dz.$$

Faisons

$$\frac{rz^2}{2pq} = t^2, \qquad \text{d'où } z = t \sqrt{\frac{2pq}{r}},$$

nous aurons :

$$p^{pr} q^{qr} \times \sqrt{\frac{2pq}{r}} \int_{-l\sqrt{\frac{r}{2pq}}}^{+l\sqrt{\frac{r}{2pq}}} e^{-t^2} dt.$$

Il est à remarquer que la valeur de $e^{-t^2} dt$ est indépendante du signe de t ; par conséquent, on peut écrire l'intégrale définie comme suit ;

$$2 \, p^{pr} q^{qr} \times \sqrt{\frac{2pq}{r}} \int_{0}^{l\sqrt{\frac{r}{2pq}}} e^{-t^2} dt.$$

Mais nous avons vu, § 58, que l'intégrale du dénominateur,

$$\int_{0}^{1} x^{pr} (1 - x)^{qr} \, dx,$$

peut s'exprimer, quand m et n sont de grands nombres, par :

$$\frac{m^m n^n}{(m + n)^{m+n+1}} \sqrt{\frac{2\pi \, m \cdot n}{m + n}} \quad \text{ou} \quad \frac{p^{pr} q^{qr}}{r^r + 1} \sqrt{2\pi r pq},$$

la probabilité cherchée P est donc finalement égale à l'intégrale

$$\frac{2}{\sqrt{\pi}} \int e^{-t^2} dt$$

prise entre les limites

$$o \text{ et } l \sqrt{\frac{r}{2pq}}.$$

Cette intégrale converge rapidement vers l'unité à mesure que

$$l\sqrt{\frac{r}{2pq}}$$

augmente; la table n° 2, insérée à la fin de cet ouvrage, donne ses valeurs pour des valeurs de

$$l\sqrt{\frac{r}{2pq}}$$

augmentant par dixième depuis 0 jusque 2,40. On voit qu'à cette limite, l'intégrale vaut déjà 0,999, ce qui montre bien que « la probabilité que x est compris entre

$$\frac{m}{m+n}+l \text{ et } \frac{m}{m+n}-l$$

devient rapidement une quasi-certitude ».

Il ne faut pas perdre de vue, toutefois, que l'expression de cette probabilité n'est rigoureusement exacte que si r est infiniment grand; alors aussi, si p et q sont finis, la probabilité peut se changer en certitude, quand même l deviendrait infiniment petit, car il suffit que

$$l\sqrt{\frac{r}{2pq}}$$

devienne infini.

Quand r est fini, il y a lieu de rechercher la valeur des facteurs qui correspondent aux termes négligés dans les développements de

$$pr\log\left(1+\frac{x}{p}\right) \text{ et } qr\log\left(1-\frac{x}{q}\right).$$

Laurent a donné (*Traité du calcul des probabilités;* Paris, 1873) une expression élégante de l'erreur commise dans l'évaluation de la probabilité, en s'arrêtant à un terme déterminé. Nous nous bornerons à faire remarquer que, pour les usages pratiques, il suffit de s'assurer qu'aucun des termes négligés n'a une valeur considérable. Le plus grand d'entre eux est le premier $\frac{rx^3}{3p^2}$ qui, à la limite, devient $\frac{rl^3}{3p^2}$, ou comme $p = \frac{m}{r}$, $\frac{r^3 l^3}{3m^2}$. Mais $\frac{r^2}{3m^2}$ est toujours au moins égal à $\frac{1}{3}$; il faut donc que rl^3 soit suffisamment faible ou

$$l < \frac{1}{\sqrt[3]{r}}.$$

Cependant, d'autre part, pour que la probabilité des limites $\pm\, l$ reste voisine de l'unité, il faut que

$$l \sqrt{\frac{r}{2pq}}$$

soit plus grand que l, comme on peut s'en assurer par l'examen de la Table précitée. Si l'on remplace p et q par $\frac{m}{r}$ et $\frac{n}{r}$,

$$l \sqrt{\frac{r}{2pq}} \quad \text{devient} \quad l \sqrt{\frac{r^3}{2mn}}.$$

Le minimum de

$$\sqrt{\frac{r^2}{2mn}} \quad \text{est} \quad \sqrt{2},$$

pour $m = n$; il suffit donc que $l\sqrt{r}$ ne soit pas < 1, c'est-à-dire que dans ce cas extrême de $m = n$, on aurait encore pour $\quad l = \dfrac{1}{\sqrt{r}},$

la probabilité des limites $\pm\, l$, égale à 0,952. On voit que l devant en général être compris entre

$$\frac{1}{\sqrt[3]{r}} \quad \text{et} \quad \frac{1}{\sqrt{r}},$$

pour rendre l'approximation de la valeur de x aussi grande qu'on voudra, il suffit de multiplier le nombre r d'épreuves.

Supposons deux alternatives, dont l'une ait été observée 7000 fois et l'autre 3000; l'approximation des valeurs $\frac{7}{10}$ et $\frac{3}{10}$ pour la probabilité de chacune de ces alternatives, qui aura une probabilité égale à 0,99, sera donnée par l'équation

$$1,85 = l \sqrt{\frac{10000}{2 \times \frac{7}{10} \times \frac{3}{10}}},$$

car pour la limite 1,85, l'intégrale définie de

$$\frac{2}{\sqrt{\pi}} \, e^{-t^2} \, dt$$

prise depuis 0, est égale à 0,99. On tire de cette équation

$$l = 0,038,$$

valeur qui satisfait à la condition d'être plus petite que

$$\frac{1}{\sqrt[3]{10000}}.$$

Il y a donc 99 à parier contre un que la probabilité de l'alternative qui s'est reproduite 7000 fois est comprise entre 0,738 et 0,662. Si l'on voulait resserrer ces limites, il faudrait faire un plus grand nombre d'épreuves. Ainsi, si ce nombre était porté à 20000, et que le même rapport des nombres de répétitions de chaque alternative se présentât, les limites deviendraient 0,721 et 0,679. On voit que les probabilités des deux alternatives sont ainsi déterminées avec une précision déjà bien suffisante pour la plupart des applications pratiques.

§ 66. — La forme de la limite de la valeur de t,

$$l \sqrt{\frac{r}{2pq}} \text{ ou } l \sqrt{\frac{r}{p\,(1-p)}},$$

nous permet de tirer les importantes conclusions générales suivantes :

1° Si les nombres l, r et p varient de manière à laisser la limite de t constante, la probabilité P restera aussi constante. De plus, on voit que cette limite varie en raison directe de l, ou de la *limite de l'écart* entre les valeurs de p ; en raison directe de la *racine carrée* du nombre r des épreuves, et en raison inverse de la racine carrée du produit $p\,(1-p)$ de la probabilité de A par la probabilité contraire.

2° Après avoir assigné aux nombres l et r de certaines valeurs, et trouvé la probabilité P correspondante, donnons successivement à l des valeurs qui soient la moitié, le tiers, le quart, le dixième de sa valeur primitive : il faudra embrasser un nombre d'épreuves 4 fois, 9 fois, 16 fois, 100 fois plus grand, pour avoir la même probabilité que l'écart incertain $\pm\,l$ tombera entre ces nouvelles limites. En d'autres termes, pour obtenir la même probabilité que les anomalies du hasard, en ce qui concerne la détermination de x, seront resserrées dans des espaces de plus en plus petits, il faut que le nombre des épreuves croisse en raison inverse des carrés des espaces.

3° Le produit $p\,(1-p)$ est très-petit pour des valeurs de p très-peu différentes de zéro ou de l'unité : il atteint sa plus grande valeur quand $p = \frac{1}{2}$. Donc, *plus* il y a de différence entre la probabilité de A et celle de l'événement contraire, *moins* on aura besoin de multiplier les épreuves pour obtenir la même probabilité, P, que l'écart $\pm l$, tombera entre les mêmes limites ; ou bien, *plus* les limites qui correspondent à cette probabilité seront resserrées, le nombre des épreuves restant le même.

§ 67. — La probabilité d'un ensemble d'hypothèses, qui donnent à x des valeurs comprises entre les limites a et b, est exprimée par

$$\frac{\displaystyle\int_a^b x^m (1 - x)^n \, dx}{\displaystyle\int_0^1 x^m (1 - x)^n \, dx}.$$

La probabilité que la valeur de x est comprise entre 1 et $\frac{1}{2}$ est donc

$$P = \frac{\displaystyle\int_{x=\frac{1}{2}}^{x=1} x^m (1 - x)^n \, dx}{\displaystyle\int_0^1 x^m (1 - x)^n \, dx} = \frac{\displaystyle\int_0^1 x^m (1 - x)^n \, dx - \int_0^{\frac{1}{2}} x^m (1 - x)^n \, dx}{\displaystyle\int_0^1 x^m (1 - x)^n \, dx}$$

$$= 1 - \frac{\displaystyle\int_0^{\frac{1}{2}} x^m (1 - x)^n \, dx}{\displaystyle\int_0^1 x^m (1 - x)^n \, dx} \quad \ldots \quad \text{(F)}$$

Quand on a observé une supériorité marquée dans le nombre de fois qu'un événement se montre, sur le nombre de fois où se montre l'événement contraire, on est naturellement porté à croire à l'existence d'une *cause* qui facilite l'arrivée du premier événement, de préférence à celle du second ; ou, en d'autres termes, on soupçonne que la probabilité du premier événement surpasse $\frac{1}{2}$. Mais ce simple aperçu, qui se fortifie à mesure que les événements se reproduisent dans le même ordre de fréquence, est susceptible d'être apprécié numériquement; et la probabilité de l'existence d'une cause qui favorise l'arrivée du premier événement, n'est autre chose que la valeur de P donnée par la formule précédente. Il faut bien entendre toutefois qu'il ne s'agit pas ici d'une cause *unique définie*, mais d'un ensemble d'influences favorables à la répétition de cet événement.

Supposons qu'un événement A ait été observé 10 fois et l'événement contraire B, une fois : la probabilité de cet événement composé aura toujours une expression de la forme (§ 8)

$$\frac{(m+n)\,(m+n-1)\,(m+n-2)\,\ldots\,(m+1)}{1.\quad 2.\quad 3\,\ldots\,n}\,x^m\,(1-x)^n,$$

dans laquelle il faut faire ici $m = 10$, $n = 1$. — La courbe de possibilité, pour les diverses valeurs de x,

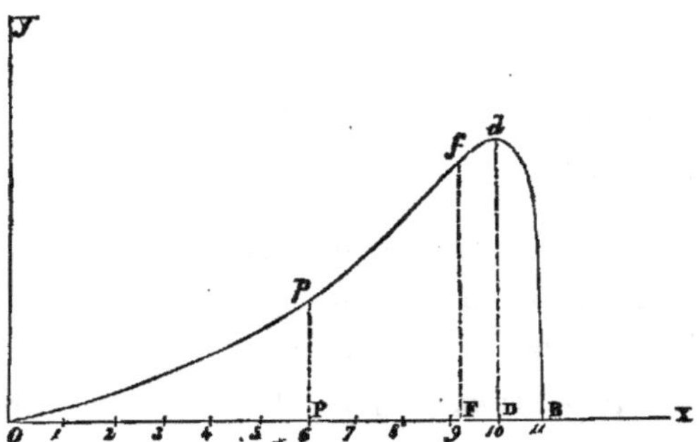

est représentée par O $p\,d$ B; elle passe par l'origine O

et par un second point B dont l'abscisse $O\,B = 1$;
l'ordonnée maximum, $D\,d$, a pour abscisse

$$O\,D = \frac{m}{m+n} = \frac{10}{11}.$$

La probabilité d'obtenir un événement A de plus sera

$$\frac{11}{13} = \frac{m+1}{m+n+2} = O\,F,$$

et l'hypothèse qui donnerait à x cette valeur a une probabilité moindre que celle qui correspond à $O\,D$ parce
qu'on a $m > n$ (§ 60).

La probabilité du système d'hypothèses comprises
par exemple entre $x = O\,D$ et $x = O\,F$ est représentée
par le rapport de la surface $F\,D\,d\,f$ à la surface totale
$O\,B\,d\,f\,O$.

Enfin, la probabilité de l'existence d'influences qui
favorisent l'arrivée de l'événement A est représentée
par le rapport de la surface $P\,p\,f\,d\,B\,P$ à la surface
totale ; ou bien, cette probabilité diffère de l'unité d'une
fraction représentée par le rapport de la surface $O\,P\,p\,O$
à la surface totale.

§ 68. — Lorsqu'il n'est arrivé que des événements
d'une seule espèce, des événements A par exemple, on
doit faire $n = o$ dans la formule (F) : alors on a

$$P = \frac{\displaystyle\int_{\frac{1}{2}}^{1} x^m\,dx}{\displaystyle\int_{o}^{1} x^m\,dx} :$$

or

$$\int_{\frac{1}{2}}^{1} x^m\,dx = \frac{1}{m+1} - \frac{\left(\frac{1}{2}\right)^{m+1}}{m+1} = \frac{1 - \dfrac{1}{2^{m+1}}}{m+1} ;$$

$$\int_0^1 x^m \, dx = \frac{1}{m+1};$$

on en déduit

$$P = 1 - \frac{1}{2^{m+1}} = \frac{2^{m+1} - 1}{2^{m+1}}. \qquad (F')$$

C'est la probabilité que l'événement qui a été observé m fois sans interruption a une probabilité propre supérieure à $\frac{1}{2}$, autrement dit, qu'il existe des influences constantes qui facilitent sa reproduction.

Par exemple, les 20 planètes qui constituaient notre système tel qu'il était connu à la fin de 1850, ont toutes un mouvement *direct*. Si l'on regarde le mouvement de ces corps comme la répétition d'un même fait, la répétition de ce fait indique évidemment des influences primordiales qui ont déterminé la direction d'occident en orient, de préférence à la direction contraire. La probabilité de l'existence de ces influences est donnée par la formule (F')

$$P = \frac{2^{21} - 1}{2^{21}} = \frac{2\,097\,151}{2\,097\,152},$$

valeur qui se confond pour ainsi dire avec l'unité ou la certitude. On sait que toutes les petites planètes (plus de 170) découvertes depuis 1850, sont aussi de sens direct.

Le relevé des documents statistiques, dont nous parlerons bientôt, présenterait une probabilité bien plus forte encore pour l'existence d'influences naturelles qui donnent aux naissances masculines la prépondérance sur les naissances féminines.

§ 69. — En général, la probabilité qu'il existe des influences favorisant la reproduction d'un événement observé plusieurs fois de suite, croît beaucoup plus rapidement que la probabilité du retour de cet événement à une épreuve subséquente.

En effet, cette dernière probabilité, quand l'événement a été observé x fois de suite, est (§ 62)

$$y = \frac{x+1}{x+2}.$$

Cette équation est celle d'une hyperbole, dont la forme est représentée en traits pleins dans la figure ci-jointe. Pour $x = \infty$ on a $y = 1$; c'est-à-dire qu'après un

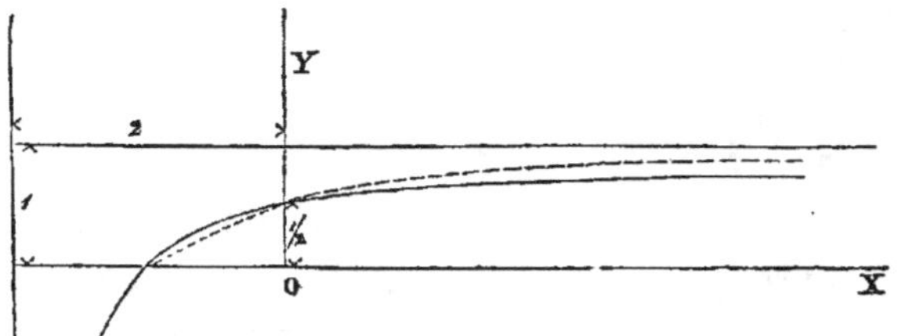

nombre infini d'observations, la probabilité se change en certitude.

Pour $x = o$, c'est-à-dire avant d'avoir commencé les épreuves, la probabilité est $\frac{1}{2}$, ce qui caractérise l'état de *doute* sur ce qui va arriver.

Pour la probabilité que l'événement n'a pas été produit au hasard, mais qu'il a été facilité par des influences, on aurait (F″)

$$y = \frac{2^{x+1} - 1}{2^{x+1}}$$

ou

$$y = 1 - 2^{-(x+1)} :$$

c'est l'équation d'une logarithmique, qui est ponctuée dans la figure précédente. Pour $x = \infty$ on a $y = 1$.

Ainsi, après la reproduction indéfinie de l'événement, il y a certitude que cette reproduction n'est pas fortuite.

Pour $x = o$ on a $y = \frac{1}{2}$, ce qui caractérise encore le doute où l'on se trouve, avant la première épreuve, sur l'existence ou la non-existence d'influences favorables à la reproduction de l'événement.

Les deux probabilités convergent donc vers la certitude, à mesure que l'événement se répète, mais d'une manière inégalement rapide : la dernière probabilité croît le plus rapidement.

En effet, pour une même valeur de y, on a

$$\frac{x+1}{x+2} = \frac{2^{x'+1} - 1}{2^{x'+1}},$$

d'où

$$2^{x'+1} = x + 2 \text{ ; ou bien } x = 2\,(2^{x'} - 1);$$

ce qui démontre que les x' positifs sont toujours plus petits que les x correspondants. L'équation entre ces deux variables est encore celle d'une logarithmique. Le calcul montre que les probabilités sont égales,

Pour l'existence d'influences favorables			Pour le renouvellement de l'événement		
après	1	événement.	après	2	événements.
—	2	—	—	6	—
—	3	—	—	14	—
—	4	—	—	30	—
—	5	—	—	62	—

§ 70. — Avant de terminer ce chapitre, nous répéterons que la probabilité de chaque valeur particulière de x est infiniment petite, y compris celle de sa valeur la plus probable $\frac{m}{m+n}$. Pour les applications pratiques, c'est donc le degré d'approximation de cette valeur $\dfrac{m}{m+n}$ qu'il importe de connaître. Or, il résulte de la forme de la limite $l\sqrt{\dfrac{r}{2pq}}$ que l varie inversement à la racine carrée de r. Par conséquent, c'est une condition préalable que le nombre d'épreuves ou d'observations déjà faites soit considérable.

A la vérité, l'expression de la limite a été trouvée pour le cas où m et n sont de grands nombres ; mais la conclusion subsiste *à fortiori* si m et n sont petits et il n'y a pas cercle vicieux. En effet, on pourrait démontrer, comme pour les termes du développement du binôme, que le rapport de m à n restant le même, les probabilités infiniment petites de deux valeurs consécutives de x diffèrent d'autant moins l'une de l'autre que m et n sont plus faibles. Il en résulte que les éléments de l'intégrale qui exprime la probabilité d'une même limite, ont une prépondérance d'autant moindre sur les autres éléments, et par suite que cette probabilité tend à diminuer.

On peut d'ailleurs remarquer que la probabilité du renouvellement de l'événement auquel correspond x, deviendra après l'épreuve nouvelle,

$$\frac{m+1}{m+n+3} \quad \text{ou} \quad \frac{m}{m+n+3}.$$

La différence entre ces deux fractions exprime en quelque sorte l'incertitude qui existe sur cette probabilité. Or, on voit que cette différence $\dfrac{1}{m+n+3}$ est à très-peu près inversement proportionnelle au nombre d'épreuves antérieures $(m+n)$ ou r.

CHAPITRE VI.

§ 71. — Parmi les applications du calcul des probabilités, se trouvent les recherches sur les *causes*. En vertu du théorème général de Poisson (§ 36), les lois numériques que suit la reproduction des phénomènes de même espèce, expriment les rapports existants entre les probabilités de chacun d'eux. Des séries étendues d'observations peuvent donc mettre en évidence l'existence et le mode d'action des causes inconnues dont ils dépendent. Mais il faut entendre ici par cause, ce qui produit les rapports constatés, c'est-à-dire qu'une cause ne peut se définir que par les effets qu'on y rattache. Ainsi, par exemple, il est constaté que le nombre d'enfants nouveau-nés du sexe masculin est partout supérieur au nombre de ceux du sexe féminin. De cette loi numérique établie par des observations dont le nombre est en quelque sorte illimité, on conclut à l'existence d'une cause qui assure la prédominance des naissances masculines ; mais on ne peut aller au delà de cette formule, qui n'est que l'énoncé de la loi observée. Les connaissances que nous pouvons acquérir restent donc indécises, car les lois découvertes pourraient être le

résultat de la combinaison ordinaire de plusieurs causes
non soupçonnées. En outre, celles qu'on parvient à
mettre en évidence sont seulement les plus générales.
Il en résulte qu'elles ne s'appliquent qu'à un ensemble
étendu de répétitions des mêmes phénomènes, ou de
durée de leur observation. Ce nonobstant, la recherche
des causes est d'une utilité incontestable pour l'étude
des sciences physiques ou naturelles, ainsi que pour les
calculs de prévisions dans les questions d'économie
financière ou sociale.

§ 72. — L'énumération des phénomènes, qui sert
de base aux recherches sur les causes, n'est pas toujours aussi simple qu'elle le paraît au premier abord.
Si, en effet, dans un grand nombre de cas, les distinc-
tions d'après lesquelles on classe les phénomènes ont
un caractère évident, il arrive aussi qu'on introduit
des divisions d'ordre arbitraire dans des phènomènes
de même espèce. Cette erreur est d'autant plus grave,
qu'un classement non justifié revient à admettre *à priori*
l'existence d'une cause correspondante, et cette cause
étant traitée comme plus générale, puisqu'elle sert de
première règle pour le groupement des phénomènes,
les lois numériques qu'on met subsidiairement en évidence n'ont plus le caractère que nécessitent les conclusions sur l'existence des causes. Si, par exemple, on
fait un relevé des températures, il est admissible *à priori*
de considérer à part la période diurne, la période annuelle ou même celle des saisons, mais celles du mois
et de la semaine, qui ne correspondent à aucune phase

des mouvements ˙astronomiques, ne sont pas suffisamment justifiées ;. la première, cependant, étant assez longue pour qu'un · changement notable se produise pendant sa durée, dans l'échauffement ou le refroidissement atmosphérique, on la distingue généralement.

Le travail de l'énumération des phénomènes, qui constitue la *statistique*, exige donc une indépendance complète de toute idée préconçue soit usuelle, soit empruntée à un ordre de choses qui ne se rattache pas directement au sujet. On sait les grands progrès que cette science a faits de nos jours, aussi bien dans les méthodes que par l'étendue des recherches. Feu M. Adolphe Quetelet, directeur de l'Observatoire royal de Bruxelles, compte au nombre des savants qui ont le plus contribué à ces progrès. Il est le promoteur de plusieurs des grands travaux, suivis aujourd'hui dans les deux mondes avec une régularité qui est la première condition de leur autorité. M. Quetelet, dans sa *Physique sociale* et dans divers opuscules moins importants, a cru pouvoir, pour faciliter l'expression des résultats obtenus, diviser les causes en trois catégories, savoir :

Les causes *constantes ;*

Les causes *variables ;*

Les causes *accidentelles.*

Les causes *constantes* sont celles qui agissent d'une manière continue, avec la même intensité et dans le même sens.

Les causes *variables* agissent d'une manière continue, avec des énergies et des tendances qui changent, soit d'après des lois déterminées, soit sans aucune loi apparente. Parmi les causes variables, il importe surtout de remarquer celles qui ont un caractère de *périodicité*.

Les causes *accidentelles* ne se manifestent que fortuitement et agissent indifféremment dans l'un et l'autre sens.

Si l'on apprécie les causes sous le rapport mathématique, la cause constante a pour elle un certain nombre *déterminé* de chances, une probabilité fixe.

La cause variable a pour elle un nombre *variable* de chances, et par suite une probabilité qui peut osciller dans des limites plus ou moins larges.

La cause accidentelle n'a pas, à proprement parler, de chances en sa faveur ; mais elle influe sur l'ordre de succession des événements.

Cette manière de subdiviser les causes revient à reconnaître des lois absolues, d'autres intermittentes et d'autres simplement circonstancielles. Notre but n'étant pas d'approfondir les questions de statistique, nous n'examinerons pas quels avantages cette division peut présenter ; nous ajouterons seulement qu'elle est presque généralement admise [1].

§ 73. — Quand on recherche les lois numériques de la reproduction d'un phénomène, il faut d'abord déter-

---

[1] La plupart des auteurs allemands n'admettent, dans les sciences d'observation, que deux espèces de causes : 1° Constantes ou régulières (*constante oder regelmässige Ursachen*); 2° fortuites ou irrégulières (*zufällige oder unregelmässige*).

miner la valeur qui, considérée seule, représente le mieux ce phénomène dans sa généralité. Cette valeur doit être affranchie de l'effet des causes irrégulières qui le diversifient accidentellement, de façon à exprimer en quelque sorte objectivement sa mesure la plus exacte.

A nos yeux, la valeur ainsi définie est la moyenne arithmétique de toutes les valeurs observées, supposées en très-grand nombre. L'idée de cette propriété de la moyenne est pour ainsi dire instinctive, car il n'est pas possible de la démontrer mathématiquement. Cependant, si l'on admet *à priori* que l'expression cherchée du phénomène est une quantité déterminée intrinsèquement, la moyenne d'un très-grand nombre d'observations se rapprochera indéfiniment de cette quantité. En effet, les causes perturbatrices n'ont en général qu'une action relativement peu considérable, et les faibles écarts qu'elles produisent dans les deux sens, en plus et en moins, tendent à se compenser, à moins qu'il n'existe une ou plusieurs causes prépondérantes qui altèrent systématiquement les valeurs normales. Alors même, si le phénomène se produit réellement tel qu'on le conçoit, pour faire disparaître l'effet de ces causes, il suffit de considérer un nombre plus grand d'observations, car leur action ne peut se prolonger, si elles ne font pas partie intégrante du phénomène.

Il suit de cette remarque qu'en général une moyenne n'a une signification réelle que si elle résulte de la considération d'un très-grand nombre de valeurs particulières. Dans la pratique, ce nombre peut souvent être réduit, quand, par exemple, on reconnaît qu'il n'existe pas de causes perturbatrices importantes. C'est ce qui arrive ordinairement dans les applications aux phénomènes généraux. Au contraire, dans les questions plus définies, les causes perturbatrices qu'on regarde comme sans. importance quand on embrasse les ensembles, acquièrent une influence qui croît à mesure que les conditions des observations deviennent plus spéciales. Ainsi, si après avoir déterminé le rapport du nombre des décès qui se produisent annuellement dans une population (supposée invariable) au chiffre de cette population, on cherche le même rapport pour chaque mois de l'année, il faudra nécessairement considérer un nombre d'observations plus grand et une population plus importante, car les moyennes mensuelles peuvent subir les effets de causes perturbatrices qui se compensent dans la période d'une année.

Il ne faut pas perdre de vue que dans les déterminations de l'espèce on suppose implicitement que le rapport ou la valeur cherchée existe réellement. Cependant cela n'est démontré qu'*à posteriori*, si les moyennes calculées dans les conditions qui nous paraissent les plus différentes par rapport au phénomène considéré, restent à peu près constantes. Cette constance des moyennes suffit d'ailleurs à prouver l'existence d'une valeur fixe, expression d'un phénomène réel. Si le nombre des mort-nés du sexe masculin est toujours, proportion gardée, supérieur dans un certain rapport à celui des mort-nés du sexe féminin, il y a dans ce fait la preuve d'un phénomène physiologique incontestable. La considération des moyennes permet donc d'obtenir des éléments précieux de connaissance en dehors de la science directe des choses. Les combinaisons d'observations en apparence les moins justifiées conduisent parfois ainsi à la découverte de relations inattendues entre des faits sans connexité à nos yeux ; mais pour pouvoir conclure avec certitude, il est indispensable de s'astreindre à considérer un très-grand nombre d'observations, et de n'y admettre aucune catégorisation préalable, toujours plus ou moins arbitraire.

§ 74. — L'usage a beaucoup étendu l'emploi de la moyenne, ou plutôt elle en a reçu un genre d'emploi spécial. C'est, en effet, par leur moyenne qu'on représente le plus souvent un ensemble de quantités inégales, mais de même nature, et, en général, la moyenne sert à l'évaluation collective de grandeurs quelconques. Il est évident que sa signification est tout autre dans ces différents cas que dans la recherche de l'expression ou des lois numériques d'un phénomène. Il ne s'agit plus que d'un procédé apte à fournir une première notion des choses, et dont la valeur pratique dépend ordinairement de la régularité de progression des quantités que la moyenne résume. Ainsi, tandis que la hauteur moyenne des sommets d'une chaîne de montagnes ne fait rien connaître même de ses accidents, la hauteur moyenne de toutes les parties de la chaîne donne une idée déjà assez précise de sa masse.

Il arrive fréquemment d'ailleurs que le point de vue auquel on considère une moyenne lui attribue une signification que ne semble pas comporter son mode de formation. Par exemple, si l'on relève la hauteur moyenne des maisons dans une ville ou dans un quartier, cette valeur ne peut avoir, en général, qu'un caractère descriptif bien peu utile; cependant, eu égard aux conditions climatologiques, il est évident que si la moyenne est prise pour des maisons de toute catégorie, on en peut tirer certaines conclusions sur l'état de comfort hygiénique dans lequel vivent les habitants. Cet exemple montre que la différence qui existe entre une moyenne en général et la moyenne de quantités qui varient de part et d'autre d'une valeur fixe, n'est pas toujours absolument tranchée, car il y a nécessairement un rapport entre l'élévation moyenne des demeures des habitants et la nature du climat. Ce rapport est sans doute modifié par les conditions générales de prospérité et de civilisation, mais il n'est certainement pas déterminé par ces conditions seules, et les faits prouvent l'influence du climat.

§ 75. — Quand la même valeur se trouve plusieurs fois parmi les quantités dont on prend la moyenne, elle entre comme unité distincte dans la formation de celle-ci autant de fois qu'elle se trouve répétée. Or, si y exprime la probabilité d'une valeur particulière de la variable x, dans un très-grand nombre d'observations, il se rencontrera un nombre de valeurs égales à x, tel que son rapport au nombre total des valeurs considérées tendra vers celui de y à la somme des y, Σy. La moyenne sera donc égale à

$$\Sigma\left(x\cdot\frac{y}{\Sigma y}\right)_a^b,$$

a et b étant les limites de x.

Supposons y fonction de x, $= \varphi(x)$, et passons à la limite, nous aurons :

$$\frac{\displaystyle\int_a^b x\,\varphi(x)\,dx}{\displaystyle\int_a^b \varphi(x)\,dx}.$$

Cette expression représente l'abscisse du centre de gravité de la surface comprise entre l'axe des abscisses et la courbe dont l'équation est $y = \varphi(x)$. On voit que la moyenne absolue a une signification mathématique importante, qui devient celle de la moyenne arithmétique, quand le nombre des valeurs considérées est suffisamment grand. Dans la pratique, la forme de $\varphi(x)$ étant le plus souvent inconnue, on construit la courbe à l'aide des valeurs correspondantes connues de x et de y.

Une autre valeur de x, intéressante à considérer, est celle dont l'ordonnée divise la surface en deux parties équivalentes. Cette valeur est égale à X dans l'équation :

$$\frac{1}{2}\int_a^b y\,dx = \int_a^X y\,dx.$$

Certains auteurs la nomment *valeur médiane* ; elle peut aussi avec raison être appelée *valeur probable,* si y exprime la probabilité de x, car il y a autant de chances de rencontrer une valeur plus grande ou une valeur plus petite qu'elle.

Quand l'ordonnée de la courbe de possibilité va constamment en croissant, la valeur probable surpasse la valeur moyenne ; le contraire a lieu quand l'ordonnée va constamment en décroissant.

Si la courbe est symétrique par rapport à une certaine ordonnée, les valeurs moyenne et probable se confondent avec l'abscisse correspondante, qui est la demi-somme des abscisses extrêmes.

§ 76. — Pour les quantités qui admettent une *moyenne* dans leurs variations accidentelles, il y a souvent une tendance à la production d'écarts plus grands d'un côté de la moyenne que de l'autre. La courbe expérimentale de probabilité de ces écarts n'est pas alors symétrique. C'est le cas, par exemple, pour les pressions barométriques, dont la moyenne est $0^m,760$ et qui fournissent, d'après les statistiques, la

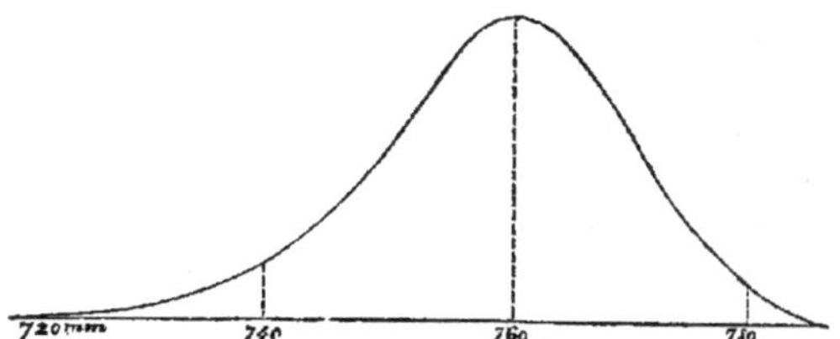

courbe ci-contre. Les plus grands écarts sont dans le sens de l'abaissement de la pression. Au contraire, si l'on considère les variations diurnes de la température pendant les mois d'hiver, les plus grands écarts tombent *au-dessus* de la moyenne.

Les fluctuations dans le prix des grains et dans la

mortalité sont encore des variables qui, dans leurs écarts extraordinaires, pourront *dépasser* la moyenne de beaucoup plus qu'elles ne resteront au-dessous, et l'on se rend facilement compte de cette circonstance.

§ 77. — Comme exemple des lois numériques d'un phénomène que la considération des moyennes met en évidence, nous reproduisons le tableau des variations diurnes de température observées à Bruxelles pendant le mois de janvier de 1833 à 1847. Ce tableau a été publié dans la *première édition* de cet ouvrage, avec les conclusions que l'auteur en avait déduites; nous reproduisons également ces conclusions, que nous mettrons en regard des faits observés depuis cette époque[1].

Sur 465 jours d'observation, les variations diurnes de température se sont produites de la manière suivante :

De 0° à 1° centigrades	2 variations diurnes sur 465 =	0,004301
1 à 2 —	27 — —	0,05807
2 à 3 —	69 — —	0,1484
3 à 4 —	108 — —	0,2323
4 à 5 —	95 — —	0,2043
5 à 6 —	67 — —	0,1441
6 à 7 —	37 — —	0,07957
7 à 8 —	23 — —	0,04946
8 à 9 —	20 — —	0,04301
9 à 10 —	8 — —	0,01720
10 à 11 —	4 — —	0,008602
11 à 12 —	3 — —	0,006452
12 à 13 —	1 — —	0,002151
13 à 14 —	1 — —	0,002151

[1] Afin de faire ressortir la valeur des résultats déduits de la considération de la moyenne, nous ferons de même dans toutes les questions examinées dans ce chapitre.

De l'inspection de ce tableau, l'auteur avait conclu :

1° Qu'il existe une variation diurne de 4 à 5°, ou plus exactement de 4°,3 (car le terme médian, qui diviserait la surface de la courbe en deux parties égales, serait à la 4,3ᵉ place);

2° Que cette variation subit l'influence de causes inégales;

3° Que les causes qui tendent à faire tomber la variation diurne à son *minimum* ont plus de chances en leur faveur que celles qui tendent à l'élever à son maximum : on trouverait par assimilation au développement d'un binôme que les chances doivent être dans le rapport de 24 à 76 ou environ de 32 sur 100;

4° Les distances de la valeur médiane aux deux valeurs limites doivent être réglées dans le même rapport; et en effet, avant le terme qui lui correspond, on en trouve 3,3 et après ce terme 9,7; nombres qui sont dans le rapport de 34 à 100.

Si, en hiver, les causes qui tendent à faire descendre la variation diurne de la température vers sa limite inférieure ont plus de probabilité que les causes agissant en sens opposé, il ne faut pas en conclure qu'il en soit de même pour toute l'année : le *contraire* a lieu en été, et on passe à peu près graduellement de l'un à l'autre état.

Voici maintenant les variations observées de 1848 à 1876.

De 0° à 1° centigrades	6 sur 899 ou	0,006674
1 à 2 —	53 —	0,05895
2 à 3 —	141 —	0,1974

De 3° à	4° centigrades	208	sur	899	ou	0,2313
4 à 5	—	173	—			0,1924
5 à 6	—	136	—			0,1512
6 à 7	—	97	—			0,1079
7 à 8	—	40	—			0,04449
8 à 9	—	24	—			0,02669
9 à 10	—	8	—			0,008898
10 à 11	—	4	—			0,004449
11 à 12	—	3	—			0,003337
12 à 13	—	2	—			0,002225
13 à 14	—	2	—			0,002225
14 à 15	—	2	—			0,002225

Le terme médian est dans cette nouvelle série, 4°,25 au lieu de 4°,3 qu'il était dans la série précédente. Toutes les autres conclusions sont également vérifiées d'une façon vraiment remarquable. Ainsi, le rapport des chances pour le maximum de variation à celles pour le minimum serait de 23 à 77 environ ou de 30 à 100, et les distances aux limites 3,25 et 10,75, dont le rapport est aussi de 30 à 100.

§ 78.—Voici maintenant une application des mêmes considérations sur les moyennes et les limites, à la question des subsistances, en ce qui concerne le prix du froment en Belgique. La période d'observations s'étendait, dans la *première édition*, de 1817 à 1848; afin de mieux mettre en évidence la loi qui ressort des chiffres relevés, on l'avait partagée en trois intervalles, les deux premiers de dix ans, le troisième de douze ans, ce qui avait conduit au tableau suivant :

PÉRIODE.	MOYENNE DES PRIX.	PRIX MAXIMUM.	PRIX MINIMUM.
1817 à 1826	fr. 17,76	fr. 35,38 en 1817	fr. 11,09 en 1824
1827 à 1836	18,16	23,58 en 1829	13,19 en 1834
1837 à 1848	20,56	25,20 en 1847	16,31 en 1837

On voit que :

1° Le prix *moyen* du froment a progressivement augmenté de 1817 à 1848 ;

2° Les limites entre lesquelles ce prix a varié se sont successivement resserrées : pour la première période décennale, les prix maximum et minimum diffèrent de 24 fr. 29 ; pour la seconde, de 10 fr. 39 ; et pour la troisième période, de 8 fr. 89.

Ces conclusions sont pleinement confirmées par les faits qui se sont produits jusqu'à l'époque actuelle. Voici en effet un tableau analogue au précédent, où l'on a repris, pour plus d'uniformité, l'intervalle à partir de 1837, en le rendant décennal comme les autres.

PÉRIODE.	MOYENNE DES PRIX.	PRIX MAXIMUM.	PRIX MINIMUM.
1837 à 1846	fr. 20,49	fr. 24,53 en 1846	fr. 16,31 en 1837
1847 à 1856	23,30	32,92 en 1855	16,15 en 1850
1857 à 1866	25,38	31,56 en 1862	18,64 en 1861
1867 à 1876	32,95	36,92 en 1867	26,21 en 1875

On remarquera que les limites entre lesquelles le prix

a varié, n'ont pas continué à se rapprocher régulièrement, comme il était prévu. Cela tient à l'influence de
l'importation des blés d'Amérique, qui s'est fait sentir
brusquement par suite de l'accroissement rapide pris
en quelques années par ce nouveau courant commercial.
Mais les conclusions déduites du premier tableau
restent entières, si l'on tient compte de cette cause
momentanée de perturbation. Voici d'ailleurs comment
elles sont expliquées dans la *première édition* : d'abord
l'argent perd graduellement de sa valeur, quand on
le rapporte à des objets de première nécessité; en
second lieu, à mesure que la civilisation progresse, que
les institutions s'améliorent, que le calme politique
s'affermit, les éléments sociaux sujets à varier oscil-
lent entre des limites plus étroites, et les grands
fléaux deviennent de plus en plus rares.

On s'expliquera facilement pourquoi les grands écarts
au-*dessus* du prix moyen sont plus fréquents que les
grands écarts au-*dessous*. On comprend également
que ces derniers auraient des conséquences aussi fâcheuses que les premiers; seulement le mal serait dé-
placé et atteindrait les producteurs au lieu de frapper
les consommateurs.

§ 79. — Rien ne peut mieux mettre en évidence
l'effet des causes constantes que le relevé comparatif
des naissances masculines et féminines. On sait depuis
longtemps qu'il existe une cause qui fait prédominer
les premières. En dépit des causes accidentelles, le
rapport du nombre des unes à celui des autres reste à

peu près constant chaque année. Voici, en ce qui concerne la Belgique, le tableau publié dans la *première
édition ;* le relevé pour les campagnes y est distingué de
celui pour les villes, parce qu'il pourrait résulter de la
différence des conditions ordinaires de vie, une cause
générale de modification.

ANNÉES.	POUR LES VILLES. Sur 100 naissances féminines.		POUR LES CAMPAGNES. Sur 100 naissances féminines.	
	Naissances masculines.	Moyenne.	Naissances masculines.	Moyenne.
1832	105,33		107,12	
1833	107,10		108,35 (maximum)	
1834	105,89		107,61	
1835	105,99		105,50 (minimum)	
1836	107,47 (maximum)		105,84	
1837	104,63		106,85	
1838	104,12 (minimum)		105,70	
1839	105,72		107,30	
1840	105,63	105,87	106,19	106,65
1841	104,73		106,25	
1842	106,48		107,33	
1843	106,64		106,85	
1844	104,29		106,62	
1845	106,46		106,60	
1846	105,35		106,37	
1847	106,43		106,32	
1848	106,76		107,19	
1849	106,60		105,77	

Moyenne pour tout le royaume 106,44.

Pour la période de 1850 à 1874, on obtient [1] :

ANNÉES.	POUR LES VILLES. Sur 100 naissances féminines.		POUR LES CAMPAGNES. Sur 100 naissances féminines.	
	Naissances masculines.	Moyenne.	Naissances masculines.	Moyenne.
1850	104,13		106,6	
1851	105		106	
1852	106		107,7	
1853	107,47 (maximum)		·106,43	
1854	105		106	
1855	105		107	
1856	105		106	
1857	105		106	
1858	105		107	
1859	104		106	
1860	106		107	
1861	106		107	
1862	106		107,6	
1863	105		107	
1864	106		107	
1865	105		106	
1866	104		105,5 (minimum)	
1867	106		108,5 (maximum)	
1868	106		106	
1869	106		106	
1870	107		106	
1871	104 (minimum)		106	
1872	105		106	
1873	104		107	
1874	105		106	

[1] A partir de 1866, on a rangé parmi les villes toutes les communes dont la population atteignait le chiffre de 5,000 âmes.

Pour tout le royaume, la moyenne est de 106.06.

Dans la période de 1832 à 1849, on a considéré en tout, pour les villes, 323,966 naissances masculines et 306,002 naissances féminines ; et pour les campagnes, 950,111 naissances masculines et 890,978 naissances féminines ; dans la seconde période, ces nombres sont respectivement : 635,688 et 604,737 ; 1,358,059 et 1,275,001.

On voit qu'il naît, toute proportion gardée, plus de garçons dans les campagnes que dans les villes ; mais les causes qui font varier le rapport des naissances des deux sexes sont sans doute très-nombreuses : elles peuvent tenir au climat, à la légitimité des naissances, à l'âge absolu ou relatif des parents, etc. Il faudrait, pour résoudre ces intéressantes questions, disposer d'un grand nombre d'observations exactes et détaillées, et les traiter avec tact et sagacité.

Quoi qu'il en soit, il n'y a pas aujourd'hui de fait statistique mieux constaté que cette inégalité des naissances. Les relevés officiels du mouvement de la population en France donnent, pour la période de 1801 à 1840, le nombre 106.42 pour le rapport des naissances masculines aux naissances féminines. On voit qu'il est presque identique à celui correspondant pour la Belgique.

Pour la période moderne, le rapport tend à diminuer en France.

Le *climat* ne paraît pas influer sensiblement sur la valeur de ce rapport. C'est du moins ce que l'on peut conclure de la discussion des documents statistiques fournis par les principaux États de l'*Europe*. Ils sont résumés dans le tableau suivant.

Angleterre.	104,42	Portugal.	106,17	
Grande-Bretagne	104,53	Prusse	106,17	
Suède.	104,62	Royaume de Naples	106,18	•
Wurtemberg.	105,2	Hanovre.	106,3	
Bohême.	105,4	France	106,42	
Hesse.	105,7	Belgique	106,44	
Hollande.	105,9	Mecklembourg	107,1	
Autriche.	106,1	Lombardie.	107,6	
Saxe	106,1	Russie.	108,9	

Les statistiques modernes donnent les rapports suivants :

Espagne.	106,75	France	105,29
Italie.	106,68	Danemark	105,12
Autriche.	106,59	Saxe	105,08
Hongrie.	106,04	Prusse	105,02
Norvége	105,96	Suède.	104,73
Pays-Bas	105,80	Suisse	104,50
Bavière	106,33	Russie.	104,43
Irlande	105,55	Angleterre.	104,32
Écosse	105,32	Wurtemberg.	104,02
Belgique.	106,06		

Ces tableaux ne prouvent pas que le climat n'ait *aucune influence ;* mais cette influence, si elle existe, est assez faible pour ne devenir sensible que quand la différence des climats est suffisamment grande. C'est ce que semblent montrer des recherches faites en Égypte et au cap de Bonne-Espérance.

Une distinction analogue à celle que nous avons faite

entre les naissances dans les villes et dans les campagnes, a été établie par Ch. Dupin. Il a divisé la population de la France en deux groupes, l'un des départements *maritimes,* au nombre de 24, l'autre des 62 départements *de l'intérieur.* Divisant par périodes de cinq ans la période totale 1801 à 1840, il a construit le tableau que voici.

PÉRIODES QUINQUENNALES.	NAISSANCES MASCULINES SUR 100 NAISSANCES FÉMININES.		
	FRANCE ENTIÈRE.	DÉPARTEMENTS MARITIMES.	DÉPARTEMENTS DE L'INTÉRIEUR.
1801 à 1805	106,75	106,20	107,03
1806 à 1810	106,30	105,13	106,89
1811 à 1815	106,83	106,05	107,29
1816 à 1820	106,59	106,36	106,70
1821 à 1825	106,52	105,58	107,00
1826 à 1830	105,95	105,59	106,14
1831 à 1835	106,54	105,54	107,07
1836 à 1840	105,96	105,50	106,19
MOYENNES pour les 40 années.	106,42	105,74	106,77

Ainsi, pendant 40 années, le rapport entre les naissances du sexe masculin et du sexe féminin a été constamment moindre pour les départements maritimes que pour les départements de l'intérieur. Une pareille constance ne semble pas pouvoir être attribuée au hasard.

Une autre remarque essentielle, c'est que pour

l'Angleterre, pays plus maritime que l'ensemble de la France, le rapport des naissances masculines aux naissances féminines est moindre encore que pour l'ensemble des départements maritimes de la France.

On a cru longtemps à un phénomène plus général qu'auraient présenté les zones maritimes. Ce phénomène était une fécondité plus grande ; les recherches récentes de M. Benoiston montrent qu'il n'y a rien de bien établi à cet égard.

L'influence des mœurs et des habitudes sociales sur les chances des naissances des deux sexes est mise hors de doute, lorsqu'on fait la distinction entre les naissances légitimes et les naissances illégitimes. De 1817 à 1839, le nombre des naissances illégitimes, pour toute la France, a été de 814,524 garçons et 781,238 filles, ce qui donne le rapport 104,26. Un résultat analogue ressort de la discussion des documents statistiques, pour les principaux États de l'Europe. On a même vu en 1854, dans le département de la Seine, le nombre des naissances féminines parmi les enfants illégitimes, dépasser celui des naissances masculines.

En général, le séjour des grandes villes exerce une influence incontestable sur le rapport des naissances des deux sexes. Ainsi, à Paris, de 1817 à 1840 inclusivement, le nombre des naissances masculines a été de 340,817, et celui des naissances féminines de 329,142, ce qui donne 103,55. A la vérité, les naissances illégitimes sont beaucoup plus nombreuses à Paris que partout ailleurs en France ; mais ce n'est pas là l'unique cause de l'anomalie que nous signalons. En effet, le nombre des enfants illégitimes nés à Paris pendant la période que nous considérons a été de 117,605 garçons et 114,031 filles : retranchant ces chiffres des précédents, on trouvera, pour les naissances *légitimes* à Paris, le rapport 103,77. Il est de 103,19 pour les naissances *illégitimes*. Les chiffres des statistiques modernes sont respectivement 103,63 et 102,74.

Quelques auteurs avaient émis l'avis que toutes les causes qui tendent à affaiblir les forces physiques de la population, tendent aussi à diminuer la prépondérance des naissances masculines. Les observations recueillies ne sont pas encore assez nombreuses pour résoudre la question. Ce qui paraît mieux établi, c'est l'influence de la supériorité de l'âge du père sur l'âge de la mère ou *vice versâ*, signalée par MM. Hofacker et Sadler. Dans chacun des deux cas, le sexe de l'enfant est plus souvent le même que celui du plus âgé de ses parents.

§ 80. — Parmi les causes appelées *variables*, les plus remarquables sont celles qui ont un caractère de périodicité. Quand on soupçonne l'existence d'une cause périodique simple, il devient assez facile de l'étudier, en comparant entre elles les différentes parties de la période supposée. Ainsi, veut-on reconnaître si la mortalité est influencée par la période annuelle, on comparera les résultats des différents mois de l'année : on trouvera ainsi que la mortalité subit, dans notre pays, un maximum et un minimum, à six mois de distance.

Le maximum arrive en janvier et le minimum entre juillet et août; entre ces deux époques, les nombres croissent et décroissent régulièrement.

Un travail semblable peut se faire pour les naissances. Les tableaux qui suivent présentent, pour toute la Belgique, les rapports des naissances, pendant les 12 mois de l'année, ainsi que ceux des décès. Ils embrassent la période de 1841 à 1849; et, pour mieux faire juger du degré de constance que suit la loi, nous avons séparé la période totale en trois périodes partielles de trois années chacune.

Nombres proportionnels des naissances en Belgique, pendant les différents mois de l'année.

(La moyenne des douze mois est prise par unité.)

Janvier. . . .	1,09	1,12	1,02	1,08
Février. . . .	1,17	1,22	1,10	1,16
Mars.	1,16 †	1,21 †	1,11 †	1,16 †
Avril.	1,06	1,11	1,05	1,07
Mai	0,98	0,99	1,02	1,00
Juin	0,92	0,93	0,98	0,94
Juillet	0,87 †	0,87 †	0,96 †	0,90 †
Août.	0,92	0,87	0,96	0,92
Septembre . .	0,96	0,92	0,97	0,95
Octobre. . . .	0,95	0,91	0,93	0,93
Novembre. . .	0,94	0,91	0,94	0,93
Décembre. . .	0,98	0,94	0,96	0,96
	1841-1843	1844-1846	1847-1849	1841-1849

Période de 1866 à 1874.

Janvier. . . .	1,07	1,08	1,05	1,07
Février. . . .	1,04	1,05	1,02	1,04
Mars	1,15 †	1,12 †	1,12 †	1,13 †
Avril.	1,03	1,03	1,04	1,03
Mai.	1,02	0,99	0,99	1,00
Juin	0,93 †	0,93 †	0,93 †	0,93 †
Juillet	0,95	0,95·	0,95	0,95
Août	0,95	0,97	0,96	0,96
Septembre. . .	0,96	0,96	0,97	0,96
Octobre. . . .	0,97	0,97	0,98	0,97
Novembre. . .	0,94	0,94	0,98	0,95
Décembre. . .	0,98	0,99	1,02	1,00
	1866-1868	1869-1871	1871-1874	1866-1874

On voit que les naissances procèdent suivant un ordre
très-régulier; et la loi qu'elles suivent est si bien marquée dans chacune des trois périodes particulières,
qu'on peut regarder la moyenne générale comme dé-
gagée de toute cause accidentelle de perturbation. Les
naissances atteignent donc leur maximum dans les
mois de février et de mars, et leur minimum aux mois
de juillet-juin. Il existe un second maximum, très-
faible, mais bien caractérisé, pour les mois de sep-
tembre-octobre.

Les causes qui tendent à élever les naissances *au-
dessus* de la moyenne ont plus d'énergie que celles qui
tendent à les faire tomber *au-dessous*; et le rapport de
celles-ci aux premières pourrait être représenté, mais

sans lui attribuer le caractère d'une probabilité, par la fraction $\frac{5}{8}$, qui est le rapport des limites, ou celui du nombre de cas supérieurs à la moyenne au nombre de cas inférieurs.

Nombres proportionnels des décès en Belgique, pendant les différents mois de l'année.

(La moyenne des douze mois est prise pour unité.)

Janvier. . . .	1,24	1,15	1,35 †	1,25 †
Février. . . .	1,26 †	1,25	1,16	1,22
Mars	1,19	1,26 †	1,17	1,21
Avril.	1,15	1,13	1,13	1,14
Mai	0,99	1,03	1,03	1,02
Juin	0,94	0,92	1,05	0,96
Juillet	0,81	0,83	0,93	0,86
Août.	0,80 †	0,83 †	0,90	0,84 †
Septembre. . .	0,89	0,85	0,87	0,87
Octobre. . . .	0,89	0,84	0,75 †	0,83
Novembre. . .	0,92	0,84	0,77	0,84
Décembre. . .	0,95	1,07	0,89	0,97
	1841-1843	1844-1846	1847-1849	1841-1849

Période de 1866 à 1874.

Janvier. . . .	1,09 †	1,18 †	1,18 †	1,15 †
Février	0,94	1,12	1,11	1,05
Mars	1,07 †	1,20 †	1,21 †	1,16 †
Avril.	0,98	1,10	1,05	1,04
Mai.	0,92	1,02	1,02	0,99
Juin	0,83 †	0,89	0,89	0,87 †

Juillet	1,15	0,85 †	0,91 †	0,97
Août.	1,22	0,87	0,94	1,01
Septembre. . .	1,11	0,87	0,91	0,96
Octobre. . . .	0,94	0,88	0,89	0,90
Novembre. . .	0,84	0,93	0,90	0,89
Décembre. . .	0,94	1,12	1,01	1,02
	1866-1868	1869-1871	1872-1874	1866-1874

Pour les décès comme pour les naissances, la périodicité est bien marquée, quoiqu'elle ait été un peu troublée, spécialement en 1866, par les invasions du choléra (en juillet, août et septembre). Elle présente un maximum en janvier et un autre en mars ; le minimum a lieu en juin-juillet-août. Ici encore les nombres ont une tendance accusée à s'élever au-dessus de la moyenne, et le rapport des limites est, comme dans le premier cas, de 5 à 8.

Pour éliminer, dans la discussion des documents, les causes variables périodiques, il ne faut comparer entre eux que les résultats fournis par une période *entière*, ou par des parties *correspondantes* de la période. Si, au lieu d'éliminer, nous voulons étudier les effets de la période, il faudra au contraire mettre en présence les nombres partiels résultant des différentes divisions de la période. Les causes *accidentelles* s'éliminent d'elles-mêmes par le grand nombre d'observations.

L'histoire, traitée au point de vue de l'influence des causes *constantes*, unirait à l'intérêt de la curiosité celui d'offrir aux hommes les plus utiles leçons. Souvent on

attribue les effets inévitables de ces causes à des circonstances *accidentelles,* qui n'ont fait que développer
leur action. Ainsi, dit Laplace, au milieu des causes
variables qui étendent ou qui resserrent les divers
États, les limites naturelles, en agissant comme causes
constantes, doivent finir par prévaloir. Ainsi encore, il
est contre la nature des choses qu'un peuple soit à
jamais gouverné par un autre, qu'une grande distance
où une vaste mer en sépare. On peut affirmer qu'à la
longue, cette cause constante, se joignant sans cesse
aux causes variables qui agissent dans le même sens,
et que la suite des temps développe, finira par en trouver
d'assez fortes pour rendre au peuple soumis son indépendance naturelle, ou pour le réunir à un État puissant
qui lui soit contigu.

§ 81. — Nous allons montrer, par un dernier
exemple, comment on doit traiter les questions statistiques.

Depuis longtemps, le gouvernement belge a donné
un soin tout particulier à introduire de l'uniformité et
de l'exactitude dans les inscriptions des *mort-nés.* Les
chiffres généraux recueillis à l'état civil pour les années
1841 à 1849 permettent de dresser le tableau suivant.

Nombre des mort-nés des deux sexes en Belgique.

ANNÉES.	VILLES.			COMMUNES RURALES.			TOTAL général.
	Masculin.	Féminin.	Rapport.	Masculin.	Féminin.	Rapport.	
1841	1220	949	1,29	1976	1387	1,43	5532
1842	1205	915	1,32	1939	1415	1,37	5474
1843	1296	934	1,39	2073	1456	1,42	5759
1844	1148	934	1,23	2225	1579	1,41	5886
1845	1272	982	1,29	2101	1651	1,27	6006
1846	1155	856	1,35	1857	1308	1,42	5176
1847	1142	795	1,43	1791	1319	1,36	5047
1848	1194	891	1,34	1917	1445	1,33	5447
1849	1255	950	1,32	2329	1664	1,40	6198
Moyennes	1209	912	1,33	2023	1469	1,38	5613

Période de 1866 à 1874.

ANNÉES.	VILLES.			COMMUNES RURALES.			TOTAL général.
	Masculin.	Féminin.	Rapport.	Masculin.	Féminin.	Rapport.	
1866	1441	1076	1,34	3147	2281	1,38	7945
1867	1975	1402	1,41	2375	1731	1,37	7483
1868	1919	1470	1,31	2355	1741	1,35	7485
1869	1896	1500	1,26	2325	1740	1,39	7461
1870	1916	1449	1,32	2404	1808	1,33	7577
1871	1891	1412	1,34	2315	1623	1,42	7250
1872	1958	1487	1,32	2397	1716	1,40	7558
1873	2014	1513	1,33	2392	1865	1,28	7783
1874	1949	1502	1,29	2502	1797	1,39	7750
Moyennes	1884	1423	1,32	2468	1812	1,36	7588

La Belgique comptait donc annuellement, d'après le premier tableau, 5,613 mort-nés, nombre qui diffère très-peu des chiffres individuels fournis par chaque année, et qui peut inspirer assez de confiance, du moins d'une manière relative. Il est certainement trop faible, à cause des réticences ou des négligences dans les inscriptions. En le comparant au chiffre total de la population qui était, à la fin de 1845, de 4,298,562, on trouve un mort-né pour 766 habitants. Dans le second tableau, la moyenne annuelle étant de 7,588, tandis que la population au milieu de la période considérée atteignait 5,087,105 habitants, on voit que la proportion des mort-nés s'est élevée à un par 670 habitants.

L'influence des sexes sur les mort-nés est mise en évidence d'une manière bien tranchée, et indépendante des négligences accidentelles commises dans l'inscription. On voit que, dans les villes, sur 100 mort-nés du sexe féminin, il y en a 133 ou 132 du sexe masculin, au lieu de 106 au plus que l'on devrait compter par suite de la loi générale des naissances. Pour les campagnes, la différence est encore un peu plus grande : on trouve 138 ou 136, au lieu de 107.

L'influence du séjour des villes ou des campagnes sur le nombre des mort-nés s'obtiendrait en cherchant, pour chaque année, le rapport des enfants nés vivants aux mort-nés : il est de 30 environ pour les campagnes et de 16 pour les villes.

Les causes morales influent sur cette inégalité, autant peut-être que les causes physiques. Ainsi, lorsqu'on établit la comparaison entre les enfants nés vivants et les mort-nés, en distinguant les naissances *légitimes* des naissances *illégitimes*, on trouve, dans le premier cas, le rapport 25, et dans le second, le rapport 15. — Ceci explique en partie la grande différence que l'on vient de remarquer entre les villes et les campagnes, sous le rapport des mort-nés. On sait, en effet, que les naissances illégitimes sont beaucoup plus nombreuses dans les villes que dans les campagnes : le rapport est d'environ 23 à 7.

Si l'on voulait déterminer l'influence des causes périodiques sur le nombre des mort-nés, il suffirait de procéder comme nous l'avons fait pour les naissances dans le paragraphe précédent, et l'on trouverait que le maximum des mort-nés se présente au mois de mars, le minimum au mois de juin.

§ 82. — Toutes les fois qu'une quantité est assujettie à varier en fonction d'une autre, on trouve un grand avantage, sous le rapport de la clarté, à représenter par une *courbe* la marche que suit la fonction. Nous avons déjà eu recours à ce moyen, et nous l'emploierons encore plusieurs fois.

Supposons qu'il s'agisse d'étudier les *variations* de la température : on les représentera par des ordonnées y_1, y_2... proportionnelles aux amplitudes de ces variations, et élevées en des points dont les abscisses sont proportionnelles au *temps,* considéré comme variable indépendante. Pour plus de simplicité, on fera tous les intervalles de temps égaux entre eux, et à Δx.

La *courbe* MNP, obtenue en joignant les sommets des ordonnées par un trait continu, indiquera aux yeux

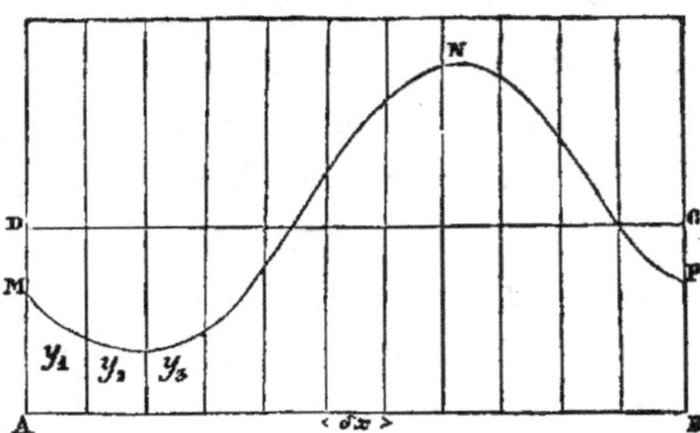

l'allure générale de la fonction, et permettra d'en saisir facilement la loi. La *surface* comprise entre la courbe, l'axe AB, et les deux ordonnées extrêmes AM, BP, sera proportionnelle à l'*effet total* produit par la variable.

Mais on conçoit que le *même* effet aurait pu être produit dans le même temps par une quantité *constante*, A D = Y, dont le travail serait représenté par la surface du rectangle ABCD : égalant ces deux surfaces, on aura

$$(y_1 + y_2 + y_3 + \dots + y_n)\, \Delta x = n \,.\, \Delta x \,.\, Y,$$

équation qui sera d'autant plus rigoureuse que notre Δx s'approchera davantage d'une véritable différentielle, ou que les observations seront faites à des intervalles plus rapprochés. Déduisant la valeur de Y, nous aurons :

$$Y = \frac{y_1 + y_2 + y_3 + \dots + y_n}{n};$$

ainsi, la valeur *moyenne* de la variable n'est autre chose que la hauteur du rectangle équivalent à la figure mixtiligne AMNPB.

On voit par là que, lorsque la courbe des variations est irrégulière, ou les observations peu nombreuses, on peut commettre une erreur sensible en prenant pour moyenne le quotient indiqué plus haut. Dans ce cas, il serait plus sûr d'évaluer la surface mixtiligne par le théorème de Thomas Simpson et de l'égaler à celle du rectangle de même base. La hauteur de ce dernier serait la moyenne rigoureuse.

Cette obligation de recueillir un grand nombre de valeurs de la variable, lorsqu'on veut obtenir une moyenne suffisamment exacte, a engagé les observateurs à rechercher des procédés plus expéditifs. Prenons pour exemple l'étude des variations de la température.

Les physiciens ont remarqué que l'on peut adopter pour température moyenne de *journée* la valeur *médiane* entre les températures extrêmes (demi-somme entre le maximum et le minimum) : or, ces termes extrêmes s'indiquent d'eux-mêmes dans certains thermomètres construits spécialement. La différence entre le maximum et le minimum de la journée se nomme *variation diurne* de la température : l'expérience prouve qu'elle est sensiblement proportionnelle à la longueur des jours.

On peut aussi, dans nos climats, remplacer la moyenne de toutes les températures d'une journée par *une seule* observation faite un peu avant neuf heures du matin, ou mieux, un peu avant huit heures du soir.

La valeur médiane entre les résultats observés à dix heures du matin et du soir, ou à quatre heures du matin et du soir, donnerait aussi une température moyenne satisfaisante.

L'amplitude de la *variation diurne* de la température, dans les différents mois, sert à caractériser le climat d'un pays; il en est de même de la différence entre la *température moyenne du mois* le plus chaud et du mois le plus froid. Ces deux éléments sont donnés pour Bruxelles dans le tableau suivant, dressé d'après les observations de 1833 à 1872 :

Mois	TEMPÉRATURE [1]		Températ. moyenne. Demi-somme des maxima et minima.	Variation diurne. Différence des maxima et minima.	Mois.	TEMPÉRATURE [1]		Températ. moyenne. Demi-somme des maxima et minima.	Variation diurne. Différence des maxima et minima.
	Maxim.	Minim.				Maxim.	Minim.		
Janv.	4°,6	0°,0	2°,3	4°,6	Juill.	23°,2	13°,7	18°,4	9°,5
Fév.	6 ,5	1 ,1	3 ,8	5 ,4	Août	22 ,4	13 ,5	17 ,9	8 ,9
Mars	9 ,0	2 ,3	5 ,6	6 ,7	Sept.	19 ,1	11 ,2	15 ,1	7 ,9
Avril	13 ,9	5 ,2	9 ,6	8 ,7	Octob.	14 ,2	7 ,7	11 ,0	6 ,5
Mai	18 ,4	8 ,7	13 ,5	9 ,7	Nov.	8 ,6	3 ,6	6 ,1	5 ,0
Juin	22 ,0	12 ,2	17 ,1	9 ,8	Déc.	5 ,6	1 ,2	3 ,4	4 ,4
»	»	»	»	»	L'année	13 ,9	6 ,7	10 ,3	7 ,2

En météorologie, on regarde comme *constants* les climats où la différence entre la température du mois le plus chaud et celle du mois le plus froid n'excède pas 10°; comme *variables* ceux où cette différence s'élève de 10° à 20°; comme *excessifs* ceux où elle sur-

[1] Les nombres inscrits dans cette colonne sont les moyennes valeurs des moyennes mensuelles des maxima et minima diurnes.

passe 20°. Il faut donc ranger le climat de Bruxelles parmi les climats variables, avec une tendance marquée à se rapprocher des climats excessifs.

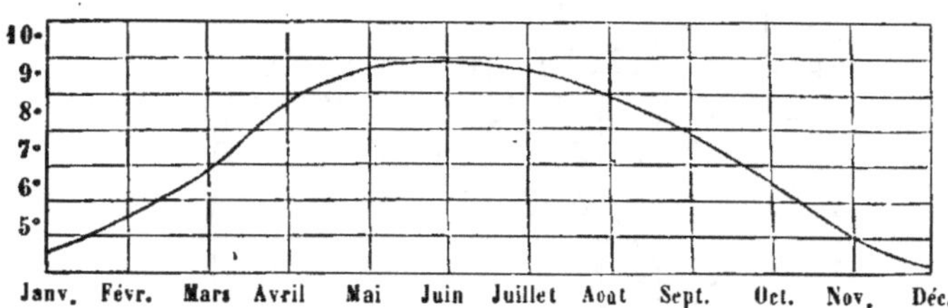

La figure ci-dessus représente les *variations diurnes* de la température, dans les différents mois de l'année.

La marche moyenne de la température pendant la période diurne s'obtiendrait en prenant la moyenne des températures observées, à chaque heure de la journée, pendant une ou plusieurs années. Le tableau suivant présente ce travail, pour les heures *paires* des années 1841 à 1843.

HEURES.	1841.	1842.	1843.	Moyenne des 3 années.	Température calculée.
Minuit.	7°,8	7°,9	7°,9	7°,9	7°,93
2 heur. du mat.	7 ,3	7 ,4	7 ,5	7 ,4	7 ,48
4 —	7 ,0	7 ,1	7 ,2	7 ,1	7 ,11
6 —	7 ,4	7 ,5	7 ,5	7 ,5	7 ,49
8 —	8 ,6	8 ,9	8 ,7	8 ,8	8 ,81
10 —	10 ,4	10 ,8	10 ,7	10 ,6	10 ,52
Midi.	11 ,6	12 ,2	12 ,0	11 ,9	11 ,85
2 heur. du soir	12 ,1	12 ,8	12 ,5	12 ,5	12 ,50
4 —	11 ,9	12 ,4	12 ,3	12 ,2	12 ,19
6 —	10 ,8	11 ,4	11 ,2	11 ,1	11 ,03
8 —	9 ,2	9 ,6	9 ,5	9 ,4	9 ,55
10 —	8 ,4	8 ,7	8 ,6	8 ,6	8 ,50
Moyennes.	9°,37	9°,7	9°,6	9°,58	9°,58

On voit que chaque heure a produit annuellement à peu près les mêmes températures : la courbe ci-dessous,

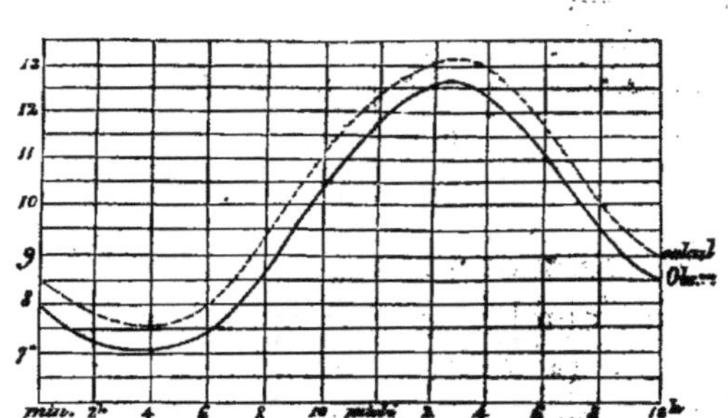

qui représente les différents nombres, a une forme très-régulière ; aussi son équation est-elle exactement représentée par une formule empirique, que l'on emploie fréquemment dans des cas analogues, et dont la forme générale est

$$y = C + A \sin (t + a) + B \sin (2t + b) + D \sin (3t + d) + \dots.$$

A, B, C, D.... a, b, d... sont des constantes données par l'observation ; t l'angle horaire compté à partir de minuit et exprimé en degrés. Dans l'exemple qui nous occupe on trouve

$$\text{Tempér.} = 9°,58 - 2°,64 \sin (t + 50°) + 0°,42 \sin (2t + 50°)$$
$$+ 0°,114 \sin (3t + 40°).$$

Les nombres fournis par cette formule sont portés dans la dernière colonne du tableau précédent : on voit qu'ils sont presque identiques avec ceux que fournit l'observation.

Le relevé des observations comprises entre les années 1833 et 1872, donne les chiffres suivants :

Minuit	8°,1	Midi	.	12°,1
2 heures du matin	7 ,6	2 heures du soir		12 ,7
4 —	7 ,3	4 —		12 ,4
6 —	7 ,5	6 —		11 ,2
8 —	8 ,8	8 —		9 ,7
10 —	10 ,7	10 —		8 ,8

Il y a presque concordance avec les chiffres obtenus au moyen d'un nombre 13 fois moindre d'observations, ce qui prouve la grande régularité de la marche moyenne des températures. La formule donnée plus haut pour représenter la série d'observations aujourd'hui plus complète doit être remplacée par :

$$\text{Tempér.} = 9°,74 - 2°,68 \sin(t + 50°) + 0°,42 \sin(2t + 50°) + 0°,059 \sin(3t + 40°)$$

expression qui diffère à peine, comme il est naturel, de la précédente.

La courbe moyenne des températures diurnes n'a donc qu'un seul maximum, qui se présente vers deux heures de l'après-midi ; le minimum arrive vers quatre heures du matin. Ces deux termes critiques se déplacent un peu avec les saisons.

Lorsque l'on veut trouver la *température moyenne d'une année*, il faut faire concourir à la formation de cette moyenne les observations de tous les jours, ou du moins celles de tous les mois de l'année. Mais ici encore, il existe des procédés indirects très-commodes. Ainsi, l'on peut se contenter de rechercher la température moyenne du mois d'*octobre*, qui, dans nos climats, diffère très-peu de celle de toute l'année.

On a observé aussi que la demi-différence des maxima et minima mensuels est à peu près constante, et égale à la température moyenne de l'année.

CHAPITRE VII.

§ 83. — La durée *naturelle* de la vie d'un être est
celle qui est déterminée par les conditions intrinsèques
de son organisation. Mais si, comme l'a dit Bichat,
« la vie n'est qu'une résistance à la mort », sa durée
réelle moyenne doit être inférieure à sa durée naturelle,
puisqu'il est impossible de soustraire un être animé à
toutes les causes accidentelles de destruction qui l'entourent à chaque instant. La mortalité aux différents
âges peut du reste varier pour deux motifs, soit par
l'action des causes destructives, soit par le degré de
résistance des forces vitales.

Dès le milieu du xviie siècle, le célèbre Jean de Witt,
homme d'État et géomètre, s'occupait de la recherche
des probabilités de la vie humaine, pour le calcul des
rentes viagères ; mais la première table de mortalité[1]
a été construite par Halley[2], qui en a puisé les éléments

[1] On appelle ainsi une liste qui, sur un nombre donné de naissances,
indique le nombre de survivants à la fin de chaque année.

[2] Halley avait sous les yeux une table que John Graunt de Londres,
1662, avait essayé de déduire des listes mortuaires publiées depuis
1592 d'après les ordres de la reine Élisabeth. Graunt donna aussi une
Table de survie. Son ouvrage est intitulé : *Capt Natural and political
observations*, etc., *upon the bills of mortality.*

dans les registres de la ville de Breslau, en Silésie. Elle a été publiée dans les *Transactions philosophiques* de 1693. L'illustre savant anglais fit choix de cette ville, parce que le nombre des naissances et celui des morts y différaient très-peu : il en concluait que les pertes éprouvées par la population, aux différents âges, devaient être sensiblement proportionnelles à la mortalité pour chacun de ces âges ; que, par suite, on pouvait regarder les individus décédés chaque année comme s'ils fussent tous nés la même année, et leurs âges respectifs comme indiquant la manière dont s'éteindraient successivement un pareil nombre d'individus ayant commencé leur vie simultanément.

Halley releva donc le nombre de morts, M, arrivées à Breslau depuis 1687 jusqu'à 1691, et distribua ce nombre suivant les âges. Soient M_1, M_2, M_3 .... le nombre d'individus morts dans la 1re, la 2e, la 3e .... année de leur existence : $M - M_1$ représentera le nombre des survivants à l'âge de 1 an; $M - M_1 - M_2$ le nombre des survivants à l'âge de 2 ans, et ainsi de suite. Afin de faciliter les calculs, Halley réduisit ces divers nombres proportionnellement à 1,000.

Ce procédé est bien préférable, dans la pratique, au procédé théoriquement plus rigoureux qui consisterait à suivre un très-grand nombre d'individus un à un depuis leur naissance jusqu'à leur mort : celui-ci n'a pu être appliqué jusqu'aujourd'hui qu'à des catégories particulières, dont l'ordre de mortalité est très-différent de celui de l'universalité des hommes.

A défaut de la méthode rigoureuse, on pourrait

cependant opérer d'une façon satisfaisant mieux aux conditions de la question, que le procédé généralement suivi. Il suffirait à cet effet de rechercher quel est pour un *même* nombre, N, d'individus des âges successifs, le nombre des survivants au bout d'une année. On aurait ainsi une suite de rapports $q_1, q_2, q_3 \ldots q_n$, permettant de construire une table présentant le *même* degré d'exactitude dans toute son étendue ; ce qui n'est évidemment pas le cas dans les tables actuelles.

Les tables de mortalité employées aujourd'hui en Belgique ont été calculées par M. Quetelet, d'après les décès renseignés de 1841 à 1845 inclus. Elles présentent :

1° La mortalité générale du royaume ;

2° La mortalité, avec la distinction des sexes, et celle des villes et des campagnes ;

3° Enfin la mortalité par province.

(Voyez *Annuaire de l'Observatoire royal de Bruxelles pour* 1851, p. 190 et suiv.)

Des tables analogues ont été calculées pour les différents pays de l'Europe.

Pour déterminer, à l'aide de ces tables, la probabilité qu'un individu d'un certain âge, *a,* possède de parvenir à l'âge $a + b$, on peut appliquer la formule du § 57. Soit V_a le nombre de la table correspondant à l'âge *a,* et V_{a+b} celui des survivants à l'âge $a + b$, on aura, si x représente la chance de survie :

$$p = \frac{\int_0^1 x^{V_{a+b}+1} (1-x)^{V_a - V_{a+b}} dx}{\int_0^1 x^{V_{a+b}} (1-x)^{V_a - V_{a+b}} dx}.$$

14

On a vu, § 59, que cette expression vaut :

$$\frac{V_{a+b}+1}{V_a+2}.$$

Les nombres V_a et V_{a+b} étant originairement très-grands (avant la réduction ordinaire au chiffre 1,000 ou 10,000 pour l'an o de la table), cette fraction est sensiblement égale à

$$\frac{V_{a+b}}{V_a}.$$

D'où il suit que la probabilité de parvenir à l'âge $a + b$, pour un individu de l'âge a, est égale au rapport des nombres correspondants à $a + b$ et a dans la table. Cette conclusion ne serait évidemment rigoureuse que si le nombre des cas observés était infini.

A l'inspection des tables, on s'aperçoit que la *vie probable*, au moment de la naissance, est d'environ 23 ans ; c'est-à-dire qu'à l'âge de 23 ans, le nombre des individus qui sont nés en même temps se trouve réduit de moitié. La vie probable des filles est plus longue que celle des garçons : elle est, d'une part, de 25 ans, et de l'autre, de 20 ans.

Pour savoir le nombre d'années qu'une personne de 30 ans vivra *probablement*, on cherchera, dans la table générale, le nombre 45,388 de personnes qui ont 30 ans ; on en prendra la moitié qui est 22,694 ; cette moitié correspond à peu près à l'âge de 64 ans : puisqu'à 64 ans, une moitié des individus qui existaient à 30 ans est morte et l'autre vivante, il y a également à parier pour ou contre qu'une personne de 30 ans arrivera à cet âge : c'est donc 64 moins 30 ou 34 ans qu'une personne de 30 ans vivra *probablement*.

La vie probable d'un *homme* à 30 ans est de 30 ans dans les *villes* et de 35 dans les *campagnes ;* celle de la *femme* est de 33 ans 1/2 des deux côtés.

La manière de calculer la vie *probable* n'est qu'une application de la recherche, donnée plus haut, de la probabilité de survie au bout d'un certain nombre d'années. Il suffit, en considérant $(a + b)$ comme l'inconnue, de poser l'équation :

$$\frac{1}{2} = \frac{\displaystyle\int_0^1 x^{V_{a+b}+1} (1-x)^{V_a - V_{a+b}} dx}{\displaystyle\int_0^1 x^{V_{a+b}} (1-x)^{V_a - V_{a+b}} dx} = \frac{V_{a+b}+1}{V_a + 2}$$

d'où V_{a+b} et par suite $(a + b)$ et b.

C'est vers 5 ans que la vie probable est la plus longue; elle est alors de 47 ans : ainsi, quand un enfant a atteint sa cinquième année, il y a un à parier contre un qu'il atteindra l'âge de 52 ans ; tandis qu'au moment de sa naissance, il y avait un contre un à parier qu'il n'arriverait pas à 23 ans : on peut se faire par là une idée des dangers qui entourent l'enfance.

L'âge de 5 ans est extrêmement remarquable dans l'histoire naturelle de l'homme; à mesure qu'on s'en éloigne, la vie probable devient de plus en plus courte : à l'âge de 40 ans, elle est de 27 ans; pour les sexagénaires, elle est de 13 à 14 ans; enfin pour les octogénaires, elle est de 4 ans seulement.

La figure de la page 222 montre la marche que suit la mortalité en Belgique.

La vie probable à partir de la naissance est extrêmement variable suivant les localités : elle est de 41 ans
pour la Suisse, de 28 pour l'Angleterre, de 21 pour la
France ; tandis qu'elle tombe à 8 ans pour Paris, 3 ans
pour Londres, 2 ans pour Berlin et moins de 2 ans
pour Vienne ! Tel est l'impôt que prélève la mort sur la
misère et l'immoralité des grandes villes ; et c'est la
génération naissante qui le paye presque en entier.

Les travaux les plus modernes ont confirmé les premiers résultats déduits de la statistique. On remarque
cependant, dans la plupart des pays, une tendance à la
prolongation de la vie humaine. Ainsi, en Belgique, la
vie probable à 5 ans est actuellement de 53 ans ; elle
est de 56 en Suède et de 55 en Angleterre. Ces chiffres,
pour les femmes, s'élèvent jusqu'à 59 et 56 ans respectivement. En France, d'après les tables de Deparcieux,
on trouve 54 ans. A la naissance, les chiffres actuels
sont : en Angleterre 45, en Suède 51, dans les Pays-
Bas 34, et en Belgique 42. Mais il ne faut pas oublier
que, les tables n'étant pas toutes dressées d'après des
méthodes identiques, ces nombres ne sont pas rigoureusement comparables.

§ 84. — La table de mortalité sert encore à déterminer la manière dont la *population* se répartit, eu
égard aux différents âges.

Soit N le nombre normal des naissances par année,
par exemple en 1850 : ce nombre, au commencement
de 1851, se trouvera réduit à un autre chiffre que nous

désignons par V_1; il deviendra successivement V_2, V_3...
au commencement de 1852, 1853...

Les naissances étant réparties sur les diverses époques de l'année d'une manière sensiblement uniforme, nous pouvons prendre le milieu de chaque année pour leur époque commune. D'après cela, au milieu de 1850, la population naissante est égale à N, diminué du nombre d'enfants morts pendant les six premiers mois, ou de $\frac{N - V_1}{2}$ (en supposant que la mortalité soit aussi uniforme). Nous aurons donc :

$$\text{Nombre d'enfants de 0 à 1 an} \dots N - \frac{N - V_1}{2} = \frac{N + V_1}{2} ;$$

de même pour les âges suivants :

$$\text{Nombre d'enfants de 1 à 2 ans} \dots \frac{V_1 + V_2}{2}$$

$$\text{—} \quad \text{—} \quad \text{de 2 à 3} \quad \text{—} \quad \frac{V_2 + V_3}{2}$$

$$\text{—} \quad \text{—} \quad \text{de 3 à 4} \quad \text{—} \quad \frac{V_3 + V_4}{2}$$

Et ainsi de suite; d'où

$$\text{Population totale} = \frac{1}{2} N + V_1 + V_2 + V_3 + \dots + V_{100}.$$

Cela posé, si l'on prend le nombre des naissances marqué dans la table de mortalité, pour celui des naissances annuelles, la somme précédente, poussée jusqu'à V_{100} comme limite de l'extrême vieillesse, exprimera la population totale. Puis, si l'on retranche successivement de cette somme le nombre des individus de 0 à 1 an, de 1 an à 2 ans, de 2 ans à 3 ans, etc., les restes représenteront les nombres d'individus compris depuis 1 an, 2 ans, 3 ans, etc., jusqu'au terme de l'existence.

Dans les *Tables de population* calculées pour la Belgique par M. Quetelet (*Bulletin de la commission centrale de statistique*, t. IV), la population totale est supposée de un million d'habitants : elles indiquent donc combien, sur un million d'individus, il y én a qui ont un âge donné, ou davantage. Par exemple, dans la colonne des hommes, on trouve 289,503 vis-à-vis de 20 ans, et 41,524 en face de 60 ans : la différence, 247,979, est le nombre d'hommes de 20 à 60 ans. Si l'on veut trouver le nombre correspondant pour une population de 5,400,000 âmes, il suffira d'établir une simple proportion [1].

Ce partage de la population suivant les âges est très-important à considérer sous le rapport de la prospérité et de la force d'un État.

La plupart des savants posent en principe que, pour pouvoir déduire une table de population de la table de mortalité, d'après la méthode qui vient d'être indiquée, il faut que « l'état de la population soit *stationnaire*, « c'est-à-dire que le nombre des naissances annuelles « soit à peu près constant et égal à celui des décès ; que « de plus les émigrations et les immigrations se com- « pensent. » Mais M. Quetelet, qui a examiné avec soin ce sujet (*Essai de physique sociale*, t. Ier), a prouvé que « la condition nécessaire pour qu'on puisse, d'une table « de mortalité, déduire une table de population, est « que les décès de chaque âge conservent annuellement « les mêmes *rapports* entre eux ; que la population soit « du reste stationnaire, croissante ou décroissante. »

---

[1] La modification indiquée au § 83 dans la construction des Tables de mortalité, s'applique évidemment aussi aux Tables de population.

§ 85. — Il ne faut pas confondre la vie *probable*, dont nous avons parlé (§ 83), avec la vie *moyenne*, dont la durée sert à comparer, sous le rapport de la *vitalité*, les âges, les lieux et les époques. Que l'on prenne, par exemple, 10,000 enfants nés dans la même année, et qu'on les suive un à un jusqu'à la mort du dernier : la *somme* de leurs âges aux époques de leurs décès respectifs, *divisée* par 10,000, sera bien la durée *moyenne* de leur vie, ou leur vie *moyenne*.

Ainsi, dans la table de mortalité pour la Belgique, on trouve qu'aux âges

86, 87, 88, 89, 90, 91, 92, 93, 94, 95 ans, il reste, sur 1,000 individus,

19, 15, 12, 9, 7, 5, 4, 3, 2, 1.

Comme on prend le milieu de chaque année pour époque commune des décès, il s'ensuit qu'à partir de 86 ans, sur 19 individus,

$$19 - 15 = 4 \text{ vivent } 1/2 \text{ année.}$$
$$15 - 12 = 3 \quad - \quad 3/2 \quad -$$
$$12 - 9 = 3 \quad - \quad 5/2 \quad -$$
$$9 - 7 = 2 \quad - \quad 7/2 \quad -$$
$$7 - 5 = 2 \quad - \quad 9/2 \quad -$$
$$5 - 4 = 1 \quad - \quad 11/2 \quad -$$
$$4 - 3 = 1 \quad - \quad 13/2 \quad -$$
$$3 - 2 = 1 \quad - \quad 15/2 \quad -$$
$$2 - 1 = 1 = 17/2 \quad -$$

La durée d'existence réalisée collectivement par les 19 individus s'obtient en multipliant, pour chaque groupe, le *nombre* d'individus par le *temps* que chacun d'eux a vécu, et en ajoutant tous ces produits : la vie *moyenne* pour un individu de 86 ans sera donc le quotient de cette somme par 19.

La somme des produits se réduit aisément à

$$\tfrac{1}{2}.\ 19 + 15 + 12 + 9 + 7 + 5 + 4 + 3 + 2 + 1$$

et il ne reste plus, pour avoir la moyenne, qu'à diviser par 19 la somme de tous les termes à partir du second, et à ajouter $\tfrac{1}{2}$ au quotient.

Ce procédé est général; de sorte que si a, a', a'', a''', a^{iv}.... désignent les nombres d'individus vivant à des âges consécutifs (a^{iv} étant le dernier de la table); V la vie moyenne à partir de l'âge correspondant au premier nombre, a; V' la vie moyenne à partir de a', on aura

$$V = \tfrac{1}{2} + \frac{a' + a'' + a''' + a^{\mathrm{iv}}}{a} ; \quad V' = \tfrac{1}{2} + \frac{a'' + a''' + a^{\mathrm{iv}}}{a'}.$$

Tirant de la seconde expression la valeur de a'' $+ a''' + a^{\mathrm{iv}}$ pour la substituer dans la première, il vient

$$V = \tfrac{1}{2} + \frac{a'}{a}\left(V' + \tfrac{1}{2}\right);$$

formule qui, faisant trouver aisément V par V', serait commode pour calculer la vie moyenne correspondant aux divers âges, en commençant par le plus avancé.

D'après les *Tables du bureau des longitudes*, on trouve que la vie moyenne en France est de 28 ans $\tfrac{3}{4}$ à partir de la naissance. En la calculant pour chaque âge, on trouve qu'elle est la plus longue possible, et de 43 ans 5 mois, à l'âge de 5 ans. Ainsi, à partir de la naissance, la vie *probable* y est de 20 ans $\tfrac{1}{3}$ et la vie *moyenne* de 28 ans $\tfrac{3}{4}$; tandis que, pour les enfants de 4 à 5 ans, qui ont échappé à la mortalité des 3 ou 4 premières années, la vie probable y surpasse 45 ans et la vie moyenne 43 ans.

Les observations sur la mortalité ne remontent pas assez haut pour qu'on puisse comparer les temps un peu anciens avec les temps modernes. Cependant le peu de documents que l'on possède permettent d'avancer que, depuis le xvie siècle, la vie moyenne s'est considérablement accrue : dans quelques localités, elle a presque doublé, et la vie probable a plus que quintuplé.

Nous avons calculé, d'après la table de mortalité insérée dans l'annuaire de l'Observatoire de Bruxelles, la table suivante qui présente la valeur de la vie moyenne, en Belgique, aux différents âges.

Âges.	Vie moyenne.	Différences.	Âges.	Vie moyenne.	Différences.	Âges.	Vie moyenne.	Différences.	Âges.	Vie moyenne.	Différences.
0	31,41 ANS.		15	39,49		30	31,62		45	22,94	
1	38,41	+7,00	16	38,92	—0,57	31	31,04	—0,58	46	22,32	—0,62
2	41,80	3,39	17	38,33	0,57	32	30,45	0,59	47	21,70	0,62
3	43,32	1,52	18	37,76	0,57	33	29,87	0,58	48	21,07	0,63
4	43,98	0,66	19	37,25	0,51	34	29,28	0,59	49	20,44	0,63
5	44,25	0,27	20	36,75	0,50	35	28,68	0,60	50	19,80	0,64
6	44,15	—0,10	21	36,31	0,44	36	28,09	0,59	55	16,67	3,13
7	43,83	0,32	22	35,87	0,44	37	27,49	0,60	60	13,62	3,05
8	43,45	0,38	23	35,44	0,43	38	26,89	0,60	65	10,91	2,71
9	43,03	0,42	24	35,01	0,43	39	26,28	0,61	70	8,49	2,42
10	42,54	0,49	25	34,48	0,53	40	25,70	0,58	75	6,49	2,00
11	41,93	0,61	26	33,93	0,55	41	25,14	0,56	80	4,90	1,59
12	41,34	0,59	27	33,36	0,57	42	24,59	0,55	85	3,89	1,01
13	40,70	0,64	28	32,78	0,58	43	24,04	0,55	90	3,19	0,70
14	40,06	0,64	29	32,20	0,58	44	23,49	0,55	95	2,29	0,90
15	39,49	0,57	30	31,62	0,58	45	22,94	0,55	100	1,25	1,05

La figure suivante offre les traductions graphiques
des tables de la *vie moyenne* et de mortalité (ou de
survie) en Belgique.

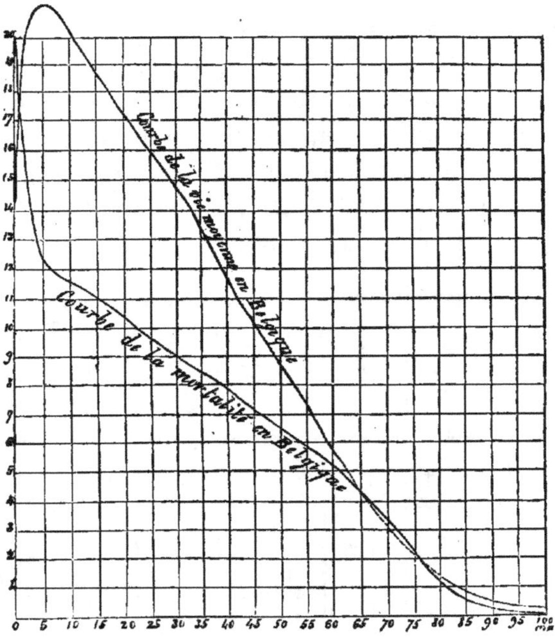

Les abscisses représentent les âges, depuis la naissance jusqu'à l'âge de 100 ans, considéré comme extrême limite de l'existence humaine. Dans la première
des deux courbes, les ordonnées sont proportionnelles
à la durée de la vie moyenne aux diverses époques de
la vie ; dans la seconde, elles sont proportionnelles aux
nombres d'individus qui, sur un nombre donné de naissances, existent encore aux différents âges.

On remarque qu'entre 10 et 75 ans, les deux courbes s'écartent très-peu de la forme *rectiligne* : cela revient à dire que la *mortalité* est sensiblement *constante* dans l'intervalle entre ces deux limites. Nous verrons bientôt (§ 93) que Moivre assigne à celles-ci des valeurs un peu différentes.

§ 86. — Les questions relatives à la population des États reçoivent des applications aussi fréquentes que variées, et présentent un intérêt qui va croissant tous les jours. Nous entrerons donc dans quelques nouveaux développements, relativement à ce genre de recherches.

Soit P la population d'un pays à une époque donnée; N le nombre des naissances annuelles; D celui des décès; P', N', D'; P'', N'', D''.... les nombres analogues pour les années subséquentes. Faisons de plus

$$\frac{P}{N} = n\,;\ \frac{P}{D} = d :$$

il viendra,

$$P = Nn = Dd$$
$$P' = P + (N - D)$$
$$P'' = P' + (N' - D') \ldots.\ \text{etc.}$$

Substituant à N et D leurs valeurs en fonction de n et d, et supposant ces rapports *constants* pour les diverses années consécutives,

$$\left.\begin{aligned}
P' &= P\left(1 + \frac{d - n}{dn}\right) = Pq \\
P'' &= P\left(1 + \frac{d - n}{dn}\right)^2 = Pq^2
\end{aligned}\right\} \quad (1)$$

etc.

De même, on a

$$N \ = \frac{P}{n}$$

$$\left. \begin{array}{l} N' = \dfrac{P'}{n} = \dfrac{P}{n}\, q \ = Nq \\[2mm] N'' = \dfrac{P''}{n} = \dfrac{P}{n}\, q^2 = Nq^2 \end{array} \right\} \quad (2)$$

etc.

$$D \ = \frac{P}{d}$$

$$\left. \begin{array}{l} D' = \dfrac{P'}{d} = \dfrac{P}{d}\, q \ = Dq \\[2mm] D'' = \dfrac{P''}{d} = \dfrac{P}{d}\, q^2 = Dq^2 \end{array} \right\} \quad (3)$$

etc.

Les formules (1), (2), (3) font voir que si, dans un pays, les naissances et les décès sont toujours proportionnels à la population, « les chiffres annuels succes- « sifs de cette population, des naissances et des décès, « suivent une progression géométrique dont le quotient « est le même. » Il suffit donc de connaître, par l'observation, deux termes consécutifs de l'une de ces progressions, pour en déterminer la raison et pour trouver ensuite le nombre r d'années nécessaire pour que la population s'accroisse dans un rapport donné, s.

En effet, on posera l'équation

$$Pq^{r} = sP \text{ ou } q^{r} = s\,;$$

d'où

$$r = \frac{\log s}{\log q}.$$

Les États-Unis d'Amérique paraissent doubler de population en 26 ans, et on a lieu de croire que, dans le cas le plus favorable, cet accroissement pourrait s'opérer en 15 ans, car il doit être attribué en grande partie à l'immigration européenne, la mortalité des enfants de souche américaine étant très-grande [1].

§ 87. — Au moyen des relations précédentes, on détermine facilement la *loi de mortalité*, lorsqu'on connaît N, q, D, si l'on sait comment ce dernier nombre se décompose suivant les âges; c'est-à-dire si l'on connaît le nombre des morts de chaque âge, pour l'époque que l'on considère.

Pour généraliser cette question, soient N le nombre total des naissances qui ont eu lieu dans une certaine période de temps (par exemple, de 1841 à 1850 inclusivement); D le nombre total des décès survenus dans le même intervalle de temps; $(_0D_1)$, $(_1D_2)$, $(_2D_3)$.... le nombre des personnes mortes dans la 1re, la 2e, la 3e.... année de leur existence; V_1, V_2, V_3.... les survivants à l'âge de 1, de 2, de 3 ans...

Cela posé, rappelons que la *mortalité* entre n et $(n + 1)$ ans, est « le rapport du nombre d'individus « mourant dans leur n^e année, au nombre des naissances qui ont eu lieu *n années auparavant* »; plus brièvement « la mortalité est le rapport des décès aux « naissances *correspondantes* ».

Par suite, la mortalité entre 0 et 1 an sera $\frac{(_0D_1)}{N}$; le *nombre* d'individus mourant dans la 1re année de leur

---

[1] D'après l'ouvrage du docteur Toner (Washington, 1872). Il est à remarquer que, de nos jours, l'immigration européenne tend à diminuer rapidement.

vie sera donc, sur N naissances,

$$\frac{(_0D_1)}{N} \cdot N = (_0D_1);$$

et les survivants à l'âge de 1 an seront représentés par
$$V_1 = N - (_0D_1).$$

Entre 1 et 2 ans on compte $(_1D_2)$ décès : mais puisque nous supposons que la marche de la population suit une progression géométrique dont la raison est q, ces décès proviennent, non pas de N naissances, mais de $\frac{N}{q}$ naissances ; la mortalité entre 1 et 2 ans est donc

$$\frac{(_1D_2)}{\dfrac{N}{q}} = \frac{(_1D_2)\,q}{N};$$

et, sur N naissances, le nombre d'individus mourant dans leur 2ᵉ année serait

$$\frac{(_1D_2)\,q}{N} \cdot N = (_1D_2)\,q.$$

Le chiffre des survivants à l'âge de 2 ans est donc
$$V_2 = V_1 - (_1D_2)\,q = N - (_0D_1) - (_1D_2)\,q;$$
En continuant à raisonner de la même manière, on trouvera que le nombre des survivants à l'âge de 3 ans, toujours sur N naissances, est

$$V_2 - \frac{(_2D_3)}{\dfrac{N}{q^2}} \cdot N;$$

d'où $\qquad V_3 = N - (_0D_1) - (_1D_2)\,q - (_2D_3)\,q^2;$

et qu'en général

$$V_n = N - (_0D_1) - (_1D_2)\,q - (_2D_3)\,q^2 - \ldots - (_{n-1}D_n)\,q^{n-1} \ldots \text{ (A)}$$

représente le nombre d'individus qui, sur N naissances, survivent à leur n^e année. Cette formule se réduit à celle de Halley (§ 83) lorsque $q = 1$, c'est-à-dire lorsque la population est stationnaire; car alors on a $N = D$, et il reste

$$V_n = D - (_0D_1) - (_1D_2) - (_2D_3) - \dots - (_{n-1}D_n) \dots \quad (A')$$

Pour déterminer le coefficient d'accroissement q de la population, il faut connaître deux valeurs P et P′ de cette population aux deux époques t et $t + n$. On aura alors

$$P' = Pq^n$$

d'où

$$q = \sqrt[n]{\frac{P'}{P}} \quad \dots \quad (B)$$

ou bien, en nommant $(N - D)$ l'excès des naissances sur les décès pendant la période de n années,

$$P + N - D = Pq^n$$

d'où

$$q = \sqrt[n]{1 + \frac{N - D}{P}} \quad \dots \quad (B')$$

Les deux équations (B) et (B′) ne peuvent se résoudre que par les logarithmes : on les simplifierait en remarquant que le coefficient q est toujours très-voisin de l'unité; le remplaçant par $(1 + q')$, et négligeant les puissances supérieures de q' dans le développement de $(1 + q')^n$, on aura

$$q' = \frac{P' - P}{nP} \quad \dots \quad (b)$$

$$q' = \frac{N - D}{nP} \quad \dots \quad . \ (b')$$

Nous avons employé la formule (B′) pour calculer la valeur actuelle du coefficient d'accroissement de la population en Belgique. La population de notre pays, au 31 décembre 1867, était de 4,897,794 âmes; et, pendant la période décennale de 1867à 1878 inclusivement, l'excédant des naissances sur les décès a été de 383,884 : on en déduit

$$q = 1,0097.$$

Les documents statistiques antérieurs à cette période prouvent que ce coefficient diminue graduellement. On conçoit en effet que, plus une population devient dense, plus elle éprouve de difficulté à recevoir de nouveaux accroissements; et celle de la Belgique est, de beaucoup, la plus dense de toute l'Europe. Il y a cependant, depuis une vingtaine d'années, un relèvement sensible dans la valeur du coefficient q. Ce relèvement est dû, sans nul doute, aux grands progrès économiques réalisés pendant cette période.

Voici les différentes valeurs de q que nous avons pu calculer pour notre pays, entre 1815 et 1868 :

Du 1er janvier 1815 au 1er janvier	1830	.... $q =$	1,0113
— 1815	—	1845	....	1,0097
— 1830	—	1845	....	1,0088
— 1829	—	1846	....	1,0079
— 1841	—	1846	....	1,0088
— 1841	—	1850	....	1,0062
— 1848	—	1858	....	1,0064
— 1858	—	1868	....	1,0082

Les exposants nombreux qui entrent dans la formule (A) en rendent le calcul assez pénible, mais beaucoup moins en réalité qu'il ne le paraît à la première vue. Nous avons fait servir cette formule à calculer une table de survie pour la Belgique : les décès employés sont ceux qui ont été enregistrés de 1841 à 1850 inclusivement, et la valeur de q est 1,0062. Cette table s'écarte sensiblement de celle que l'on calculerait d'après les mêmes décès répartis simplement suivant les âges, ou dans l'hypothèse d'une population stationnaire. Pour faire juger de la différence, nous avons placé en regard les nombres résultant des deux hypothèses, et indiqué, pour chacune d'elles, la vie probable qui correspond aux différents âges.

Table de survie pour la Belgique.

AGES.	POPULATION croissante.		POPULATION stationnaire.		AGES.	POPULATION croissante.		POPULATION stationnaire.	
	Survivants.	Vie probable.	Survivants.	Vie probable.		Survivants.	Vie probable.	Survivants.	Vie probable.
Naissance.	1000	40	1000	27	35 ans.	534	32	447	30
1 an.	850	49	812	40	40 —	501	28	414	26
2 ans.	790	52	738	44	45 —	464	24	378	23
3 —	759	52	700	46	50 —	425	20	342	19
4 —	739	53	676	46	55 —	383	17	305	16
5 —	725	53	659	46	60 —	340	14	266	13
6 —	715	53	646	46	65 —	283	10	249	10
7 —	706	52	635	46	70 —	218	8	165	8
8 —	698	52	626	46	75 —	147	6	109	5
9 —	691	51	618	46	80 —	82	4	59	4
10 —	685	50	610	45	85 —	34	3	23	3
15 —	660	46	581	42	90 —	11	3	6	3
20 —	631	42	549	39	95 —	3	3	1	»
25 —	595	38	510	36	100 —	2	»	1	»
30 —	564	35	478	33	et plus	»	»	»	»

§ 88. — Lorsque la loi de la *mortalité* est connue, celle de la *population* s'en déduit bien facilement. Si l'on prend en effet 100 années pour le terme de la vie, on aura pour les âges

$$0 ; 1 ; 2 ; 3 ; \dots 100 \text{ ans,}$$

les nombres d'individus

$$N ; \frac{V_1}{q} ; \frac{V_2}{q^2} ; \frac{V_3}{q^3} ; \dots \frac{V_{100}}{q^{100}} ;$$

et la population sera, par conséquent,

$$P = N + \frac{V_1}{q} + \frac{V_2}{q^2} + \frac{V_3}{q^3} + \dots + \frac{V_{100}}{q^{100}} \dots \qquad (C)$$

Lorsque la population devient stationnaire, on a $q = 1$, et la formule précédente se transforme en celle-ci :

$$P = N + V_1 + V_2 + V_3 + \dots + V_{100}.$$

Elle ne diffère de celle du § 84, qu'en ce que N remplace ici $\frac{1}{2} N$; et on la ferait concorder avec la première, qui est plus exacte, en substituant aux âges 0, 1, 2, 3... ans, la moyenne arithmétique entre deux années consécutives. On obtiendrait ainsi

$$P = \frac{1}{2} \left\{ (N + V_1) + (V_1 + V_2) + (V_2 + V_3) + \dots + (V_{99} + V_{100}) + (V_{100} + V_{101}) \right\}$$

$$P = \frac{1}{2} N + V_1 + V_2 + V_3 + \dots + V_{100} \dots \qquad (C')$$

Posons $V_1 = N v_1$; $V_2 = N v_2 \dots$ etc., en représentant par $v_1, v_2 \dots$ les rapports entre les survivants aux différents âges et le nombre des naissances : les équations (C) et (C') deviendront

$$P = N \left\{ 1 + \frac{v_1}{q} + \frac{v_2}{q^2} + \frac{v_3}{q^3} + \dots + \frac{v_{100}}{q^{100}} \right\} \dots \qquad (c)$$

$$P = N \left\{ \frac{1}{2} + v_1 + v_2 + v_3 + \ldots + v_{100} \right\} \quad \ldots \qquad (c')$$

Or, d'après ce qui a été vu au § 85, le polynôme qui multiplie N dans cette dernière équation exprime la durée *moyenne* de la vie à partir de la naissance. On peut donc obtenir cette durée « en divisant le chiffre de « la population par celui des naissances annuelles ».

En faisant usage des documents statistiques relatifs aux années 1841 à 1845 inclus, je trouve ainsi que la vie moyenne en Belgique est de $31^{ans},086$ à partir de la naissance (abstraction faite des morts-nés). Ce nombre diffère très-peu de celui qui a été calculé, § 85, au moyen de la table de mortalité.

§ 89. — Au nombre des causes qui exercent une action *constante* sur l'accroissement de la population d'une contrée, il faut placer la fécondité propre à l'espèce humaine, la salubrité du pays, les mœurs, l'état social, les lois civiles et religieuses de la nation que l'on considère. Les causes *variables* résident dans la difficulté croissante qu'éprouvent les habitants à se procurer des subsistances, lorsqu'ils sont devenus assez nombreux pour que toutes les bonnes terres se trouvent occupées. Nous faisons abstraction des causes *acciden-telles*, comme les grandes guerres, les épidémies, etc.

Sous l'influence des causes constantes, la population doit croître en progression géométrique : ce fait, évident d'ailleurs par lui-même, a été démontré § 86. Les États-Unis nous offrent un exemple de cette grande vitesse d'accroissement : on y comptait, d'après les recensements officiels :

En 1790.	. . . .	3,929,827	âmes.
1800.	. . . .	5,305,925	—
1810.	. . . .	7,239,814	—
1820.	. . . .	9,638,131	—
1830.	. . . .	12,866,020	—
1840.	. . . .	17,062,566	—
1850.	. . . .	23,351,207	— [1]
1860.	. . . .	31,445,000	—
1870.	. . . .	38,877,000	—

Ces chiffres montrent que la population y est plus que doublée tous les 26 ans. La cause constante est l'étendue presque illimitée des espaces à coloniser, mais on voit déjà le coefficient d'accroissement diminuer à mesure que les zones occupées grandissent. Or, si la population, p, croît en progression géométrique, tandis que le temps, t, croît en progression arithmétique, ce qui paraît rationnel s'il n'existe aucune cause qui entrave son développement normal, on aura :

$$a\,t = \log\frac{\mathrm{P}}{k}$$

a et k étant des constantes indéterminées. Il en résulte

$$p = k \cdot 10^{at}.$$

Soit p' la population correspondant au temps t' : il viendra

$$p' = k \cdot 10^{at'};$$

d'où

$$p = p' \cdot 10^{a(t-t')};$$

et, si l'on désigne par p_0 la population existant au moment où l'on commence à compter le temps, l'équation précédente deviendra

$$p = p_0 \cdot 10^{at} \quad \dots \tag{4}$$

[1] Y compris le Texas.

La courbe de la population est donc alors une logarithmique, dans laquelle les abscisses et les ordonnées représentent respectivement les temps écoulés et les populations correspondantes ; l'ordonnée à l'origine étant p_0.

Différentiant l'équation (4), et désignant par M le module par lequel il faut multiplier les logarithmes népériens pour les convertir en logarithmes vulgaires, on a

$$\frac{dp}{dt} = a\, p_0 \, \text{Log } 10 \cdot 10^{at} = \frac{a}{M}\, p_0 \cdot 10^{at} = \frac{ap}{M}.$$

Différentiant une seconde fois, on trouve

$$\frac{d^2p}{dt^2} = \frac{a^2p}{M^2} ;$$

ce qui fait voir que la courbe tourne constamment sa convexité vers l'axe des abscisses.

En supposant, avec Malthus, que p devienne $2p$, lorsque t devient $t + 25$, l'année étant prise pour unité, on a les équations

$$2p = p_0 \cdot 10^{at+25a} ;$$

$$2p = 2p_0 \cdot 10^{at} \quad \dots \tag{4'}$$

d'où

$$2 = 10^{25a} ;$$

et enfin

$$a = \frac{1}{25} \log 2 = 0{,}0120412.$$

L'équation trouvée plus haut

$$\frac{dp}{dt} = \frac{ap}{M}$$

donne, en remplaçant les infiniment petits dp, dt, par les quantités *très-petites* Δp, Δt,

$$M \, \Delta p = ap \, \Delta t ;$$

et si l'on prend Δt pour l'intervalle *d'une* année,

$$\frac{\Delta p}{p} = \frac{a}{M} \cdot$$

$\dfrac{a}{M}$ mesure donc ce qu'on peut appeler l'énergie avec laquelle la population tend à se développer naturellement. Aujourd'hui, dans toute l'Europe, le coefficient $\dfrac{a}{M}$ va sans cesse en s'affaiblissant.

§ 90. — On peut faire une infinité d'hypothèses sur la loi d'affaiblissement de ce coefficient $\dfrac{a}{M}$. La plus simple consiste à regarder cet affaiblissement comme proportionnel au rapport de l'accroissement de la population *normale* P_0 (c'est-à-dire de celle qui existait au moment où les causes restrictives du développement naturel ont commencé à se faire sentir) à la population existante. L'excédant $p - P_0$ est la population nommée parfois *surabondante*.

Dans cette hypothèse, l'équation

$$\frac{dp}{p\,dt} = \frac{a}{M}$$

deviendra

$$\frac{dp}{p\,dt} = \frac{a}{M} - n\left(\frac{p - P_0}{p}\right) \quad \dots \tag{5}$$

n dénotant un coefficient numérique. On en tire

$$\frac{M}{p} \cdot \frac{dp}{dt} = \frac{ap - np + nP_0}{p} = \frac{nP_0 - (n - a)\,p}{p} :$$

faisant $n - a = m$; $nP_0 = m\,P$, il vient

$$M\frac{dp}{dt} = m\,(P - p) ;$$

$$dt = -\frac{1}{m}\frac{M}{p - P}\,dp :$$

intégrant, $\quad t + \text{Const.} = -\dfrac{M}{m}\displaystyle\int \dfrac{dp}{p-P} = -\dfrac{M}{m}\,\text{Log}\,(p-P)$:

(nous désignons un logarithme népérien par Log et un logarithme vulgaire par log.). — On obtient donc en définitive

$$t + \text{Const.} = -\dfrac{1}{m}\log\,(p-P).$$

Pour déterminer la constante, supposons que pour $t = o$ on ait $p = p_0$; il viendra

$$\text{Const.} = -\dfrac{1}{m}\log\,(p_0 - P),$$

et par conséquent

$$t = \dfrac{1}{m}\left\{\log\,(p_0 - P) - \log\,(p - P)\right\};$$

$$t = \dfrac{1}{m}\log\left(\dfrac{P - p_0}{P - p}\right);$$

ou, sous une autre forme,

$$\log\,(P - p) = \log\,(P - p_0) - mt \quad \dots \qquad (6)$$

La courbe de la population, c'est-à-dire celle dont chaque point aurait le temps pour abscisse et la population correspondante pour ordonnée, est donc encore une logarithmique. En mettant son équation sous la forme

$$\dfrac{1}{mt} = \dfrac{1}{\log\left(\dfrac{P - p_0}{P - p}\right)},$$

on voit que, pour l'ordonnée *finie*

$$p = P = \dfrac{nP_0}{n - a},$$

on a l'abscisse $t = \infty$: cette logarithmique a donc une asymptote parallèle à l'axe des abscisses, et qui s'en éloigne d'une quantité P, *égale à la population maximum*.

Nous ne considérons pas ici la période de temps qui correspond à l'accroissement en progression géométrique. Si on voulait la comprendre dans une courbe totale, celle-ci se composerait de deux logarithmiques, se raccordant au point qui a pour ordonnée P_0, et dont la seconde serait placée inversement à la première, par rapport à l'axe des abscisses.

Je dis qu'elles *se raccordent*, car l'équation de la première logarithmique donne, pour $p = P_0$,

$$\frac{dp}{dt} = \frac{a}{M} P_0 ;$$

et l'équation (5) fournit, dans la même hypothèse,

$$\frac{dp}{dt} = \frac{a P_0 - nP_0}{M} \quad nP_0 = \frac{a}{M} P_0.$$

Ces deux courbes ont donc une *tangente* commune au point dont l'ordonnée est P_0. Leur ensemble donne la figure ci-contre. La population des États-Unis pourrait être regardée comme parcourant encore la branche A B; celle des contrées de l'Europe est depuis longtemps sur la branche B C.

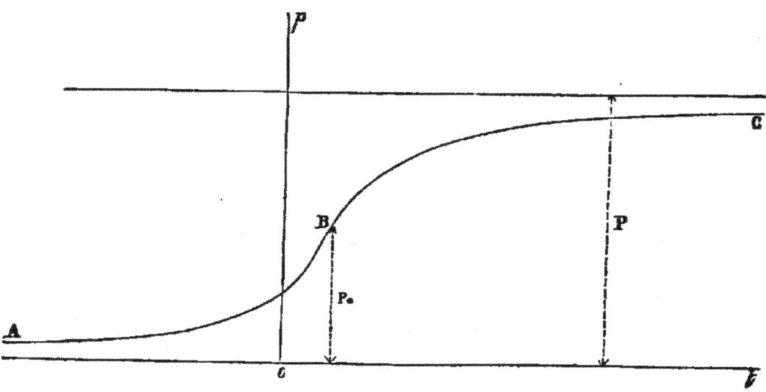

§ 91. — Pour déterminer les trois constantes m, P et p_0, nous supposerons que la courbe représentée par l'équation (6) passe par trois points qui aient respectivement pour abscisses et pour ordonnées t_0, t_1, $2\,t_1$, et p_0, p_1, p_2. Cela admis, on déduit immédiatement de l'équation (6), en y remplaçant t par t_1, puis par $2\,t_1$; p par p_1, puis par p_2 :

$$t_1 = \frac{1}{m} \log \left(\frac{\mathrm{P} - p_0}{\mathrm{P} - p_1} \right),$$

$$2t_1 = \frac{1}{m} \log \left(\frac{\mathrm{P} - p_0}{\mathrm{P} - p_2} \right) ;$$

d'où, éliminant m,

$$\log (\mathrm{P} - p_0) = \log \frac{(\mathrm{P} - p_1)^2}{(\mathrm{P} - p_2)},$$

ou, passant aux nombres,

$$\mathrm{P} = \frac{p_1^{\,2} - p_0\,p_2}{2p_1 - (p_0 + p_2)} \ \ldots \tag{7}$$

Connaissant P, on aura m par la formule

$$m = \frac{1}{t_1} \log \left(\frac{\mathrm{P} - p_0}{\mathrm{P} - p_1} \right) \ldots \tag{8}$$

Les équations (6), (7) et (8) fournissent la solution du problème dans lequel on se propose de déterminer ce que devient une population donnée, après un temps quelconque. Pour en faire l'application à la Belgique, nous adopterons les éléments suivants, fournis et discutés par M. Verhulst (voyez *Mémoires de l'Académie royale des sciences de Belgique*, t. XX).

$$\text{Au 1}^{\text{er}} \text{ janvier 1815, } t_0 = \ \ 0 \,; \ p_0 = 3{,}627{,}253.$$
$$\text{— } \qquad 1830, \ t_1 = 15 \,; \ p_1 = 4{,}247{,}113.$$
$$\text{— } \qquad 1845, \ 2t_1 = 30 \,; \ p_2 = 4{,}800{,}861.$$

De ces chiffres on déduit, en prenant pour unité de population le million d'âmes, et pour unité de temps la période décennale :

$$P = 9,439000$$
$$m = 0,0326563$$
$$\log (P - p) = 0,7643107 - 0,0326563\, t.$$

D'après cela, le maximum de population de la Belgique serait d'environ neuf millions quatre cent mille âmes.

Mais il n'est pas douteux que les progrès économiques, la facilité croissante des communications et des transports, etc., tendent à rendre possible une population plus grande. On le reconnaît en déterminant P à l'aide des données statistiques plus modernes.

Au 1er janvier 1855, la population était de 4,584,922.
  — 1865, — 4,940,570.
  — 1875, — 5,336,634.

Ces chiffres donnent :

$$P = 13,736,000.$$

Ainsi, dans les conditions économiques plus favorables déjà réalisées, le maximum s'est élevé depuis 1845 de plus de 4,000,000. Peut-on fixer une limite à l'accroissement qu'il prendra encore ? Quoi qu'il en soit, cet accroissement, calculé par périodes successives, serait peut-être un des meilleurs éléments pour l'appréciation de la facilité d'existence acquise aux masses pendant les périodes correspondantes.

§ 92. — La table de mortalité permet de calculer la *probabilité de la coexistence* de plusieurs individus (celle de la durée des mariages, par exemple), connaissant l'âge de chacun des membres de l'association.

Soient deux associés, par exemple une femme de 23 ans et un mari de 38 : au bout de 10 ans, il peut arriver, ou qu'ils existent encore tous deux, ou qu'un seul vive, ou que tous deux soient morts.

La table de mortalité de l'annuaire montre que, sur 500 individus de 23 ans, il en existe encore 440 au bout de 10 ans : la probabilité de vivre encore 10 ans est donc, pour la femme, de $\frac{440}{500}$.

Elle sera de $\frac{340}{400}$ pour le mari, puisque, sur 400 individus de l'âge de 38 ans, il en reste 340 à l'âge de 48 ans.

Les probabilités *contraires* sont respectivement

$$\frac{60}{500} \text{ et } \frac{60}{400}.$$

De ces probabilités simples résultent les probabilités composées

$\frac{440}{500} \times \frac{340}{400}$ qu'ils existeront encore tous deux ;

$\frac{440}{500} \times \frac{60}{400}$ que l'association sera rompue par la mort du mari ;

$\frac{340}{400} \times \frac{60}{500}$ que l'association sera rompue par la mort de la femme ;

$\frac{60}{400} \times \frac{60}{500}$ qu'ils seront morts tous deux.

La somme de ces quatre probabilités, représentant la certitude, doit être égale à l'unité.

En général, soient e, e' les probabilités que chaque individu existera encore au terme de l'association ; d, d' les probabilités contraires : le développement de

$$(e + d)(e' + d') = ee' + e'd + ed' + dd' = 1$$

fera connaître les quatre probabilités énoncées ci-dessus.

Quand on cherche seulement la probabilité que l'un *quelconque au moins* des deux individus existera encore, on a immédiatement

$$1 - dd'$$

pour sa valeur.

Avec ces probabilités, on peut dresser la table de mortalité particulière à chaque association. Si l'on en suppose un grand nombre, par exemple mille, formées à la fois, et que les probabilités simples e, e', d, d' se rapportent à la première année écoulée depuis cette formation, il y aura, à la fin de cette année,

1000 ee' associations qui subsisteront encore ;
1000 $e'd$ — où le plus jeune survivra ;
1000 ed' — où la plus âgé survivra ;
1000 dd' — où tous deux seront morts.

Calculant les mêmes nombres pour chaque année, on formera une table pareille à celle que Duvillard a construite pour les mariages, et à l'aide de laquelle on détermine la *durée probable* et la *durée moyenne* de l'association, comme la vie probable et la vie moyenne par la table de mortalité des individus.

Dans ce cas, il faudra, pour plus d'exactitude, prendre e et d suivant la loi de mortalité particulière aux *hommes mariés*, e' et d' suivant celle des *femmes mariées ;* car on a remarqué que la mortalité varie avec le sexe et avec l'état civil.

§ 93. — Les probabilités de la vie humaine, com-binées avec l'accroissement des fonds placés à intérêt composé, ont donné lieu aux *rentes viagères*, aux *assu-*

rances sur la vie, aux *caisses d'épargne*, etc. Nous nous contenterons d'en dire quelques mots, pour faire comprendre le but et le mécanisme de ces spéculations.

Considérons chacun des v individus compris dans la table de mortalité à un âge donné, comme devenant propriétaire d'une *rente viagère*, a, ou comme devant, pendant toute la durée de sa vie, toucher annuellement cette somme d'une personne que je nommerai le *banquier*. Chacun des viagers devra verser, au commencement de l'entreprise, un capital A qu'il s'agit de calculer.

Au bout de la première année, les v rentiers sont réduits à v', et le banquier doit payer $v'a$.

Au bout de la deuxième année, il payera $v''a$, et ainsi de suite jusqu'à l'âge où finit la table de mortalité.

Mais si r représente l'intérêt d'un franc, ces rentes successives, rapportées à l'instant où le banquier a touché les capitaux, c'est-à-dire au commencement de la première année, ne lui coûteront que

$$\frac{v'a}{1+r}; \quad \frac{v''a}{(1+r)^2}; \quad \frac{v'''a}{(1+r)^3} \quad \dots \text{ etc.}$$

Les v rentiers auront dû verser par conséquent, au commencement de la première année, une somme totale de

$$\frac{v'a}{1+r} + \frac{v''a}{(1+r)^2} + \frac{v'''a}{(1+r)^3} + \dots \text{ etc.};$$

et chacun d'eux aura payé

$$A = \frac{a}{v}\left\{ \frac{v'}{1+r} + \frac{v''}{(1+r)^2} + \frac{v'''}{(1+r)^3} + \dots \right\};$$

ou bien, faisant $\dfrac{1}{1+r} = q$,

$$A = \frac{aq}{v}\left\{ v' + v''q + v'''q^2 + \dots \right\} \quad \dots \tag{9}$$

Nous avons supposé, dans ce qui précède, que les décès des rentiers avaient lieu *à la fin* de chaque année. Mais comme il n'en est pas ainsi, et qu'on paye aux héritiers une partie de la rente proportionnelle au temps que le rentier a vécu, il faudrait, pour être plus exact, substituer, comme nous l'avons déjà indiqué (§ 84), $\quad \frac{1}{2}(v+v')$ à v'; $\frac{1}{2}(v'+v'')$ à v'', etc....

Ce n'est que pour les premières années de la vie que la marche de la mortalité est irrégulière : plus tard, le nombre annuel des morts devient sensiblement *constant*, et Moivre observe que, sans trop s'écarter de la vérité, on peut n'établir qu'une seule progression depuis 22 ans jusqu'à 86 ans. C'est du reste ce que montre la courbe de mortalité (p. 222) qui est sensiblement *rectiligne* dans cet intervalle.

Cette remarque est propre à simplifier le calcul précédent; car soit d le nombre annuel des morts, la formule (9) deviendra

$$(10) \ldots A = \frac{aq}{v}\left[(v-d)+(v-2d)\,q+(v-3d)\,q^2+\ldots+(v-nd)\,q^{n-1}\right];$$

n représentant le nombre d'années de la période.

Cette expression se décompose dans les deux suites :

$$A = \begin{cases} aq\,(1+q+q^2+q^3+\ldots\ldots+q^{n-1}) \\ -\dfrac{aqd}{v}\,(1+2q+3q^2+4q^3+\ldots+nq^{n-1}). \end{cases}$$

La première suite a pour valeur

$$aq\left(\frac{1-q^n}{1-q}\right).$$

Pour trouver celle de la seconde, observons que

$$(1+2q+3q^2+\ldots+nq^{n-1}) = \frac{d.(1+q+q^2+q^3\ldots+q^n)}{dq} = \frac{d\left(\dfrac{1-q^{n+1}}{1-q}\right)}{dq}$$

$$= \frac{-(1-q)(n+1)q^n+(1-q^{n+1})}{(1-q)^2} = \frac{1-q^{n+1}}{(1-q)^2} - \frac{(n+1)q^n}{1-q} :$$

on a donc enfin

$$(10') \ldots \quad A = aq\left[\frac{1-q^n}{1-q} - \frac{d}{v}\left(\frac{1-q^{n+1}}{(1-q)^2} - \frac{(n+1)q^n}{1-q}\right)\right].$$

Remarque. Les rentes *sur deux têtes* se calculent d'une manière analogue, en substituant aux probabilités $\dfrac{v'}{v}$, $\dfrac{v''}{v}$…. les valeurs successives de la quantité $1 - dd'$, qui, avons-nous vu (§ 92), exprime la probabilité de l'existence de l'une au moins des deux personnes sur les têtes desquelles la rente est constituée.

§ 94. — Nous distinguons deux sortes de *tontines* : dans la première, un certain nombre d'individus du même âge sont supposés verser ensemble une certaine somme A, qui, au bout de n années, doit être partagée entre les survivants, proportionnellement à leurs mises. Cette spéculation peut être assimilée à un *pari* entre chaque associé et tous les autres, pari que le premier gagne s'il vit encore au bout de n années : on peut donc, par la règle de l'espérance mathématique, calculer la somme que lui rapportera une mise déterminée, ou réciproquement, la mise qu'il doit verser pour avoir un droit éventuel à une somme déterminée.

Cherchons, par exemple, la mise que doit verser un individu âgé de 20 ans, pour toucher, à l'âge de 60 ans, une somme probable de 50,000 francs : on aura

$$\frac{x}{q^{60-20}} \times \frac{v_{20}}{v_{60}} = 50000.$$

En effet la mise x prend, pour l'époque du rembour-sement, la valeur $\dfrac{x}{q^{60-20}}$; et la somme à recevoir n'étant qu'*éventuelle,* vaut sa valeur absolue, multipliée par la probabilité $\dfrac{v_{60}}{v_{20}}$ de l'obtenir. Nous représentons par v_{60} et v_{20} les nombres proportionnels d'individus vivant à 60 ans et à 20 ans.

Si l'intérêt de l'argent est de 5 p. c., on a $q = \dfrac{20}{21}$, et l'on trouve

$$x = 3550 \text{ francs.}$$

La seconde espèce de *tontine* n'est au fond qu'une annuité à terme probable. Dans ce placement, les asso-ciés survivants héritent encore des morts ; mais ils sont *rentiers,* c'est-à-dire qu'on leur sert chaque année une rente qui s'accroît au fur et à mesure des extinctions arrivées.

Soit A la somme placée en commun ; a celle que le banquier paye chaque année à tous les survivants réunis ; n le nombre d'années qui doit s'écouler jusqu'au *terme* de la table de mortalité : on aura d'après la théorie des annuités

$$(11) \dots \quad \frac{A}{q^n} = \frac{a}{q^{n-1}} + \frac{a}{q^{n-2}} + \frac{a}{q^{n-3}} + \dots + a$$

ou

$$(11') \dots \quad A = a \left\{ \frac{q(1-q^n)}{1-q} \right\}.$$

Telle est la relation qui existe entre la mise totale et

la somme à payer annuellement par le banquier. En supposant que cette dernière doit être fournie jusqu'à l'âge *le plus avancé* de la table de mortalité, nous avons raisonné dans l'hypothèse d'un *grand* nombre d'associés : dans le cas contraire, le banquier leur ferait tort en éloignant ainsi l'extinction probable de l'association. En stricte équité, il faudrait, avec Saint-Cyran (*Recherches sur les emprunts*, 2ᵉ partie), prendre pour ce terme l'année où il y aura la probabilité $\frac{1}{2}$ que tous les rentiers seront éteints, c'est-à-dire celle pour laquelle le terme $d\,d'\,d''\,d'''\ldots$ (§ 92) deviendra égal à $\frac{1}{2}$. Le calcul de cette année ne peut se faire analytiquement que par voie de tâtonnements; mais comme la courbe de mortalité est presque rectiligne dans l'intervalle entre 22 et 86 ans, on peut l'obtenir géométriquement d'une manière beaucoup plus rapide.

Il est à remarquer que la loi de Saint-Cyran n'est pas absolument d'accord avec le principe de l'égalité des espérances mathématiques. En effet, si le nombre des rentiers est faible, le calcul de a doit se faire par la formule suivante :

$$\frac{A}{q^n} = \frac{a}{q^{n-1}} \cdot k' + \frac{a}{q^{n-2}} \cdot k'' + \frac{a}{q^{n-3}} k''' + \ldots + a \cdot k_n$$

k', k'', $k'''\ldots k_n$ exprimant les probabilités de survie d'au moins un des associés au bout de 1, 2, 3 … n années, c'est-à-dire représentant les valeurs successives de $1 - d\,d'\,d''\,d'''\ldots$

La longueur des calculs auxquels donnent lieu cette formule et d'autres analogues employées dans des cas semblables, a fait rechercher quelle devrait être la loi de mortalité pour qu'on pût remplacer un groupe d'individus par un seul ayant la même probabilité de s'éteindre à une époque donnée que le groupe considéré. On trouve ainsi une loi qui est à très-peu près celle donnée par *Gompertz* pour l'interpolation approximative des tables de mortalité. Voici cette dernière :

$$\left(\frac{V_x}{V_o}\right) = N^{q^x - 1}$$

$\left(\frac{V_x}{V_o}\right)$ est la probabilité de survie au bout de x années ; N et q sont des constantes. Quand on fera usage de cette formule, la simplification cherchée pourra avoir lieu.

Si les rentiers ne devaient hériter que d'une *portion* du revenu des décédés, de la moitié par exemple, le banquier aurait à payer, à la fin de la 1re année,

$$v' + \frac{v - v'}{2} = \frac{v + v'}{2}$$

rentes ; à la fin de la 2e,

$$v'' + \frac{v - v''}{2} = \frac{v + v''}{2}$$

rentes, et ainsi de suite. On aurait donc, en reportant chaque rente à l'époque du versement,

$$(11'') \ldots A = \frac{a}{2\,v} \left\{ (v + v')\,q + (v + v'')\,q^2 + (v + v''')\,q^3 + \ldots \text{etc.} \right\};$$

et chaque rentier toucherait les sommes $\frac{(v + v')\,a}{2\,v'}$ à la fin de la 1re année ; $\frac{(v + v'')\,a}{2\,v''}$ à la fin de la seconde, etc.

§ 95. — La théorie des *caisses de prévoyance, de secours, de retraite*, etc., ne diffère pas beaucoup de celle des rentes viagères sur une seule tête ; et celle des *caisses de veuves* ressemble assez à celle des rentes viagères sur deux têtes.

L'idée de ces associations est très-ancienne : une loi de Solon nous apprend que les caisses de prévoyance étaient connues des Grecs; la loi des Douze Tables prouve que cet usage était également en vigueur chez les Romains. Au moyen âge, l'Europe était couverte de corporations dont l'organisation primitive avait pour but unique la prévoyance et les secours mutuels; mais aucune règle scientifique ne présidait à leur organisation : tout le monde, sans égard à la différence des âges, payait une cotisation égale[1]. L'idée de versements *proportionnels* naquit en Angleterre en même temps que celle des *assurances sur la vie*.

En 1706, Thomas Allen, évêque d'Oxford, fonda l'*Amicable society*, qui payait aux héritiers des souscripteurs; en 1748, Mac-Laurin publia, en Écosse, les calculs relatifs à un projet de caisse des veuves et des orphelins; enfin, en 1769, le Dr Price fonda une théorie complète des assurances sur la vie, dans un ouvrage qui eut un immense succès (*Observations on reversionary payments*).

Depuis lors, ce genre d'opérations, très-louable en lui-même, s'est propagé dans toute l'Europe ; mais il a failli être discrédité par ses abus, quand la spéculation s'est mise à trafiquer de l'ignorance publique et de la passion naturelle qui pousse l'homme à tenter des hasards séduisants.

---

[1] Il est à remarquer que l'hérédité, fréquente dans ces corporations, corrigeait l'inégalité des avantages acquis aux intéressés.

Dans les établissements de prévoyance, chaque associé donne, soit une somme une fois payée, soit une somme annuelle, pour avoir droit à une pension dans un âge avancé, ou à des secours en cas de maladie. Il est aisé de voir que, dans le premier cas, si A désigne la somme versée pour recevoir une pension a, après un nombre n d'années, les sommes étant rapportées à l'époque du placement, on aura l'équation

$$(12)\ldots\qquad A = \frac{a}{v}\left\{\, v_n\, q^n + v_{n+1}\, q^{n+1} + \ldots \text{ etc. }\right\}$$

qui ne diffère de celle des rentes viagères, qu'en ce que la première rente est payée n années après le placement de la somme.

Si l'on verse des mises annuelles A_1, A_2, A_3... il faudra substituer à A la suite

$$(12')\ \ldots\qquad A_1 + \frac{v_1}{v}\, A_2\, q + \frac{v_2}{v}\, A_3\, q^2 + \ldots$$

C'est à ce cas que se rapportent les retenues que l'on fait aux employés de certaines administrations, pour leur assurer des pensions de retraite.

Si la caisse doit fournir des secours pécuniaires en cas de maladie, il faudra introduire dans le second membre de l'équation (12) les produits de ces sommes, rapportées à l'époque du placement, et multipliées chacune par la probabilité de les délivrer. Cette probabilité ne peut être appréciée qu'en étudiant avec soin le nombre et la durée moyenne des maladies, dans la classe d'individus à laquelle la caisse est particulièrement affectée.

La *caisse générale de retraite*[1], établie en Belgique

---

[1] Annexée maintenant à la caisse d'épargne.

sous la garantie de l'État, a pour but de fournir à toute personne vivant de son travail les moyens de garantir sa vieillesse contre le besoin, par la constitution d'une rente viagère.

L'acquisition d'une rente peut se faire, au choix de l'assuré, pour entrer en jouissance à 55, 60 ou 65 ans : le prix de la rente est naturellement d'autant moins élevé que l'assuré est plus jeune, et que l'entrée en jouissance est fixée à un âge plus avancé. Ainsi, il faut verser une seule fois, pour acquérir une rente annuelle de 120 francs,

« Si l'entrée en jouissance est fixée : »

	A 65 ANS.		A 60 ANS.	
	Fr.	C.		Fr.	C.
à l'âge de 18 ans.	55	00	à l'âge de 18 ans.	97	80
— 25 —	82	50	— 25 —	146	70
— 35 —	146	50	— 35 —	260	30
— 45 —	268	50	— 45 —	477	20

Pour pouvoir acquérir, au bout d'une seule année, une rente annuelle de 12 francs, il faut épargner par jour,

« Si l'entrée en jouissance est fixée : »

	A 65 ANS.		A 60 ANS.	
	Fr.	C.		Fr.	C.
de 17 à 18 ans.	»	1 1/2	de 17 à 18 ans.	»	2 1/3
— 22 à 23 —	»	2	— 24 à 25 —	»	4
— 29 à 30 —	»	3	— 28 à 29 —	»	5
— 34 à 35 —	»	4	— 31 à 32 —	»	6
— 38 à 39 —	»	5	— 34 à 35 —	»	7

De pareilles institutions se recommandent assez par elles-mêmes.

Pour les *caisses de veuves*, si chaque homme marié doit faire un seul versement a, et sa veuve recevoir une fois pour toutes un capital A, le versement deviendra $\frac{a}{q^p}$ pour l'époque probable de son remboursement, puisqu'il doit rester placé pendant la durée probable, p, du mariage. Mais à cette époque, le capital A ne sera payé qu'éventuellement; et, d'après la formule de l'espérance mathématique, il ne vaut que A multiplié par la probabilité $(e'd)$ que le mari sera mort et la femme vivante.

Si la condition est encore un seul versement de la part du mari, mais une pension à payer à la veuve, il suffira de substituer au nombre v, dans l'équation (12), le nombre ee' calculé d'après des tables appropriées à la classe d'individus dont il s'agit ; et aux nombres v_n, v_{n+1}.... celui des femmes qui deviennent veuves chaque année, lequel est la différence des valeurs de $(e'd)$ d'une année à l'autre.

Enfin, si les payements sont faits annuellement, tant par les associés que par la caisse, alors c'est l'équation (12') qu'il faudra employer, en substituant aux v, v_1, v_2... du premier membre les valeurs successives de $(e\,e')$; et aux v_n, v_{n+1}.... du second membre, celles de $(e'd)$ qui désignent le nombre de veuves existantes à la fin de chaque année.

Faisons ici une remarque générale : c'est que toutes les opérations dont nous avons parlé jusqu'ici ont des frais d'administration, qui doivent être supportés par tous les membres de l'association. De plus, tant que l'association est peu nombreuse, la caisse doit prendre quelque avantage, afin de parvenir à former un fonds de réserve qui puisse parer aux irrégularités que la succession des événements présente par intervalles ; sinon elle risquerait de se trouver hors d'état de remplir ses engagements. Elle donnera donc un intérêt moins fort que le taux ordinaire, ou fera une retenue sur les sommes versées par les sociétaires.

§ 96. — Le but des *assurances sur les choses* est de soustraire toute espèce de propriété aux éventualités du hasard, en accordant une compensation pécunière à l'*assuré* qui devient victime d'un sinistre. Cette opération était à peine connue il y a quelques siècles : aujourd'hui, par suite du progrès des institutions commerciales et de l'esprit d'association, elle tend à devenir un des actes les plus ordinaires de la vie : dans tous les pays, il existe un grand nombre de compagnies qui assurent les vaisseaux et les marchandises contre les risques de la mer ou de la guerre ; les maisons contre les incendies, les récoltes contre les intempéries des saisons, etc.

Pour réduire la question à l'état le plus simple, ne considérons que deux événements, l'un entièrement heureux dont la probabilité soit h ; l'autre, malheureux, dont la probabilité soit h' : ce dernier imposera à l'assureur de payer une somme a. Désignons par n le nombre d'objets assurés (de vaisseaux, par exemple), et par b la *prime* d'assurance, ou la somme que l'assureur reçoit pour chacun d'eux.

Cela posé, la somme des termes du développement

de $(h + h')^n$, à partir du 1er terme jusqu'au terme affecté de $h^{n-q} h'^q$, exprime (§ 23) la probabilité que le nombre des événements malheureux ne surpassera pas q : arrêtons cette somme au $(q' + 1)^{ème}$ terme, où elle est au moins égale à la probabilité à laquelle l'assureur veut arriver de ne pas faire une perte plus grande que c; $q'\, a - n\, b$ sera la perte correspondante à cette probabilité. En l'égalant à c, on aura

$$q'a - nb = c;$$

d'où
$$b = \frac{q'a - c}{n}.$$

Désignons maintenant par g le gain auquel on peut viser dans une opération semblable, et soit alors q'' le nombre réduit des sinistres à payer : nous formerons l'équation

$$nb - q''a = g :$$

y remplaçant nb par sa valeur tirée de l'équation précédente, nous aurons

$$q' - q'' = \frac{c + g}{a};$$

relation qui permettra de calculer q'' au moyen de q' déjà connu. Calculant alors la probabilité correspondante à q'', on verra si elle donne une espérance suffisante d'atteindre le bénéfice attendu. Si cela n'était pas, il faudrait augmenter la prime d'assurance.

Mais l'équation

$$q'' = \frac{nb - g}{a}$$

fait voir qu'on peut aussi augmenter la probabilité correspondante à q'', en augmentant le nombre des objets assurés. Et en effet, le rapport $\dfrac{q' - q''}{n}$ devenant alors de plus en plus petit, la somme des termes compris entre ceux qui sont affectés de $h^{p-q'} h'^{q'}$ et de $h^{p-q''} h'^{q''}$ et qui composent la différence des probabilités de perte et de gain, décroît de plus en plus.

Pour bien concevoir l'usage de ces formules, il est à propos de se former une idée de la marche des valeurs qu'elles prennent dans des cas particuliers : à cet effet, supposons, avec Lacroix,

$$h = \frac{99}{100}, \quad h' = \frac{1}{100} ;$$

et formons les douze premiers termes du développement de

$$\left(\frac{99}{100} + \frac{1}{100}\right)^{200},$$

avec les sommes résultant de l'addition successive de ces termes.

PERTES.	Probabilités.	SOMMES DES Probabilités.	PERTES.	Probabilités.	SOMMES DES Probabilités.
0	0,133980	0,133980	6	0,011727	0,995706
1	0,270667	0,404647	7	0,003283	0,998989
2	0,272034	0,676681	8	0,000800	0,999789
3	0,181355	0,858036	9	0,000172	0,999961
4	0,090220	0,948256	10	0,000033	0,999994
5	0,035723	0,983979	11	0,000005	0,999999

Dans ce tableau, qu'on peut regarder comme exprimant les événements de l'assurance de 200 vaisseaux, soumis chacun au risque de $\frac{1}{100}$, la colonne marquée *probabilités* indique celle de la perte isolée de 0, 1, 2....

11 bâtiments; et la colonne des *sommes*, la probabilité que la perte n'ira *pas au delà* du nombre indiqué dans la 1re colonne.

En prenant la valeur de 7 vaisseaux, ou 7 a, pour la somme c, perte extrême; et supposant que l'assureur veuille obtenir une probabilité de 100000 contre 1 que l'événement n'outre-passera pas cette limite, il faudra descendre jusqu'au terme où la somme des probabilités surpasse 0,99999; ce qui a lieu au 11e terme, qui répond à $q' = 10$. Par ce nombre, l'équation

$$b = \frac{q'a - c}{n} \text{ donne } b = \frac{3a}{200},$$

c'est-à-dire un et demi pour cent de la valeur de chaque vaisseau.

Si l'on voulait ensuite connaître la probabilité que le bénéfice de l'assureur ne tombera pas au-dessous d'une certaine limite, par exemple, du 10e de la somme c, il faudrait prendre $g = 0,7a$, et l'équation

$$q' - q'' = \frac{c + g}{a} \text{ conduirait à } 10 - q'' = 7,7 \text{ ou } q'' = 2,3;$$

valeur qui tombera entre celles de q au 3e et au 4e terme, auxquels correspondent des probabilités 0,676681 et 0,858036. On peut donc s'arrêter à environ $\frac{3}{4}$. On aurait une probabilité plus forte en donnant une plus grande valeur à b, ce qui diminuerait celle de c.

Dans l'hypothèse établie ci-dessus, il suffit d'aller jusqu'au 4e terme pour n'être pas encore en perte, puisque celle de 3 vaisseaux est couverte par les primes reçues de tous. L'assureur aura donc la probabilité $0,858036 > \frac{5}{6}$ de ne pas entamer ses fonds.

Quand on porte à 400 le nombre des vaisseaux assurés, et qu'on fait en conséquence le développement de

$$\left(\frac{99}{100} + \frac{1}{100}\right)^{400},$$

pour former un tableau analogue au précédent; si l'on maintient la prime à 1 1/2 p. c., et qu'on cherche la limite de la perte qui correspond à une probabilité de 100000 contre 1, on trouve qu'elle tombe entre le 15e et le 16e termes : cela répond à une perte de 14 ou 15 bâtiments, c'est-à-dire à une somme comprise entre $14a$ et et $15a$. Mais le produit des primes, étant $6a$, ramène cette limite entre 8 et $9a$.

Quant à la probabilité du gain de la 10e partie de $9a$, on aurait pour la déterminer l'équation $15 - q'' = 9,9$; ce qui donnerait $q'' = 5$ et mènerait au 6e terme, où la somme des probabilités est $\frac{4}{5}$ environ.

Enfin, la probabilité que l'assureur n'entamerait pas ses fonds, se formant de la somme des 7 premiers termes du développement calculé, s'élèverait à près de $\frac{9}{10}$.

On voit donc que la limite de perte correspondante à une probabilité de 100000 contre 1, croît avec le nombre des vaisseaux assurés; mais que la probabilité du gain et celle de ne pas entamer les fonds augmentent plus rapidement, ce qui établit l'avantage qu'obtient l'assureur quand il multiplie ses entreprises.

Pour $n = 4000$, on trouverait que la perte limite ne dépasse pas sensiblement $9a$; tandis que la probabilité d'un gain au moins égal à $0,9\,a$ s'élève à $0,998$; et celle de ne pas entamer les fonds, à $0,998866$.

De ce que les avantages de l'assureur croissent beaucoup plus rapidement que ses pertes, à mesure qu'il multiplie ses opérations, on conçoit donc que des économistes aient demandé que le gouvernement prît le monopole des assurances, car il réaliserait des bénéfices certains, tout en pouvant diminuer la prime actuelle. Le principe de cette espèce d'assurances est d'ailleurs un principe de haute moralité sociale ; il établit entre tous les citoyens un lien de solidarité, car c'est un prélèvement sur le gain de ceux qui réussissent qui sert à indemniser ceux qui perdent ; il se rapproche enfin du principe des *assurances mutuelles* qui ont produit des résultats si avantageux dans quelques grands centres de population.

CHAPITRE VIII.

§ 97. — La détermination des valeurs numériques par l'observation ne paraît pas susceptible d'une exactitude absolue. On constate, en effet, si l'on répète plusieurs fois les mêmes opérations, que, quelque soin qu'on y ait apporté, les résultats ne sont jamais absolument identiques. Le fait est général dans toutes les sciences. A force de soins et d'habileté, on peut parvenir à réduire les discordances à des quantités très-faibles, mais il est sans exemple qu'on ait réussi à les faire disparaître complétement. Ces discordances résultent de ce que les conditions physiques des opérations ne sont pas réellement les mêmes à chaque renouvellement des expériences; elles sont aussi en partie dues à l'imperfection des sens et de l'entendement de l'homme. Quoi qu'il en soit, il est reconnu que toute mesure expérimentale est inévitablement entachée d'*erreur*, et la question se pose de savoir quelle valeur il convient d'adopter quand on se trouve en présence de plusieurs expressions de la même mesure, c'est-à-dire quelle compensation on peut opérer entre les erreurs.

Avant tout il faut remarquer que, dans la pratique,

les erreurs sont de deux espèces : les unes sont *systématiques* et se reproduisent régulièrement chaque fois qu'on répète les opérations dans les mêmes conditions ; ces erreurs sont généralement de valeur constante et par suite le plus souvent elles ne peuvent être mises en évidence par la comparaison des résultats. Les autres, qu'on appelle *erreurs accidentelles*, *irrégulières* ou *fortuites*, prennent, au contraire, des valeurs variant d'une manière tout à fait indéterminée, et sont sans relations réelles ou connues entre elles.

§ 98. — Les erreurs systématiques, si l'on ne parvient pas toujours à les éviter, peuvent du moins ordinairement être prévues. Elles proviennent en effet de ce qu'on ne réalise pas rigoureusement dans les opérations toutes les conditions reconnues nécessaires et qu'on y suppose remplies. C'est à l'expérience scientifique de l'observateur de découvrir les faibles imperfections des appareils ou des procédés employés d'où naissent les erreurs de cette espèce. Ainsi, un étalonnage inexact des règles destinées à la mesure d'une base géodésique, l'emploi dans un baromètre ou dans un thermomètre de mercure mal épuré, une position défectueuse de la ligne de mire dans une arme à feu, en général une déviation quelconque mais permanente dans les conditions normales d'un appareil, donnent lieu à des erreurs systématiques ; de même l'adoption d'un coefficient numérique inexact, ou une action extérieure continue qui altère les conditions d'observation. On conçoit que les erreurs systématiques ne sont pas nécessairement constantes, mais en quelque sorte produites régulièrement; dans la plupart des cas cependant elles ne varient pas. Il en résulte que les discordances entre les diverses mesures de la même quantité ne sont généralement pas dues à ces erreurs; leur existence ne peut donc être révélée que par l'examen approfondi des conditions effectives des opérations, ou par un désaccord d'ensemble entre des séries différentes des mêmes mesures.

Il est évident qu'aucune compensation ne peut être faite entre les erreurs systématiques; par suite, puisque les corrections nécessaires sont inconnues, les observations affectées d'erreurs de cette espèce ne peuvent être utilisées.

Il n'en est pas de même dans le cas des erreurs de seconde espèce. Celles-ci se distinguent par la variabilité dans leur reproduction et dans leur valeur à chaque mesure nouvelle. Elles proviennent cependant aussi de causes dépendantes de la nature des opérations, mais de causes non permanentes et agissant irrégulièrement. C'est ainsi que souvent elles sont dues à des déviations accidentelles dans les appareils, qui, si elles étaient constantes, produiraient des erreurs systématiques. Telles sont, dans le tir d'une arme à feu, les inégalités imprévues des charges ou les irrégularités de forme, de poids et d'excentricité du projectile; ou, dans le pointé d'une lunette, les réfractions latérales, les ondulations de l'atmosphère, les phases inattendues du signal ou le changement d'éclat de l'astre observé; de même dans les déterminations barométriques ou thermométriques, certaines altérations inappréciables de la conductibilité et du rayonnement calorifiques.

En général, on attribue encore à des erreurs accidentelles toutes les faibles discordances dont l'examen le plus attentif des observations ne peut faire soupçonner les causes et qui sont dues soit à l'opérateur, soit à des conditions inconnues d'exactitude que les progrès de la science peuvent seuls révéler.

Les erreurs accidentelles sont donc pour nous essentiellement incertaines, variables et indéterminées. Elles sont, en outre, le plus souvent de véritables résultantes de plusieurs causes qui se combinent ou agissent isolément, mais toujours à notre insu. Nous sommes ainsi amenés à les considérer comme dépendant du hasard, par lequel nous exprimons notre ignorance des causes. Cette idée, qui simplifie la recherche d'une formule de compensation, n'est évidemment qu'une hypothèse gratuite, car, en réalité, ces erreurs dépendent, dans chaque cas particulier, de déviations spéciales à la nature des observations. Mais le hasard sert ici, comme précédemment, à expliquer les variations des événements produits dans des circonstances en apparence les plus identiques. Si l'on considère, par exemple, le jet d'un dé ou d'une pièce de monnaie, ou le tirage d'une boule d'une certaine couleur hors d'une urne contenant des boules de couleurs différentes, etc., chaque événement particulier, que nous attribuons au hasard, est en réalité déterminé par un enchaînement de causes rigoureux mais insaisissable pour nous. De même la production d'une erreur accidentelle plutôt que d'une autre peut, dans notre ignorance des causes réelles, être attribuée au hasard ; ces erreurs, en effet, qui sont toujours des quantités très-faibles, semblent dépendre des moindres accidents de chaque épreuve, comme l'arrivée de l'une plutôt que de l'autre face d'un dé, ou l'extraction d'une boule plutôt que celle de sa voisine dans l'urne, etc.

L'intérêt que nous avons à admettre un principe déterminé pour la production des erreurs accidentelles est d'ailleurs le même que celui qui a fait adopter le hasard comme cause représentative dans les événements soumis à des chances inconnues. Il s'agissait d'arriver à formuler une loi de probabilité de ces événements. De même ici il s'agit d'exprimer la probabilité de chaque erreur ou plutôt d'une valeur particulière quelconque pour l'erreur, car il sera facile ensuite d'en déduire un mode de compensation. C'est donc un intérêt d'ordre pratique, bien distinct de la réalité scientifique, mais cependant essentiel, parce qu'il est impossible de ne pas chercher à corriger des résultats contestés par d'autres de même origine et de même autorité, en les combinant avec ceux-ci.

§ 99. — Une erreur accidentelle doit être regardée dans notre hypothèse comme une quantité abstraite ayant, indépendamment de la nature des observations, une probabilité déterminée, dont la formule se déduit de considérations basées sur l'idée de hasard. Il faut remarquer cependant que cette probabilité n'a pas une valeur invariable, quelles que soient les observations.

En effet, le hasard, que nous supposons arbitrairement, représente dans chaque cas particulier des causes réelles différentes. Or, ces causes doivent évidemment produire avec plus ou moins de facilité des erreurs numériquement égales. Il en résulte que dans l'expression de la probabilité d'une erreur doit se trouver un coefficient qui dépende de cette facilité des causes réelles à produire des erreurs de valeur plus ou moins grande. Ce coefficient se déduira des discordances existant soit dans les observations mêmes qu'on veut compenser ensemble, soit dans des observations de même nature. On admet à cet effet que dans toute série d'épreuves, l'événement composé constitué par la production des diverses erreurs, a une probabilité qui est un maximum eu égard à la valeur du coefficient cherché. Pour obtenir une équation qui permette de calculer celui-ci, il suffit, par conséquent, de poser la condition du maximum pour le produit des probabilités des erreurs (§ 17), en y considérant le coefficient comme variable.

Le principe de ce maximum ne peut être démontré mathématiquement, mais il est rationnel de l'admettre. La recherche d'une compensation entre les erreurs implique, en effet, une sorte de solidarité entre les observations, car si rien ne permet de supposer que l'erreur commise à une première épreuve influe sur la probabilité de celles qui seront commises aux épreuves subséquentes, il faut admettre cependant que le groupe d'épreuves étant considéré pour la compensation comme formant un ensemble, les erreurs d'observation qu'il renferme forment un événement composé. Dès lors,

puisque cet événement s'est produit, sa probabilité peut
être considérée comme étant un maximum.

§ 100. — L'expression rigoureuse de la probabilité
d'une valeur particulière pour l'erreur ne peut s'obtenir
par l'expérience. Il faudrait en effet connaître d'abord
exactement la quantité cherchée, puis faire un nombre
infini ou du moins très-grand d'observations. Dans ce
cas, il résulte du théorème de Bernoulli étendu à un
nombre quelconque d'événements possibles, que chaque
erreur se présenterait un nombre de fois proportionnel
à sa probabilité. Aucune des deux conditions précédentes ne pouvant être réalisée dans la pratique, on est
réduit à recourir à des hypothèses sur les chances de
produire les erreurs [1].

Nous admettrons, en premier lieu, que ces chances
diminuent quand l'erreur augmente. Rien ne prouve
qu'il en soit ainsi, et en général même cela n'est vrai
qu'à partir d'une certaine valeur la plus probable, qui
dépend des conditions et de la nature des observations;
mais, comme les opérations sont exécutées avec toute
la perfection que comportent nos facultés et nos connaissances, nous sommes autorisés à supposer que c'est
l'erreur nulle qui est rendue la plus probable. En second
lieu, puisqu'on ne considère pas les causes réelles, le
sens dans lequel l'erreur se produit est indifférent,
c'est-à-dire qu'une erreur positive (en plus) a la même

---

[1] « Quippe quæstio hæc per rei naturam aliquid vagi implicat, quod
« limitibus circumscribi nisi per principium aliquatenùs arbitrarium
« nequit. » Gauss, *Theoria combinat. observat.*, etc. (§ 6).

probabilité qu'une erreur négative (en moins) de valeur absolue égale. Il en résulte que la moyenne des erreurs tend vers zéro, et que, par suite, la moyenne de toutes les valeurs obtenues tend vers la valeur exacte de la quantité cherchée.

Cette remarque importante sert de base à l'hypothèse fondamentale de la *Théorie des erreurs* : on suppose que, *quelque soit le nombre d'épreuves faites, la moyenne arithmétique représente la valeur la plus probable*, c'est-à-dire que son erreur tend vers zéro comme celle de la moyenne absolue. Ce n'est là qu'une approximation plus ou moins arbitraire, mais il a été démontré (si l'on reste toujours en dehors des causes réelles) qu'elle est d'autant plus voisine de l'exactitude que le nombre d'épreuves est plus grand. Ce nombre est donc aussi un facteur essentiel de l'exactitude de la moyenne et par suite de l'autorité, du *poids* qu'il convient de lui accorder.

Nous avons fait remarquer que, suivant les cas, les erreurs de même valeur absolue ont des probabilités plus ou moins grandes; la convergence de la moyenne arithmétique dépend évidemment aussi de la rapide décroissance de ces probabilités, à partir de l'erreur nulle. Il faudra donc faire un nombre d'épreuves d'autant plus grand pour obtenir une approximation égale, que la probabilité d'une même erreur sera plus grande. Le coefficient qui détermine cette probabilité dans chaque cas particulier, est donc aussi un élément de l'exactitude de la moyenne et par suite de son autorité, ce qui d'ailleurs était évident *à priori*. On conçoit enfin, qu'à ce dernier point de vue il puisse s'établir une compensation entre le nombre des épreuves et la diminution ou l'accroissement de la probabilité de chaque erreur. Cette question importante sera traitée complétement plus loin.

L'hypothèse faite sur la moyenne arithmétique ne suffit pas à trouver une expression de la probabilité d'une erreur. La condition qui y correspond peut en effet être remplie par une infinité de fonctions, et intrinsèquement il n'y a aucune raison de préférer l'une à l'autre : *à priori* toutes seraient admissibles au même titre; cependant il est avantageux de supposer que la fonction est *analytique*.

Cette nouvelle hypothèse est à la vérité tout à fait •arbitraire. On ne peut, comme pour les précédentes, la justifier par des analogies ou par des vraisemblances. Mais il est incontestable que la forme analytique est aussi plausible que toute autre, et comme elle est infiniment plus aisée dans les applications, on n'hésite pas à l'adopter.

Néanmoins nous répéterons encore que l'expression de la probabilité d'une erreur, telle que nous la déduirons des hypothèses que nous avons faites, ne présente qu'une solution en quelque sorte conventionnelle de la question posée au début de ce chapitre. La solution rigoureuse ne constitue pas d'ailleurs seulement un problème de mathématiques, et ne pourrait être généralisée. Elle est, dans chaque cas particulier, le but indéfiniment éloigné du perfectionnement des méthodes et des appareils spéciaux. L'emploi des probabilités a ici comme ailleurs cet objet, de fournir une réponse provisoire, la plus conforme à nos connaissances acquises.

§ 101. — Puisque la probabilité d'une erreur varie avec cette erreur, la fonction analytique qui représente la probabilité d'une erreur x, est une fonction de x. Soit F (x) cette fonction.

La probabilité que l'erreur est comprise entre x et $x + dx$, sera

$$F (x + dx) - F (x) = F' (x)\, dx.$$

Ainsi F$'(x)$ ou en général $\varphi (x)$ est une fonction telle, que $\varphi (x)\, dx$ représente la probabilité que l'erreur est comprise entre x et $x + dx$.

Dans chaque cas particulier, la valeur de x a une limite qui est toujours une quantité très-faible. Si cette limite est $\pm \alpha$, on aura suivant la convention ordinaire de représenter la certitude par l'unité,

$$\int_{-\alpha}^{+\alpha} \varphi (x)\, dx = 1$$

α étant inconnu et $\varphi (x)$ diminuant très-rapidement quand x augmente, on peut écrire d'une façon générale

$$\int_{-\infty}^{+\infty} \varphi (x)\, dx = 1.$$

Voici, avec quelques simplifications, l'analyse à l'aide de laquelle Gauss (*Theoria motus corporum cœlestium*), s'appuyant sur les hypothèses que nous avons faites précédemment, parvient à déterminer la forme de la fonction φ [1].

----

[1] Gauss n'énonce pas explicitement toutes ces hypothèses, mais son analyse les suppose.

On trouve, d'autre part, dans la *Théorie analytique des Probabilités*

§ 102. — Soient x_1, x_2, x_3,.... x_n les erreurs commises dans les n épreuves faites. La probabilité du concours de ces erreurs est :

$$(1) \qquad \varphi(x_1) \cdot \varphi(x_2) \cdot \varphi(x_3) \dots \varphi(x_n)\, dx_1 \cdot dx_2 \; dx_3 \dots dx_n.$$

Les véritables erreurs sont inconnues, mais la forme de φ est telle par hypothèse, que si l'on remplace dans ce produit x_1, x_2, $x_3 \dots x_n$ par la différence entre la moyenne arithmétique et chacune des valeurs obtenues pour la quantité cherchée, il devient maximum.

Représentons par o', o'', $o''' \dots o_n$ les valeurs fournies par l'expérience, et soit

$$0 = \frac{o' + o'' + o''' + \dots o_n}{n}.$$

Nous posons :

$$x_1 = 0 - o', \; x_2 = 0 - o'', \; x_3 = 0 - o''' \dots x_n = 0 - o_n.$$

On peut donc écrire au lieu de (1)

$$\varphi(0 - o') \cdot \varphi(0 - o'') \cdot \varphi(0 - o''') \dots \varphi(0 - o_n)\, dx_1\, dx_1\, dx_3 \dots dx_n.$$

de *Laplace* (chap. IV, n° 18), une formule générale exprimant « la pro-
« babilité que la somme des erreurs d'un grand nombre d'observations
« est comprise dans des limites données, en supposant que la loi de
« possibilité des erreurs est connue, et la même pour chaque observa-
« tion, et que les erreurs négatives sont aussi possibles que les erreurs
« positives correspondantes. »
Laplace ne fait donc pas l'hypothèse que la moyenne arithmétique
est la valeur la plus probable; sa formule exprime, d'ailleurs, évidemment la probabilité que cette moyenne est en erreur d'une quantité
comprise entre $\pm \dfrac{x}{n}$, n étant le nombre d'épreuves faites. Il reste à y
introduire l'expression encore inconnue de la loi de probabilité des
erreurs. Laplace y arrive par une série d'approximations plus ou moins
hypothétiques, qui équivalent à admettre d'emblée la probabilité maximum de la moyenne arithmétique, comme nous le faisons ci-dessus.

Si, pour exprimer la condition du maximum, on passe aux logarithmes, il vient :

$$\frac{\varphi'(0-o')}{\varphi(0-o')} + \frac{\varphi'(0-o'')}{\varphi(0-o'')} + \frac{\varphi'(0-o''')}{\varphi(0-o''')} + \ldots + \frac{\varphi'(0-o_n)}{\varphi(0-o_n)} = \text{zéro}$$

ou en posant $\dfrac{\varphi'(0-o')}{\varphi(0-o')} = \psi(0-o')$:

$$\psi(0-o') + \psi(0-o'') + \psi(0-o''') \ldots + \psi(0-o_n) = \text{zéro}.$$

Cette relation est générale, quels que soient o', o'', $o''' \ldots o_n$; si donc on différentie par rapport à o', o'', $o''' \ldots o_n$, on aura séparément :

$$\psi'(0-o')\frac{d0}{do'} - \psi'(0-o') = o$$

$$\psi'(0-o'')\frac{d0}{do''} - \psi'(0-o'') = o$$

$$\vdots \qquad\qquad \vdots$$

$$\psi'(0-o_n)\frac{d0}{do_n} - \psi'(0-o_n) = o$$

Mais $\dfrac{d0}{do'} = \dfrac{d0}{do''} = \dfrac{d0}{do'''} = \ldots \dfrac{d0}{do_n} = \dfrac{1}{n}$, puisque O est pris égal à la moyenne arithmétique ; par conséquent, on a aussi

$$\psi'(0-o') = \psi'(0-o'') = \psi'(0-o''') = \ldots \psi'(0-o_n);$$

c'est-à-dire que ψ' représente une constante, que nous nommerons α. Dès lors, on obtient :

$$\psi(0-o') \text{ ou } \psi(x) = \alpha x + \beta$$

d'où

$$\frac{\varphi'(x)}{\varphi(x)} = \alpha x + \beta$$

et en intégrant on trouve enfin

$$\log \varphi(x) = \frac{\alpha}{2} x^2 + \beta x + \gamma$$

ou

$$\varphi(x) = e^{\frac{\alpha}{2} x^2 + \beta x + \gamma}.$$

Pour déterminer α, β et γ, remarquons que $\varphi(x)$ est évidemment nul pour $x = \pm \infty$; donc α est négatif et β est égal à 0. Afin de bien marquer le signe du coefficient de x^2, on l'écrit $- h^2$; substituons en outre un coefficient à la constante en exposant γ ; $\varphi (x)$ deviendra

$$k\, e^{- h^2 x^2}.$$

Or, nous savons qu'on doit avoir :

$$\int_{-\infty}^{+\infty} \varphi (x)\, dx = 1 \quad \text{d'où } k \int_{-\infty}^{+\infty} e^{- h^2 x^2}\, dx = 1.$$

Si l'on pose $hx = t$, l'intégrale devient

$$\frac{1}{h} \int_{-\infty}^{+\infty} e^{- t^2}\, dt; \quad \text{or} \int_{-\infty}^{+\infty} e^{- t^2}\, dt = \sqrt{\pi}$$

il en résulte $k = \dfrac{h}{\sqrt{\pi}}$, et la forme définitive de φ est

(a) $$\frac{h}{\sqrt{\pi}} e^{- h^2 x^2}.$$

La probabilité que l'erreur soit comprise entre x et $x + dx$ est donc

$$\frac{h}{\sqrt{\pi}} e^{- h^2 x^2}\, dx.$$

§ 103. — La constante h est ce paramètre dont il a été parlé au § 99, et qui exprime la facilité des causes réelles à produire des erreurs de valeur plus ou moins grande. En effet, pour une espèce déterminée d'observations, l'expression

(a') .... $$P = \frac{h}{\sqrt{\pi}} \int_{0}^{a} e^{- h^2 x^2}\, dx$$

indique la probabilité qu'une erreur x soit comprise entre les limites *zéro* et a ; ou bien le nombre d'erreurs comprises entre ces limites, le nombre total des erreurs étant représenté par l'unité.

Pour une *autre* espèce d'observations, la probabilité qu'une erreur x' tombe entre les limites *zéro* et a' sera exprimée par

$$P' = \frac{h'}{\sqrt{\pi}} \int_0^{a'} e^{-h'^2 x'^2}\, dx'.$$

Faisons $hx = h'x' = t$: ces deux expressions deviendront

$$P = \frac{1}{\sqrt{\pi}} \int_0^{ah} e^{-t^2}\, dt,$$

$$P' = \frac{1}{\sqrt{\pi}} \int_0^{a'h'} e^{-t^2}\, dt;$$

et elles seront égales si l'on pose

$$ah = a'h'.$$

De cette relation, jointe à la précédente

$$hx = h'x',$$

on déduit

(b) ... $\qquad\qquad a' : x' = a : x.$

Il y aura donc entre *zéro* et a autant d'erreurs x, qu'il y aura d'erreurs x' entre *zéro* et a', ou la probabilité de commettre une erreur inférieure à x, dans un genre d'observations, sera égale à la probabilité de commettre, dans l'autre, une erreur inférieure à x'.

Or, on a

(b') .... $\qquad\qquad h : h' = x' : x\,;$

les constantes h et h', sont donc inversement proportionnelles aux erreurs également probables : par suite, on peut donc dire que le degré d'exactitude des observations est mesuré par la grandeur du paramètre h qui leur correspond. Tel est le motif pour lequel Gauss a nommé ce paramètre « *la mesure de la précision* » (*mensura præcisionis; das Mass der Präcission oder*

der Genauigkeit). On le trouve désigné, chez les auteurs français, sous le nom de *module de précision* ou *de convergence*.

La courbe de probabilité des erreurs se confond avec la courbe de possibilité qui correspond au cas de $p = q$, § 34. Nous avons trouvé, en effet, pour cette dernière :

$$Y = \sqrt{\frac{2}{\pi m}} \times e^{-\frac{2}{m}x^2}$$

et il suffit de faire $\frac{2}{m} = h^2$ pour retrouver identiquement l'expression (a), comme nous l'avons déjà fait remarquer.

Il serait facile de montrer que les hypothèses que nous avons faites sur la loi de probabilité des erreurs, reviennent à assimiler chaque valeur de x à l'une des combinaisons de deux alternatives également probables ($p = q$) reproduites chacune un grand nombre de fois. Dès lors, on peut supposer que l'une des alternatives correspond aux erreurs positives, l'autre aux erreurs négatives. C'est de cette idée qu'est parti *Hagen* pour trouver la loi de probabilité des erreurs. Il admet (*Grundzüge der Wahrscheinlichkeitsrechnung*) que dans chaque espèce d'observations, il existe « un certain « nombre indéterminé d'*erreurs élémentaires*, Δx, in- « dépendantes les unes des autres, qui, prises d'une « manière absolue, sont de même grandeur, et peuvent « être indifféremment positives ou négatives. C'est la « somme algébrique de ces erreurs élémentaires qui « forme, dans chaque cas particulier, la véritable « erreur existante ».

La table n° 2, qui se trouve à la fin de cet ouvrage, donne, pour toutes les valeurs usitées de t, les valeurs numériques de l'intégrale[1]

$$P_2 = \frac{2}{\sqrt{\pi}} \int_{t=o}^{t=ah} e^{-t^2} dt;$$

elle indique donc, pour les valeurs successives de *ah*, la répartition des erreurs suivant leur ordre de grandeur, ou le nombre de ces erreurs qui tombent entre les limites $+ ah$ et $- ah$: la surface totale de la courbe de probabilité et le nombre total des erreurs étant représentés par l'unité. On y voit que, depuis $t = o$ jusqu'à

$$t = \pm\ 0,5 \text{ on a l'intégrale } = 0,520$$
$$t = \pm\ 1,0 \qquad - \qquad 0,843$$
$$t = \pm\ 1,5 \qquad - \qquad 0,966$$
$$t = \pm\ 2,0 \qquad - \qquad 0,995$$

En d'autres termes, si nous représentons la surface totale par 1,000, il tombera, sur 1,000 observations,

$$520 \text{ erreurs entre } t = 0 \quad \text{et } t = \pm\ 0,5$$
$$323 \qquad - \qquad t = 0,5 \quad t = \quad 1,0$$
$$123 \qquad - \qquad t = 1,0 \quad t = \quad 1,5$$
$$29 \qquad - \qquad t = 1,5 \quad t = \quad 2,0$$

On voit donc que le nombre des erreurs comprises entre des intervalles égaux décroît très-rapidement, à mesure que t augmente, ou que les erreurs deviennent plus grandes. Depuis $t = 2$ jusqu'à $t = \infty$ il ne tomberait que 5 erreurs.

§ 104. — Parmi les différentes valeurs de t, il en

[1] La probabilité de l'erreur ne dépendant que de la valeur *absolue* de cette erreur, $P_2 = 2P$, exprime bien la probabilité que cette erreur est comprise entre o et $\pm ah$, ou inférieure numériquement à ah.

est une très-remarquable : c'est celle pour laquelle l'intégrale P_2 acquiert la valeur $\frac{1}{2}$. Si, dans une longue série d'observations, on rangeait les erreurs suivant leur ordre de grandeur, sans avoir égard à leur signe, cette valeur de t les diviserait en deux parties numériquement égales. La valeur de x correspondant à cette valeur de t montre jusqu'où il faut étendre les limites de l'erreur, pour avoir la probabilité $\frac{1}{2}$ que, dans une observation subséquente, on ne commettra pas une erreur plus grande que cette limite. Plus cette limite est resserrée, plus, naturellement, les observations sont précises.

En recourant à notre table, on trouve par interpolation que la valeur $\frac{1}{2}$ de l'intégrale P_2 correspond à

$$t = 0,476936 = \rho \; ;$$

de sorte que
$$\frac{2}{\sqrt{\pi}} \int_{t=o}^{t=\rho} e^{-t^2}\, dt = \frac{1}{2}.$$

Cette valeur de t, calculée une fois pour toutes, est applicable à tous les cas; mais il n'en est pas de même pour la valeur de x qui lui correspond. En effet, comme on a $t = hx$, et que h varie avec la précision des observations, on conçoit que les limites de x se resserreront pour de bonnes observations, s'étendront pour de mauvaises, tandis qu'elles peuvent être supposées constantes pour une seule et même espèce d'observations.

Si l'on désigne par r cette valeur de x pour laquelle $t = \rho$, on aura, pour une certaine espèce d'observations,

(c) ...
$$\rho = h.r \; ;$$

pour une autre espèce, on aurait

$$\rho = h'.r' :$$

d'où

$$h.r = h'.r',$$

ou bien $\quad (c') \ldots \quad r : r' = h' : h.$

Les astronomes allemands ont donné à la quantité r le nom d'*erreur probable* (*der wahrscheinliche Fehler*). Comme sa considération est très-importante, nous insisterons sur l'idée qu'elle exprime, en disant que c'est l'abscisse O E ou O D de la courbe de probabilité, dont l'ordonnée correspondante E E′ ou D D′ divise la surface A O K a ou K O B b en deux segments équi-

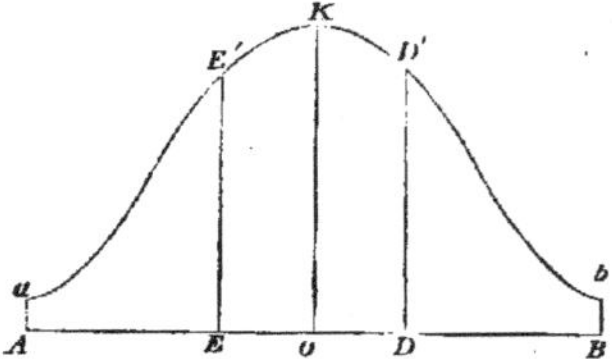

valents (A O ou B O étant les erreurs limitées); il y a donc numériquement *autant* d'erreurs *plus petites* que r, que d'erreurs *plus grandes* ; et il est *aussi probable*, dans une série d'observations, de commettre une erreur inférieure à r que d'en commettre une qui lui soit supérieure.

Quand on a en vue des observations de qualités différentes, la proportion (c') montre que « les erreurs probables sont en raison inverse des mesures de précision. » De là vient que plusieurs auteurs prennent l'erreur probable pour module de précision.

Cournot donne à r le nom de valeur *médiane* de l'écart; d'autres auteurs français, Laplace, Poisson,

Puissant, etc., l'appellent erreur *moyenne*. Il est bon d'observer ici que nous attachons un sens différent à cette dernière expression, comme nous le dirons bientôt.

On a réduit en table les valeurs de l'intégrale P_2, en prenant la quantité r pour unité. (Voir la table n° 3.) Par ce moyen, on trouve immédiatement le nombre d'erreurs comprises entre *zéro* et x, lorsque l'on connaît le *rapport* de x à *l'erreur probable*, $\frac{x}{r}$, ou le rapport *égal*, $\frac{t}{\rho}$. Cette disposition fait apercevoir plus clairement quelle serait la répartition relative des erreurs suivant leur ordre de grandeur dans un grand nombre d'observations ; elle montre par exemple que, sur 1000 erreurs, il s'en trouve théoriquement 500 plus petites que r ; 823 sont moindres que $2r$, 957 moindres que $3r$, et 993 moindres que $4r$. *Une* seule erreur est plus grande que $5r$.

On en déduit les tableaux suivants :

ON POURRAIT PARIER	QUE L'ERREUR NE DÉPASSERA PAS
1 contre 1	$1,00. r$; $x = 0,4769$
1 — 2	$1,43. r$; $x = 0,6841$
1 — 4	$1,90. r$; $x = 0,9062$
1 — 8	$2,36. r$; $x = 1,1266$
1 — 16	$2,80. r$; $x = 1,3362$
1 — 32	$3,21. r$; $x = 1,5318$
1 — 64	$3,59. r$; $x = 1,7133$
1 — 128	$3,95. r$; $x = 1,8818$
1 — 256	$4,28. r$; $x = 2,0410$
1 — 512	$4,59. r$; $x = 2,1900$
1 — 1024	$4,88. r$; $x = 2,3300$

ON POURRAIT PARIER			QUE L'ERREUR NE DÉPASSERA PAS	
1	contre	1	1 fois l'erreur probable.	
4,6383	—	1	2	—
22,239	—	1	3	—
158,59	—	1	4	—
1384,0	—	1	5	—
20000	—	1	6	—

L'ordonnée, y_1, qui correspond à l'erreur probable, étant comparée à l'ordonnée maximum, Y, de la courbe de possibilité, vaut 0,7963 Y, comme le montre la formule
$$y_1 : Y = 1 : e^{t^2}$$
dans laquelle on ferait $t = 0,476936$. La probabilité de l'erreur probable est donc à peu près les $\frac{4}{5}$ de la probabilité d'une erreur nulle.

§ 105. — La liaison existant entre le paramètre h et l'erreur probable r, montre comment la connaissance de l'erreur probable d'une certaine espèce d'observations permettrait d'effectuer le tracé géométrique de la courbe de probabilité des erreurs qu'elles comportent.

Prenons, par exemple, pour unité des abscisses une longueur quelconque; calculons h en fonction de r par la formule (c)
$$h = \frac{0,476936}{r};$$
et nous pourrons construire la courbe par points au moyen de la relation
$$y = \frac{h}{\sqrt{\pi}} e^{-h^2 x^2}.$$

Il est évident que la voie la plus directe pour parvenir à la connaissance de h, serait de connaître l'ordonnée correspondant à une valeur particulière *quelconque* de x. Supposons, par exemple, que l'on connaisse l'ordonnée Y correspondant à $x = o$: nous en déduirons immédiatement

$$(d) \dots \qquad h = \mathrm{Y}\sqrt{\pi}.$$

Il suffirait même de connaître le *rapport*, m, des deux ordonnées correspondantes aux abscisses connues x et x' : on aurait alors

$$(d') \dots \qquad m = \frac{e^{-h^2 x^2}}{e^{-h^2 x'^2}} = \frac{1}{e^{-h^2(x'^2 - x^2)}} \,;$$

d'où l'on déduirait par logarithmes la valeur de h.

Si, pour plus de simplicité, on choisit pour l'une de ces ordonnées celle qui correspond à $x = o$, on aura

$$(d'') \dots \qquad m = \frac{1}{e^{-h^2 x'^2}}.$$

On en déduit cette relation importante que nous invoquerons souvent dans la suite :

« Quand la probabilité d'une erreur nulle est à celle « d'une erreur x comme $1 : e^{-px'^2}$, on doit, pour « l'espèce d'observations qui s'y rapporte, prendre la « mesure de précision égale à $\sqrt{p}$. »

Quand h est déterminé, on peut comparer entre elles, sous le rapport de la précision, des observations qui ont été faites même sur des grandeurs hétérogènes (par exemple des mesures d'angle avec des mesures de longueur) : mais il est bien évident que *la comparaison se fait sur des nombres variables suivant les unités qui ont servi dans chacun des deux cas, et par suite qu'elle n'a qu'une valeur spéculative.*

§ 106. — Comme exemple de l'accord qui existe entre la théorie et l'expérience, nous choisirons une série de 470 observations faites par Bradley, le modèle des observateurs suivant l'expression de Laplace, pour déterminer directement la différence d'ascension droite entre le soleil et l'une des deux étoiles Ataïr et Procyon. Bessel, qui a discuté ce sujet, a trouvé que l'erreur probable $r = 0'', 2637$; d'où $0'',1 = 0,3792\,r = 0,3792$, en prenant r pour unité. Cherchant ensuite le nombre d'erreurs qui, suivant la théorie, devraient tomber entre $0''$, 0 et $0'',1$; $0'',2$; $0'',3$..., il a calculé, au moyen de la table mentionnée au § 104 (table n° 3), la valeur de l'intégrale P_2 pour ces diverses limites [1]. On trouve ainsi :

Pour	$0'',1$ . . .	0,3792	le nombre	0,20186,
—	0 ,2 . . .	0,7584	—	0,39102,
—	0 ,3 . . .	1,1376	—	0,55705,
—	0 ,4 . . .	1,5168	—	0,69372,
—	0 ,5 . . .	1,8960	—	0,79904,
—	0 ,6 . . .	2,2752	—	0,87511,
—	0 ,7 . . .	2,6544	—	0,92661,
—	0 ,8 . . .	3,0336	—	0,95926,
—	0 ,9 . . .	3,4128	—	0,97866,
—	1 ,0 . . .	3,7920	—	0,98983,
	. . .	∞	—	1,00000.

---

[1] Notre table n° 2 permettrait aussi de calculer ce tableau, mais en faisant chaque fois une proportion analogue à la suivante : l'erreur probable r est placée au rang 0,4769; l'erreur 0,3792 est placée au rang x; d'où $x = 0,1818$. En face de ce rang on trouve 0,20186.

Si l'on retranche chaque nombre du suivant, et qu'on multiplie le reste par le nombre des observations, ou par 470, on trouve

ENTRE		NOMBRE DES ERREURS.	D'APRÈS la théorie.	D'APRÈS l'observation.
0″,0 et	0″,1	0,20186	95	94
0 ,1	0 ,2	0,18916	89	88
0 ,2	0 ,3	0,16603	78	78
0 ,3	0 ,4	0,13667	64	58
0 ,4	0 ,5	0,10532	50	51
0 ,5	0 ,6	0,07607	36	36
0 ,6	0 ,7	0,05450	24	26
0 ,7	0 ,8	0,03265	15	14
0 ,8	0 ,9	0,01940	9	10
0 ,9	1 ,0	0,01117	5	7
au delà de	1 ,0	0,01017	5	8

Il arrive fréquemment, comme ici, que l'observation présente *plus* de grandes erreurs que la théorie n'en prévoit. Cela tend à prouver la légitimité de la généralisation que nous avons faite (§ 102) en intégrant entre les limites — ∞ et $+ \infty$, au lieu de considérer des limites finies ; car *le contraire* aurait lieu si cette généralisation devait avoir quelque influence dans la pratique.

CHAPITRE IX.

PRÉCISION DU RÉSULTAT (LE PLUS EXACT) DÉDUIT DE PLUSIEURS OBSERVATIONS. — APPLICATIONS.

(UNE SEULE INCONNUE A DÉTERMINER.)

§ 107. — Recherchons maintenant l'expression de la probabilité de l'existence des erreurs simultanées x', x'', x''' ... x_p résultant de l'hypothèse de la moyenne arithmétique, valeur la plus probable. Soient encore o', o'', o''' ... o_p les quantités numériques fournies par l'observation. Si Q représente la moyenne, on aura :

$$
\begin{aligned}
Q - o' &= x' \\
Q - o'' &= x'' \\
Q - o''' &= x''' \\
&\vdots \\
Q - o_p &= x_p.
\end{aligned}
$$

La probabilité de chacune des erreurs x', x'', x''' ... x_p a pour expression :

$$\frac{h}{\sqrt{\pi}}\, e^{-h^2 x'^2}\, dx$$

$$\frac{h}{\sqrt{\pi}}\, e^{-h^2 x''^2}\, dx$$

$$\vdots$$

$$\frac{h}{\sqrt{\pi}}\, e^{-h^2 x_p^2}\, dx$$

et la probabilité de leur coexistence est :

$$\frac{h^p}{\sqrt{\pi^p}}\, e^{-h^2\,(x'^2 + x''^2 + x'''^2 + \dots\ x_p^2)}\, dx^p\,.$$

C'est cette expression que la moyenne arithmétique rend maximum en vertu de la forme même,

$$\frac{h}{\sqrt{\pi}}\, e^{-h^2 x^2}\,,$$

de la loi de probabilité des erreurs (§ 102). Pour le vérifier, remarquons qu'on doit avoir :

(f) ... $\qquad x'^2 + x''^2 + x'''^2 \dots + x_p^2 = minimum\,,$

ou bien

$$(0 - o')^2 + (0 - o'')^2 + (0 - o''')^2 \dots (0 - o_p)^2 = minimum.$$

En adoptant une notation très-commode, dont nous ferons dorénavant un fréquent usage, et qui consiste à poser

$$[o] = o'\ + o''\ + o'''\ + \dots + o_p$$
$$[o^2] = o'^2 + o''^2 + o'''^2 + \dots + o_p^2$$

nous mettrons l'expression précédente sous la forme

$$p\, 0^2 - 2\, [o]\, 0 + [o^2].$$

On peut donc écrire

$$P = \frac{h^p}{\sqrt{\pi^p}}\, e^{-h^2 \left\{\, p\, 0^2 - 2\, [o]\, 0 + [o^2]\, \right\}}\,,$$

ou bien

(e) ... $\qquad P = \dfrac{h^p}{\sqrt{\pi^p}}\, e^{-h^2 \left\{\, [o^2] - \frac{[o]^2}{p} + p\left(\, 0 - \frac{[o]}{p}\right)^2\, \right\}}.$

Le terme qu'il faut rendre un minimum est donc

$$\left(0 - \frac{[o]}{p}\right)^2 :$$

différentiant et égalant à zéro, on trouve enfin

(f') ... $\qquad 0 = \dfrac{[o]}{p} = \dfrac{o' + o'' + o''' + \dots + o_p}{p} :$

La probabilité cherchée a donc pour expression :

$$(e') \ldots \qquad P = \frac{h^p}{\sqrt{\pi^p}} e^{-h^2 \left\{ [o^2] - \frac{[o]^2}{p} \right\}} dx^p .$$

Le principe du minimum des carrés des erreurs est souvent regardé comme admissible *à priori* : il sert alors de point de départ à la détermination de la fonction qui représente la probabilité d'une erreur, à l'exclusion de la plupart des hypothèses, à la vérité plus simples, que nous avons faites. On regarde dans ce cas chaque valeur de l'erreur comme le rayon d'un cercle tracé autour de la vérité comme centre : ce qui exprime qu'elle peut être due à une infinité de causes différentes. Pour la compensation des erreurs, il faut évidemment rendre minima la somme des *surfaces* des cercles, et, par conséquent, la somme des carrés des erreurs.

§ 108. — Puisque la valeur la plus probable de O est $\frac{[o]}{p}$, de même les différences

$$\frac{[o]}{p} - o' = \varepsilon', \; \frac{[o]}{p} - o'' = \varepsilon'', \; \ldots.$$

doivent être considérées comme les erreurs d'observation *les plus probables*, et nous les admettons comme les erreurs *réelles*, aussi longtemps que nous n'avons pas de moyen nouveau d'approcher davantage de la véritable valeur. La somme des carrés de ces erreurs ou

$$[o^2] - \frac{[o]^2}{p} = [\varepsilon^2] \; \ldots \qquad\qquad (k)$$

doit être un minimum. Pour exprimer commodément cette somme, nous aurons recours à une nouvelle notion, celle de l'erreur *moyenne*. Avec les auteurs allemands, nous entendons par erreur moyenne (*der mittlere*

Fehler) [1], « la quantité qu'on obtient en divisant la « somme des carrés des *erreurs réelles* par le nombre « des observations, et en extrayant ensuite la racine « carrée du quotient ».

Désignons-la par ε_2 ; nous aurons, pour le cas actuel :

$$\varepsilon_2 = \sqrt{\frac{[o^2] - \dfrac{[o]^2}{p}}{p}} \; ;$$

ou bien

$$p\,\varepsilon_2{}^2 = [o^2] - \frac{[o]^2}{p} = [\varepsilon^2] \; \ldots \qquad (k')$$

Cette dernière équation nous donne une seconde définition de l'erreur moyenne : on voit que c'est « une « erreur telle, que si elle existait la même dans cha- « cune des p observations indistinctement, la somme « des carrés de ces p erreurs égales équivaudrait à « la somme des carrés des p erreurs inégales ε', ε'', « ε''' .... etc. »

§ 109. — D'après cela, la probabilité de la coexistence des p erreurs d'observation, quelque hypothèse qu'on veuille faire sur la valeur de h, peut être (e') exprimée par

$$P = \frac{h^p}{\sqrt{\pi^p}}\, e^{-h^2 p\, \varepsilon_2{}^2}\, dx^p \; \ldots \qquad (e''')$$

De cette expression, on peut maintenant déduire aisément la valeur la plus probable de h ; car, comme les p erreurs d'observation déterminent ε_2, le maximum de la fonction P dépend uniquement de la valeur de h ; et

---

[1] On l'appelle aussi quelquefois l'erreur à craindre (*der zu befürchtende Fehler*).

on sait que la valeur la plus probable de h est celle qui rend cette fonction un maximum (§ 99).

Cherchons d'abord ce maximum par le procédé du calcul différentiel : passant aux logarithmes népériens, nous avons :

$$\operatorname{Log} \overset{.}{\mathrm{P}} = p \operatorname{Log} h - \frac{1}{2} p \operatorname{Log} \pi - h^2 p\, \varepsilon_2{}^2 \dots \qquad (e^{\mathrm{IV}})$$

La condition du maximum sera donc

$$\frac{p}{h} - 2\,h\,p\,\varepsilon_2{}^2 = 0 ;$$

$$1 = 2\,h^2\,\varepsilon_2{}^2 ;$$

d'où
$$h = \frac{1}{\varepsilon_2 \sqrt{2}} \dots \qquad (1)$$

Telle est l'expression de la mesure de précision en fonction de l'erreur moyenne.

Pour une autre espèce d'observations on aurait

$$h' = \frac{1}{\varepsilon'_2 \sqrt{2}} ;$$

et par suite
$$h^2 : h'^2 = \varepsilon'_2{}^2 : \varepsilon_2{}^2 \dots \qquad (1')$$

La formule (1) nous permet d'exprimer l'erreur *probable* en fonction de l'erreur *moyenne,* et réciproquement. On sait en effet (c) que

$$r = \frac{\rho}{h} = \frac{0,476936}{h} ,$$

d'où
$$r = 0,476936 \times \varepsilon_2 \sqrt{2} ;$$

ou enfin
$$r = 0,674489\, \varepsilon_2 = \frac{2}{3}\,\varepsilon_2 \quad \text{en nombres ronds} ;$$

$$\varepsilon_2 = 1,482604\, r = \frac{3}{2}\,r \quad \text{en nombres ronds.}$$

Appliquant les logarithmes, on a

$$\log r = 9,6784601 - \log h$$
$$\log r = 9,8289749 + \log \varepsilon_2$$
$$\log \varepsilon_2 = 0,1710251 + \log r.$$

§ 110. — La signification que nous attribuons à la moyenne nous permet de concevoir la moyenne de plusieurs moyennes, c'est-à-dire une valeur qui ne soit pas la moyenne arithmétique de toutes les observations supposées faites par groupe, mais la moyenne obtenue en tenant compte de la précision différente de chaque groupe. Chaque moyenne représentant ainsi un élément de la moyenne générale, peut être considérée comme un résultat d'expérience dont l'erreur a une probabilité qu'on exprimera suivant la loi ordinaire de probabilité des erreurs. Quant à la mesure de précision d'une moyenne, il est évident qu'elle dépend de celle des observations qui ont servi à la former. Pour déterminer cette mesure, remarquons d'abord que le rapport de la probabilité d'une erreur x à celle d'une erreur zéro est, d'après la formule générale,

$$\frac{h}{\sqrt{\pi}}\, e^{-h^2 x^2}\, dx : \frac{h}{\sqrt{\pi}}\, dx = e^{-h^2 x^2}.$$

Or, d'autre part, on sait (§ 55) que la probabilité que la moyenne est en erreur de ω, est proportionnelle à la probabilité que cette hypothèse donne pour l'événement observé. Cette dernière probabilité est :

$$\frac{h^p}{\sqrt{\pi^p}}\, e^{-h^2 \left\{ (x'+\omega)^2 + (x''+\omega)^2 + \dots + (x_p+\omega)^2 \right\}}\, dx^p \tag{1}$$

puisque les erreurs d'observation sont alors $x' + \omega$, $x'' + \omega$, $x''' + \omega$, ... $x_p + \omega$.

De même la probabilité que la moyenne a une erreur nulle (c'est-à-dire comprise entre o et dx) est proportionnelle à

$$\frac{h^p}{\sqrt{\pi}^p}\, e^{-h^2 \left(x'^2 + x''^2 + x'''^2 + \dots + x_p{}^2 \right)}\, dx^p \tag{2}$$

Remarquons que l'exposant dans (1) se réduit à

$$x'^2 + x''^2 + x'''^2 + \ldots + x_p{}^2 + p\,\omega^2$$

en vertu de la relation $x' + x'' + x''' + \ldots + x_p = o$,

qui résulte immédiatement de $0 = \dfrac{[o]}{p}$.

Le rapport de (1) à (2) est donc $e^{-h^2 p\,\omega^2}$, d'où, d'après la remarque faite § 105, on voit que la mesure de précision de la moyenne est $h\,\sqrt{p}$; la probabilité que cette moyenne soit en erreur de x est donc :

$$y = \frac{h\,\sqrt{p}}{\sqrt{\pi}}\, e^{-h^2 p x^2} \ ;$$

ou, en faisant $h\,\sqrt{p} = \mathrm{H}$,

$$y = \frac{\mathrm{H}}{\sqrt{\pi}}\, e^{-\mathrm{H}^2 x^2}.$$

Si, au lieu de faire p observations, on en faisait p', la mesure de précision de la moyenne arithmétique serait $h\,\sqrt{p'}$: les précisions des deux moyennes seraient donc entre elles comme $\sqrt{p} : \sqrt{p'}$. On conclut de là que « la précision d'une moyenne arithmétique croît « comme la racine carrée du nombre d'observations « qui ont concouru à la former ». Nous avons déjà fait remarquer § 100 que la convergence de la moyenne arithmétique des erreurs vers leur moyenne absolue, qui est évidemment zéro, croît avec le nombre d'observations. On voit ici le rapport d'accroissement.

On nomme *poids* d'une valeur (*Pondus; das Gewicht*) le nombre d'observations également précises, requis pour que leur moyenne arithmétique ait la même précision que la valeur donnée, la précision de chaque

observation simple étant prise pour unité de précision.
Dans le cas actuel, le poids de O est p, quand on prend
pour unité de poids celui de chaque observation simple.

Si, dans l'équation $\text{H} = h\sqrt{p}$ ... $\qquad$ (g)
on prend $h = 1$, il vient

$$p = \text{H}^2 \ \ldots \qquad\qquad (g')$$

« Le poids de la moyenne est donc égal au carré de
« sa mesure de précision. »

Si la moyenne provenait d'un autre nombre, p',
d'observations, on aurait

$$p' = \text{H}'^2 \ ;$$

d'où $\qquad\qquad p : p' = \text{H}^2 : \text{H}'^2 \ \ldots \qquad\qquad (g'')$

« Les poids des valeurs les plus probables sont donc
« entre eux comme les carrés de leurs mesures de
« précision. »

De ce que les poids sont comme les carrés des
mesures de précision, il résulte que si deux quantités
x, y, étaient de précisions différentes, H, H', « on les
« ramènerait à la même unité de précision, en les
« multipliant par les racines carrées de leurs poids. »

En effet, x étant rapporté à l'unité H, deviendra Hx
si on le rapporte à l'unité 1; de même alors y deviendra
H'y; et ces expressions, en vertu du rapport (g''),
peuvent être changées en $x\sqrt{p}$ et $y\sqrt{p'}$.

Soit R l'erreur probable de la moyenne arithmétique

$$0 = \frac{[o]}{p}$$

on aura (c)

$$\text{R} = \frac{\rho}{\text{H}} = \frac{\rho}{h\sqrt{p}} = \frac{r}{\sqrt{p}} \ \ldots \qquad\qquad (h)$$

Donc « si r est l'erreur probable de chacune des p observations, $\dfrac{r}{\sqrt{p}}$ sera l'erreur probable de leur moyenne arithmétique ». De même son erreur moyenne égale

$$\frac{\varepsilon_2}{\sqrt{p}}.$$

Pour p' observations, on aurait

$$R' = \frac{\rho}{H'} :$$

donc $$H : H' = R' : R ;$$

ou bien $$p : p' = R'^2 : R^2 \dots \tag{h'}$$

c'est-à-dire que « les poids sont réciproquement pro-« portionnels aux carrés des erreurs probables ».

D'autre part, on tire de la relation (l') combinée avec (g'')

$$p : p' = \varepsilon'^2_2 : \varepsilon_2^2 \dots \tag{l''}$$

Ainsi « les poids sont réciproquement proportionnels « aux carrés des erreurs moyennes ».

Si l'on suppose

$$p' = 1, \varepsilon'_2 = 1,$$

il vient $$p = \frac{1}{\varepsilon_2^2} \dots \tag{l'''}$$

C'est par cette relation que Gauss définit le poids qu'il appelle « une quantité réciproque au carré de l'erreur « moyenne ».

Remarque. Soit η_2 l'erreur moyenne de l'*unité* de poids : on tirera de (l'')

$$\eta_2^2 = p\,\varepsilon_2^2 \dots \tag{l^{iv}}.$$

Telle est l'expression de l'erreur moyenne de l'unité de poids, p étant le poids de la moyenne.

§ 111. — Si, dans l'expression (1) de h, on remplace ε_2 par sa valeur, on obtient

$$h = \cfrac{1}{\sqrt{2\,\cfrac{[o^2] - \dfrac{[o]^2}{p}}{p}}} = \cfrac{1}{\sqrt{2\left\{\dfrac{[o^2]}{p} - \left(\dfrac{[o]}{p}\right)^2\right\}}} :$$

ainsi « le carré de $\frac{1}{h}$ est égal au double de l'excès de « la valeur moyenne du carré de la variable, sur le « carré de sa valeur moyenne ».

Lorsque le nombre des observations est infini, ou que la variable est assujettie à la loi de continuité, le carré de la valeur moyenne devient

$$\left(\int_a^b y\,dx \cdot x\right)^2,$$

et la valeur moyenne du carré

$$\int_a^b y\,dx \cdot x^2.$$

On a donc

$$h = \cfrac{1}{\sqrt{2\left[\int_a^b y\,dx \cdot x^2 - \left(\int_a^b y\,dx \cdot x\right)^2\right]}} ;$$

la fonction y étant assujettie à la condition connue

$$\int_a^b y\,dx = 1.$$

En continuant à raisonner dans l'hypothèse d'un nombre infini d'observations, le carré de l'erreur moyenne est, d'après sa définition,

$$\varepsilon_2{}^2 = \cfrac{\displaystyle\int_{-\infty}^{+\infty} y\,dx \cdot x^2}{\displaystyle\int_{-\infty}^{+\infty} y\,dx} = \cfrac{\dfrac{1}{\sqrt{\pi}}\displaystyle\int_{-\infty}^{+\infty} e^{-x^2}\,dx \cdot x^2}{1} .$$

Pour intégrer le numérateur, observons que

$$d\left(e^{-x^2} \cdot x\right) = e^{-x^2}\, dx - 2\, e^{-x^2} \cdot x^2\, dx\,;$$

d'où $\displaystyle \int_{-\infty}^{+\infty} e^{-x^2} \cdot x^2\, dx = -\frac{1}{2} e^{-x^2} \cdot x + \frac{1}{2} \int_{-\infty}^{+\infty} e^{-x^2}\, dx.$

Le premier terme du second membre disparaît pour $x = \pm\infty$; donc

$$\varepsilon_2^2 = \frac{1}{2\sqrt{\pi}} \int_{-\infty}^{+\infty} e^{-x^2}\, dx :$$

mais $\displaystyle \int_{-\infty}^{+\infty} \frac{1}{\sqrt{\pi}} e^{-x^2}\, dx = \int_{-\infty}^{+\infty} y\, dx = 1\,;$

donc

$$\varepsilon_2^2 = \frac{1}{2}$$

$$\varepsilon_2 = \frac{1}{\sqrt{2}} = 0{,}70711,$$

ce qui nous ramène à la proportion du § 109 :

$$\frac{r}{\varepsilon_2} = \frac{0{,}47694}{0{,}70711}$$

$$r = 0{,}67449\ \varepsilon_2.$$

L'erreur moyenne correspond à un point très-remarquable de la courbe de probabilité : c'est celui pour lequel la courbe marche le plus rapidement vers l'axe des abscisses, et en même temps, c'est le point d'inflexion de la branche.

En effet, la tangente de l'angle d'inclinaison de la courbe a pour valeur

$$\alpha = \frac{dy}{dx} = -\frac{2}{\sqrt{\pi}} e^{-x^2} \cdot x\,;$$

différentiant de nouveau, et égalant à zéro :

$$\frac{d\alpha}{dx} = \frac{d^2 y}{dx^2} = \frac{4\,x^2}{\sqrt{\pi}} e^{-x^2} - \frac{2}{\sqrt{\pi}} e^{-x^2} = 0\,;$$

d'où

$$x = \pm \frac{1}{\sqrt{2}} = \varepsilon_2\,.$$

Telle est l'abscisse à laquelle correspond le maximum de l'angle d'inclinaison de la courbe sur l'axe des x.

D'ailleurs, l'expression précédente, mise sous la forme

$$\frac{d^2 y}{dx^2} = \frac{4}{\sqrt{\pi}} e^{-x^2} \left[\, x^2 - \frac{1}{2} \right],$$

montre que le coefficient différentiel du second ordre change de signe, dans le passage de $x^2 < \frac{1}{2}$ à $x^2 > \frac{1}{2}$. Il y a donc inflexion au point dont l'abscisse est $\frac{1}{\sqrt{2}}$.

§ 112. — Au lieu de trouver la valeur de h par une simple différentiation, nous emploierons maintenant un procédé qui a l'avantage de faire connaître les limites probables de h, et par suite celles de l'erreur probable.

Pour cela, regardant P comme une fonction de la variable h, appelons P' la valeur de P correspondante à une valeur un peu différente de h, ou à $h + \Delta$: nous aurons (§ 109)

$$\mathrm{Log}\ \mathrm{P}' = p\ \mathrm{Log}\ (h + \Delta) - \frac{1}{2} p\ \mathrm{Log}\ \pi - (h + \Delta)^2\, p\, \varepsilon_2^2.$$

Remplaçons $p\ \mathrm{Log}\ (h + \Delta)$ par l'expression

$$p\ \mathrm{Log}\ h + p\ \mathrm{Log}\left(1 + \frac{\Delta}{h}\right),$$

et développons la partie entre parenthèses : il vient

$$\text{Log } P' = p \text{ Log } h - \frac{1}{2} p \text{ Log } \pi - h^2 p \, \varepsilon_2{}^2 - 2p \, h \, \Delta \, \varepsilon_2{}^2 - p \, \Delta^2 \, \varepsilon_2{}^2$$
$$+ p \frac{\Delta}{h} - \frac{1}{2} p \frac{\Delta^2}{h^2} + \frac{1}{3} p \frac{\Delta^3}{h^3} - \frac{1}{4} p \frac{\Delta^4}{h^4} \cdots$$

Les trois premiers termes du second membre forment précisément la valeur (e^{iv}) de Log P : donc

$$\text{Log } \left(\frac{P'}{P} \right) = \left(\frac{p}{h} - 2p \, h \, \varepsilon_2{}^2 \right) \Delta - \left(\frac{p}{2h^2} + p \, \varepsilon_2{}^2 \right) \Delta^2$$
$$+ \frac{1}{3} \frac{p}{h^3} \Delta^3 - \frac{1}{4} \frac{p}{h^4} \Delta^4 + \cdots$$

La valeur la plus probable de h doit rendre P un maximum absolu, donc Log $\left(\frac{P'}{P}\right)$ *toujours* négatif, quel que soit Δ. Le coefficient de Δ doit donc être égal à zéro, ce qui nous conduit de nouveau à la valeur (1).

$$h = \frac{1}{\varepsilon_2 \sqrt{2}}.$$

Eu égard à cette condition, il vient

$$\log \left(\frac{P'}{P}\right) = - \frac{p \, \Delta^2}{h^2} \left\{ 1 - \frac{1}{3} \frac{\Delta}{h} + \frac{1}{4} \frac{\Delta^2}{h^2} \cdots \right\}.$$

Comme $\frac{\Delta}{h}$ est une très-petite fraction, on peut, dans la série, négliger tous les termes, sauf le premier, ce qui revient à faire abstraction des termes du troisième ordre : il reste alors

$$\frac{P'}{P} = e^{-\frac{p \, \Delta^2}{h^2}},$$

ou

$$\frac{P}{P'} = e^{\frac{p \, \Delta^2}{h^2}} \cdots \qquad (d''')$$

La probabilité d'une erreur nulle sur la détermination de h est donc à celle d'une erreur Δ, comme

$$\frac{1}{e^{-\frac{p\,\Delta^2}{h^2}}}\,;$$

et l'on doit par conséquent prendre (§ 110) pour mesure de précision de cette détermination la quantité

$$h' = \frac{\sqrt{p}}{h} \dots \tag{m}$$

L'erreur probable de cette détermination est (c), (1)

$$\frac{\rho h}{\sqrt{p}} = \frac{\rho}{\varepsilon_2\sqrt{2}} \cdot \frac{1}{\sqrt{p}} \dots \tag{m'}$$

Il y aurait donc un à parier contre un que la véritable valeur de h est comprise entre

$$\frac{1}{\varepsilon_2\sqrt{2}} + \frac{\rho}{\varepsilon_2\sqrt{2}} \cdot \frac{1}{\sqrt{p}}$$

et

$$\frac{1}{\varepsilon_2\sqrt{2}} - \frac{\rho}{\varepsilon_2\sqrt{2}} \cdot \frac{1}{\sqrt{p}}\,;$$

ou qu'elle est égale à

$$\frac{1}{\varepsilon_2\sqrt{2}} \left\{ 1 \pm \frac{\rho}{\sqrt{p}} \right\} \dots \tag{m''}$$

La précision de l'erreur probable r dépendant de celle de h, il y a un à parier contre un que r est compris entre les limites

$$\frac{\rho\sqrt{2}}{+\dfrac{\rho}{\sqrt{p}}}\,\varepsilon_2 \quad\text{et}\quad \frac{\rho\sqrt{2}}{1-\dfrac{\rho}{\sqrt{p}}}\,\varepsilon_2 \dots \tag{m'''}$$

Ces limites peuvent être remplacées, dans la pratique, par les limites un peu plus larges[1]

$$r = \varepsilon_2\, \rho \sqrt{2}\left(1 \mp \frac{\rho}{\sqrt{p}}\right) \dots \qquad (\mathrm{m^{IV}})$$

qui, traduites numériquement, deviennent

$$r = 0{,}674489\, \varepsilon_2 \left(1 \mp \frac{0{,}476936}{\sqrt{p}}\right) \dots \qquad (\mathrm{m^V})$$

§ 113. — Pour terminer ce qui a rapport à ce sujet, observons que la valeur (k′) de ε_2, savoir

$$\varepsilon_2 = \sqrt{\frac{[\varepsilon^2]}{p}}\,,$$

que nous avons donnée dans le § 108, n'est pas rigoureusement *l'erreur moyenne*, telle que nous l'avons définie dans ce même paragraphe : c'est plutôt, suivant l'expression de Gerling, *l'écart moyen* par rapport à la moyenne (*die mittlere Abweichung vom Mittel*). En effet $\frac{[o]}{p}$ n'est pas la valeur *réelle* de l'inconnue O, mais sa valeur *la plus probable*; les erreurs ε', ε'', ε''' ... ne sont donc pas les erreurs réelles, et par suite, les valeurs trouvées pour ε_2, r, et h, doivent être revisées.

L'erreur moyenne de la moyenne est $\pm \dfrac{\varepsilon_2}{\sqrt{p}}$ (§ 100); on peut donc considérer que la valeur la plus ration-

---

[1] En regardant l'incertitude $\dfrac{\rho}{\sqrt{p}}$ de l'erreur probable comme une petite quantité du premier ordre dont on peut négliger les puissances supérieures.

nelle de la quantité cherchée est égale à la moyenne O

$$\pm \frac{\varepsilon_2}{\sqrt{p}}.$$

Dès lors, on aura :

$$\varepsilon_2{}^2 = \frac{\left(0 \pm \frac{\varepsilon}{\sqrt{p}} - o'\right)^2 + \left(0 \pm \frac{\varepsilon}{\sqrt{p}} - o''\right)^2 + \dots \left(0 \pm \frac{\varepsilon}{\sqrt{p}} - o_p\right)^2}{p}$$

ou

$$p\,\varepsilon_2{}^2 = (0 - o')^2 + (0 - o'')^2 + \dots + (0 - o_p)^2$$
$$\pm \frac{\varepsilon_2}{\sqrt{p}} (0 - o' + 0 - o'' + \dots + 0 - o_p) + \varepsilon^2$$

d'où enfin

$$\varepsilon_2{}^2 = \frac{(0 - o')^2 + (0 - o'')^2 + \dots (0 - o_p)^2}{p - 1} = \frac{[\varepsilon^2]}{p - 1}.$$

Telle est la relation dont on se sert dans la pratique pour calculer l'erreur moyenne d'une espèce d'observations.

L'erreur moyenne de la moyenne arithmétique entre les p observations est (§ 100)

$$E_2 = \frac{\varepsilon_2}{\sqrt{p}} \dots \tag{k'''}$$

par suite

$$E_2 = \sqrt{\frac{[\varepsilon^2]}{p\,(p - 1)}} \dots \tag{k^{IV}}$$

§ 114. — Nous avons indiqué sommairement (§ 110) comment, par la considération des poids, on ramènerait à la même unité de précision des observations inégalement précises. Nous allons développer maintenant cette importante considération du *poids*.

Si l'on n'a égard qu'à sa précision calculée, une observation quelconque peut être regardée comme la moyenne d'un certain nombre d'observations fictives de précision moindre.

Imaginons une unité de précision; si h est exprimé en cette unité, $\sqrt{h}$ représente, d'après ce que nous avons vu, le poids de la moyenne à laquelle l'observation dont h est la précision peut être assimilée, c'est-à-dire le nombre d'observations de précision égale à l'unité qu'il faudrait pour obtenir une moyenne de précision h.

Il résulte de là que si les observations o', o'', o''' .... qu'on a faites (§ 107) pour déterminer la quantité O ont des poids différents p', p'', p''' .... nous les réduirons à la même unité de précision en multipliant chacune des erreurs dont elles sont affectées par la racine carrée du poids correspondant. La quantité à rendre un minimum sera donc alors

$$p'(0-o')^2 + p''(0-o'')^2 + p'''(0-o''')^2 + \ldots + p_n(0-o_n)^2 = [px^2].$$

On en tire

$$\frac{d[px^2]}{d.0} = 2p'(0-o') + 2p''(0-o'') + 2p'''(0-o''') + \ldots 2p_n(0-o_n):$$

égalant ce coefficient différentiel à zéro, on obtient

$$(F') \ldots \quad 0 = \frac{p'o' + p''o'' + p'''o''' + \ldots + p_n o_n}{p' + p'' + p''' \ldots + p_n} = \frac{[po]}{[p]}.$$

La valeur la plus probable est donc encore la *moyenne* des observations, en donnant à ce mot la signification indiquée au § 73. Si nous faisions tous les poids égaux, nous retomberions sur l'équation (f').

L'unité de poids est évidemment *arbitraire*; car en adoptant une autre unité, nous ne ferions qu'introduire dans p', p'' .... p_n un facteur commun qui disparaîtrait comme se trouvant à la fois au numérateur et au dénominateur.

Cette même valeur de O est précisément celle qu'on trouve en statique, lorsqu'on calcule la position du *centre de gravité* d'une droite, chargée en des points o', o'', o''' .... de *poids* p', p'', p''' .... Si les poids devenaient égaux, la position du centre de gravité serait donnée par la formule (f').

Remarquons enfin que la formule (F') justifie un procédé pratique, généralement employé lorsqu'on veut obtenir un angle au moyen de plusieurs séries de répétitions. Dans ce cas, on multiplie le résultat fourni par chaque série, par le *nombre* de répétitions qui lui correspond, et on divise la somme des produits par la somme des nombres de répétitions : c'est qu'ici l'unité de poids est l'observation simple.

§ 115. — Au lieu de désigner par 1 l'erreur moyenne de l'unité de poids, désignons-la par η_2 : nous aurons (§ 110, *remarque*)

$$\eta_2^2 = p' \, \varepsilon'^2 = p'' \, \varepsilon''^2 = p''' \, \varepsilon'''^2 \, ...;$$

et en général
$$\varepsilon_n = \frac{\eta_2}{\sqrt{p_n}} = ... \tag{k^{v}}$$

C'est l'erreur moyenne d'une observation quelconque, en fonction de son poids, et de l'erreur moyenne de l'unité de poids.

Comme d'ailleurs le nombre d'observations de la moyenne est représenté par .... $p' + p'' + p''' + $ ....., l'erreur moyenne de cette moyenne, et celle de l'unité de poids, seront en raison inverse des racines carrées des nombres d'observations correspondantes (k‴); donc :

$$\frac{E_2}{\eta_2} = \frac{1}{\sqrt{p' + p'' + p''' + \cdots}} \; ;$$

ou bien

$$E_2 = \frac{\eta_2}{\sqrt{p' + p'' + p''' + \cdots}} = \frac{\eta_2}{\sqrt{[p]}} \cdots \qquad (k^{\mathrm{vi}})$$

équation qu'on peut mettre aussi sous la forme suivante

$$E_2 = \frac{\eta_2}{\sqrt{\dfrac{\eta_2^2}{\varepsilon'^2} + \dfrac{\eta_2^2}{\varepsilon''^2} + \dfrac{\eta_2^2}{\varepsilon'''^2} + \cdots}}$$

ou enfin

$$E_2 = \frac{1}{\sqrt{\left[\dfrac{1}{\varepsilon^2}\right]}} \cdots \qquad (k^{\mathrm{vii}})$$

Nous pouvons assigner un poids, P, à la moyenne arithmétique, aussi bien qu'à nos observations individuelles, en fonction de la même unité de poids : nous aurons toujours la relation

$$\eta_2^2 = P . E_2^2$$

d'où, (k^{\mathrm{vi}})

$$P = p' + p'' + p''' + \cdots = [p];$$

théorème analogue au principe de statique en vertu duquel la résultante des forces parallèles de la pesanteur passe par le *centre de gravité* et est *égale à leur somme*.

§ 116. — Pour apprécier l'erreur moyenne de l'unité de poids, nous raisonnerons identiquement comme nous l'avons fait (§ 113) pour déterminer l'erreur moyenne

d'une observation isolée; c'est-à-dire que nous chercherons d'abord son *écart* moyen.

Or, les équations

$$\eta_2{}^2 = p'\,\varepsilon'^2 \;;\; \eta_2{}^2 = p''\,\varepsilon''^2 \;;\; \eta_2{}^2 = p'''\,\varepsilon'''^2 \;\ldots$$

que nous supposons en nombre n, étant ajoutées,
donnent

$$n\,.\,\eta_2{}^2 = p'\,\varepsilon'^2 + p''\,\varepsilon''^2 + p'''\,\varepsilon'''^2 + \ldots$$

d'où

$$n\,.\,\eta_2{}^2 = [p\,\varepsilon^2],$$

$$\eta_2 = \sqrt{\frac{[p\,\varepsilon^2]}{n}} \ldots \tag{k^{VIII}}$$

Cette valeur de η_2 indiquerait la quantité *moyenne* dont
l'unité de poids s'écarte *de la moyenne* des observations.
Si nous voulons qu'elle exprime l'*erreur* moyenne, dans
la véritable acception du mot, il faut poser la relation
trouvée § 113 :

$$n\,.\,\eta_2{}^2 = [p\,\varepsilon^2] + \eta_2{}^2$$

d'où

$$\eta_2 = \sqrt{\frac{[p\,\varepsilon^2]}{n-1}} \ldots \tag{k^{IX}}$$

§ 117. — Nous allons présenter quelques applications numériques des principes exposés dans ce chapitre. Outre leur utilité pratique, elles éclaireront peut-
étre quelques points obscurs que pourraient avoir laissés
nos explications.

Premier exemple. — On a mesuré 14 fois un angle
au théodolite, et l'on a obtenu les valeurs successives
inscrites dans la seconde colonne du tableau suivant.

On a pris la moyenne O des résultats, et formé les
différences $(O - o) = (x)$ portées dans la troisième
colonne.

Enfin on a mis dans une dernière colonne les carrés de ces différences.

NUMÉROS DES Observations.	VALEURS DES o.	VALEURS DES x.	VALEURS DES x^2.
1	17° 56′ 45″,00	— 5″,37	28,84
2	31 ,25	+ 8 ,38	70,22
3	42 ,50	— 2 ,87	8,24
4	45 ,00	— 5 ,37	28,84
5	37 ,50	+ 2 ,13	4,54
6	38 ,33	+ 1 ,30	1,69
7	27 ,50	+12 ,13	147,14
8	43 ,33	— 3 ,70	13,69
9	40 ,63	— 1 ,00	1,00
10	36 ,25	+ 3 ,38	11,42
11	42 ,50	— 2 ,87	8,24
12	39 ,17	+ 0 ,46	0,21
13	45 ,00	— 5 ,37	28,84
14	40 ,83	— 1 ,20	1,44
»	$[o] = 554,79$	+27, 78 —27, 75	$[x^2] = 354,35$

Nous en déduisons $O = \frac{[o]}{14} = 39″,63$ et nous avons en premier lieu $O = 17° 56′ 39″,63$ pour la véritable grandeur de l'angle, autant que nous puissions conclure sa valeur de ces seules observations.

Pour calculer l'erreur moyenne d'une observation

isolée, et celle du résultat moyen, nous aurons recours aux formules (k″) et (k′ᵛ) : nous avons :

$$\log \ [x^2] = 2,54943 \qquad \log \ \varepsilon_2{}^2 = 1,43549 \qquad \varepsilon_2 = \pm\,5'',22$$
$$c \ . \ \log 13 = 8,88606 \qquad \log \ E_2{}^2 = 0,28936 \qquad E_2 = \pm\,1'',40$$
$$c \ . \ \log 14 = 8,85387.$$

Ainsi, nous ne devons pas *craindre* d'erreur plus grande que celle qui nous donnerait, pour une observation subséquente, $34'',41$ au minimum et $44'',85$ au maximum. Pour ce qui concerne la moyenne, la véritable grandeur de l'angle mesuré doit se trouver entre $38'',23$ et $41'',03$: cette valeur est plus précise que celle d'une mesure isolée, dans le rapport de $\sqrt{14}$ à 1 (ou 3 3/4 fois plus précise).

Pour avoir les erreurs *probables*, il faudrait ajouter aux log. de ε_2 et de E_2 le log. $9,82898$: on trouverait ainsi $r = \pm\,3'',52$, $R = \pm\,0'',94$; et l'on pourrait parier un contre un qu'une observation subséquente sera comprise entre $36'',11$ et $43'',15$; et la véritable valeur de l'angle entre $38'',69$ et $40'',57$.

Enfin, pour avoir les limites probables de ε_2 et E_2, il faut commencer par les multiplier (§ 112) par

$$\frac{0,476936}{\sqrt{14}},$$

ce qui donne $\mp\,0,67$ et $\mp\,0,18$: il y a un à parier contre un que ε_2 n'est pas plus petit que $4'',55$, ni plus grand que $5'',89$; et que E_2 n'est pas plus petit que $1'',22$, ni plus grand que $1'',58$.

Deuxième exemple. — Littrow (*Theoret. und pract.*

Astron.) a trouvé pour la latitude de l'observatoire d'Ofen les 10 résultats suivants :

$$
\begin{array}{r}
47°\ 29'\ 11''\ ,5 \\
12\ ,2 \\
12\ ,8 \\
11\ ,2 \\
11\ ,7 \\
12\ ,3 \\
11\ ,5 \\
11\ ,9 \\
12\ ,4 \\
12\ ,5 \\
\hline
\end{array}
$$

moyenne $47°\ 29'\ 12''\ ,00$

La somme des carrés des erreurs est $2'',42$; l'erreur probable d'une observation est

$$0,67449\ \sqrt{\frac{2,42}{9}} = 0'',35 ;$$

celle du résultat ...

$$\frac{0'',35}{\sqrt{10}} = 0'',110$$

l'incertitude probable de ce résultat ...

$$\rho \cdot \frac{0'',110}{\sqrt{10}} = \mp\ 0'',017.$$

Troisième exemple. — Dans son mémoire sur la détermination de la densité moyenne de la terre, publié en 1798, Cavendish rapporte les résultats de 29 expériences qui lui ont donné pour cette densité moyenne (celle de l'eau étant prise pour unité) les valeurs suivantes.

5,50	5,55	5,57	5,34	5,42	5,30
5,61	5,36	5,53	5,79	5,47	5,75
5,88	5,29	5,62	5,10	5,63	5,68
5,07	5,58	5,29	5,27	5,34	5,85
5,26	5,65	5,44	5,39	5,46	

La moyenne est 5,48; la somme des carrés des écarts 1,1967.

L'erreur moyenne d'une observation isolée est . . . . . 0,207 $= \varepsilon_2$

—   —   du résultat. . . . . 0,0384 $= F_2$

—   probable d'une observation isolée . . . . . 0,139 $= r$

—   —   du résultat . . . . 0,0259 $= R$

La précision du résultat . . . . 18,745 $= H$

—   d'une observation isolée. . . . . 3,48 $= h$

N. B. En 1837, Reich a refait à Freiberg les expériences de Cavendish, et a trouvé, pour la moyenne de 57 observations, le nombre 5,44 : les deux résultats s'accordent dans les limites de l'erreur moyenne. Les expériences nouvelles de MM. Cornu et Baille les ont conduits au chiffre 5,56.

On sait que Maskelyne avait trouvé 4,5 seulement, mais par un procédé entièrement différent.

Quatrième exemple. — Dumas a fait une série d'expériences très-soignées, dans la vue de déterminer, avec un nouveau degré de précision, la composition de l'eau, et de vérifier la loi théorique du docteur Prout, d'après laquelle tous les équivalents chimiques seraient des multiples exacts de l'équivalent chimique de l'hydrogène. Ainsi, le poids d'hydrogène qui entre dans la composition d'un poids donné d'eau, étant représenté par 1, le poids d'oxygène doit être, suivant Prout, représenté par le nombre entier 8; ou bien, le poids d'oxygène étant 100, le poids correspondant d'hydrogène sera 12,5. Or, une série de 19 expériences a donné à Dumas, toutes corrections effectuées, des nombres que nous rangerons par ordre de grandeur de la manière suivante :

S 12,472	S 12,491	P 12,547
S 12,480	S 12,496	S 12,550
P 12,480	P 12,508	P 12,550
P 12,489	S 12,522	S 12,551
S 12,490	S 12,533	P 12,551
P 12,490	S 12,546	P 12,562
P 12,490		

Les lettres S et P désignent respectivement les expériences dans lesquelles on a employé l'acide sulfurique et l'acide phosphorique comme corps desséchants.

La moyenne est 12,515; la somme des carrés des écarts est 0,0173.

L'erreur moyenne du résultat est

$$E_2 = \sqrt{\frac{[\varepsilon_2]}{19 \times 18}} = 0,00711 ;$$

Celle d'une observation isolée est

$$\varepsilon_2 = \sqrt{\dfrac{[\varepsilon_2]}{18}} = 0,03101 \; ;$$

La mesure de précision du résultat

$$H = \dfrac{1}{E_2 \sqrt{2}} = 99,421.$$

Si l'on substitue cette dernière valeur pour H dans l'équation

$$t = Hx$$

et qu'on y fasse $x = 0,015$, on en tirera $t = 1,492$; et la valeur correspondante de P sera (voyez la table n° 2) $P = 0,965$. Ainsi, en admettant que les nombres du tableau précédent soient affranchis de l'influence de toute cause constante d'erreur, il y aurait environ 30 à parier contre 1, que l'erreur qui affecte la moyenne 12,515 tombe au-dessous de 0,015 en plus ou en moins. Réciproquement, si l'on admet, par des vues *à priori*, et pour satisfaire à la loi de Prout, la valeur 12,500, il y a 30 à parier contre 1 que les nombres de Dumas, quelques soins que cet habile chimiste ait apportés dans ses recherches, sont affectés d'une cause constante d'erreur, tendant à donner des valeurs trop fortes [1].

Cinquième exemple. — Dans les observations de Bradley, citées à la fin du § 106, on voit que 94 valeurs sont tombées entre $0''$ et $\pm 0'',1$, et 36 entre $\pm 0'',5$ et $\pm 0'',6$. La probabilité d'une erreur nulle est

[1] On connaît les beaux travaux de M. Stas sur cette question de la loi de Prout.

donc à celle d'une erreur $0'',55$, comme $94 : 36$; et l'on a, d'après le théorème du § 110,

$$94 : 36 = 1 : e^{-0,3025\,h^2},$$

en prenant la seconde pour unité des erreurs. — On déduit de cette équation

d'où
$$h = 1,781$$
$$\varepsilon_2 = 0'',397$$
$$r = 0'',2677.$$

Ce dernier résultat diffère très-peu de celui qu'a adopté Bessel. Si on le compare à l'erreur probable d'une observation de Cavendish (3e *exemple*), on verra qu'il en est numériquement presque le double. En d'autres termes, les deux observateurs avaient une égale facilité à se tromper, l'un de 2 dixièmes de seconde sur une différence d'ascension droite, l'autre de 1 dixième sur la densité de la terre. Ceci explique la remarque que nous avons faite à la fin du § 105.

Sixième exemple. — Deux observations o',o'' du même angle ont été faites avec le même instrument et dans les mêmes circonstances; mais la première repose sur 10 répétitions et la seconde sur 15. Pour les réduire à la même unité de précision, il faut connaître leurs poids : or, le plus simple est ici de prendre une observation individuelle pour unité de poids, et de faire par conséquent $p' = 10, p'' = 15$. Mais on pourrait choisir toute autre unité de poids, en s'astreignant seulement à la condition $p' : p'' = 10 : 15 = 2 : 3$. Le rapport des précisions sera toujours exprimé par $\sqrt{2} : \sqrt{3}$ et celui des erreurs moyennes par $\sqrt{3} : \sqrt{2}$. Si nous posions $p' = 2$, $p'' = 3$, l'unité de poids serait la moyenne entre 5 répétitions.

Si les deux angles avaient été observés une seule fois chacun, mais avec des théodolites différents, il faudrait commencer par chercher, comme dans le premier exemple, l'erreur moyenne correspondant à chacun des deux instruments. Supposons qu'on ait trouvé $\varepsilon' = 10''$; $\varepsilon'' = 5''$; alors les poids devront être déterminés de telle manière qu'on ait $p' : p'' = 25 : 100 = 1 : 4$. — Ici, nous prendrons naturellement l'observation o' pour unité de poids, et nous attribuerons à o'' un poids quadruple ou une précision double. Mais si nous avions quelque motif de préférer, pour unité de poids, les observations faites avec un troisième théodolite dont nous nous servirions habituellement, et dont l'erreur moyenne serait, par exemple, de $7''$, alors les produits $p'\varepsilon'^2$, $p''\varepsilon''^2$ devraient être égaux à τ_2^2 (§ 116), d'où $p' \times 100 = p'' \times 25 = 49$; ou enfin

$$p' = \frac{49}{100} \; ; \; p'' = \frac{49}{25}.$$

Septième exemple. — Reprenons les angles rapportés dans le premier exemple, mais en ayant égard cette fois au nombre de répétitions de chacun d'eux : pour cela, nous adopterons d'abord une unité de poids qui sera ici l'observation simple ; p ne sera donc autre chose que le nombre de répétitions inscrit dans le registre d'observations, et le tableau suivant se comprendra de lui-même.

N^{os} D'ORDRE.	p	o	po	x	px	x^2	px^2
1	5	45″,00	225,00	— 5,22	—26,10	27,248	136,24
2	4	31 ,25	125,00	+ 8,53	+34,12	72,764	291,04
3	5	42 ,50	212,50	— 2,72	—13,60	7,398	36,99
4	3	45 ,00	135,00	— 5,22	—15,66	27,248	81,74
5	3	37 ,50	112,50	+ 2,28	+ 6,84	5,198	15,59
6	3	38 ,33	115,00	+ 1,45	+ 4,35	2,103	6,31
7	3	27 ,50	82,50	+12,28	+36,84	150,798	452,39
8	3	43 ,33	130,00	— 3,55	—10,65	12,603	37,81
9	4	40 ,63	162,50	— 0,85	— 3,40	0,723	2,89
10	2	36 ,25	72,50	+ 3,53	+ 7,06	12,461	24,92
11	3	42 ,50	127,50	— 2,72	— 8,16	7,398	22,19
12	3	39 ,17	117,50	+ 0,61	+ 1,83	0,372	1,12
13	2	45 ,00	90,00	— 5,22	—10,44	27,248	54,49
14	3	40 ,83	122,50	— 1,05	— 3,15	1,103	3,31
»	64	»	1830,00	»	+91,04 —91,16	»	1167,03

Après avoir formé $[p\,o]$ on calcule, d'après la formule (F′),

$$0 = \frac{1830}{46} = 39″,78.$$

L'erreur moyenne d'une observation simple, ou de l'unité de poids, se calculera avec le secours de la formule (k^{ix}) : on trouve ainsi

$$\eta_2 = \pm\, 9″,475\,;$$

celle de la moyenne arithmétique, par la formule (k^{vi}) :

$$E_2 = \pm 1'', 397 ;$$

celle de chaque observation, eu égard à son poids, par la formule (k^v) : on a donc,

pour les observations (10) et (13). . . . . $\varepsilon_2 = \pm 6'', 70 ;$

—   (4),(5),(6),(7),(8),(11),(12),(14) $\varepsilon_2 = \pm 5\ , 47 ;$

—   (2) et (9). . . . . $\varepsilon_2 = \pm 4\ , 74 ;$

—   (1) et (3). . . . . $\varepsilon_2 = \pm 4\ , 24 ;$

Les observations que nous venons de citer ont été faites par des élèves, avec un théodolite qui, entre les mains d'un observateur exercé, a donné $r_2 = 6'',5$: elles sont donc de *moitié* moins exactes qu'elles pourraient l'être, puisque $\left(\dfrac{9,475}{6,5}\right)^2 = 2$ à peu près ; et si l'on voulait joindre le résultat précédent à celui qu'aurait déjà obtenu un bon observateur, il faudrait, au lieu de $[p] = 46$, prendre $[p] = 23$.

Première remarque. — En général, avant de combiner des moyennes dont chacune a son poids particulier, il faut d'abord chercher si elles sont rapportées à la même unité de poids : si cela n'est pas, il faut faire ce que nous appellerons la *réduction des poids.*

Supposons, par exemple, qu'un aide ait mesuré un angle par 58 répétitions ; et qu'avec son résultat, $O_1 = 51'',34$, $[p_1] = 58$, il nous ait communiqué son registre d'observations. Ce dernier document nous permettra de calculer son ε_2, s'il ne l'a déjà fait lui-même : soit $\varepsilon_2 = 9''$. Supposons, en outre, que nous ayons mesuré le même angle avec un autre instrument, ou dans d'autres circonstances, et trouvé

$$O_2 = 42'',53; \quad [p_2] = 25; \quad \varepsilon_2' = 4''.$$

Nous n'adopterons pas simplement, pour valeur de l'angle,

$$\frac{O_1 + O_2}{2}$$

ni même, en n'ayant égard qu'aux nombres de répétitions,

$$\frac{[p_1]\, O_1 + [p_2]\, O_2}{[p_1] + [p_2]};$$

car cette formule suppose la même unité de poids. Mais avec le secours des deux ε différents, nous *réduirons* les poids, c'est-à-dire que nous changerons les $[p]$, de manière qu'ils se rapportent à la *même* unité de poids, au lieu de se rapporter à l'observation simple de chacune des deux séries. Nous pouvons effectuer cette *réduction*, soit en conservant l'une des unités de poids proposées et changeant l'autre; soit, si nous avons quelque motif de le faire, en adoptant une *nouvelle* unité de poids.

Si nous voulons, par exemple, conserver $[p_2] = 25$, et désigner par R les poids réduits, nous aurons (k''')

$$E_2^2 = \frac{\varepsilon_2^2}{[p_1]} = \frac{\varepsilon_2'^2}{R_1}, \text{ d'où } \frac{R_1}{[p_1]} = \frac{\varepsilon_2'^2}{\varepsilon_2^2} = \frac{16}{81}:$$

$$R_1 = \frac{16}{81} \times 58 = 11{,}4568.$$

Les 58 répétitions de l'aide valent donc autant que 11,4568 des nôtres, et le résultat définitif est par conséquent

$$\frac{R_1\, O_1 + [p_2]\, O_2}{R_1 + [p_2]} = 45'',30.$$

Si nous avions voulu conserver $[p_1] = 58$, nous aurions eu
$$R_2 = \frac{81}{16} [p_2] = \frac{81}{16} \times 25 = 126,563 \, ;$$

d'où
$$\frac{[p_1] O_1 + R_2 O_2}{[p_1] + R_2} = 45'',30, \text{ comme ci-dessus.}$$

Deuxième remarque. — En suivant les exemples numériques que nous venons de traiter, on aura remarqué que les calculs présentent une partie assez pénible : c'est la formation des *carrés* des erreurs. On peut cependant l'éviter, et n'employer au calcul de l'erreur probable que la somme des *premières* puissances des erreurs, comme Encke l'a fait voir (*Berliner astronomisches Jahrbuch,* für 1834). Sans suivre l'auteur dans les développements théoriques qu'il donne à ce sujet, nous nous contenterons de rapporter sa formule, qui est :

$$r = \varepsilon_1 \, \rho \, \sqrt{\pi} \left\{ 1 \mp \frac{\rho}{\sqrt{p}} \sqrt{\pi - 2} \right\} \dots \qquad (m^{\text{VI}})$$

ou, en nombres,

$$r = 0,845347 \, \varepsilon_1 \left\{ 1 \mp \frac{0,509584}{\sqrt{p}} \right\} \dots \qquad (m^{\text{VII}})$$

ε_1 représente ici la moyenne arithmétique de toutes les erreurs, abstraction faite de leurs signes. On voit que cette formule a, sur la formule (m^{V}), le désavantage de donner pour l'erreur probable des limites plus larges : ces limites sont dans le rapport de $\sqrt{\pi - 2}$ à 1, ou de $\sqrt{114}$ à $\sqrt{100}$. Par conséquent, 100 observations, lorsqu'on emploie les carrés des écarts, donnent pour l'erreur probable des limites aussi resserrées que 114 observations, lorsqu'on fait usage des premières puissances.

D'ailleurs l'erreur probable, exprimée en fonction de l'erreur moyenne ε_2, est $r = \varepsilon_2 \rho \sqrt{2}$; égalant ces deux valeurs de r, on en déduit pour les limites de l'erreur moyenne :

$$\varepsilon_2 = \varepsilon_1 \sqrt{\frac{\pi}{2}} \left\{ 1 \mp \frac{\rho}{\sqrt{p}} \sqrt{\pi - 2} \right\} ;$$

ou, en nombres,

$$\varepsilon_2 = 1{,}2533\, \varepsilon_1 \left\{ 1 \mp \frac{0{,}509584}{\sqrt{p}} \right\}.$$

Baeyer a employé cette dernière formule pour calculer l'erreur moyenne de la mesure d'un angle dans sa triangulation (*die Küstenvermessung*, § 97). La somme des valeurs absolues de 311 erreurs angulaires est 84″,0938 : il en déduit

$$\varepsilon_2 = 0''{,}339 \mp 0{,}''040$$

ou un tiers de seconde à très-peu près.

Huitième exemple. — Dans une triangulation, l'exactitude avec laquelle on obtient la longueur d'un côté quelconque dépend de plusieurs circonstances qui influent sur la détermination du *poids* de ce côté. Ces circonstances sont :

1° La précision avec laquelle la base a été mesurée ;

2° La grandeur de la base relativement à celle du côté en question ;

3° La précision de la mesure d'un angle ;

4° Le nombre de triangles intermédiaires entre la base et le côté ;

5° La grandeur des côtés de ces triangles ;

6° Enfin, leur conformation plus ou moins avantageuse.

Le lecteur qui serait curieux de voir cette question traitée en détail peut recourir au t. XIX, n° 4, des *Bulletins de l'Académie royale de Belgique*.

Si l'on veut se contenter, avec Baeyer (*die Küsten-vermessung*, § 104), de n'avoir égard qu'au *nombre* de triangles intermédiaires, on pourra admettre avec lui que la longueur calculée d'un côté géodésique présente d'autant plus d'incertitude, qu'il est plus éloigné de la base, ou qu'il en est séparé par un plus grand nombre de triangles. Lors donc qu'un même côté a été calculé de plusieurs manières, en fonction de différentes bases, les poids p', p'', p''' .... de ces diverses déterminations peuvent être supposés réciproquement proportionnels aux nombres de triangles intermédiaires ; ce qui permet d'apprécier la valeur moyenne du côté, ainsi que son erreur probable.

Soient l_1, l_2, l_3.... les différentes longueurs d'un seul et même côté, déduites des bases M, N, O,... au moyen de m, n, o,.,. triangles intermédiaires ; posons

$$\frac{1}{m} + \frac{1}{n} + \frac{1}{o} \ldots = Q :$$

la valeur la plus probable du côté commun sera la *moyenne*, c'est-à-dire

$$\frac{p'l_1 + p''l_2 + p'''l_3 \ldots}{p' + p'' + p''' \ldots} = \frac{1}{Q}\left\{ \frac{1}{m} l_1 + \frac{1}{n} l_2 + \frac{1}{o} l_3 \ldots \right\}.$$

L'erreur de ce côté, lorsqu'on le calcule en fonction de la base **M**, est donc

$$a = \frac{1}{Q}\left\{ \frac{1}{m} l_1 + \frac{1}{n} l_2 + \frac{1}{o} l_3 \ldots \right\} - l_1 = \frac{1}{Q}\left\{ + \frac{1}{n}(l_2 - l_1) + \frac{1}{o}(l_3 - l_1) \right\} :$$

de même, l'erreur à craindre sur le côté, lorsqu'on le calcule en partant de la base N ou de la base O, sera

$$b = \frac{1}{Q} \left\{ - \frac{1}{m} (l_2 - l_1) + \frac{1}{o} (l_3 - l_2) \right\} :$$

$$c = \frac{1}{Q} \left\{ - \frac{1}{m} (l_3 - l_1) - \frac{1}{n} (l_3 - l_2) \right\}.$$

Pour trouver l'erreur à craindre sur la moyenne, représentons par η_2 l'erreur moyenne de l'unité de poids : nous aurons (§ 116)

$$\eta_2^2 = p'a^2 = p''b^2 = p'''c^2 \ldots$$

d'où, en supposant p triangulations,

$$p\eta_2^2 = p'a^2 + p''b^2 + p'''c^2 \ldots$$

$$\eta_2 = \sqrt{\frac{p'a^2 + p''b^2 + p'''c^2 \ldots}{p}}.$$

Représentant par E_2 l'erreur moyenne de la moyenne arithmétique entre les différentes déterminations, on aura (§ 115, k[vi])

$$E_2 = \sqrt{\frac{p'a^2 + p''b^2 + p'''c^2 \ldots}{p (p' + p'' + p''' \ldots)}}.$$

Dans le cas de deux triangulations, il vient simplement

$$E_2 = \sqrt{\frac{p'a^2 + p''b^2}{2 (p' + p'')}}.$$

On mettra cette dernière expression sous une forme plus commode, en remplaçant a et b par leurs valeurs, savoir :

$$a = \frac{p'' (l_2 - l_1)}{p' + p''} = \frac{p'' \, dl}{p' + p''} ;$$

$$b = \frac{p' (l_1 - l_2)}{p' + p''} = - \frac{p' \, dl}{p' + p''}.$$

Substituant, on a

$$E_2 = \frac{dl}{p' + p''} \sqrt{\frac{1}{2} p' p''}.$$

D'après Bessel (*Gradmessung in Ostpreussen*, p. 168), le côté *Trunz-Wildenhof* est. . . . . $l_1 = 30123^{\text{T}},7481$;

et d'après Baeyer (*die Küstenvermessung*, p. 371), ce même côté . . . . $l_2 = 30123 ,5041$:

d'où. $l_2 - l_1 = \quad - 0^{\text{T}},2440.$

Or, depuis le côté *Trunz-Wildenhof*, il y a sept triangles jusqu'à la base de Königsberg, et trente-cinq jusqu'à la base de Berlin. On trouve donc :

Pour l'erreur provenant de la base de Königsberg. . $- 0^{\text{T}},0407$;

    —   —   de Berlin. . . . $+ 0,2033$:

valeur la plus probable du côté. . . . . $30123^{\text{T}},7074$;

Erreur à craindre sur cette valeur. . . . . $\pm 0,0643.$

On peut, de cette manière, calculer les valeurs les plus probables de tous les côtés de la triangulation, eu égard aux deux bases mesurées. Il convient de remarquer toutefois que l'hypothèse de Baeyer, de l'exactitude inversement proportionnelle au nombre de triangles intermédiaires, est rarement admissible dans la pratique. On ne peut d'ailleurs établir une règle générale pour l'appréciation de la précision relative des diverses déterminations d'un même côté.

Neuvième exemple. — Un projectile est lancé au hasard contre une droite de 1^m de longueur; on mesure à chaque fois la distance du point frappé à l'une des extrémités de la droite : cette distance est une grandeur qui peut prendre fortuitement toutes les valeurs comprises entre 0 et 1^m; la probabilité reste constante d'une valeur à l'autre, et la courbe de probabilité devient une ligne droite parallèle à l'axe des abscisses

$$y = c.$$

Sa surface est
$$\int_0^1 c\,dx = c = 1.$$

La valeur probable de la grandeur x se déduit de l'équation

$$\frac{1}{2} = \int_0^r c\,dx\;;\quad \text{d'où } r = \frac{1}{2}.$$

La valeur moyenne est

$$\mathbf{M} = \int_0^1 c\,dx \cdot x = \frac{1}{2}.$$

Enfin la mesure de précision se déduit de

$$\frac{1}{2h^2} = \int_0^1 x^2 dx - \left(\int_0^1 x\,dx\right)^2 = \frac{1}{3} - \frac{1}{4} = \frac{1}{12};$$

$$h = \sqrt{6} = 2,4495.$$

En conséquence, pour une série de 1,000 épreuves, l'erreur probable devient (§ 110, formule (h)) $0^m,006159$, ou un peu plus de six millimètres. Il y a 20,000 à parier contre un que l'écart ne s'élèvera pas au sextuple, ou à 36 millimètres. On réduirait ces limites d'écart à moitié en embrassant une série de 4,000 épreuves.

Dixième exemple. — Des points sont disséminés au hasard sur la surface d'un cercle d'un mètre de rayon : la distance d'un point au centre du cercle est une grandeur qui peut encore prendre fortuitement toutes les valeurs comprises entre 0 et 1^m ; mais ces valeurs sont inégalement probables.

Soit y la probabilité qu'un des points se trouve dans un cercle de rayon x, concentrique au premier : on aura

$$\int_0^x y\,dx : 1 = \pi x^2 : \pi R^2\;;$$

ou, en faisant $R = 1^m$,

$$\int_0^x y\,dx = x^2.$$

Différentiant : $y = 2x,$ équation de la courbe de probabilité.

Cette courbe se change donc encore ici en une ligne droite; mais elle passe par l'origine, et fait avec l'axe des x un angle de 63° 26′. La surface correspondante à la certitude est

$$\int_0^1 2x\,dx = x^2 = 1.$$

La valeur probable se tire de

$$\int_0^r 2x\,dx = \frac{1}{2};$$

d'où
$$r = \frac{1}{\sqrt{2}} = 0^m,7071.$$

La valeur moyenne s'obtient en posant

$$\frac{\displaystyle\int_0^1 2x\,dx \cdot x}{\displaystyle\int_0^1 2x\,dx} = M\,;$$

d'où
$$M = \frac{2}{3} = 0^m,6666.$$

Pour la mesure de précision on a

$$\frac{1}{2h^2} = \int_0^1 2\,x^3 dx - \left(\int_0^1 2\,x^2 dx\right)^2 = \frac{2}{4} - \left(\frac{2}{3}\right)^2\,;$$

d'où
$$h = 3.$$

En conséquence, les limites d'écart qui se rapportaient à l'exemple précédent seront réduites à peu près dans le rapport de 300 à 245.

Onzième exemple. — Des points sont disséminés au hasard dans l'espace enfermé par une surface sphérique d'un mètre de rayon. La distance d'un point au centre de la surface d'enveloppe est toujours une grandeur qui peut prendre fortuitement toutes les valeurs comprises entre zéro et 1^m. Pour la probabilité d'une valeur égale au plus à x on aura

$$\int_o^x y\,dx = \frac{\frac{4}{3}\,\pi\,x^3}{\frac{4}{3}\,\pi\,\mathrm{R}^3}\;;$$

d'où
$$y = 3x^2.$$

La courbe de probabilité est donc une parabole, dont le foyer est à $\frac{3}{4}$ de mètre du sommet. La valeur probable s'obtient en posant

$$\frac{1}{2} = \int_o^r 3\,x^2\,dx = r^3\;;$$

d'où
$$r = \frac{1}{\sqrt[3]{2}} = 0^m,7937.$$

La valeur moyenne est

$$\mathbf{M} = \int_o^1 3\,x^3\,dx = \frac{3}{4} = 0^m,75.$$

Enfin, pour le module de convergence, il vient

$$\frac{1}{2h^2} = \int_o^1 3\,x^4\,dx - \left(\int_o^1 3\,x^3\,dx\right)^2 = \frac{3}{5} - \frac{9}{16} = \frac{3}{80}\;;$$

d'où
$$h^2 = \frac{120}{9}\;;\quad h = \frac{2}{3}\sqrt{30} = 3,5683.$$

Les limites d'écart relatives au 9e exemple se trouvent donc réduites environ dans le rapport de 357 à 245 ; un peu moins que dans le rapport de 3 à 2.

Douzième exemple. — Concevons qu'on ait un globe sur lequel on ait tracé un équateur, des méridiens et des parallèles ; qu'on lance ce globe au hasard, et qu'après chaque jet on marque son point de contact avec le sol. Chacun de ces points aura une longitude et une latitude déterminées : la première pourra varier de 0° à 360°, et la seconde de 0° à 90°. Si, comme nous le supposons, le globe est bien sphérique et homogène, chaque valeur de la longitude sera également probable, et l'on aura pour la moyenne 180°. La valeur du module de convergence, h, sera la même que dans le 9e exemple, pourvu qu'on prenne la circonférence pour unité. Si donc on embrasse une série de 1,000 épreuves, l'écart probable deviendra

$$360° \times 0{,}006159 = 2° 13', 2''.$$

Les choses se passent autrement en ce qui concerne les latitudes. Chaque valeur, x, de la latitude est d'autant moins probable qu'elle approche davantage de 90°; et la probabilité d'une latitude comprise entre 0° et $x°$ est proportionnelle à l'aire de la zone sphérique correspondante. On a donc

$$\int_0^x y\,dx : 1 = 2\,\pi\,R \sin x : 2\,\pi\,R^2 ;$$

d'où
$$y = \cos x.$$

Telle est, dans le cas actuel, l'équation de la courbe de probabilité.

La valeur probable de la latitude s'obtient en posant

$$\int_0^r \cos x\,dx = \frac{1}{2} ;$$

d'où
$$\sin r = \frac{1}{2}; \quad r = 30°.$$

La valeur moyenne est

$$M = \frac{\int_0^{\frac{1}{2}\pi} \cos x \, dx \cdot x}{\int_0^{\frac{1}{2}\pi} \cos x \, dx}.$$

Or

$$\int \cos x \, dx \cdot x = x \sin x + \cos x \, ;$$

donc

$$M = \frac{1}{2}\pi - 1.$$

La valeur moyenne de la latitude est donc le complément de l'arc égal au rayon, ou $32° \ 42' \ 15'',2$.

Quant à la mesure de précision, on a

$$\frac{1}{2h^2} = \int_0^{\frac{1}{2}\pi} x^2 \cos x \, dx - \left(\int_0^{\frac{1}{2}\pi} x \cos x \, dx \right)^2.$$

Or,

$$\int x^2 \cos x \, dx = x^2 \sin x + 2x \cos x - 2 \sin x \, ;$$

d'où

$$\int_0^{\frac{1}{2}\pi} x^2 \cos x \, dx = \frac{\pi^2}{4} - 2.$$

Il vient donc

$$\frac{1}{2h^2} = \pi - 3 \, ; \quad h^2 = \frac{1}{0,28318} \, ; \quad h = 1,8792.$$

Cette mesure de précision se rapporte au rayon pris pour unité. Si l'on veut construire la courbe de possibilité à une autre échelle, en prenant pour unité le quart de la circonférence (ou l'étendue des limites entre lesquelles la latitude peut osciller), il suffira de multiplier h par

$$\frac{3,14159}{2} \, ;$$

et il viendra alors

$$h = 2,9518.$$

D'après cela, si l'on embrasse une série de 1,000 épreuves, il viendra pour l'écart probable

$$90^\circ \times 0{,}005111 = 0^\circ\ 27'\ 36''.$$

Les limites d'écart, comparées à celles que l'on obtenait pour les moyennes des longitudes, se trouvent réduites, non-seulement parce que chaque valeur particulière ne varie que dans un intervalle quatre fois moindre, mais encore par suite de l'accroissement du module de convergence.

Il résulte de là que, si l'on projette au hasard un plan sur un sol horizontal, la moyenne des inclinaisons n'est pas 45°, comme on serait porté à le croire, mais bien 57° 17′ 44″,8. En effet, on peut imaginer qu'à ce plan soit fixé perpendiculairement un *axe*, prolongé jusqu'à la voûte céleste. La moyenne des hauteurs des *pôles*, au-dessus de l'horizon, sera, comme nous venons de le voir, 32° 42′ 15″,2 ; donc la moyenne des inclinaisons du plan avec l'horizon sera le complément de cet arc.

Si l'on calcule, pour les comètes connues jusqu'aujourd'hui, la moyenne de l'inclinaison de leurs orbites sur l'écliptique, on trouve une valeur d'environ 48°. On doit donc conclure de ce fait que les comètes ont une tendance à *se rapprocher* du plan de l'écliptique, conclusion contraire à celle qu'a tirée Laplace (*Théorie analytique des probabilités*, p. 259).

§ 118. — L'essai des armes à feu présente des applications intéressantes du calcul des probabilités aux observations. Supposons que la cible contre laquelle on tire soit assez grande pour être atteinte par tous les coups : on trace par le centre C de la cible deux axes rectangulaires ; on mesure les valeurs de x et de y correspondant à un grand nombre de coups, et l'on prend les moyennes

$$X = \frac{[x]}{n}, \quad Y = \frac{[y]}{n},$$

de ces valeurs, en ayant égard à leurs signes.

Lorsqu'il n'existe aucune cause *constante* de déviation latérale ou verticale, on trouvera pour X et Y des valeurs nulles ou du moins négligeables; sinon on devra conclure qu'il existe, soit dans la construction de l'arme, soit dans la manière de viser du pointeur, une cause constante de déviation.

En variant les circonstances du tir, si l'on retrouve toujours pour X et Y des valeurs notables, il y aura lieu de croire que la cause constante provient de l'arme qui ne sera pas *juste*. Il faudra alors la rejeter, ou la rectifier, s'il est possible, en modifiant la ligne de mire.

Le point de la cible ayant pour coordonnées X et Y est le point d'*impacte moyen*, I. La *déviation* de l'arme est l'angle formé par les deux droites qui, partant de l'œil du pointeur, aboutissent aux points C et I.

La propriété qui caractérise le mieux le point d'impacte moyen, c'est que « la somme des carrés de ses « distances à tous les points de la cible qui ont été « touchés, est un minimum : » en d'autres termes, si l'on compte les écarts à partir de tout autre point, la somme de leurs carrés sera plus grande.

Soient en effet X', Y' l'abscisse et l'ordonnée du point de la cible qui jouit de la propriété que nous venons d'énoncer ; on aura

$$[D^2] = (X' - x')^2 + (Y' - y')^2 + (X' - x'')^2 + (Y' - y'')^2 + \ldots$$

somme qui sera rendue un minimum, en posant simultanément

$$\frac{d\,[D^2]}{dX'} = 0 ;$$

$$\frac{d\,[D^2]}{dY'} = 0.$$

Effectuant la différentiation, on obtient

$$\frac{d\,[D^2]}{dX'} = 2X' - 2x' + 2X' - 2x'' + \ldots = 0$$

$$\frac{d\,[D^2]}{dY'} = 2Y' - 2y' + 2Y' - 2y'' + \ldots = 0$$

ou bien, en appelant n le nombre de coups,

$$X' = \frac{x' + x'' + x''' + \ldots + x_n}{n} = X,$$

$$Y' = \frac{y' + y'' + y''' + \ldots + y_n}{n} = Y ;$$

coordonnées qui sont celles du point d'impacte moyen. La *grandeur* de l'écart moyen est donc

$$\Delta = \sqrt{X^2 + Y^2}.$$

La *direction* de cet écart étant comptée à partir des x positifs, et désignée par l'angle λ, sera donnée par la formule

$$\tan g\,\lambda = \frac{Y}{X}.$$

De deux armes essayées, la meilleure est évidemment celle dont les résultats fournissent le plus grand indice de précision. Soit h, h', cet indice estimé relativement aux abscisses et aux ordonnées; on aura (§ 111)

$$h^2 = \frac{1}{2\left\{\dfrac{[x^2]}{n} - \left(\dfrac{[x]}{n}\right)^2\right\}},$$

$$h'^2 = \frac{1}{2\left\{\dfrac{[y^2]}{n} - \left(\dfrac{[y]}{n}\right)^2\right\}}.$$

La forme du dénominateur nous montre que la question doit être envisagée sous deux points de vue différents.

Pour une arme dont le point d'impacte moyen sera très-voisin du centre de la cible, on aura les termes

$$\left(\frac{[x]}{n}\right) , \left(\frac{[y]}{n}\right)$$

nuls ou négligeables : la valeur réciproque de ces termes, ou

$$g = \left(\frac{n}{[x]}\right) , \ g' = \left(\frac{n}{[y]}\right)$$

est ce que nous appellerons le *coefficient de justesse* de l'arme. Il est rare que ce coefficient soit considérable; et lorsqu'il l'est, un changement de position dans la ligne de mire suffit ordinairement pour remédier au mal.

Si l'on compte les coordonnées à partir du point d'impacte moyen, ce qui revient à faire abstraction de la première cause d'erreur que nous venons de signaler, il restera, pour les valeurs des indices de précision

$$\gamma = \cfrac{1}{\sqrt{2\,\cfrac{[x^2]}{n}}},$$

$$\gamma' = \cfrac{1}{\sqrt{2\,\cfrac{[y^2]}{n}}};$$

que nous nommons *coefficients de régularité*. Leur considération est très-importante, car on ne peut compter sur une arme qui disperse beaucoup ses projectiles, même lorsque cette dispersion se fait également dans tous les sens.

Les formules précédentes permettent donc d'apprécier numériquement le mérite relatif des armes, tant sous le rapport de la justesse moyenne du tir que sous celui de la régularité des effets.

Exemple. — On a tiré 29 coups de carabine contre une cible sur laquelle étaient tracés deux axes rectangulaires : le relevé des distances à l'axe des x a donné les résultats suivants (le centimètre étant pris pour unité) :

Épreuve	1	—	3,0	Épreuve	11	+ 12,0
—	2	+	12,0	—	12	+ 7,0
—	3	+	3,0	—	13	+ 13,5
—	4	+	13,0	—	14	+ 11,0
—	5	+	20,0	—	15	+ 9,0
—	6	—	2,0	—	16	— 8,0
—	7	+	11,5	—	17	+ 8,0
—	8	—	4,0	—	18	+ 10,0
—	9	+	2,0	—	19	+ 7,0
—	10	+	2,0	—	20	+ 7,5

$$\text{Épreuve } 21 \quad + \quad 6,0 \qquad \text{Épreuve } 26 \quad - \quad 10,0$$
$$- \quad 22 \quad - \quad 2,0 \qquad - \quad 27 \quad + \quad 8,5$$
$$- \quad 23 \quad + \quad 11,0 \qquad - \quad 28 \quad + \quad 10,0$$
$$- \quad 24 \quad - \quad 4,0 \qquad - \quad 29 \quad + \quad 5,5$$
$$- \quad 25 \quad - \quad 9,0$$

L'ordonnée moyenne, ou la déviation verticale la plus probable, est donc

$$y = \frac{+\,189{,}5 - 42{,}0}{29} = +\,5_c,086 \;;$$

d'où $g' =$ coefficient de justesse $= 0,1966$.

Rangeant les écarts de la moyenne suivant leur ordre de grandeur, on formera le tableau suivant :

$$\text{Épreuve } 29 \quad - \quad 0,414 \qquad \text{Épreuve } 7 \quad - \quad 6,414$$
$$- \quad 21 \quad - \quad 0,914 \qquad - \quad 2 \quad - \quad 6,914$$
$$- \quad 12 \quad - \quad 1,914 \qquad - \quad 11 \quad - \quad 6,914$$
$$- \quad 19 \quad - \quad 1,914 \qquad - \quad 6 \quad + \quad 7,086$$
$$- \quad 3 \quad + \quad 2,086 \qquad - \quad 22 \quad + \quad 7,086$$
$$- \quad 20 \quad - \quad 2,414 \qquad - \quad 4 \quad - \quad 7,914$$
$$- \quad 17 \quad - \quad 2,914 \qquad - \quad 1 \quad + \quad 8,086$$
$$- \quad 9 \quad + \quad 3,086 \qquad - \quad 13 \quad - \quad 8,414$$
$$- \quad 10 \quad + \quad 3,086 \qquad - \quad 8 \quad + \quad 9,086$$
$$- \quad 27 \quad - \quad 3,114 \qquad - \quad 24 \quad + \quad 9,086$$
$$- \quad 15 \quad - \quad 3,914 \qquad - \quad 16 \quad + \quad 13,086$$
$$- \quad 18 \quad - \quad 4,914 \qquad - \quad 25 \quad + \quad 14,086$$
$$- \quad 28 \quad - \quad 4,914 \qquad - \quad 5 \quad - \quad 14,914$$
$$- \quad 14 \quad - \quad 5,914 \qquad - \quad 26 \quad + \quad 15,086$$
$$- \quad 23 \quad - \quad 5,914$$

La somme des carrés de ces erreurs s'obtiendra, soit en élevant immédiatement chacune d'elles au carré, soit au moyen de la formule (k, § 108); et l'on trouvera ainsi, pour l'écart moyen d'un coup,

$$\varepsilon_2 = \sqrt{\frac{1612}{28}} = \pm 7^c,588.$$

D'où l'écart probable

$$r = \varepsilon \cdot \rho \sqrt{2} = \pm 5_c,118 ;$$

et le coefficient de régularité

$$\gamma' = \frac{1}{\sqrt{2 \frac{[y^2]}{n}}} = \frac{\rho}{r} = 0,093.$$

Comme on a $n = 29$, d'où $\frac{\rho}{\sqrt{n}} = 0,08846$, on peut parier un contre un que

$$\varepsilon_2 \text{ est compris entre } 6^c,916 \text{ et } 8^c,260,$$
$$r \quad - \quad 4^c,665 \text{ et } 5^c,571,$$
$$\gamma' \quad - \quad 0,085 \text{ et } 0,101.$$

Enfin la déviation verticale la plus probable, comparée à celle d'un coup isolé, a le poids 29; et par suite son erreur probable est $\frac{r}{\sqrt{29}} = 0^c,950$. On peut donc parier un contre un que la véritable déviation verticale est comprise entre

$$4^c,136 \text{ et } 6^c,036 ;$$

comme la valeur de y, 5,086, est plus que quintuple de son erreur probable, on peut regarder comme presque certaine l'existence d'une cause qui a fait porter les coups trop haut. Il faudrait un peu plus de 2,600 coups pour que l'erreur probable de y fût réduite à $0^c,1$.

Si nous avions voulu nous contenter des premières

puissances des écarts, pris avec leurs valeurs absolues (§ 117, 2ᵉ *remarque*), nous aurions trouvé pour cette somme 181,898 ; et par suite

$$\varepsilon_1 = \frac{181,898}{28} = 6^c,496 :$$

d'où $\qquad r = 5^c,492.$

entre les limites 4,972 et 6,012.

Le coefficient de régularité $\gamma' = 0,087$ serait un peu plus faible que celui fourni par la première méthode.

Dans les concours de tir, on doit supposer toutes les armes également *justes*, et compter les écarts Δ, à partir du *centre* de la cible qui est le point de visée : le prix doit donc être décerné au tireur dont le coefficient de *régularité* est le plus grand, condition qui correspond à

$$[\Delta^2] = minimum.$$

Cette règle est souvent méconnue, même par des hommes spéciaux : elle l'était notamment d'une manière explicite dans le *Règlement sur le tir, à l'usage des régiments d'infanterie*, établi dans l'armée belge en 1848 et aujourd'hui remplacé. On y lisait en effet que, pour le concours du grand prix de régiment, « on « mesurera très-exactement les écarts des balles qui « auront touché la cible ; on en tiendra note, et l'on « additionnera les différents écarts mesurés à partir « du centre de la rose : *la plus petite somme d'écarts* « remporte le grand prix. »

Il n'est pas nécessaire de recourir au calcul pour reconnaître le défaut de cette règle. Tout le monde sent, par exemple, que si deux concurrents tirent chacun deux balles, et que les écarts du premier soient représentés par 1 et 3, ceux du second par 2 et 2, ce dernier mérite le prix. Ce sentiment instinctif se justifie de la manière suivante : l'écart mesuré pouvant avoir lieu indifféremment dans tous les sens, sa grandeur est proportionnelle, non pas à la *droite* qui représente l'écart, mais au *cercle* décrit du centre de la rose, avec cette droite comme rayon. Or, les surfaces des cercles étant comme les *carrés* de leurs rayons, le résultat le plus satisfaisant correspondra évidemment au minimum de la somme des *carrés* des écarts. Dans l'exemple que nous avons choisi, cette somme est 10 pour le premier tireur, et 8 seulement pour le second : ce dernier mérite donc le prix, et les coefficients de régularité des deux concurrents sont entre eux comme $\sqrt{8} : \sqrt{10}$ ou comme 2,83 est à 3,16.

Les écarts respectifs des deux tireurs seraient 1 et 2,7 pour le premier, 2 et 2 pour le second, qu'il faudrait encore accorder le prix à ce dernier [1].

§ 119. — La cible dans le tir des bouches à feu est ordinairement un rectangle. On donne le nom de point d'impact moyen au point où la surface du but est rencontrée par la trajectoire moyenne. Celle-ci est réglée par les corrections de la hausse et de l'écart, de sorte que le point d'impact moyen soit le centre du rectangle formé par la cible (sauf les cas d'exception voulus).

---

[1] Il est à remarquer que la forme des cibles et la manière de compter les coups qui les atteignent sont réglées souvent par des considérations qui ne tiennent pas exclusivement à la régularité théorique du tir.

Nommons $2a$ la hauteur et $2b$ la largeur de la cible. La probabilité de l'atteindre sera exprimée par :

$$\frac{h \cdot h'}{\pi} \int_{-a}^{+a} e^{-h^2 x^2}\, dx \int_{-b}^{+b} e^{-h'^2 x^2}\, dx\,;$$

h et h' diffèrent, et on pourrait prendre pour leur rapport, d'après la relation

$$h = \frac{1}{\varepsilon_2 \sqrt{2}}\,,$$

le rapport inverse des écarts moyens (erreurs moyennes) comptés verticalement et horizontalement. Cependant, si l'on se reporte aux causes réelles des déviations, il faut bien reconnaître que cette manière d'apprécier la précision, quoique d'accord avec la théorie admise pour les erreurs accidentelles, est quelque peu arbitraire.

La chance d'atteindre un point quelconque désigné de la cible (en pointant toujours sur le centre) s'obtiendrait en considérant ce point comme défini par un petit rectangle de côtés dx et dy, x et y étant les coordonnées du point par rapport à des axes passant au point d'impact moyen, et parallèles aux côtés du rectangle. La probabilité cherchée serait ainsi :

$$\frac{hh'}{\pi} \int e^{-h^2 x^2}\, dx \int e^{-h'^2 y^2}\, dy \text{ , ou si } h = h'$$

$$\frac{h^2}{\pi} \int e^{-h^2 \alpha^2}\, d\sigma.$$

$(\alpha^2 = x^2 + y^2;\ d\sigma$ élément de surface).

La probabilité resterait donc invariable si l'on faisait tourner la cible autour du point d'impact moyen.

Le choix de ce dernier point fait évidemment varier

la chance d'atteindre la surface du but. Pour déterminer celui qui donnerait la chance maximum, il faudrait chercher le maximum de l'expression précédente, en y introduisant les limites de la surface convenablement exprimées. Le calcul est compliqué ; mais quand h ou $h\alpha$ est assez petit, l'intégrale se réduit à :

$$\frac{h^2}{\pi} \int (1 - h^2\alpha^2)\, d\sigma$$

et son maximum est donné par le minimum de $\int \alpha^2 d\sigma$, qui est le moment d'inertie. Le point d'impact cherché est donc le centre de gravité de la surface de la cible. Pour un cercle de rayon R, on trouve alors pour la probabilité d'atteindre

$$1 - e^{-h^2 R^2}.$$

Les déviations probables verticale et horizontale s'obtiennent par le calcul ordinaire, et sont (§ 109) **égales à**

$$\pm \frac{0{,}476936}{h} \quad \text{et} \pm \frac{0{,}476936}{h'}.$$

Il y a donc chance $\frac{1}{2} \times \frac{1}{2}$ ou $\frac{1}{4}$ d'atteindre le rectangle ayant pour côtés le double de ces quantités.

Si l'on admet $h = h'$, on pourra calculer avec la table n° 2 les côtés du rectangle (qui devient un carré) pour lequel il y a chance, $\frac{1}{2}$, $\frac{3}{4}$..., etc., d'atteindre. Il suffit de poser :

$$\left(\frac{2h}{\sqrt{\pi}} \int_0^c e^{-h^2 x^2}\, dx\right)^2 = \frac{1}{2}, \text{ ou } \frac{3}{4}, \text{ ou, etc.;}$$

le côté cherché est égal à $2\,c$. Par un calcul analogue, on obtient le rayon du cercle pour lequel il y a proba bilité 1/2 d'atteindre le but ; l'équation est dans ce cas

$$1 - e^{-h^2 R^2} = \frac{1}{2} \quad \text{d'où } h^2 R^2 = \log 2$$

et
$$R = \frac{0{,}4472}{h}.$$

Afin de simplifier les opérations de calcul, on a dressé à l'École de tir de Brasschaet une Table qui permet de trouver immédiatement, dans celle des valeurs de l'intégrale P_2 (n° 2), la probabilité de toucher un rectangle de dimensions connues. Cette probabilité est donnée en fonction de la moyenne *absolue* des erreurs, souvent nommée *erreur moyenne non quadratique* (par opposition à l'erreur moyenne que nous avons considérée jusqu'ici). La moyenne absolue des erreurs est la moyenne obtenue en n'ayant égard qu'à la valeur absolue des erreurs, sans tenir compte de leur signe. On pourrait la représenter par :

$$\frac{(\pm x') + (\pm x'') + (\pm x''') + \dots + (\pm x_p)}{p}.$$

Il existe une relation remarquable entre cette moyenne absolue que nous nommerons ε', et l'erreur moyenne ε_2, relation résultant de la forme analytique de la loi de probabilité. Si l'on suppose, en effet, un grand nombre d'observations, ε' tend vers

$$\frac{2h}{\sqrt{\pi}} \int_0^\infty x\, e^{-h^2 x^2}\, dx \quad \text{ou} \quad \frac{1}{h\sqrt{\pi}}.$$

Or, on sait que :
$$\varepsilon_2{}^2 = \frac{1}{2h^2} ;$$

donc
$$\varepsilon_2 = \varepsilon' \sqrt{\frac{\pi}{2}}.$$

La table de l'École de tir a pour entrée ce qu'on

appelle le *facteur de probabilité* : c'est le rapport de l'erreur dont on cherche la probabilité à l'erreur probable, ou, quand le point d'impact moyen est le centre du but, le rapport de la dimension de celui-ci dans le sens considéré, à l'erreur ou à la déviation probable. Pour déterminer le facteur de probabilité, on emploie l'erreur moyenne non quadratique, qui se calcule bien plus facilement que l'erreur moyenne, et tel est l'avantage qu'on a recherché par son usage.

Des deux relations

$$r = \frac{0,476936}{h} \quad \text{et } h = \frac{1}{\varepsilon_2 \sqrt{2}}$$

combinées avec celles que nous venons de trouver

$$\varepsilon_2 = \varepsilon' \sqrt{\frac{\pi}{2}}$$

on tire immédiatement :

$$r = 0,476936\, \varepsilon' \sqrt{\frac{\pi}{2}} = 0,8453\, \varepsilon'.$$

Il suffit de diviser par r la dimension, a, du but à considérer, pour obtenir le facteur de probabilité, $\frac{a}{r}$. Quant à la probabilité correspondante, elle se tire directement de la table n° 2, en multipliant chacune des valeurs de t par un coefficient constant qu'on trouve en remarquant que

$$\frac{a}{r} = \frac{t}{0,476936}, \quad \text{car } t = ah.$$

$\dfrac{1}{0,476936} = 2,096$: tel est donc le coefficient qui sert à la transformation de la table n° 2. A l'École de tir, on remplace la valeur de l'intégrale par la chance d'atteindre sur 100 coups, ce qui revient à multiplier les nombres de la colonne correspondante par 100. Enfin on ramène, par interpolation, les chiffres de la colonne « facteur de probabilité » à varier par dixième depuis 0.

Voici, d'ailleurs, un spécimen de la table :

FACTEUR de probabilité	CHANCE d'atteindre sur 100 coups.	Différences.	FACTEUR de probabilité	CHANCE d'atteindre sur 100 coups.	Différences.
0,01	0,54	»	2,1	84,33	1,89
0,1	5,38	5,35	2,2	86,22	1,70
0,2	10,73	5,31	2,3	87,92	1,53
0,3	16,04	5,23	2,4	89,45	1,37
0,4	21,27	5,14	2,5	90,82	1,23
0,5	26,41	5,02	2,6	92,05	1,09

Au moyen de cette table, on peut diviser une cible en compartiments dont chacun renfermera, probablement, un nombre de coups déterminé : c'est ce qu'on appelle *le groupement naturel probable*. Voici, par exemple, comment il se présente pour une cible qu'on aurait la chance 1 d'atteindre à chaque coup.

$\frac{1}{16}$	$\frac{1}{8}$	$\frac{1}{16}$
$\frac{1}{8}$	$\frac{1}{4}$	$\frac{1}{8}$
$\frac{1}{16}$	$\frac{1}{8}$	$\frac{1}{16}$

Remarque finale. — Nous ne pouvons nous abstenir, en terminant ce chapitre, de répéter encore que toutes les conclusions que nous y avons exposées, comme celles que nous allons en déduire dans les chapitres suivants, reposant sur la loi admise de probabilité des erreurs, n'ont pas pratiquement une réalité absolue, puisque cette loi résulte d'un ensemble d'hypothèses simplement vraisemblables et rationnelles. On pourrait imaginer d'autres lois de compensation des erreurs ou d'autres formes de leur probabilité. Toutefois, comme il est impossible que les relations que nous avons supposées entre les erreurs et la facilité de les produire, ne s'approchent pas beaucoup de la réalité, toutes les formules autres que la nôtre qu'on pourrait employer, conduiraient à des résultats très-peu différents de ceux que nous avons obtenus. Nous ajouterons que si certaines circonstances particulières de la compensation cherchée rendaient préférable l'usage d'une formule spéciale, il n'y a pas de raison majeure, quand d'ailleurs cette formule est rationnelle, pour se refuser à l'employer. Mais le recours à ces formules spéciales étant toujours exceptionnel, il n'y a pas lieu de s'en occuper ici.

CHAPITRE X.

§ 120. — Dans la pratique, il est très-rare qu'il suffise d'avoir déterminé la valeur la plus probable des résultats immédiats fournis par l'observation, et d'avoir calculé leur précision : presque toujours les grandeurs observées doivent servir à calculer d'autres grandeurs qui en dépendent ; il nous faut donc maintenant, « con-« naissant l'erreur moyenne d'une quantité observée, « trouver celle d'une autre quantité, fonction connue « de la première. »

Soit ε l'erreur moyenne de la fonction u ; P son poids ;

— o', o'', o''' ... les résultats d'observation ;

— ε', ε'', ε''' ... leurs erreurs moyennes ;

— p', p'', p''' ... leurs poids :

il s'agit de trouver ε au moyen de ε', ε'', ε''' ...

et P   — p', p'', p''' ...

On a d'ailleurs $u = f(o', o'', o''' ...)$

ou plus généralement F $(u, o', o'', o''' ...) = 0$.

Pour commencer par la fonction la plus simple, traitons d'abord le cas où l'on a

$$u = o' + o'' ;$$

on aura évidemment $u \pm \varepsilon = o' \pm \varepsilon' + o'' \pm \varepsilon'' ;$

donc $\pm \varepsilon = \pm \varepsilon' \pm \varepsilon''$

Quelle que soit la manière dont on combine les signes, on n'aura jamais, après avoir élevé les deux membres au carré, que deux résultats possibles, savoir :

$$\varepsilon^2 = \varepsilon'^2 + 2\varepsilon'\varepsilon'' + \varepsilon''^2,$$
$$\varepsilon^2 = \varepsilon'^2 - 2\varepsilon'\varepsilon'' + \varepsilon''^2.$$

Puisque l'erreur moyenne de la fonction peut avoir indifféremment l'une ou l'autre de ces deux valeurs, il faut l'égaler à leur moyenne, et poser en conséquence

$$\varepsilon = \sqrt{\varepsilon'^2 + \varepsilon''^2} \dots \qquad (\text{n}')$$

Nous aurons en outre, en prenant pour unité de poids une quantité constante, mais arbitraire :

$$\frac{1}{P} = \frac{1}{p'} + \frac{1}{p''} \dots \qquad (\text{n}')$$

ou

$$P = \frac{p'\,p''}{p'+p''}. \qquad (\text{n}'')$$

Le calcul serait le même si l'on avait

$$u = o' - o'' ;$$

car on aurait encore

$$\varepsilon^2 = \varepsilon'^2 \pm 2\varepsilon'\varepsilon'' + \varepsilon''^2 ;$$

ce qui exige qu'on pose

$$\varepsilon^2 = \varepsilon'^2 + \varepsilon''^2.$$

Il est évident que la signification de l'erreur moyenne et du poids ainsi déterminés d'une fonction, ne peut se comprendre que par assimilation à ce qui a été dit pour les résultats immédiats des observations. La similitude se trouve dans l'ordre de grandeur de l'erreur de la fonction et dans la manière de la calculer.

§ 121. — *Premier exemple.* — Soit à calculer un angle, u, par la somme de ses deux parties, o' et o''. On a mesuré $o' = 109° 41' 4'',44$ par 25 répétitions, avec un théodolite qui donne $\pm 4''$ pour l'erreur moyenne d'une observation simple. On a mesuré $o'' = 40°26'34'',26$ par 30 répétitions, à l'aide d'un théodolite dont l'erreur moyenne est $\pm 9''$: la valeur la plus probable que l'on puisse déduire de ces observations est donc $u = 150° 7' 38'',70$.

Pour avoir la précision de ce résultat, calculons son poids, en adoptant pour unité de poids l'observation simple faite au premier théodolite. Alors $p' = 25$; $p'' = \frac{16}{81} \times 30 = 5,92$ (§ 117, *septième exemple ; première remarque*), et par conséquent (n'')

$$P = \frac{5,92 \times 25}{30,92} = 4,787.$$

Si nous avions préféré calculer l'erreur moyenne du résultat, nous aurions eu d'abord (k^v)

$$\varepsilon = \frac{4''}{\sqrt{4,787}} = 1'',828.$$

Quant à celle des deux angles partiels, elle est

$$\varepsilon' = \frac{4}{\sqrt{25}} = \pm 0'',800.$$

$$\varepsilon'' = \frac{9}{\sqrt{30}} = \pm 1'',643.$$

Nous serions parvenus au même but, indépendamment du poids, en calculant d'abord ε' et ε'', et ensuite ε par (n).

La valeur de P montre que, pour obtenir l'angle u, il aurait mieux valu l'observer *lui-même*, avec 5 répétitions, au premier théodolite, que de le former, comme on l'a fait, à l'aide de 55 répétitions. Le bon sens pouvait faire prévoir vaguement un résultat analogue; mais le calcul seul peut donner une appréciation exacte du désavantage de la première méthode.

Deuxième exemple. — Quand on veut déterminer la différence de longitude entre deux lieux, par des signaux de feu visibles à la fois de ces deux stations elles-mêmes, on doit commencer par apprécier, comme nous l'avons fait dans le premier exemple du § 117, l'erreur moyenne d'une semblable observation double. L'expérience a appris qu'elle peut être estimée à $0^s,4$, lorsqu'on a eu soin d'éliminer toutes les causes constantes d'erreur : on aura donc l'erreur moyenne de la différence définitive entre les longitudes, en divisant $0^s,4$ par la racine carrée du nombre des observations.

Mais supposons qu'on veuille employer à la même détermination les signaux de jour donnés par l'héliotrope : ceux-ci ne peuvent pas être vus *en même temps* des deux stations, et il faudra, pour tourner la difficulté, choisir entre deux méthodes. Ou bien placer *deux* héliotropes à la station intermédiaire, et donner de chaque côté des signaux *simultanés,* ce à quoi l'on peut parvenir; ou bien, employer *un seul* héliotrope, près duquel on place un aide muni d'un chronomètre : il observe un signal dirigé vers le premier lieu, puis un signal dirigé vers le second, et la différence des longitudes s'obtient en ajoutant les différences entre les heures du chronomètre et entre celles des deux lieux.

Laquelle de ces deux méthodes faut-il préférer? La réponse est facile; car si l'erreur moyenne d'une double observation entre l'une des stations extrêmes et la station intermédiaire est de $0^s,4$, la somme de deux doubles observations semblables aura pour poids $\frac{1}{2}$, et la seconde méthode exigera, pour donner une égale précision, deux fois plus d'observations que la première.

Troisième exemple. — *Gerling* a déterminé la différence de longitude entre *Göttingen* et *Mannheim* de la manière suivante, à défaut d'une station intermédiaire, visible de ces deux villes à la fois. Il fit donner de 4 en 4 minutes des signaux sur le *Meisner* et le *Feldberg*, et les observa du *Frauenberg*. La différence de longitude entre Göttingen et le Frauenberg fut déterminée au moyen de 256 observations doubles, par l'intermédiaire du Meisner; celle entre le Frauenberg et Mannheim, par 136 signaux donnés sur le Feldberg. Donc la différence de longitude entre Göttingen et Mannheim, qui est la somme des deux, a pour poids (n'')

$$\frac{136 \times 256}{392} = 88,8 \, ;$$

elle est, par conséquent, aussi exactement déterminée que si 89 signaux avaient été donnés sur une montagne visible de ces deux villes à la fois.

§ 122. — On détermine de la même manière qu'au § 120 la précision de la somme algébrique de plus de deux quantités observées. Ici, on aura évidemment

$$\pm\,\varepsilon = \pm\,\varepsilon' \pm\,\varepsilon'' \pm\,\varepsilon''' \ldots \pm\,\varepsilon_n\,;$$

ou bien, en suivant notre notation habituelle,

$$\pm\,\varepsilon = \pm\,[\varepsilon].$$

Élevant au carré, et observant que tous les doubles produits doivent disparaître comme affectés du double signe, on aura

$$\varepsilon = \pm\,\sqrt{[\varepsilon^2]} \ldots \qquad (\mathrm{n}^{\mathrm{v}})$$

On en déduit, comme ci-dessus,

$$\frac{1}{P} = \frac{1}{p'} + \frac{1}{p''} + \frac{1}{p'''} + \ldots + \frac{1}{p_n}\,;$$

ou

$$\frac{1}{P} = \left[\frac{1}{p}\right] \ldots \qquad (\mathrm{n}^{\mathrm{vi}})$$

$$P = \frac{p'\,p''\,p''' \ldots p_n}{p''\,p''' \ldots + p'\,p''' \ldots + p'\,p'' \ldots} \ldots \qquad (\mathrm{n}^{\mathrm{vii}})$$

Pour le cas particulier où les observations, en nombre n, sont d'égale précision, on a

$$\varepsilon = \varepsilon'\,\sqrt{n} \ldots \qquad (\mathrm{n}^{\mathrm{viii}})$$

$$\frac{1}{P} = \frac{n}{p'} \ldots \qquad (\mathrm{n}^{\mathrm{ix}})$$

Ces dernières formules résument un théorème bien important dans la pratique, savoir :

« Toutes les parties observées étant également pré-
« cises, la précision de leur somme algébrique diminue,
« par leur assemblage, comme la racine carrée du
« nombre des parties augmente ; et le nombre d'obser-

« vations nécessaires pour obtenir une même précision
« croît comme le nombre des parties. »

Supposons que, pour déterminer la différence de
longitude entre *Bruxelles* et *Mannheim*, on ait besoin
de quatre stations intermédiaires : il faudrait, à chaque
station, plus de 350 signaux, pour avoir une précision
égale à celle que *Gerling* a obtenue (§ 121) entre *Göttingen* et *Mannheim*.

Lorsqu'on doit mesurer un angle par parties, il faut,
pour l'obtenir aussi exactement que si on l'avait observé
d'un seul coup, répéter chaque partie autant de fois
qu'il y a de parties.

La même chose se présente dans la mesure des
bases : toutes circonstances égales, les longues règles
sont préférables aux petites.

Il est clair qu'il y a avantage à ce que toutes les parties soient également exactes ; car si l'on suppose que
la somme des poids soit constante, c'est-à-dire que le
nombre total de mesures des différentes parties reste
le même, la valeur de P (n^{VII}) sera la plus grande possible quand on aura :

$$p' = p'' = p''' = p^{\text{IV}} \ldots = p^n$$

ce qui donne, comme on devait s'y attendre,

$$P = \frac{p'}{n} = \frac{p''}{n} \ldots$$

Si tous les termes sont égaux à l'exception d'un
terme p_n plus petit que les autres, et égal à $\frac{p'}{q}$ (q étant

$> 1)$, alors l'expression de $\frac{1}{P}$ peut se mettre sous la forme

$$\frac{1}{P} = \frac{n}{p'} + \frac{p' - \dfrac{p'}{q}}{p' \cdot \dfrac{p'}{q}} = \frac{n + q - 1}{p'} \ ;$$

et par rapport au cas où tous les p étaient égaux, P diminue dans la proportion de n à $(n + q - 1)$. Ceci montre que l'intervention d'une partie moins exacte que les autres est d'autant plus pernicieuse que les parties sont en moins grand nombre; nous ne serons donc plus étonnés maintenant de la petitesse de P dans le premier exemple du § 121, puisque là, pour *deux* parties seulement, on avait $q > 4$.

Enfin, lors même que toutes les parties sont égales en poids, l'expression

$$P = \frac{p'}{n}$$

montre encore que le nombre de ces parties doit être aussi petit que possible.

Ces remarques sont particulièrement d'application dans la pratique du nivellement.

§ 123. — Arrivons maintenant à la fonction

$$u = a' \, o'.$$

o' a été observé directement; a' est un *coefficient* connu, de sorte que u est un multiple connu de o'. — Nous avons dans ce cas

$$u \pm \varepsilon = a' \, (o' \pm \varepsilon');$$

d'où

$$\varepsilon^2 = a'^2 \, \varepsilon'^2 ;$$

$$\varepsilon = \pm \, a' \, \varepsilon' \dots \tag{n^x}$$

$$P = \frac{p'}{a'^2} \dots \tag{n^xi}$$

Nous avons insisté sur ce que o' était *multiplié* par le coefficient a'. En effet, ce coefficient peut, en général, avoir deux significations : l'une, que nous venons de donner ; l'autre, qui indique que o' doit être *ajouté* plusieurs fois à lui-même. Au point de vue qui nous occupe, ces deux cas diffèrent essentiellement ; car, en adoptant la dernière signification, o' aurait été observé a' fois l'une après l'autre, et u se composerait de a' parties égales, observées isolément : nous retomberions donc dans le cas particulier du § 117 et nous aurions alors

$$\varepsilon = \pm \, \varepsilon' \sqrt{a'} \; ; \quad \mathrm{P} = \frac{p'}{a'}.$$

Pour mieux faire saisir cette différence, supposons que nous voulions connaître la longueur d'une colonnade régulière, en mesurant seulement un des 32 entre-colonnements qui la composent : nous aurons dans ce cas

$$\varepsilon = 32 \, \varepsilon'$$
$$\mathrm{P} = \frac{p'}{1024} :$$

tandis que, si nous avions mesuré successivement tous les entre-colonnements et que nous les eussions additionnés, nous aurions eu, en supposant que l'erreur moyenne d'une mesure résultant des 32 mesures faites fût aussi ε',

$$\varepsilon = \varepsilon' \sqrt{32}$$
$$\mathrm{P} = \frac{p'}{32}.$$

Le temps qu'on gagne dans le premier cas est donc compensé par une réduction de plus des 4/5 dans la précision.

Le but d'une triangulation est en général de *calculer* une longueur l, au moyen d'une base $\dfrac{l}{m}$, *mesurée* directement. Soit ε l'erreur probable de l'unité de longueur, celle de la base sera

$$\varepsilon \sqrt{\frac{l}{m}}\ ;$$

et comme la longueur *calculée* est déduite de la base par voie de multiplication, son erreur probable sera

$$m\,\varepsilon \sqrt{\frac{l}{m}} = \varepsilon \sqrt{lm}\ ,$$

(en supposant les angles parfaitement observés). Si l'on avait mesuré directement la longueur l, l'erreur probable de cette mesure n'aurait été que $\varepsilon \sqrt{l}$: on en conclut que, lorsqu'on veut obtenir une longueur le plus exactement possible, il faut la mesurer directement et sans le secours de triangles ; mais ce procédé, très-incommode dans tous les cas ordinaires de la géodésie, est presque toujours entièrement impraticable.

Si l'erreur probable de la base devenait $\sqrt{m}$ fois plus petite, celle de la longueur *calculée* se réduirait à $\varepsilon \sqrt{l}$: ainsi, il faudrait mesurer m fois la base et prendre la moyenne des m résultats, pour en déduire la longueur l, aussi sûrement que par *une* mesure directe.

§ 124. — Le paragraphe précédent renferme la solution de cette question : « Déterminer la précision « d'une fonction linéaire quelconque de plusieurs quan- « tités observées. »

$$\text{Soit } u = a'\, o' + a''\, o'' + a'''\, o''' + \dots,$$

les coefficients a', a'', a''' …. devant toujours être considérés comme *multiplicateurs*.

Conformément à la marche déjà suivie, nous aurons

$$u + \varepsilon = a'\, o' + a'\, \varepsilon' + a''\, o'' + a''\, \varepsilon'' + a'''\, o''' + a'''\, \varepsilon''' + \dots\,;$$

d'où
$$\varepsilon^2 = a'^2\, \varepsilon'^2 + a''^2\, \varepsilon''^2 + a'''^2\, \varepsilon'''^2 + \dots,$$

en négligeant tous les produits de la forme $2a'a''\, \varepsilon'\varepsilon''$. Nous aurons donc, en définitive,

$$\varepsilon = \pm \sqrt{[a^2\, \varepsilon^2]} \ \dots \tag{n^{XII}}$$

$$\frac{1}{P} = \left[\frac{a^2}{p}\right] \ \dots \tag{n^{XIII}}$$

$$P = \frac{p'\, p''\, p''' \dots}{a'^2\, p''\, p''' \dots + a''^2\, p'\, p''' \dots + a'''^2\, p'\, p'' + \dots} \ \dots \tag{n^{XIV}}$$

Pour le cas particulier où $\varepsilon' = \varepsilon'' = \varepsilon'''$ … et par suite $p' = p'' = p'''$ … il vient

$$\varepsilon = \varepsilon' \sqrt{[a^2]} \ \dots \tag{n^{XV}}$$

$$\frac{1}{P} = \frac{[a^2]}{p'} \ \dots \tag{n^{XVI}}$$

Exemple. — Pour les petites triangulations locales qu'il a faites dans la Hesse électorale, Gerling nous apprend (*Beiträge zur Geographie von Kurhessen*) qu'il employait à la mesure de ses bases cinq règles d'une toise, une règle de 3 pieds, une de 2 pieds et une de 1 pied. En les étalonnant avec la toise du Pérou, il avait, par des opérations réitérées, déterminé non-seulement la *correction* de chacune de ces mesures, mais encore l'*erreur moyenne* de chacune de ces corrections. Ce travail lui avait donné :

$$
\begin{aligned}
T_1 &= 1 \text{ toise} + 0,0156 \text{ ligne} \ldots & \varepsilon_1 &= 0,0008 \\
T_2 &= 1 \quad - \quad + 0,0302 \quad - & \varepsilon_2 &= 0,0006 \\
T_3 &= 1 \quad - \quad + 0,0075 \quad - & \varepsilon_3 &= 0,0010 \\
T_4 &= 1 \quad - \quad + 0,0030 \quad - & \varepsilon_4 &= 0,0006 \\
T_5 &= 1 \quad - \quad + 0,0205 \quad - & \varepsilon_5 &= 0,0023 \\
l_1 &= 3 \text{ pieds} - 0,045 \quad - & \eta_1 &= 0,0003 \\
l_2 &= 2 \quad - \quad + 0,002 \quad - & \eta_2 &= 0,0002 \\
l_3 &= 1 \quad - \quad + 0,001 \quad - & \eta_3 &= 0,0001.
\end{aligned}
$$

Il procédait, dans la mesure d'une base, par portées de cinq toises, et à la fin de l'opération, il plaçait les trois dernières règles, s'il y avait lieu. Outre les ε, il y a encore ici deux espèces d'erreur à craindre : 1° celles qui se répètent à la pose de chaque règle, et que Gerling estime au plus à $0^{\text{lig.}},01 = l$; 2° celle qu'on commet aux extrémités de la base, et qu'il porte au moins à $0^{\text{lig.}},15 = l'$.

Une base ayant été mesurée, on peut, de sa longueur, déduire le nombre de fois que chaque règle a été portée. Ainsi, pour une longueur plus grande que $12^{\text{r}} 5^{\text{t}}$ et plus petite que 13 toises, T_1 et T_2 ont été portées chacune trois fois; T_3, T_4, T_5, deux fois; t_1, t_2, une fois. Les carrés de ces nombres doivent donc (n^{xii}) être multipliés par les carrés des ε correspondants. De plus, l'erreur l se répétant à chaque pose, nous devons (n^{viii}) ajouter encore autant de fois l^2 qu'il y a eu de juxtapositions, c'est-à-dire $13 l^2$, puisque 14 règles ont été posées; enfin, il faut en outre ajouter l'^2, et extraire la racine carrée de la somme. Nous avons donc, en définitive, pour l'erreur moyenne de la petite base en question,

$$\varepsilon^2 = 9\,(0{,}0008)^2 + 9\,(0{,}0006)^2 + 4\,(0{,}0010)^2 + 4\,(0{,}0006)^2 + 4\,(0{,}0023)^2 \\ + (0{,}0003)^2 + (0{,}0002)^2 + 13\,(0{,}01)^2 + (0{,}15)^2 \,;$$

d'où
$$\varepsilon = 0^{\text{lig.}}{,}1543.$$

On voit que les erreurs d'étalonnage et de juxtaposition disparaissent vis-à-vis de l', dans la mesure des petites bases. Il y a plus : on devrait faire entrer dans cette valeur de l' la difficulté de centrer rigoureusement les instruments goniométriques au-dessus des extrémités de la base, et alors on devrait probablement décupler la valeur de l', et la porter à $1^{\text{lig.}}{,}5$.

§ 125. — Nous arrivons enfin au cas **général** : « Déterminer la précision de u, lorsque u est une fonc- « tion connue *quelconque* des quantités observées o', « o'', o'''.... auxquelles nous attribuons les erreurs « moyennes ε', ε'', ε'''.... »

Pour résoudre ce problème, rappelons-nous que les observations étant supposées aussi exactes que possible, on peut considérer les erreurs accidentelles comme évanouissantes, ou infiniment petites vis-à-vis des grandeurs observées. Ces erreurs, aussi bien que les erreurs moyennes qui en dérivent, sont donc de véritables *différentielles* des quantités observées.

Or, dans le cas le plus général,

$$F\,(u,\, o',\, o'',\, o'''\,\ldots) = 0\,,$$

une simple différentiation partielle nous permettra toujours d'exprimer du, en fonction de do', do'', do'''....

par une équation linéaire ; et une fois les coefficients
de cette équation formés, nous n'avons plus qu'à poser
$du = \pm\,\varepsilon$; $do' = \pm\,\varepsilon'$; $do'' = \pm\,\varepsilon''$... pour retomber sur
le dernier cas que nous avons traité ($\S$ 124).

Nous avons donc

$$du = \frac{du}{do'}\,do' + \cdot\,\frac{du}{do''}\,do'' + \frac{du}{do'''}\,do'''\,...$$

Faisant

$$\frac{du}{do'} = l'\,;\ \frac{du}{do''} = l''\,...$$

et remplaçant les différentielles par les erreurs
moyennes, on a

$$\pm\,\varepsilon = \pm\,l'\,\varepsilon' \pm l''\,\varepsilon'' \pm l'''\,\varepsilon'''\,...$$

Élevant au carré, et négligeant les doubles produits à
cause du double signe dont ils sont naturellement
affectés :

$$\varepsilon^2 = l'^2\,\varepsilon'^2 + l''^2\,\varepsilon''^2 + l'''^2\,\varepsilon'''^2 + ...$$

ou

$$\varepsilon = \pm\,\sqrt{[l^2\,\varepsilon^2]}\,... \qquad\qquad (\mathrm{n}^{\mathrm{XVII}})$$

$$\frac{1}{\mathrm{P}} = \left[\frac{l^2}{p}\right]\,... \qquad\qquad (\mathrm{n}^{\mathrm{XVIII}})$$

Nous retrouvons ici nos deux formules ($\mathrm{n}^{\mathrm{XII}}$ et $\mathrm{n}^{\mathrm{XIII}}$),
avec la seule différence que, dans ces dernières, les a
étaient connus à *priori* et donnés, tandis qu'ici nous
devons calculer les l par différentiation et substitution.

Si les quantités observées sont d'égale précision,
nous aurons

$$\varepsilon = \varepsilon'\,\sqrt{[l^2]}\,... \qquad\qquad (\mathrm{n}^{\mathrm{XIX}})$$

$$\frac{1}{\mathrm{P}} = \frac{[l^2]}{p'}\,... \qquad\qquad (\mathrm{n}^{\mathrm{XX}})$$

Le cas que nous venons de traiter englobe tous ceux
dont nous nous sommes occupés dans ce chapitre, et il

eût peut-être été préférable, sous le rapport analytique et au point de vue de la généralité, de commencer par lui, et d'en déduire tous les autres comme cas particuliers. Mais la marche synthétique que nous avons suivie satisfait mieux l'esprit, par la clarté successive qu'elle amène dans le sujet.

Exemple. — On a mesuré dans un triangle le côté A C $= b = 106^m$, avec une erreur moyenne de $0^m,06$;

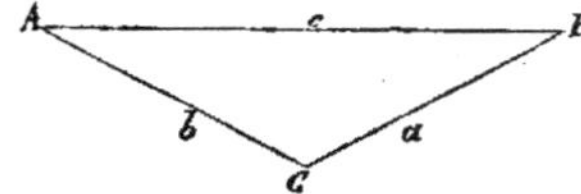

on a observé l'angle B $= 29°39'$ par 4 répétitions, et l'angle C $= 120°7'$, une seule fois. L'instrument goniométrique employé a une erreur moyenne de $2'$. — On demande l'erreur à craindre sur la longueur calculée du côté A B $= c$.

Conformément aux notations précédentes, nous avons :

$$\begin{aligned}
u &= c, \\
o' &= b = 106^m \quad \ldots \quad \varepsilon' = 0^m,06, \\
o'' &= B = 29°\,39' \ldots \quad \varepsilon'' = 1', \\
o''' &= C = 120°7' \ldots \quad \varepsilon''' = 2'.
\end{aligned}$$

Pour trouver nos l', l'', l''', différentions la fonction

$$c = \frac{b \sin C}{\sin B} :$$

il vient

$$dc = \frac{\sin C}{\sin B}\, db - c \cdot \operatorname{Cotg} B\, dB + c \cdot \operatorname{Cotg} C\, dC .$$

Dans cette formule, db est un nombre qui exprime une petite grandeur linéaire; dB, dC sont des **nombres** abstraits, représentant de petits arcs, en fonction du rayon pris pour unité : si nous voulons que dB et dC expriment des minutes, ce qui est plus naturel, vu la forme de ε'' et ε''', il suffira de multiplier ou de diviser par sin 1'. — Nous avons donc

$$l' = \frac{\sin C}{\sin B} = + 1{,}749 \ldots \quad l'^2 = 3{,}059001 ;$$

$$l'' = -c . \text{Cotg B} \sin 1' = - 0{,}095 \ldots \quad l''^2 = 0{,}009025 ;$$

$$l''' = c . \text{Cotg C} \sin 1' = - 0{,}031 \ldots \quad l'''^2 = 0{,}000961 .$$

Introduisant enfin ces valeurs dans notre formule (n^{xvii}), en y faisant $\varepsilon' = 0{,}06$; $\varepsilon'' = 1$; $\varepsilon''' = 2$ (nombres abstraits), il vient

$$\varepsilon = 0^m{,}13 .$$

Si nous avions désiré connaître la précision du 3º angle conclu, A = 30º 14', nous aurions déduit de l'équation

$$A = 180 - B - C ,$$

en nous servant de la formule générale,

$$l' = - 1 ; \quad l'' = - 1 ;$$

d'où (n^{xvii}) $\varepsilon = \sqrt{5} = 2'{,}236 = 2' \, 14''$;

ou bien, par les poids,

$$\frac{1}{P} = \frac{1}{4} + \frac{1}{1} = \frac{5}{4} ;$$

ce qui donne $\varepsilon = 2' \sqrt{\dfrac{5}{4}} = 2' \, 14''$.

Le poids trouvé correspond à une unité pour laquelle l'erreur 1 est égale ici à une minute.

Répétons à ce propos qu'il est toujours indispensable d'accompagner l'expression du poids de l'indication de l'unité d'erreur correspondante. Le paragraphe suivant corrobore cette observation.

§ 126. — Lorsqu'on a, comme dans l'exemple précédent, des grandeurs hétérogènes à combiner, et qu'on veut opérer par le moyen des *poids*, il faut avoir soin de se rappeler qu'on calcule, non pas avec des quantités *concrètes*, mais avec les *nombres* qui les représentent ou qui expriment leurs *rapports* avec l'unité arbitraire qu'on a choisie pour chaque espèce de grandeurs. Le plus simple sera souvent de prendre pour unité de poids, dans chaque espèce, l'observation dont nous avons résolu de prendre l'erreur moyenne pour unité arbitraire.

Voulons-nous, par exemple, prendre l'observation de l'angle B pour unité de poids des observations angulaires, parce que son erreur moyenne est 1 (minute)? l'unité de poids des mesures linéaires sera l'observation qui a pour erreur moyenne 1 (unité, généralement le mètre). Cela posé, le calcul doit s'effectuer sur les *nombres abstraits* (ou sur les rapports des grandeurs à ces unités); et il suffit d'ajouter à la fin de l'opération la désignation de la grandeur obtenue. L'exemple précédent se disposera donc ainsi :

$$p' = \left(\frac{1}{0,06}\right)^2 ; \quad p'' = 1 ; \quad p''' = \frac{1}{4},$$

$$\frac{1}{P} = \left[\frac{l^2}{p}\right] = 0,023881 ;$$

d'où enfin

$$\varepsilon = \sqrt{0,023881} = 0,15,$$

avec la désignation *mètre* (si le mètre est l'unité linéaire).

Si nous avions préféré prendre pour unité de poids

des mesures angulaires, l'observation ayant autant de précision que l'angle C, dont l'erreur moyenne est 2 minutes, il s'en serait suivi implicitement que notre unité de poids des mesures linéaires était la mesure présentant une erreur moyenne de 2 (unités) : on aurait donc eu alors

$$p' = \left(\frac{2}{0{,}06}\right)^2; \quad p'' = 4; \quad p''' = 1.$$

$$\frac{1}{P} = \left[\frac{l^2}{p}\right] = 0{,}005970;$$

$$\varepsilon = 2\sqrt{0{,}005970} = 0^m{,}15.$$

Enfin, adoptons pour unité de poids des longueurs la mesure qui aurait $0{,}1$ pour erreur moyenne : l'unité de poids des mesures angulaires sera nécessairement une observation ayant $0'{,}1$ pour erreur moyenne : nous aurons donc

$$\varepsilon' = 0{,}6 \quad \text{(dixième de mètre?)}$$
$$\varepsilon'' = 10 \quad (\quad - \quad \text{de minute })$$
$$\varepsilon''' = 20 \quad (\quad - \quad - \quad)$$

d'où l'on tirerait $\varepsilon = 1{,}5$ (décimètre?).

Ou bien, en opérant par les poids :

$$p = \left(\frac{1}{0{,}6}\right)^2; \quad p'' = \left(\frac{1}{10}\right)^2; \quad p''' = \left(\frac{1}{20}\right)^2.$$

$$\frac{1}{P} = 2{,}3884;$$

et enfin

$$\varepsilon = 0^m{,}1\sqrt{2{,}3884} = 0^m{,}15.$$

§ 127. — Nous terminerons ce chapitre par quelques remarques importantes au point de vue des applications.

Considéré pratiquement et en dehors des théories mathématiques qui précèdent, le *poids* des observations ne dépend exclusivement ni de l'instrument employé, ni du procédé suivi, ni du nombre de répétitions. On peut le regarder comme dépendant aussi, dans de certaines limites, de circonstances extérieures et même de considérations physiques ou morales, dont l'observateur peut se faire juge. Eu égard au rôle qu'il joue dans le calcul de la valeur la plus probable, le poids exprime le degré de créance attribuée à une valeur particulière; on conçoit donc que l'observateur ne soit pas lié par une règle absolue dans la fixation de ce poids. Mais, dans l'intérêt de la vérité et de la sincérité des résultats, il doit noter, *avant de faire aucun calcul*, les motifs de sa détermination. Il est impossible, du reste, de prescrire aucune règle positive à ce sujet; car, comment soumettre à une appréciation exacte et numérique ce sentiment intime qui fait qu'un observateur se juge plus ou moins bien *disposé*, qu'il a plus ou moins de *confiance* dans ses résultats? Il y a là une affaire de bonne foi, de tact, d'habitude que nous n'essayerons pas d'analyser.

Il arrive très-souvent, dans une série un peu étendue, que des observations qui ne nous étaient nullement suspectes *avant* le calcul, s'écartent ensuite tellement de la moyenne, que nous sommes tentés de croire qu'une erreur a été commise par inadvertance. C'est ainsi que, dans le septième exemple du § 117, nous trouvons un x_7 qui s'élève à $12'',28$, quantité plus que double de l'erreur moyenne ε_7; tandis que les autres x s'accordent assez bien avec les ε correspondants. Faut-il, pour rétablir l'accord, diminuer le poids de cette observation douteuse, et faire ici, par exemple, $p_7 = 1$, au lieu de $p_7 = 3$? Cette marche est condamnée par tous les bons observateurs, et on n'est autorisé à y avoir recours que si les notes inscrites sur le registre, pendant la durée même du travail, signalent l'observation comme ayant présenté quelque particularité qui soit de nature à la rendre douteuse. Encore vaut-il mieux dans ce cas rejeter *complétement* l'observation, que d'invoquer le secours équivoque d'un poids arbitraire, pour modifier à son gré les résultats discordants, et établir ainsi sur le papier un semblant d'harmonie qui, au fond, ne prouve rien pour l'exactitude réelle. Il est, d'ailleurs, très-dangereux pour un observateur d'entrer dans cette voie de transaction; car on peut assurer qu'il ne tardera pas à s'y laisser entraîner trop loin.

Il ne faut pas conclure de ce qui précède qu'on doive, ni même qu'on puisse rejeter toute observation présentant une apparence d'anomalie : c'est une nécessité qu'on ne doit subir qu'à la dernière extrémité. Nous citerons à ce sujet l'opinion de deux savants distingués. « C'est toujours un procédé très-aventureux, dit Hagen « (*Grundzüge*, etc., p. 132), que d'exclure d'une série « d'observations celles qui paraissent offrir des discor« dances. Dès qu'on admet cette manière d'agir, il n'est « pas d'hypothèse, si insoutenable qu'elle soit, à l'appui « de laquelle on ne puisse invoquer l'observation, vu « qu'on rejette les résultats qui seraient de nature à la « contredire. »

« Toute observation, dit Gerling[1], qui ne m'est pas
« signalée comme suspecte par le registre des obser-
« vations, est pour moi un témoin qui vient déposer de
« la vérité. Je n'ai pas plus le droit de récuser son témoi-
« gnage, sous prétexte qu'il s'écarte des autres déposi-
« tions, que je n'ai celui de le torturer jusqu'à ce qu'il
« ait dit ce que je veux lui faire dire. »

[1] *Die Ausgleichungs-Rechnungen der practischen Geometrie.* Cet
ouvrage élémentaire, modèle d'ordre et de clarté, nous a été très-utile
dans notre troisième section : plusieurs de nos paragraphes n'en sont
qu'une traduction littérale. Nous avons aussi puisé dans l'ouvrage con-
sciencieux de *Fischer, Lehrbuch der höheren Geodäsie,* etc., et dans les
recueils géodésiques de *Bessel* et de *Baeyer.*

CHAPITRE XI.

DÉTERMINATION DU RÉSULTAT LE PLUS EXACT DÉDUIT DE PLUSIEURS OBSERVATIONS. — PRÉCISION DE CE RÉSULTAT.

PLUSIEURS INCONNUES A DÉTERMINER.

MÉTHODE DES MOINDRES CARRÉS.

§ 128. — Il arrive souvent que les quantités observées sont des *fonctions des inconnues*, et non celles-ci mêmes. Un nombre d'observations égal à celui des inconnues serait à la rigueur suffisant; mais comme en général, dans la pratique, l'observateur est libre de multiplier les observations autant qu'il le juge convenable, il cherchera dans le nombre des épreuves un correctif aux erreurs inévitables qu'il commettra.

Un problème d'un ordre nouveau se trouve ainsi posé, celui de faire concourir toutes les observations, en nombre surabondant, à la détermination des inconnues. C'est ce qui a donné naissance à la règle des moindres carrés. Proposée d'abord par Legendre [1] comme un procédé empirique propre à introduire plus de symétrie dans les calculs, cette règle a ensuite été

---

[1] *Nouvelles méthodes pour la détermination des orbites des comètes,* 1806.

reconnue par Gauss[1] comme étant *la plus avantageuse*
en vertu des principes de la théorie des chances,
lorsque la loi de probabilité des erreurs est de la forme
$K e - h^2 x^2$. Laplace a même démontré[2] qu'elle jouit
encore de cette propriété, quelle que soit la loi de
probabilité des erreurs, pourvu : 1° que la loi de probabilité soit la même dans toutes les observations, et la
même pour les erreurs positives que pour les erreurs
négatives ; 2° que le nombre des observations atteigne
l'ordre de grandeur qui permet d'appliquer les formules d'approximation.

La généralité de la règle des moindres carrés résulte
d'ailleurs des hypothèses qui font de l'erreur une sorte
de quantité abstraite, indépendante de la nature des
observations (§ 99). Seulement, au point de vue des
applications, on reconnaît que celles-ci peuvent être :

1° *Immédiates*, c'est-à-dire que les inconnues sont
observées directement et indépendamment l'une de l'autre. C'est le cas le plus simple : car, comme on ne peut
observer directement qu'*une* seule inçonnue à la fois, la
règle des moindres carrés revient à celle de la moyenne,
que nous avons développée dans le neuvième chapitre.

2° *Médiates*. Alors on observe certaines quantités,
encore *indépendantes* l'une de l'autre, pour en déterminer d'autres qui sont liées aux premières par des
relations données. L'astronomie présente de fréquentes

---

[1] *Theoria combinationis observationum erroribus minimis obnoxiæ*,
1823. Il paraît cependant que Gauss possédait la méthode avant
Legendre, et qu'il l'a employée dès 1795.

[2] *Théorie analytique des probabilités*.

applications de ce second cas, et c'est à leur occasion que le principe des moindres carrés a été mis pour la première fois en pratique. C'est ainsi que l'observation des lieux d'une planète peut servir à corriger les éléments de son mouvement elliptique.

3° *Conditionnelles*. Dans ce dernier cas, les grandeurs cherchées *ne sont plus indépendantes* l'une de l'autre; il existe entre elles des relations, des conditions mathématiques, qui doivent toujours être exactement satisfaites : de sorte que toutes les valeurs déduites de l'observation comme étant les plus probables, ne peuvent pas toujours exister simultanément.

C'est ainsi qu'en géodésie un triangle observé n'est possible qu'autant qu'il satisfait à la relation connue pour la somme de ses trois angles. Ainsi encore, si nous mesurons dans un polygone de p côtés tous les côtés et tous les angles, nous connaîtrons *trois* éléments de trop : les corrections doivent donc être déterminées de telle manière que chaque système de trois éléments soit exactement ce qu'il serait si on le calculait au moyen des $2\,p - 3$ autres, par les règles de la trigonométrie.

Pour appliquer aux observations conditionnelles la méthode des moindres carrés, il faut faire quelques opérations préalables dont nous parlerons en leur lieu, et au moyen desquelles le dernier cas se ramène au second : celui-ci étant le plus important, c'est de lui que nous avons spécialement à nous occuper. Nous allons donc exposer la méthode, en supposant que les inconnues soient *entièrement indépendantes* les unes des autres.

§ 129. — Soient les p fonctions *linéaires* V, V′, V″....
des m inconnues x, y, z, v....; soient O, O′, O″....
des valeurs de ces fonctions, trouvées par l'observation immédiate, et supposons que ces valeurs soient
affectées respectivement des erreurs Δ, Δ', Δ'' .... en
sorte qu'on ait

$$V \ - O \ = \Delta$$
$$V' \ - O' \ = \Delta'$$
$$V'' - O'' = \Delta'' \ ... \ \text{etc.}$$

Nous supposons $p > m$.

La probabilité que *toutes* les erreurs Δ, Δ', Δ'' ....
ont été réellement commises a pour expression

$$P = \frac{h^p}{\sqrt{\pi^p}} \, e^{- n^2 \, (\Delta^2 + \Delta'^2 + \Delta''^2 + \ldots + \Delta^2_p)}$$

comme nous l'avons déjà posé (§ 107); et elle sera un
maximum pour

$$\Delta^2 + \Delta'^2 + \Delta''^2 + \ldots + \Delta^2_p = \textit{minimum} \, ;$$

c'est l'équation (f) du paragraphe précité : en la traduisant, nous aurons la règle *des moindres carrés*,
savoir :

     « Pour trouver les valeurs les plus probables des
« inconnues x, y, z, v... il faut les déterminer de ma-
« nière que la somme des carrés des erreurs soit un
« minimum. »

Les procédés de calcul qui s'appuient sur cette règle,
pour déterminer les inconnues x, y, z, v.... constituent
la *méthode* des moindres carrés.

     Posons donc

$$(p) \ldots \begin{array}{l} V \ \ = \alpha \ \ + ax \ \ + by \ \ + cz \ \ + dv \ \ + \ldots \\ V' \ \ = \alpha' \ + a'x \ + b'y \ + c'z \ + d'v \ + \ldots \\ V'' = \alpha'' + a''x + b''y + c''z + d''v + \ldots \text{etc.} \end{array}$$

Nous avons appelé Δ la différence V — O entre la

grandeur *observée*, O, et la quantité V, *calculée* au moyen des valeurs les plus exactes possibles de x, y, z..., à déterminer, et des coefficients α, a, b, c.... Nous aurons donc :

$$(\text{p}') \ldots \quad \begin{aligned} \Delta &= ax \ + by \ + cz \ + dv \ \ldots + n \\ \Delta' &= a'x \ + b'y \ + c'z \ + d'v \ \ldots + n' \\ \Delta'' &= a''x \ + b''y \ + c''z \ + d''v \ \ldots + n'' \text{ etc.,} \end{aligned}$$

en remplaçant les quantités connues $(\alpha - O)$, $(\alpha' - O')$, $(\alpha'' - O'')$, par n, n', n''...[1]

Mais $\Delta^2 + \Delta'^2 + \Delta''^2 + \ldots$ devant être un minimum, nous avons pour exprimer *cette condition*, puisque les variables sont indépendantes :

$$(\text{p}'') \ldots \quad \begin{aligned} \Delta \frac{d\Delta}{dx} + \Delta' \frac{d\Delta'}{dx} + \Delta'' \frac{d\Delta''}{dx} + \ldots &= 0 \\ \Delta \frac{d\Delta}{dy} + \Delta' \frac{d\Delta'}{dy} + \Delta'' \frac{d\Delta''}{dy} + \ldots &= 0 \\ \Delta \frac{d\Delta}{dz} + \Delta' \frac{d\Delta'}{dz} + \Delta'' \frac{d\Delta''}{dz} + \ldots &= 0 \ldots \text{etc.} \end{aligned}$$

Or, des équations (p'), on déduit par la différentiation

$$\frac{d\Delta}{dx} = a ; \ \frac{d\Delta'}{dx} = a' ; \ \frac{d\Delta''}{dx} = a'' \ldots$$

$$\frac{d\Delta}{dy} = b : \ \frac{d\Delta'}{dy} = b' ; \ \frac{d\Delta''}{dy} = b'' \ldots$$

$$\frac{d\Delta}{dz} = c ; \ \frac{d\Delta'}{dz} = c' ; \ \frac{d\Delta''}{dz} = c'' \ldots \text{etc.}$$

[1] Si les différentes observations avaient des poids différents, $p, p', p''..$, on les réduirait à la même unité de précision (§ 114) en multipliant chacune d'elles par la racine carrée du poids correspondant : nos équations deviendraient donc

$$\Delta \sqrt{p} = ax \sqrt{p} + by \sqrt{p} + cz \sqrt{p} + \ldots + n \sqrt{p}$$
$$\Delta' \sqrt{p'} = a'x \sqrt{p'} + b'y \sqrt{p'} + c'z \sqrt{p'} + \ldots + n' \sqrt{p'} \ldots \text{etc.}$$

et les coefficients symétriques que nous formerons plus loin seraient ici

$$aap + a'a'p' + a''a''p'' + \ldots = [aap]$$
$$abp + a'b'p' + a''b''p'' + \ldots = [abp] \ldots \text{etc.}$$

ce qui ne changerait rien à la solution que nous indiquons.

Par là les équations *de condition* (p″) deviennent

$$(p''') \ldots \quad \begin{aligned}
a\Delta + a'\Delta' + a''\Delta'' + \ldots &= 0 \\
b\Delta + b'\Delta' + b''\Delta'' + \ldots &= 0 \\
c\Delta + c'\Delta' + c''\Delta'' + \ldots &= 0 \\
d\Delta + d'\Delta' + d''\Delta'' + \ldots &= 0 \ldots \text{etc.}
\end{aligned}$$

Substituant dans ce groupe d'équations, au lieu de Δ, Δ', Δ''…. leurs valeurs déduites de (p′), on aura

$$\ldots (p^{\text{IV}})$$

$$\begin{aligned}
a(ax+by+cz+dv\ldots+n)+a'(a'x+b'y+c'z+d'v\ldots+n')+\ldots &= 0 \\
b(ax+by+cz+dv\ldots+n)+b'(a'x+b'y+c'z+d'v\ldots+n')+\ldots &= 0 \\
c(ax+by+cz+dv\ldots+n)+c'(a'x+b'y+c'z+d'v\ldots+n')+\ldots &= 0 \\
d(ax+by+cz+dv\ldots+n)+d'(a'x+b'y+c'z+d'v\ldots+n')+\ldots &= 0
\end{aligned}$$

ou bien, en développant, et ordonnant chaque équation

$$\ldots (p^{\text{v}})$$

$$\begin{aligned}
(aa+a'a'+a''a''+..)x+(ab+a'b'+..)y+(ac+a'c'..)z..+(an+a'n'+..) &= 0 \\
(ab+a'b'+a''b''+..)x+(bb+b'b'+..)y+(bc+b'c'..)z..+(bn+b'n'+..) &= 0 \\
(ac+a'c'+a''c''+..)x+(bc+b'c'+..)y+(cc+c'c'..)z..+cn+c'n'+..) &= 0 \\
(ad+a'd'+a''d''+..)x+(bd+b'd'+..)y+(cd+c'd'..)z..+dn+d'n'+..) &= 0
\end{aligned}$$

Gauss a simplifié l'écriture de ces équations, et les a rendues plus faciles à manier, en introduisant une notation particulière pour représenter les coefficients très-symétriques qu'elles renferment : il pose

$$(p^{\text{vi}}) \ldots \quad \begin{aligned}
aa + a'a' + a''a'' + a'''a''' + \ldots &= [aa] \\
ab + a'b' + a''b'' + a'''b''' + \ldots &= [ab] \\
ac + a'c' + a''c'' + a'''c''' + \ldots &= [ac] \ldots \text{etc.,}
\end{aligned}$$

et obtient par conséquent, pour le cas de *quatre* inconnues (nous admettons ce nombre pour fixer les idées), les *quatre* équations suivantes, qui servent à les déterminer :

$$(p^{\text{vii}}).. \quad \begin{aligned}
[aa]\,x + [ab]\,y + [ac]\,z + [ad]\,v + [an] &= 0 \\
[ab]\,x + [bb]\,y + [bc]\,z + [bd]\,v + [bn] &= 0 \\
[ac]\,x + [bc]\,y + [cc]\,z + [cd]\,v + [cn] &= 0 \\
[ad]\,x + [bd]\,y + [cd]\,z + [dd]\,v + [dn] &= 0.
\end{aligned}$$

Nous les nommons équations *normales* (*Normal-gleichungen*) et leur nombre ne peut évidemment dépasser celui des inconnues, puisqu'elles ne sont qu'une transformation du groupe (p″), formé en égalant identiquement à zéro l'expression différentielle relative à *chaque* inconnue.

L'élimination entre les équations (p^{v″}) se fait très-facilement par la méthode des substitutions successives : on tire de la première équation la valeur de x en fonction des autres inconnues, et on la substitue dans les autres équations ; on agit de même à l'égard des *trois* équations à *trois* inconnues qui restent, jusqu'à ce qu'on arrive à une équation à une seule inconnue. Pour simplifier le travail, nous adopterons les notations élégantes introduites par Gauss.

La première de nos quatre équations normales donne

$$x = - \left[\frac{ab}{aa}\right] y - \left[\frac{ac}{aa}\right] z - \left[\frac{ad}{aa}\right] v - \left[\frac{an}{aa}\right].$$

Si l'on transporte cette valeur dans chacune des trois équations restantes, et qu'on réunisse en un seul terme les coefficients des mêmes inconnues dans chaque équation, on aura les formes suivantes qu'il faut particulièrement remarquer :

$$[bb] - \frac{[ab]}{[aa]} [ab] = [bb \cdot 1]$$

$$[bc] - \frac{[ab]}{[aa]} [ac] = [bc \cdot 1]$$

$$[bd] - \frac{[ab]}{[aa]} [ad] = [bd \cdot 1]$$

$$[cc] - \frac{[ac]}{[aa]} [ac] = [cc \cdot 1]$$

$$[cd] - \frac{[ac]}{[aa]}[ad] = [cd \cdot 1]$$

$$[dd] - \frac{[ad]}{[aa]}[ad] = [dd \cdot 1]$$

$$[bn] - \frac{[ab]}{[aa]}[an] = [bn \cdot 1]$$

$$[cn] - \frac{[ac]}{[aa]}[an] = [cn \cdot 1]$$

$$[dn] - \frac{[ad]}{[aa]}[an] = [dn \cdot 1].$$

Les trois équations qui restent après l'élimination de x sont donc les suivantes

$$(\mathrm{p^{VIII}})\ldots\ \begin{aligned}[bb \cdot 1]\,y + [bc \cdot 1]\,z + [bd \cdot 1]\,v + [bn \cdot 1] &= 0\\ [bc \cdot 1]\,y + [cc \cdot 1]\,z + [cd \cdot 1]\,v + [cn \cdot 1] &= 0\\ [bd \cdot 1]\,y + [cd \cdot 1]\,z + [dd \cdot 1]\,v + [dn \cdot 1] &= 0\end{aligned}$$

Si l'on prend maintenant, dans la première de ces trois équations, la valeur de y, et qu'on la substitue dans les deux suivantes, on aura d'abord

$$y = -\frac{[bc \cdot 1]}{[bb \cdot 1]}z - \frac{[bd \cdot 1]}{[bb \cdot 1]}v - \frac{[bn \cdot 1]}{[bb \cdot 1]};$$

puis posant, par analogie avec ce qu'on a fait précédemment,

$$[cc \cdot 1] - \frac{[bc \cdot 1]}{[bb \cdot 1]}[bc \cdot 1] = [cc \cdot 2]$$

$$[cd \cdot 1] - \frac{[bc \cdot 1]}{[bb \cdot 1]}[bd \cdot 1] = [cd \cdot 2]$$

$$[dd \cdot 1] - \frac{[bd \cdot 1]}{[bb \cdot 1]}[bd \cdot 1] = [dd \cdot 2]$$

$$[cn \cdot 1] - \frac{[bc \cdot 1]}{[bb \cdot 1]}[bn \cdot 1] = [cn \cdot 2]$$

$$[dn \cdot 1] - \frac{[bd \cdot 1]}{[bb \cdot 1]}[bn \cdot 1] = dn \cdot 2]$$

on arrivera aux deux équations

$$(\mathrm{p^{IX}})\ldots\ \begin{aligned}[cc \cdot 2]\,z + [cd \cdot 2]\,v + [cn \cdot 2] &= 0\\ [cd \cdot 2]\,z + [dd \cdot 2]\,v + [dn \cdot 2] &= 0.\end{aligned}$$

Tirant de la première la valeur de z, on a

$$z = -\frac{[cd \cdot 2]}{[cc \cdot 2]} v - \frac{[cn \cdot 2]}{[cc \cdot 2]};$$

la substituant dans la seconde, après avoir fait

$$[dd \cdot 2] - \frac{[cd \cdot 2]}{[cc \cdot 2]} [cd \cdot 2] = [dd \cdot 3]$$

$$[dn \cdot 2] - \frac{[cd \cdot 2]}{[cc \cdot 2]} [cn \cdot 2] = [dn \cdot 3]$$

il vient en définitive

$(p^x)\ldots \qquad\qquad [dd \cdot 3]\, v + [dn \cdot 3] = 0$

d'où
$$v = -\frac{[dn \cdot 3]}{[dd \cdot 3]};$$

équation qui donne la valeur de v; puis, par des substitutions successives, celles de z, de y et de x.

Le tableau suivant présente dans son ensemble le système des équations *finales* (*Endgleichungen*), desquelles dérivent immédiatement les valeurs des inconnues. Il serait facile de l'étendre à un nombre quelconque d'inconnues :

$$x + \frac{[ab]}{[aa]}\, y + \frac{[ac]}{[aa]}\, z + \frac{[ad]}{[aa]}\, v + \frac{[an]}{[aa]} = 0$$

$$y + \frac{[bc \cdot 1]}{[bb \cdot 1]}\, z + \frac{[bd \cdot 1]}{[bb \cdot 1]}\, v + \frac{[bn \cdot 1]}{[bb \cdot 1]} = 0$$

$$z + \frac{[cd \cdot 2]}{[cc \cdot 2]}\, v + \frac{[cn \cdot 2]}{[cc \cdot 2]} = 0$$

$$v + \frac{[dn \cdot 3]}{[dd \cdot 3]} = 0.$$

Remarques. — 1° La formation des coefficients auxiliaires $[bb.1]$, $[cd.2]$, $[dn.3]\ldots$, etc., est caractérisée par la relation générale

$$[gh \cdot m] - \frac{[fg \cdot m]}{[ff \cdot m]} [fh \cdot m] = [gh \cdot (m + 1)],$$

dans laquelle f, g, h sont des coefficients littéraux rangés suivant l'ordre des inconnues, et m un nombre. Il est à remarquer que f est le coefficient qui a le rang $(m+1)$ dans le second membre de l'équation

$$\Delta = ax + by + cz + dv + \dots + n.$$

2° La forme générale de chaque système d'équations (p^{VII}), (p^{VIII}), (p^{IX})… montre que la suite des coefficients des *différentes* inconnues, pris horizontalement dans une *seule et même* équation, se retrouve verticalement pour une *même* inconnue dans les *différentes* équations.

3° Lorsque le nombre des inconnues est i, celui des *coefficients* dans l'équation (p^{VII}) est égal au nombre de combinaisons deux à deux, avec répétition, qu'on peut former avec $(i+1)$ lettres, diminué d'une unité (la combinaison nn n'existant pas). Ce nombre est donc (§ 12)

$$\frac{(i+1)(i+2)}{2} - 1 = \frac{i(i+3)}{2}.$$

Dans le système des équations (p^{VIII}), le nombre des *nouveaux coefficients* à former est égal au nombre de combinaisons, avec répétition, qu'on peut obtenir avec i lettres prises deux à deux, diminué aussi d'une unité, ou à

$$\frac{i(i+1)}{2} - 1 = \frac{(i-1)(i+2)}{2}.$$

Dans les systèmes suivants, on aurait

$$\frac{i(i-1)}{2} - 1 = \frac{(i-2)(i+1)}{2};$$

$$\frac{(i-1)(i-2)}{2} - 1 = \frac{(i-3)i}{2} \dots \text{etc.}$$

Pour $i = 4$, le dernier coefficient devient égal à 2.

La somme de tous ces nombres se calcule facilement, en les mettant d'abord sous la forme

$$\frac{1}{2} \times \left\{ \begin{array}{l} i^2 + 3\,i \\ (i-1)^2 + 3\,(i-1) \\ (i-2)^2 + 3\,(i-2) \\ (i-3)^2 + 3\,(i-3). \end{array} \right.$$

Remarquant que la première colonne verticale est la somme des carrés des nombres naturels depuis 1 jusqu'à i, et que la seconde renferme une progression arithmétique dont le premier terme est l'unité et le dernier i, on réduira aisément cette expression à la formule

$$\frac{i\,(i+1)\,(i+5)}{2 \cdot 3}$$

Tel est le nombre des coefficients auxiliaires à former. Or, cette formation étant la seule partie pénible du travail, on voit dans quelle proportion croît la longueur des calculs lorsque le nombre des inconnues augmente.

Dans l'hypothèse où nous nous sommes placés, celle de quatre inconnues, il y a donc à former 30 coefficients *auxiliaires*. — Pour être plus précis dans le langage, il vaudrait mieux cependant, comme nous le ferons dorénavant, donner aux coefficients de l'équation (p^{vii}) le nom de coefficients *sommatoires*, et réserver à ceux des équations suivantes (p^{viii}, p^{ix}...) le nom de coefficients *auxiliaires*.

Le résumé des calculs de la méthode de Gauss se trouve représenté dans le schéma de la page suivante.

an=	aa x	ab y	ac z	ad v	bn	bb	bc	bd	cn	cc	cd	dn	dd
1. an	1. aa	1. ab	1. ac	1. ad	$\frac{ab}{aa}an$	$-\frac{ab}{aa}ab$	$-\frac{ab}{aa}ac$	$-\frac{ab}{aa}ad$	$-\frac{ac}{aa}an$	$-\frac{ac}{aa}ac$	$-\frac{ac}{aa}ad$	$-\frac{ad}{aa}an$	$-\frac{ad}{aa}ad$
$1.\frac{an}{aa}$		$1.\frac{ab}{aa}$	$1.\frac{ac}{aa}$	$1.\frac{ad}{aa}$	$bn\ 1=$	$bb.1.y$	$bc.1.z$	$bd.1.v$	$cn.1$	$cc.1$	$cd.1$	$dn.1$	$dd.1$
$\frac{an}{aa}$		$1.y$	$1.z$	$1.v$	$1.bn.1$	$1.bb.1$	$1.bc.1$	$1.bd.1$	$-\frac{bc.1}{bb.1}bn.1$	$-\frac{bc.1}{bb.1}bc1.$	$-\frac{bc.1}{bb.1}bd.1$	$-\frac{bd.1}{bb.1}bn.1$	$-\frac{bd.1}{bb.1}bd.1$
$-\frac{ab}{aa}y$		$1.y\frac{ab}{aa}$	$1.z\frac{ac}{aa}$	$1.v\frac{ad}{aa}$	$1.\frac{bn\ 1}{bb.1}$		$1.\frac{bc.1}{bb.1}$	$1.\frac{bd.1}{bb\ 1}$	$cn.2=$	$cc.2.z$	$cd.2.v$	$dn.2$	$dd.2$
$-\frac{ac}{aa}z$					$\frac{bn.1}{bb.1}$		$1.z.$	$1.v.$	$1.cn.2$	$1.cc.2$	$1.cd.2$	$-\frac{cd.2}{cc.2}cn.2$	$-\frac{cd.2}{cc.2}cd.2$
$-\frac{ad}{aa}v$					$-\frac{bc.1}{bb.1}z$		$1.z\frac{bc.1}{bb.1}$	$1.v\frac{bd.1}{bb.1}$	$1.\frac{cn.2}{cc.2}$		$1.\frac{cd.2}{cc.2}$	$dn.3=$	$dd.3.v$
x					$-\frac{bd.1}{bb.1}v$				$\frac{cn.2}{cc.2}$		$1.v$	$1.dn.3$	$1.dd.3$
					y				$-\frac{cd.2}{cc.2}v$		$1.v\frac{cd.2}{cc.2}$	$1.\frac{dn.3}{dd.3}$	
									z			v	

§ 130. — 1° En traduisant la formule (p^{IV}), on voit que :

Pour former la 1re équation normale, on multiplie chacune des équations données par le coefficient dont l'inconnue, x, y est affectée, et on fait la somme des produits.

Pour former la 2e équation normale, on multiplie chacune des équations données par le coefficient dont l'inconnue, y, y est affectée, et on fait la somme des produits.

Et ainsi de suite.

2° Les équations normales jouissent d'une propriété particulière : c'est que tous les coefficients des inconnues s'y présentent deux fois, excepté ceux qui ont la forme quadratique $[aa]$, $[bb]$... Quelques auteurs soulignent ces derniers, pour mieux les distinguer des autres. De plus, on remarque que tous les coefficients qui, dans une même ligne horizontale, sont à droite du facteur quadratique, se retrouvent dans une même ligne verticale au-dessous. On peut donc abréger l'écriture des équations normales, en disposant leur système de la manière suivante :

$$
\begin{array}{cccccccc}
 & x & & y & & z & & v \\
[an] + & [aa] & + & [ab] & + & [ac] & + & [ad] = 0 \\
[bn] & \ldots & + & [bb] & + & [bc] & + & [bd] = 0 \\
[cn] & \ldots & & \ldots & + & [cc] & + & [cd] = 0 \\
[dn] & \ldots & & \ldots & & \ldots & + & [dd] = 0
\end{array}
$$

ou bien de cette autre manière :

$$
\begin{array}{l}
[an] + [aa]\,x + [ab]\,y + [ac]\,z + [ad]\,v = 0 \\
[bn] + [bb]\,y + [bc]\,z + [bd]\,v \quad \ldots \quad = 0 \\
[cn] + [cc]\,z + [cd]\,v \quad \ldots \quad \ldots \quad = 0 \\
[dn] + [dd]\,v \quad \ldots \quad \ldots \quad \ldots \quad = 0
\end{array}
$$

§ 131. — *Exemple.*

$$\begin{aligned}
\text{Soient } V &= x - y + 2z \\
V' &= 3x + 2y - 5z \\
V'' &= 4x + y + 4z \\
V''' &= -x + 3y + 3z
\end{aligned}$$

les fonctions données, et supposons qu'on ait trouvé par l'observation.

$$0 = 3; \quad 0' = 5; \quad 0'' = 21; \quad 0''' = 14.$$

Introduisons ces nombres dans les équations (p') et nous aurons :

$$\begin{aligned}
\Delta &= -3 + x - y + 2z \\
\Delta' &= -5 + 3x + 2y - 5z \\
\Delta'' &= -21 + 4x + y + 4z \\
\Delta''' &= -14 - x + 3y + 3z.
\end{aligned}$$

On a donc

$$\begin{array}{llll}
a = +1 & b = -1 & c = +2 & n = -3 \\
a' = +3 & b' = +2 & c' = -5 & n' = -5 \\
a'' = +4 & b'' = +1 & c'' = +4 & n'' = -21 \\
a''' = -1 & b''' = +3 & c''' = +3 & n''' = -14.
\end{array}$$

Formant les coefficients sommatoires et auxiliaires, on a :

$$\begin{array}{llll}
[aa] = +27; & [ab] = +6; & [ac] = 0; & [an] = -88; \\
& [bb] = +15; & [bc] = +1; & [bn] = -70; \\
& & [cc] = +54; & [cn] = -107.
\end{array}$$

$$\begin{array}{lll}
[bb.1] = +13,667; & [bc.1] = +1,000; & [cc.1] = +54,00; \\
& [bn.1] = -50,445; & [cn.1] = -107,00\text{x} \\
& [cc.2] = +53,927; & [cn.2] = -103,34.
\end{array}$$

On en déduit immédiatement :

$$z = -\frac{[cn.2]}{[cc.2]} = +1,916;$$

$$y = -\frac{[bc.1]}{[bb.1]}z - \frac{[bn.1]}{[bb.1]} = +3,551;$$

$$x = -\frac{[ab]}{[aa]}y - \frac{[ac]}{[aa]}z - \frac{[an]}{[aa]} = +2,470.$$

§ 132. — Voulons-nous voir maintenant quelles sont les corrections les plus probables que devraient subir nos observations ? calculons les valeurs des Δ, en remplaçant x, y, z... par leurs valeurs numériques dans les équations (p') : nous aurons ainsi

$$\Delta = 0,249$$
$$\Delta' = 0,068$$
$$\Delta'' = 0,095$$
$$\Delta''' = 0,069$$

$$[\Delta^2] = 0,08041.$$

Ces corrections servent à calculer *l'erreur moyenne* des observations. Soit e le nombre des équations (ou des observations); i celui des inconnues. Si nous connaissions *à priori* les *véritables* valeurs des inconnues, nous pourrions calculer immédiatement les erreurs réelles $_1\Delta$, $_1\Delta'$, $_1\Delta''$... de x, y, z, ... et égaler $[_1\Delta^2]$ à e fois le carré de l'erreur moyenne, pour en déduire celle-ci; nous aurions donc, dans cette hypothèse,

$$\varepsilon = \sqrt{\frac{[_1\Delta^2]}{e}}.$$

Recherchons la valeur la plus probable de $[_1\Delta^2]$. A cet effet, multiplions d'abord les équations (p') respectivement par Δ, Δ', Δ''... et faisons leur somme; nous aurons :

$$[_1\Delta^2] = x\,(a\Delta + a'\Delta' + a''\Delta'' + ...) + y\,(b\Delta + b'\Delta' + b''\Delta'' + ...) +$$
$$z\,(c\Delta + c'\Delta' + c''\Delta'' + ...) + ... + n\Delta + n'\Delta' + n''\Delta'' ...$$

Les Δ, Δ', Δ''... qui entrent dans cette expression ne sont pas ceux que nous avons calculés dans l'hypothèse du minimum de la somme des carrés des erreurs : nous

supposons que ce sont les véritables erreurs des observations. — Posons :

$$a\Delta + a'\Delta' + a''\Delta'' + \ldots = \mu$$
$$b\Delta + b'\Delta' + b''\Delta'' + \ldots = \mu'$$
$$c\Delta + c'\Delta' + c''\Delta'' + \ldots = \mu''$$

$$\ldots \ldots \ldots \ldots \ldots \ldots \ldots$$

(p^{xi})

il viendra :

$$[_1\Delta^2] = x\mu + y\mu' + z\mu'' + \ldots + n\Delta + n'\Delta' + n''\Delta'' + \ldots$$

Mais les valeurs de x, y, $z\ldots$ peuvent, en appliquant
la série de Maclaurin aux équations linéaires (p), se
mettre sous la forme :

$$x = k + s\,\Delta + s'\,\Delta' + s''\,\Delta'' + \ldots$$
$$y = k' + s_1\Delta + s'_1\Delta' + s''_1\Delta'' + \ldots$$
$$z = \quad . \quad . \quad . \quad . \quad . \quad . \quad .$$

$$\ldots \ldots \ldots \ldots \ldots \ldots \ldots$$

(p^{xii})

expressions dans lesquelles nous négligeons comme
insensibles les termes en Δ^2, Δ'^2, $\Delta''^2\ldots$, Δ^3, Δ'^3,
$\Delta''^3\ldots$, etc. En éliminant les Δ entre les équations
(p^{xi}) et (p^{xii}), qui sont en même nombre, nous pourrons
obtenir x, y, $z\ldots$ en fonction des μ, $\mu'\ldots$ Écrivons
donc :

$$x = A + q_1\,\mu + q_1'\mu' + q_1''\mu'' + \ldots$$
$$y = B + q_1'\,\mu + q_2'\mu' + q_2''\mu'' + \ldots$$
$$z = C + q_1''\mu + q_2''\mu' + q_3''\mu'' \quad \ldots$$

$$\ldots \ldots \ldots \ldots \ldots \ldots \ldots$$

(p^{xiii})

substituons dans ces expressions à μ, $\mu'\ldots$ leurs
valeurs (p^{xi}), il viendra en posant :

$$m = aq_1 + bq_1' + cq_1'' + \ldots$$
$$m' = a'q_1 + b'q_1' + c'q_1'' + \ldots$$
$$m'' = a''q_1 + b''q_1' + c''q_1'' + \ldots$$

$$\ldots \ldots \ldots \ldots \ldots \ldots \ldots$$

$$m_1 = aq_1' + bq_2 + cq_2' + \ldots$$
$$m_1' = a'q_1' + b'q_2 + c'q_2' + \ldots$$

$$\ldots \ldots \ldots \ldots \ldots \ldots$$

$$x = A + m\Delta + m'\Delta' + m''\Delta'' + \ldots$$
$$y = B + m_1\Delta + m_1'\Delta' + m_1''\Delta'' + \ldots$$
$$r = C + \quad \ldots \ldots \ldots \ldots \qquad (p^{\text{XIIII}})$$

$$\ldots \ldots \ldots \ldots \ldots \ldots$$

D'autre part, en portant les valeurs de x, y, z.... de (p^{XIII}) dans (p') et ordonnant par rapport à μ, μ', μ''...., on trouve :

$$\Delta = m\,\mu + m_1\,\mu' + m_2\,\mu'' + \ldots + \delta$$
$$\Delta' = m'\mu + m_1'\mu' + m_2'\mu'' + \ldots + \delta$$
$$\Delta'' = \quad \ldots \ldots \ldots \ldots \ldots$$

$$\ldots \ldots \ldots \ldots \ldots \ldots$$

et enfin ces expressions donnent pour $[_1\Delta^2]$:

$$[_1\Delta^2] = (x + nm + n'm' + n''m'' + \ldots)\mu + (y + nm_1 + n'm_1' + n''m_1'' + \ldots)\mu'$$
$$+ (z + nm_2 + n'm_2' + \ldots)\mu'' \ldots + [n\delta].$$

Mais on a évidemment :

$$nm + n'm' + n''m'' \ldots = -A$$
$$nm_1 + n'm_1' + n''m_1'' \ldots = -B$$
$$nm_2 + n'm_2' + n''m_2'' \ldots = -C$$

$$\ldots \ldots \ldots \ldots \ldots \ldots$$

car, en remplaçant dans (p^{XIIII}) Δ, Δ', Δ''.... par leurs valeurs (p'), nous devons, *pour obtenir l'identité*, poser, en ce qui concerne x :

$$am + a'm' + a''m'' \ldots = 1$$
$$bm + b'm' + b''m'' \ldots = 0 \qquad (p^{\text{XV}})$$
$$cm + c'm' + c''m'' \ldots = 0$$

$$\ldots \ldots \ldots \ldots \ldots$$

et
$$A + mn + n'm' + n''m'' \ldots = 0.$$

Dans la substitution pour y, nous devrons poser semblablement :

$$am_1 + a'm_1' + a''m_1'' + \ldots = 0$$
$$bm_1 + b'm_1' + b''m_1'' + \ldots = 1$$
$$cm_1 + c'm_1' + c''m_1'' + \ldots = 0$$
$$\cdot \quad \cdot \quad \cdot \quad \cdot \quad \cdot \quad \cdot \quad \cdot$$
$$B + nm_1 + n'm_1' + n''m_1'' + \ldots = 0.$$

et de même, par rapport à $z\ldots$, etc.

Il restera donc :

$$[_1\Delta^2] = (x - A)\,\mu + (y - B)\,\mu' + (z - C)\,\mu'' + \ldots + [n\delta].$$

Remarquons que A, B, C... sont précisément les valeurs les plus probables de x, y, $z\ldots$, et que $[n\delta]$ est le $[\Delta^2]$ correspondant à ces valeurs les plus probables. En effet, pour celles-ci, on a (p''') :

$$\mu = o,\ \mu' = o,\ \mu'' = o \ldots$$

d'où (p^{xiii}) $\qquad x = A,\ y = B \ldots$

et $\qquad\qquad [n\delta] = [\Delta^2].$

Remplaçant $[_1\Delta^2]$ par $e\,\varepsilon^2$, ε étant l'erreur moyenne cherchée, il vient donc :

$$e\varepsilon^2 = (x - A)\,\mu + (y - B)\,\mu' + (z - C)\,\mu'' + \ldots + [\Delta^2].$$

Considérons ce que vaut $(x - A)\,\mu$ par exemple ; on a

$$x - A = m\Delta + m'\Delta' + m''\Delta'' + \ldots$$
$$\mu = a\Delta + a'\Delta' + a''\Delta'' + \ldots$$

d'où $\quad (x - A)\,\mu = am\Delta^2 + a'm'\Delta'^2 + a''m''\Delta''^2 + \ldots$

plus des termes en $\pm \Delta\Delta', \Delta\Delta'', \ldots \Delta'\Delta''\ldots$, qui s'annulent dans la moyenne. Prenant enfin pour les vrais Δ qui nous sont inconnus, l'erreur moyenne ε, il vient

$$(x - A)\,\mu = (am + a'm' + a''m'' + \ldots)\,\varepsilon^2$$

ou en vertu de (p^{xv})

$$(x - A)\,\mu = \varepsilon^2.$$

On trouverait de même ε^2 (valeur moyenne) pour $(y - \mathrm{B})\mu'$, $(z - \mathrm{C})\mu''$.... Il en résulte qu'on a :

$$\varepsilon^2 = i\varepsilon^2 + [\Delta^2]$$

d'où

$$\varepsilon^2 = \frac{[\Delta^2]}{e - i}$$

$$\varepsilon = \sqrt{\frac{[\Delta^2]}{e - i}}; \qquad \ldots (\mathrm{k}^{\mathbf{x}})$$

formule qui s'accorde avec le § 113; car, dans les observations *directes*, on n'avait qu'une seule inconnue à déterminer, d'où $i = 1$.

Dans l'exemple précédent, on a donc

$$\varepsilon = \sqrt{\frac{0{,}08041}{4 - 3}};$$

d'où

$$\varepsilon = \pm 0{,}283.$$

§ 133. — Il nous reste à résoudre une question très-importante. L'utilité de la méthode des moindres carrés ne réside pas seulement dans la précision du résultat qu'elle fournit : un de ses avantages les plus précieux est de permettre d'apprécier numériquement le degré d'exactitude que ce résultat comporte. Nous allons donc chercher le *poids* de nos inconnues.

Dans ce but, rappelons-nous (§ 125) qu'après avoir tiré de

$$u = f (o', o'', o''' \ldots)$$

l'équation différentielle

$$du = l' \, do' + l'' \, do'' + l''' \, do''' \ldots$$

nous en avons conclu

$$\frac{1}{\mathrm{P}} = \left[\frac{l^2}{p}\right],$$

P étant le poids de la fonction u ; p celui des quantités

observées, o', o'', o''' .... Ici, comme toutes les observations sont supposées également exactes, nous prendrons l'une d'entre elles pour unité de poids, et nous
aurons
$$\frac{1}{P} = [l^2].$$

Voyons ce qui arrive dans le cas actuel. — Puisque
nos i inconnues ont été déterminées *en fonction* des
e quantités observées O, O', O'' .... (§ 129), le problème
serait résolu, d'après ce qui précède, si nous possédions
i équations de la forme

$$x = f \quad (0, 0', 0'' \dots)$$
$$y = f' \quad (0, 0', 0'' \dots)$$
$$z = f'' \quad (0, 0', 0'' \dots) \text{ etc.} ;$$

car nous en déduirions immédiatement

$$(q) \dots \quad \begin{aligned} dx &= \alpha_1 \, dO + \alpha_2 \, dO' + \alpha_3 \, dO'' \dots \\ dy &= \beta_1 \, dO + \beta_2 \, dO' + \beta_3 \, dO'' \dots \\ dz &= \gamma_1 \, dO + \gamma_2 \, dO' + \gamma_3 \, dO'' \dots \text{ etc.} ; \end{aligned}$$

d'où
$$\frac{1}{P_1} = [\alpha^2] ; \quad \frac{1}{P_2} = [\beta^2] ; \quad \frac{1}{P_3} = [\gamma^2].$$

Nous n'avons pas directement ces i équations (q) ; mais
nous allons les déduire des e équations (p). En effet,
puisque $O + \Delta = V$, on a $dV = dO + d\Delta$; différentiant les équations (p) et substituant aux dV leurs
valeurs, on aura

$$(q') \dots \quad \begin{aligned} d\Delta &= - dO \quad + a \, dx + b \, dy + c \, dz + \dots \\ d\Delta' &= - dO' \quad + a' \, dx + b' \, dy + c' \, dz + \dots \\ d\Delta'' &= - dO'' + a'' dx + b'' dy + c'' dz + \dots \text{ etc.} ; \end{aligned}$$

équations qui, comparées à celles du groupe (p'), pourraient s'en déduire en changeant dans celles-ci les Δ en
$d\Delta$; les x, y, z .... en dx, dy, dz.... et les n en dO.
Si donc on traite le groupe (q') par la méthode des

moindres carrés, on obtiendra i équations *normales* qui ne différeront du groupe $(\mathrm{p^{vii}})$ que par les changements que nous venons d'indiquer. Elles seront donc

$$(\mathrm{q}'')\ldots\quad
\begin{aligned}
[aa]\,dx + [ab]\,dy + [ac]\,dz \ldots - [a\,d0] &= 0 \\
[ab]\,dx + [bb]\,dy + [bc]\,dz \ldots - [b\,d0] &= 0 \\
[ac]\,dx + [bc]\,dy + [cc]\,dz \ldots - [c\,d0] &= 0 \ldots \text{etc.}
\end{aligned}$$

Théoriquement, le problème est résolu ; car l'élimination entre ces i équations permet d'exprimer les dx, dy, dz.... en fonction des $d0$, et de trouver par conséquent les valeurs des $e \times i$ coefficients $(\alpha, \beta, \gamma\ldots)$ des équations (q).

Mais les calculs peuvent être singulièrement simplifiés par des considérations particulières, résultant de ce que nous n'avons besoin, en définitive, que de connaître les $[\alpha^2]$, $[\beta^2]$, $[\gamma^2]$....

Adoptons, dans ce but, la méthode d'élimination par les coefficients indéterminés, et multiplions chacune de nos équations (q'') par les coefficients q_1, q_2, $q_3\ldots$
Il vient ainsi

$$(\mathrm{q}''')\ldots
\begin{aligned}
[aa]\,q_1 dx + [ab]\,q_1 dy + [ac]\,q_1 dz \ldots - [a\,d0]\,q_1 &= 0 \\
[ab]\,q_2 dx + [bb]\,q_2 dy + [bc]\,q_2 dz \ldots - [b\,d0]\,q_2 &= 0 \\
[ac]\,q_3 dx + [bc]\,q_3 dy + [cc]\,q_3 dz \ldots - [c\,d0]\,q_3 &= 0 \ldots \text{etc.}
\end{aligned}$$

Supposons que nous voulions trouver en premier lieu dx : il faudra assigner aux coefficients d'élimination des valeurs telles, que la somme des coefficients de dx soit égale à l'unité, et les sommes analogues égales à zéro, pour les coefficients de dy, dz.... Cela nous donne les i équations de e termes chacune :

$$(\mathrm{q}^{iv})\ldots
\begin{aligned}
[aa]\,q_1 + [ab]\,q_2 + [ac]\,q_3 \ldots &= 1 \\
[ab]\,q_1 + [bb]\,q_2 + [bc]\,q_3 \ldots &= 0 \\
[ac]\,q_1 + [bc]\,q_2 + [cc]\,q_3 \ldots &= 0 \ldots \text{etc.}
\end{aligned}$$

Nous les nommons *équations du poids* pour la valeur de x. Éliminant par une méthode quelconque entre ces équations, nous pourrons trouver les valeurs de q_1, q_2, q_3, qui, substituées dans (q‴), donneront par voie d'addition

$$dx = [a\,d0]\,q_1 + [b\,d0]\,q_2 + [c\,d0]\,q_3 \dots,$$

c'est-à-dire une équation entre dx, et les différents $d0$ accompagnés de coefficients numériques. Développons-la de manière à séparer les $d0$, nous aurons

$$
\begin{aligned}
dx = \ & (aq_1 + bq_2 + cq_3 + \dots)\,d0\\
& + (a'q_1 + b'q_2 + c'q_3 + \dots)\,d0'\\
& + (a''q_1 + b''q_2 + c''q_3 + \dots)\,d0'' \dots \text{etc.}
\end{aligned}
$$

(qᵛ) …

Comparant cette équation avec la première du groupe (q), nous en déduisons

$$
\begin{aligned}
\alpha_1 &= aq_1 + bq_2 + cq_3 + \dots\\
\alpha_2 &= a'q_1 + b'q_2 + c'q_3 + \dots\\
\alpha_3 &= a''q_1 + b''q_2 + c''q_3 + \dots
\end{aligned}
$$

(qᵛᴵ) …

Par suite, sans calculer les valeurs particulières des α, on peut, avec la plus grande facilité, former $[\alpha^2]$ dont nous avons uniquement besoin. Il suffit, en effet, de multiplier la première des équations (qᵛᴵ) par α_1, la seconde par α_2, la troisième par α_3… et d'ajouter. On obtient ainsi

(qᵛᴵᴵ)
$$[\alpha^2] = [\alpha a]\,q_1 + [\alpha b]\,q_2 + [\alpha c]\,q_3 \dots$$

Cette valeur de $[\alpha_2]$ est bien plus simple encore qu'elle ne le paraît ici; car nous allons faire voir que le coefficient de q_1 est égal à l'unité, et que ceux de q_2, q_3… sont égaux à zéro.

En effet, nous avons déjà fait remarquer que les *erreurs* Δ peuvent être considérées comme des *diffé-*

rentielles des quantités observées : Δ est donc du même ordre que dO, et la différentielle $d\Delta$ peut être négligée vis-à-vis de dO, comme étant une quantité du second ordre. Cette considération réduit nos équations (q') à la forme

$$(\Omega') \dots \quad \begin{aligned} dO &= a\,dx + b\,dy + c\,dz + \dots \\ dO' &= a'\,dx + b'\,dy + c'\,dz + \dots \\ dO'' &= a''dx + b''dy + c''dz + \dots \text{ etc.} \end{aligned}$$

Multipliant la 1re par α_1, la 2e par α_2, la 3e par $\alpha_3\dots$ et *ajoutant* les e équations résultantes, le premier membre ainsi obtenu sera identique avec le second membre de la 1re des équations (q); par suite, le second membre de l'équation résultante devra être égal à dx; donc le facteur de dx, dans ce second membre, devra être égal à l'unité, et les facteurs de dy, $dz\dots$ égaux à zéro.

Ainsi on a

$$[\varkappa a] = 1; \quad [\varkappa b] = 0; \quad [\varkappa c] = 0.$$

Notre équation (q^{vii}) devient donc enfin

$$[\alpha^2] = q_1 = \frac{1}{P_1}.$$

Il est clair, d'ailleurs, qu'en agissant d'une manière analogue, on trouverait pour les poids de y, $z\dots$

$$[\beta^2] = q'_2 = \frac{1}{P_2}.$$

$$[\gamma^2] = q''_3 = \frac{1}{P_3}.$$

Remarquons que la recherche des poids des inconnues, dont nous venons d'expliquer assez longuement la théorie, exige dans la pratique peu de calculs nouveaux ; car les coefficients des *équations du poids* sont les mêmes que ceux des équations *normales ;* et on n'a d'autre travail que celui de l'élimination, pour trouver q_1, ou q'_2 ou q''_3...

Tous les développements qui précèdent se résument donc dans cette règle pratique bien simple :

« Pour trouver le poids P_n d'une inconnue, x, on
« remplace, dans l'équation normale relative à x, la
« quantité toute connue par — 1; dans toutes les autres
« équations normales, on remplace la quantité toute
« connue par zéro. — En même temps, on met q_n à la
« place de x, et on élimine toutes les inconnues res-
« tantes. » On trouve ainsi

$$q_n = \frac{1}{P_n}.$$

Connaissant le poids d'une inconnue, on trouvera son erreur moyenne par la relation

$$\varepsilon_1 = \frac{\varepsilon}{\sqrt{P_1}} = \varepsilon \sqrt{q_1},$$

$$\varepsilon_2 = \frac{\varepsilon}{\sqrt{P_2}} = \varepsilon \sqrt{q'_2},$$

$$\varepsilon_3 = \frac{\varepsilon}{\sqrt{P_3}} = \varepsilon \sqrt{q''_3} \ldots$$

Dans le cas de trois inconnues, les équations du poids présentent donc les trois systèmes suivants, dans lesquels Q_1, Q_2, Q_3 sont les véritables inconnues à déterminer, et les q des coefficients *arbitraires* à éliminer.

$$(\text{I}) \quad \begin{cases} 0 = -1 + [aa]\, Q_1 + [ab]\, q_2 + [ac]\, q_3 \\ 0 = 0 + [ab]\, Q_1 + [bb]\, q_2 + [bc]\, q_3 \\ 0 = 0 + [ac]\, Q_1 + [bc]\, q_2 + [cc]\, q_3. \end{cases}$$

$$(\text{II}) \quad \begin{cases} 0 = \quad\ \ 0 + [aa]\, q_1' \ + [ab]\, Q_2 \ + [ac]\, q_3' \\ 0 = -\, 1 + [ab]\, q_1' \ + [bb]\, Q_2 \ + [bc]\, q_3' \\ 0 = \quad\ \ 0 + [ac]\, q_1' \ + [bc]\, Q_2 \ + [cc]\, q_3' \end{cases}$$

$$(\text{III}) \quad \begin{cases} 0 = \quad\ \ 0 + [aa]\, q_1'' + [ab]\, q_2'' + [ac]\, Q_3 \\ 0 = \quad\ \ 0 + [ab]\, q_1'' + [bb]\, q_2'' + [bc]\, Q_3 \\ 0 = -\, 1 + [ac]\, q_1'' + [bc]\, q_2'' + [cc]\, Q_3. \end{cases}$$

Il est facile de voir que ces équations sont les mêmes que celles que nous avons déjà établies, dans un cas de substitution analogue, au paragraphe précédent. Si, en effet, dans les équations (p^{xv}) on remplace les m par leur valeur en q, on retrouve identiquement les équations du poids.

Remarque. — Les équations du poids ne différant des équations normales que par les termes tout connus que renferment ces dernières, il s'ensuit que si, dans chacun de ces deux systèmes, on éliminait successivement toutes les inconnues sauf une seule, x, le coefficient de x serait identiquement le même dans les deux équations finales : or, d'après ce que viennent de nous montrer les équations du poids, ce *coefficient* est précisément le *poids* de x.

Il suit de là qu'on peut se dispenser d'opérer sur les équations du poids, et éliminer simplement entre les équations normales (en ayant soin de n'introduire aucun facteur d'élimination). Le coefficient de l'inconnue qui reste la dernière est le poids de cette inconnue. Ainsi, le poids de v (§ 129) est $[dd.\ 3]$; et pour obtenir ceux de $z,\ y,\ x,$ il suffirait de former les coefficients $[cc.\ 3]$, $[bb.\ 3]$, $[aa.\ 3]$.

Cette méthode, qui est celle de Gauss (*Theor. motus corpor. cœl.*, § 182), fournit donc à la fois les inconnues et leurs poids. Cette particularité peut s'expliquer, en dehors de tout calcul, par la remarque que les coefficients de toutes les inconnues dans chacune des équations normales sont formés *symétriquement* au moyen de ceux des équations primitives. Il en résulte qu'après l'élimination, la dernière inconnue restante est déterminée par une équation $M\,x = N$, ou $M'\,y = N'$, ou ... etc., dans laquelle M et N, M' et N', etc., sont aussi symétriques l'un par rapport à l'autre, et ne diffèrent que par la substitution des coefficients de y à ceux de x ou inversement. Cette relation de symétrie est évidemment en harmonie avec ce que nous nommons le poids d'une valeur par rapport à une autre.

§ 134. — Comme application, calculons les poids des inconnues dont nous avons déterminé (§ 131) les valeurs les plus probables.

Les équations du poids de x sont ici

$$27Q_1 + 6q_2 - 1 = 0$$
$$6Q_1 + 15q_2 + q_3 = 0$$
$$q_2 + 54q_3 = 0.$$

On en déduit par l'élimination ordinaire

$$Q_1 = \frac{809}{19899};$$

d'où $\qquad P_1 = 24,596\ ...$ poids de x.

On trouverait, par une marche analogue,

$$P_2 = 13,649,\ ...\ \text{poids de } y.$$
$$P_3 = 53,927,\ ...\ \text{—}\qquad z.$$

Cette dernière valeur n'est autre chose que celle du facteur [*cc.* 2].

Quant à l'erreur moyenne de chaque inconnue, elle se calculera en fonction de son poids, et de l'erreur moyenne (§ 132) de l'unité de poids.

On aura donc (k^v)

$$\varepsilon' = 0,057 \text{ erreur moyenne de } x$$
$$\varepsilon'' = 0,077 \qquad - \qquad y$$
$$\varepsilon''' = 0,039 \qquad - \qquad z.$$

§ 135. — Ajoutons quelques exemples pour familiariser le lecteur avec l'application de la méthode des moindres carrés.

1° On doit faire passer une droite par quatre points dont les coordonnées n'ont pu être mesurées qu'approximativement : quelle est l'équation la plus probable de la droite ?

Les coordonnées approximatives des quatre points sont

$$x = 0 \ldots y = 3,5$$
$$x = 88 \ldots y = 5,7$$
$$x = 182 \ldots y = 8,2$$
$$x = 274 \ldots y = 10,3.$$

Puisque la ligne est droite, elle doit satisfaire à l'équation

$$Y = \alpha X + \beta,$$

dans laquelle α et β sont les inconnues à déterminer. La mettant sous la forme

$$0 = \alpha X + \beta - Y,$$

et la comparant à la forme générale

$$0 = ax + by + \ldots + n,$$

on a pour équations normales :

$$[XX]\,\alpha + [X\,.\,1]\,\beta - [XY] = 0,$$
$$[X]\,\alpha + [1]\,\beta - [Y] = 0.$$

Substituant aux quatre groupes de coordonnées leurs valeurs observées, on trouve

$$[XX] = 115944$$
$$[XY] = 4816,2$$
$$[X] = 544$$
$$[Y] = 27,7$$
$$[1] = 4$$

d'où

$$115944\,\alpha + 544\,\beta - 4816,2 = 0,$$
$$544\,\alpha + 4\,\beta - 27,7 = 0.$$

L'élimination donne

$$\alpha = 0,02500$$
$$\beta = 3,52475 ;$$

et l'équation la plus probable de la droite est

$$Y = 0,025\,X + 3,525.$$

Comparant ce résultat avec les observations, on trouve

	Calcul.	Observations.	Erreurs.	Carrés des erreurs.
Pour $x = 0 \ldots y =$	3,525 ...	3,500	+ 0,025	0,000 625
$= 88 \ldots y =$	5,725 ...	5,700	+ 0,025	0,000 625
$= 182 \ldots y =$	8,075 ...	8,200	— 0,125	0,015 625
$= 274 \ldots y =$	10,375 ...	10,300	+ 0,075	0,005 625

$$[\Delta^2] = 0,022\ 500$$

L'erreur moyenne est donc

$$\sqrt{\frac{[\Delta^2]}{2}} = \pm\, 0,106.$$

2° On veut représenter empiriquement l'équation de la trajectoire d'un projectile par une expression de la forme

$$Y = \alpha\,X + \beta\,X^2 + \gamma\,X^3 ;$$

et on demande à l'observation la valeur la plus probable des coefficients α, β, γ.

Pour cela on placera, par exemple, de distance en distance un certain nombre, n, d'écrans, contre lesquels on tirera; on fera le relevé du coup, et on obtiendra ainsi n ordonnées de la trajectoire, correspondant à des abscisses mesurées d'avance, ou n équations de condition analogues. Les résolvant par la méthode des moindres carrés, exactement comme dans l'exemple précédent, on obtiendra la valeur la plus probable des constantes cherchées. L'erreur moyenne du résultat montrera jusqu'à quel point l'hypothèse dont on est parti est admissible; c'est-à-dire qu'elle décidera si l'on peut assimiler la trajectoire à une courbe parabolique du troisième degré.

Il est clair que, pour se soustraire aux causes accidentelles d'erreur, on ne se contentera pas d'une seule expérience : on en fera plusieurs, dans des circonstances identiques de charge et de pointage, et on prendra, sur chaque écran, la hauteur moyenne du point d'impact. On aura ainsi l'ordonnée moyenne correspondant à l'abscisse de l'écran; et c'est l'erreur moyenne de cette espèce d'observations qu'il faudra comparer à celle du calcul, pour juger de la légitimité de l'hypothèse admise.

Nous nous dispenserons d'appliquer les nombres à cet exemple, bien que les données d'observation soient aisées à recueillir; mais il n'offre rien de particulier, et sa solution rentre tout à fait dans celles de l'exemple qui précède et de celui qui suit.

3° Les expériences suivantes, faites par Hagen, ont eu pour but de trouver l'expression de la résistance que l'air oppose à un mobile, indépendamment de la nature de sa surface, en fonction de la vitesse de ce mobile [1]. (Voy. *Grundzüge der Wahrscheinlichkeits - Rechnung*, § 38.) V exprime la vitesse (en pieds) et R la résistance de l'air (en demi-onces) sur l'unité de surface (un pouce carré).

Il a trouvé pour

$$
\begin{aligned}
V &= 0,747 \ldots \quad R = 0,000\ 211 \\
&= 1,010 \ldots \quad\ \ = 0,000\ 381 \\
&= 1,441 \ldots \quad\ \ = 0,000\ 716 \\
&= 2,058 \ldots \quad\ \ = 0,001\ 403 \\
&= 2,915 \ldots \quad\ \ = 0,002\ 814 \\
&= 4,116 \ldots \quad\ \ = 0,005\ 686 \\
&= 5,831 \ldots \quad\ \ = 0,011\ 473.
\end{aligned}
$$

Un simple coup d'œil jeté sur ces nombres montre que la résistance n'est pas dans ce cas exactement proportionnelle au carré de la vitesse, comme on a coutume de l'admettre ; et qu'on doit, pour exprimer R en fonction de V, introduire encore un terme qui renferme la vitesse à la première puissance. Malgré cette correction, les résultats ne concordent pas encore d'une manière entièrement satisfaisante, et Hagen a introduit dans sa formule un troisième terme ayant pour facteur V^3. Nous posons donc :

$$ R = \alpha V + \beta V^2 + \gamma V^3 ; $$

[1] Les vitesses considérées sont beaucoup trop faibles pour que les coefficients obtenus soient applicables au mouvement des projectiles, par exemple. La résistance de l'air doit, dans ce cas, être étudiée à l'aide d'appareils spéciaux. — Voir le *Traité de Balistique* du général Mayevski.

ce qui donnerait des équations aux erreurs, de la forme

$$\Delta = - R + \alpha V + \beta V^2 + \gamma V^3.$$

Mais, en agissant directement sur cette espèce d'équations, nous accorderions trop d'importance aux observations qui se rapportent aux fortes résistances, parce que les erreurs *absolues* y sont les plus considérables. Pour donner une égale influence à toutes les observations, nous appliquerons la méthode des moindres carrés aux erreurs *relatives* $\frac{\Delta}{R}$, et nos équations aux erreurs seront de la forme

$$\frac{\Delta}{R} = \frac{V}{R}\alpha + \frac{V^2}{R}\beta + \frac{V^3}{R}\gamma - 1.$$

Comparant à l'équation type du § 129, nous voyons qu'il faut ici remplacer, dans les formules de ce paragraphe,

$$a \text{ par } \frac{V}{R}$$
$$b \quad \text{»} \quad \frac{V^2}{R}$$
$$c \quad \text{»} \quad \frac{V^3}{R}$$
$$n \quad \text{»} - 1$$
$$x, y, z \ldots \text{»} \quad \alpha, \beta, \gamma \ldots$$

Les coefficients sommatoires ont donc les valeurs numériques suivantes :

$$[aa] = 27\ 653\ 200$$
$$[ab] = 33\ 552\ 400$$
$$[ac] = 58\ 506\ 100$$
$$[an] = - 11\ 944,2$$
$$[bb] = 58\ 506\ 100$$
$$[bc] = 157\ 731\ 000$$
$$[bn] = - 20\ 211,3$$
$$[cc] = 593\ 890\ 000$$
$$[cn] = - 53\ 430,0.$$

Les substituant dans les trois équations normales, on obtient par l'élimination

$$\alpha = + 0,000\ 06473$$
$$\beta = + 0,000\ 29221$$
$$\gamma = + 0,000\ 00598$$

et la formule empirique exprimant la résistance de l'air devient ainsi

$$R = 0,000\ 0647\ V + 0,000\ 2922\ V^2 + 0,000\ 00598\ V^3.$$

L'employant à calculer les résistances correspondantes aux vitesses observées, on trouverait

$$R = 0,\ 000\ 214$$
$$= 0,\ 000\ 370$$
$$= 0,\ 000\ 718$$
$$= 0,\ 001\ 423$$
$$= 0,\ 002\ 820$$
$$= 0,\ 005\ 634$$
$$= 0,\ 011\ 499.$$

Les erreurs restantes seraient donc

$$\Delta = + 0,\ 000\ 003$$
$$= - 0,\ 000\ 011$$
$$= + 0,\ 000\ 002$$
$$= + 0,\ 000\ 020$$
$$= + 0,\ 000\ 006$$
$$= - 0,\ 000\ 052$$
$$= + 0,\ 000\ 026$$

Pour obtenir l'erreur moyenne, nous devons revenir aux erreurs relatives, c'est-à-dire diviser chaque Δ par le R correspondant. On trouve ainsi

$$\left[\left(\frac{\Delta}{R}\right)^2\right] = 0,001\ 3804,$$

d'où l'erreur moyenne

$$\varepsilon = \sqrt{\frac{0,001\ 3804}{7 - 3}} = \pm\, 0,01858.$$

L'erreur probable

$$r = 0,6745\ \varepsilon = \pm\, 0,01253.$$

Quant aux erreurs probables relatives à chacune des trois inconnues en particulier, on trouve

$$\text{pour } \alpha \ldots r = 0,000\ 00816$$
$$- \ \beta \ldots r = 0,000\ 00937$$
$$- \ \gamma \ldots r = 0,000\ 00182$$

La valeur absolue de la première constante est environ huit fois plus forte que son erreur probable : il y a donc plus d'un million à parier contre un que la nécessité d'introduire un terme renfermant la première puissance de la vitesse ne provient pas d'erreurs accidentelles dans les expériences. La nécessité du terme en V^3 nous paraît beaucoup plus contestable.

4° Les formules de la mécanique, d'accord avec les résultats de l'expérience, nous apprennent que la longueur, l, du pendule à secondes varie avec la latitude, λ, du lieu d'observation, et que ces deux quantités sont liées entre elles par la relation

$$l = A + B \sin^2 \lambda.$$

A et B sont deux constantes à déterminer.

$$\text{Pour } \lambda = \quad 0° \ldots \text{ on a } A = l$$
$$\text{et pour } \lambda = 90° \ldots \quad \text{»} \quad B = l - A :$$

de sorte que A est la longueur du pendule à l'équateur, et B la différence entre les longueurs du pendule au pôle et à l'équateur. Deux observations, faites sous des latitudes très-différentes, suffiraient à la rigueur pour déterminer les valeurs de nos deux constantes ; mais le résultat sera évidemment d'autant plus exact, qu'on fera concourir à cette détermination un plus grand nombre d'expériences, en les traitant par la méthode des moindres carrés.

Or, on trouve dans l'*Astronomie* de Biot (t. III, p. 164) les observations suivantes de la longueur du pendule à secondes *centésimales*.

OBSERVATEURS.	LIEUX.	LATITUDES.	LONGUEURS DU PENDULE.
Arago, Chaix, Biot. .	Formentera.	38° 39′ 46″	0^m,741 2517
Mathieu, Biot. . . .	Figeac. . .	44 36 45	0 ,741 6243
Mathieu, Biot. . . .	Bordeaux. .	44 50 25	0 ,741 6151
Mathieu, Biot. . . .	Clermont. :	46 48 4	0 ,741 7157
Bouvard, Math., Biot.	Paris. . . .	48 50 15	0 ,741 9262
Mathieu, Biot. . . .	Dunkerque .	51 2 8	0 ,742 0865

Substituant aux sinus des latitudes leurs valeurs numériques, on obtient six équations de condition, savoir :

$$\Delta_1 = 0,741\ 2517 - A - 0,390\ 3417\ B$$
$$\Delta_2 = 0,741\ 6243 - A - 0,494\ 2370\ B$$
$$\Delta_3 = 0,741\ 6151 - A - 0,497\ 2122\ B$$
$$\Delta_4 = 0,741\ 7157 - A - 0,513\ 6117\ B$$
$$\Delta_5 = 0,741\ 9262 - A - 0,566\ 7721\ B$$
$$\Delta_6 = 0,742\ 0865 - A - 0,604\ 5628\ B$$

qui conduisent facilement aux deux équations normales

$$- 4,450\ 2195 + 6\,A + 3,065\ 7375\ B = 0$$
$$- 2,273\ 97288 + 3,065\ 7375\,A + 1,593\ 39312\ B = 0.$$

Les divisant par 6, et éliminant ensuite par la méthode ordinaire, on trouve

$$A = 0^m,739\ 703526$$
$$B = 0^m,003\ 913689.$$

Par conséquent, la formule numérique qui donne la longueur du pendule centésimal, sous la latitude λ, est

$$l = 0^m,739\ 703526 + 0^m,003\ 913689\ \sin^2 \lambda.$$

Recalculant par cette formule les six observations du tableau précédent, on trouverait les valeurs des Δ, et par suite l'erreur moyenne d'une observation ; puis on calculerait séparément, comme dans l'exemple précédent, l'erreur moyenne de A et celle de B.

Le tableau suivant, extrait de l'*Astronomie* de Bohnenberger, présente les longueurs du pendule à secondes *sexagésimales*, observées sous des latitudes très-différentes. On a pris pour unité la longueur du pendule à Paris, qui, suivant Borda, est de 440^{lig},559.

OBSERVATEURS.	LIEUX.	LATITUDES.	LONGUEURS DU PENDULE.
Bouguer.	Pérou. . .	0° 0′	0,996 69
—	Portobello .	9 34	0,996 89
Le Gentil.	Pondichéry.	11 56	0,997 10
Campbell.	Jamaïque. .	18 0	0,997 45
Bouguer.	Petit-Goave.	18 27	0,997 28
Lacaille	Cap. . . .	33 55	0,998 77
—	Formentera.	38 40	0,999 08
Darquier.	Toulouse. .	43 36	0,999 50
Liesganig	Vienne. . .	48 13	0,999 87
Bouguer.	Paris . . .	48 50	1,000 00
Zach	Gotha . . .	50 56	1,000 06
Graham	Londres . .	51 31	1,000 18
Grischow.	Arensberg .	58 15	1,000 74
Mallet.	Pétersbourg.	59 56	1,001 01
Maupertuis.	Pello . . .	66 48	1,001 37
Mallet.	Ponoï . . .	67 5	1,001 48

Ces observations (à l'exception de celle de Formentera) ont été calculées par Puissant (*Traité de géodésie*, t. II, p. 341), d'après la méthode des moindres carrés. Le résultat qu'il trouve conduit à la formule

$$l = 0^m,739\ 5752 + 0^m,004\ 07830 \sin^2 \lambda,$$

pour exprimer la longueur du pendule à secondes centésimales [1].

5° Pour évaluer en secondes une division du niveau à bulle d'air, on attache le niveau à la lunette d'un cercle méridien, de manière que l'axe du tube soit parallèle au plan du cercle; puis on pointe successivement à différentes hauteurs, et on fait sur le cercle les lectures a, a', a''... correspondantes aux positions n, n', n''... du milieu de la bulle. L'observation étant très-délicate, on la répète plusieurs fois, et on calcule le résultat le plus probable par la méthode des moindres carrés.

Faisons, pour simplifier, $a = 0$, ce qui revient à supposer que la lecture faite sur le cercle donne zéro, lorsque le centre de la bulle occupe la position n : de cette manière, l'arc $a' - a$, parcouru par la bulle entre ses deux positions n et n', sera simplement désigné par a', et ainsi de suite; soit de plus y la valeur, en secondes, d'une division du niveau; x le nombre de secondes qui correspond à ny, ou l'inclinaison de l'axe du niveau, par rapport au diamètre initial du cercle,

---

[1] On sait qu'on étudie actuellement l'effet des *attractions locales* sur la longueur du pendule dans les différents lieux d'observation, en même temps que sur la direction de la verticale.

lorsque la bulle donne la lecture n; on aura les équations suivantes :

$$0 = x + ny$$
$$a' = x + n'y \qquad \ldots (1)$$
$$a'' = x + n''y \,..$$

L'expression qu'il faut rendre un minimum est donc

$$(+ x + ny)^2 + (-a' + x + n'y)^2 + (-a'' + x + n''y)^2 + \ldots$$

La différentiant successivement par rapport à x et par rapport à y, et égalant à zéro les coefficients différentiels, on a

$$0 = (+ x + ny) + (-a' + x + n'y) + (-a'' + x + n''y) + \ldots$$
$$0 = (+nx + n^2y) + (-a'n' + n'x + n'^2y) + (-a''n'' + n''x + n''^2y) + \ldots$$

qui se réduisent à deux équations normales de la forme générale

$$[an] = [aa]\, x + [ab]\, y$$
$$[bn] = [ab]\, x + [bb]\, y.$$

Dans le cas actuel, ces deux équations deviennent

$$[1]\, x + [n]\, y - [a] = 0$$
$$[n]\, x + [nn]\, y - [an] = 0;$$

et la première provient de l'addition immédiate des équations (1), la seconde, de l'addition de ces mêmes équations, après avoir préalablement multiplié chacune d'elles par le coefficient de y. — L'élimination de x fera connaître la valeur la plus probable de y.

Application. — Pour déterminer la valeur d'une division d'un niveau à bulle d'air, on l'a attaché à la lunette d'un cercle méridien, et l'on a fait les observations suivantes.

LECTURES SUR LE Cercle méridien.	BULLE DU NIVEAU. EXTRÉMITÉS.		VALEURS DE	
	Droite.	Gauche.	$n, n' \ldots$	$a, a' \ldots$
21, 645	— 23,8	+ 7,4	— 8,20	0,000
21, 974	— 20,2	+ 10,9	— 4,65	0,329
22, 328	— 15,8	+ 15,3	— 0,25	0,683
22, 676	— 12,3	+ 18,8	+ 3,25	1,031
23, 110	— 7,6	+ 23,6	+ 8,00	1,465

Les équations normales sont donc

$$+ 3,508 = \quad 5\,x - 1,85\,y$$
$$+ 13,702 = - 1,85\,x + 163,4875\,y\,;$$

d'où l'on déduit $x = 0,73470$; $y = 0,090097$.

Six séries analogues ont été faites par Baeyer au cercle méridien de l'Observatoire de Königsberg : il a obtenu pour y les valeurs suivantes :

$$y = 0,090\ 097$$
$$0,090\ 652$$
$$0,088\ 077$$
$$0,088\ 830$$
$$0,087\ 307$$
$$0,088\ 523$$

valeur moyenne $\qquad y = 0,089\ 526.$

Un tour de vis de l'appareil micrométrique était pris pour unité : ce tour de vis vaut d'ailleurs $34'',239$; il s'ensuit qu'une division du niveau $= 3'',065$.

La somme des carrés des erreurs des six déterminations de y est $0,000010257104$; par suite, l'erreur moyenne

$$\varepsilon = \sqrt{\frac{[\Delta^2]}{5}} = \pm\, 0,0013075 = \pm\, 0'',045.$$

§ 136. — La méthode des moindres carrés, telle que nous l'avons développée, suppose que les relations primitives qui existent entre les inconnues sont de forme *linéaire*. Elle se compliquerait beaucoup et deviendrait matériellement inapplicable, pour toute autre forme. Heureusement on peut, au moyen d'une solution indirecte, ramener ce dernier cas au premier.

Pour cela, parmi toutes les équations fournies par l'observation, on en choisit autant qu'il y a d'inconnues, et on détermine les valeurs de ces inconnues par les procédés ordinaires de l'algèbre. Très-souvent même, ce travail préparatoire est inutile, car on connaît déjà les valeurs *approximatives* des inconnues, et les observations n'ont pour but que de *corriger* ces valeurs. C'est le cas qui se présente, par exemple, lorsqu'on emploie les observations des planètes, pour corriger les tables de leur mouvement.

Soient donc X, Y, Z... les valeurs approximatives de x, y, z... données *à priori*, ou déduites d'un premier calcul purement algébrique : il s'agit de calculer les corrections x', y', z'... dont ont besoin ces premières *suppositions*. On a, par conséquent,

$$x = X + x'; \quad y = Y + y'; \quad z = Z + z' \dots$$

Introduisons les valeurs provisoires dans les équations proposées; elles donneront

$$V_0 \ = F \ (X, Y, Z \dots)$$
$$V'_0 = F' \ (X, Y, Z \dots)$$
$$V''_0 = F'' \ (X, Y, Z \dots)$$

c'est-à-dire e équations entre i inconnues, qui permettront de calculer les valeurs numériques des fonctions V_0, V'_0, V''_0 ...

Si nous introduisons $X + x'$, $Y + y'$, $Z + z'$... dans nos équations primitives, au lieu de x, y, z... nous obtiendrons :

$$V = F (X + x'; \quad Y + y'; \quad Z + z' ...)$$
$$V' = F' (X + x'; \quad Y + y'; \quad Z + z' ...)$$
$$V'' = F'' (X + x'; \quad Y + y'; \quad Z + z' ...) ... \text{etc.};$$

ou bien, en développant d'après le théorème de Taylor, et négligeant les puissances supérieures des petites corrections x', y', z'...

$$V = V_0 + \frac{dV_0}{dX} x' + \frac{dV_0}{dY} y' + \frac{dV_0}{dZ} z' ...$$

$$V' = V'_0 + \frac{dV'_0}{dX} x' + \frac{dV'_0}{dY} y' + \frac{dV'_0}{dZ} z' ...$$

$$V'' = V''_0 + \frac{dV''_0}{dX} x' + \frac{dV''_0}{dY} y' + \frac{dV''_0}{dZ} z' ... \text{etc.}$$

$\frac{dV_0}{dX}, \frac{dV_0}{dY}, \frac{dV_0}{dZ}$... ne sont autre chose que les dérivées partielles de la fonction primitive V, dans laquelle on a substitué X, Y, Z... à x, y, z...; il en est de même de $\frac{dV'_0}{dX}, \frac{dV'_0}{dY}$... etc. Désignant ces quantités connues par a, b, c..., a', b', c'..., on obtient entre les corrections x', y', z'... des équations de la forme

$$V = V_0 + ax' + by' + cz' + ...$$
$$V' = V'_0 + a'x' + b'y' + c'z' + ...$$
$$V'' = V''_0 + a''x' + b''y' + c''z' + ... \text{etc.}$$

Soit O la valeur de V fournie par l'observation; nous aurons

$$0 - V = 0 - V^0 - (ax' + by' + cz' ...);$$

faisons

$$V - 0 = \Delta, \text{ quantité inconnue };$$
$$V_0 - 0 = n, \text{ quantité connue :}$$

il viendra $\quad \Delta = ax' + by' + cz' + \ldots + n$

On aura de même

$$\Delta' = a'x' + b'y' + c'z' + \ldots + n'$$
$$\Delta'' = a''x' + b''y' + c''z' + \ldots + n'' \ldots$$

Système entièrement semblable au groupe (p') du § 129. Chaque observation fournit donc entre les *corrections* x', y', z'… une équation *linéaire ;* et l'ensemble de ces équations se traitera par la méthode exposée précédemment.

§ 137. — 1° On trouve en géodésie de fréquentes occasions d'appliquer la méthode qui vient d'être exposée. Admettons, par exemple, qu'un observateur, en station au point O, découvre quatre sommets A, B, C, D de la triangulation : il pourra, pour déterminer les directions relatives des quatre rayons visuels OA, OB, OC, OD, mesurer les six angles horizontaux AOB, AOC, AOD, BOC, BOD, COD; et en déduire, de plusieurs manières différentes, les valeurs des angles cherchés[1]. Il y a donc lieu d'opérer ici la compensation des observations, et de chercher, par la méthode des moindres carrés, la valeur la plus probable du résultat.

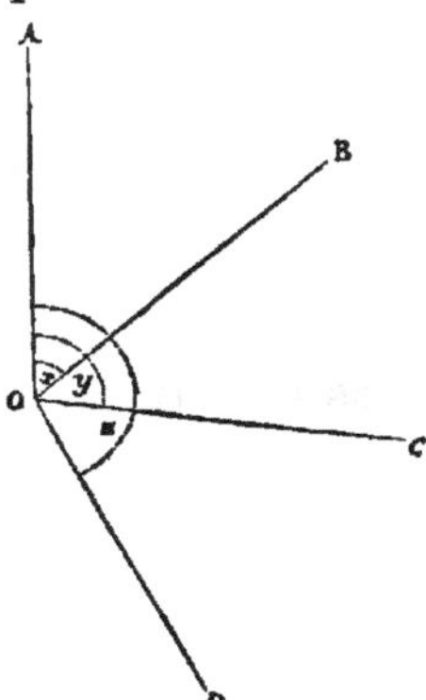

[1] Cette méthode d'observation, recommandée par les auteurs allemands, est désignée par eux sous le nom de « *Horizont-Abschluss* », locution qu'il ne faut pas confondre avec l'expression française « tour d'horizon ».

Soit, par exemple :

$$
\begin{aligned}
\text{AOB} &= 48^\circ\ 17'\ 1'',4 = x\\
\text{AOC} &= 96\ \ 52\ \ 16\ \ ,8 = y\\
\text{AOD} &= 152\ \ 54\ \ 6\ \ ,8 = z\\
\text{BOC} &= 48\ \ 35\ \ 14\ \ ,3 = y - x\\
\text{BOD} &= 104\ \ 37\ \ 7\ \ ,8 = z - x\\
\text{COD} &= 56\ \ 1\ \ 48\ \ ,9 = z - y.
\end{aligned}
$$

Dans le cas actuel, les valeurs approximatives des fonctions proposées se trouvent sans aucun calcul, en les *supposant* à peu près égales aux résultats immédiats de l'observation. Soient donc les *suppositions* suivantes, que nous écrivons en supprimant les degrés et les minutes :

$$
\begin{aligned}
x &= 1'' + x'\\
y &= 17'' + y'\\
z &= 7'' + z'\\
y - x &= 16'' + y' - x'\\
z - x &= 6'' + z' - x'\\
z - y &= 50'' + z' - y'.
\end{aligned}
$$

Nos équations de condition seront

$$
\begin{aligned}
-0'',4 + x' &= 0\\
+0\ \ ,2 + y' &= 0\,;\\
+0\ \ ,2 + z' &= 0\\
+1\ \ ,7 + y' - x' &= 0\\
-1\ \ ,8 + z' - x' &= 0\\
+1\ \ ,1 + z' - y' &= 0.
\end{aligned}
$$

Les coefficients sommatoires et auxiliaires seront

$$
\begin{aligned}
[aa] &= 3 & [an] &= -0'',3\\
[ab] &= -1 & [bn] &= +0\ \ ,8\\
[ac] &= -1 & [cn] &= -0\ \ ,5.\\
[bb] &= 3\\
[bc] &= -1\\
[cc] &= 3.
\end{aligned}
$$

$$[bb.1] = \frac{8}{3} \qquad [bn.1] = + 0'',7$$

$$[bc.1] = -\frac{4}{3} \qquad [cn.1] = - 0'',6$$

$$[cc.1] = \frac{8}{3}.$$

$$[cc.2] = 2. \qquad [cn.2] = - 0'',25.$$

On aura donc pour équations finales :

$$x' - \frac{1}{3}\, y' - \frac{1}{3}\, z' - 0'',1 \;= 0;$$

$$y' - \frac{1}{2}\, z' + 0'',26 \;= 0;$$

$$z' - 0'',125 = 0.$$

D'où
$$z' = + 0'',125$$
$$y' = - 0,20$$
$$x' = + 0,07.$$

En nous bornant au dixième de la seconde, les valeurs les plus probables des inconnues seront donc :

$$z = 152° \; 54' \; 7'' \;,1,$$
$$y = 96 \; 52 \; 16 \;,8,$$
$$x = 48 \; 17 \; 1 \;,1.$$

Si l'on compare ces éléments corrigés aux résultats immédiats fournis par l'observation, on trouvera les erreurs

$$\Delta \;= - 0'',3$$
$$\Delta' = 0 \;,0$$
$$\Delta'' = + 0 \;,3$$
$$\Delta''' = + 1 \;,4$$
$$\Delta^{IV} = - 1 \;,8$$
$$\Delta^{V} = + 1 \;,6.$$

La somme des carrés de ces erreurs est $7'',94$: le nombre des éléments à déterminer étant 3, on a donc, pour l'erreur moyenne d'une observation,

$$\eta = \sqrt{\frac{[\Delta^2]}{6-3}} = \pm 1'',63.$$

La forme des équations de condition suffit pour montrer que les trois inconnues sont déterminées avec une égale précision : les équations du poids sont d'ailleurs très-faciles à former ; on aurait, par exemple, pour celles qui sont relatives à x,

$$
\begin{aligned}
3Q_1 - q_2 - q_3 - 1 &= 0 \\
-Q_1 + 3q_2 - q_3 &= 0 \\
-Q_1 - q_2 + 3q_3 &= 0.
\end{aligned}
$$

Doublant la première et l'ajoutant aux deux autres, on obtient immédiatement

$$ Q_1 = \frac{1}{2}, \text{ d'où } P_1 = 2. $$

L'observation simple a été prise pour unité de poids ; il s'ensuit que l'erreur moyenne de chaque détermination est (k^v)

$$ \varepsilon = \frac{\eta}{\sqrt{2}} = \pm 1'',15. $$

Nous traiterons plus loin le cas où les angles observés formeraient un *tour d'horizon*.

2° On veut rattacher la position d'un point inaccessible, K, à la base AP : pour cela, on a mesuré les trois angles KAP, KBP, KCP, ainsi que les distances AB, AC. Il s'agit de trouver la valeur la plus exacte de l'ordonnée KP $= y$, et de l'abscisse AP $= x$.

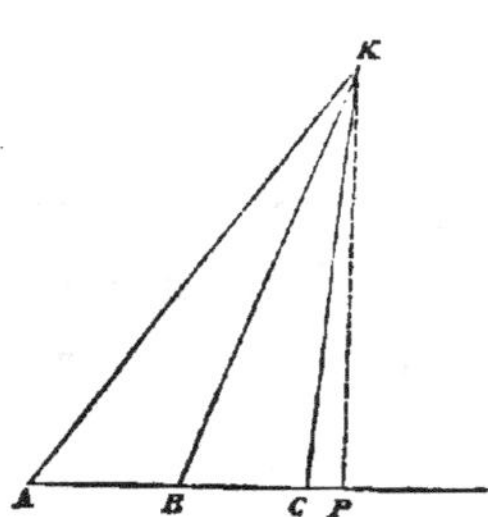

Les données de la question sont

$$
\begin{aligned}
KCP &= O &&= 86° \ 27' \ 18'',9 \\
KBP &= O' &&= 73 \ \ 22 \ \ 13 \ ,4 \\
KAP &= O'' &&= 61 \ \ \ \ 4 \ \ 38 \ ,7.
\end{aligned}
$$

$$
\begin{aligned}
AC &= D &&= 18^m,1256 \\
AB &= D' &&= \ \ 9 \ \ ,3793.
\end{aligned}
$$

Nos équations primitives sont

$$
\tan O = \frac{y}{x - D};
$$

$$
\tan O' = \frac{y}{x - D'};
$$

$$
\tan O'' = \frac{y}{x}.
$$

Au moyen de la première et de la troisième, calculons les valeurs provisoires de x et de y : nous trouvons ainsi

$$
\begin{aligned}
X &= + \ 20, 414 \\
Y &= + \ 36, 946.
\end{aligned}
$$

Soient o, o', o'', les valeurs de O, O', O'' qu'on calculerait au moyen des éléments provisoires X et Y : nous avons

$$
V_0 = \tan o = \frac{Y}{X - D} \ \ldots \ o = 86° \ 27' \ 20'' \ ,45 ;
$$

$$
V'_0 = \tan o' = \frac{Y}{X - D'} \ \ldots o' = 73 \ \ 22 \ \ 14 \ ,30 ;
$$

$$
V''_0 = \tan o'' = \frac{Y}{X} \ \ldots o'' = 61 \ \ \ \ 4 \ \ 39 \ ,94.
$$

Différentiant la première de ces trois relations, nous avons

$$
dV_0 = \frac{do}{\cos^2 o} = \frac{dY}{X - D} - \frac{Y dX}{(X-D)^2}.
$$

On peut transformer cette expression en y introduisant les valeurs de $CK = r$; $BK = r'$; $AK = r''$, qui sont faciles à calculer, et qui ne sont autre chose que $(X — D) \cos o$; $(X — D') \cos o'$; $X \cos o''$. Nous remplaçons en outre Y par $r \sin o = r' \sin o' = r'' \sin o''$, et nous multiplions le second membre par $\sin 1''$ pour réduire do en secondes. Il vient

$$do = — \frac{\sin 1'' \sin o}{r} dX + \frac{\sin 1'' \cos o}{r} dY = adX + bdY;$$

$$do' = — \frac{\sin 1'' \sin o'}{r'} dX + \frac{\sin 1'' \cos o'}{r'} dY = a'dX + b'dY;$$

$$do'' = — \frac{\sin 1'' \sin o''}{r''} dX + \frac{\sin 1'' \cos o''}{r''} dY = a''dX + b''dY.$$

Nous en déduisons

$$a = — 5561,6 \qquad b = + 344,5$$
$$a' = — 5125,7 \qquad b' = + 1530,9$$
$$a'' = — 4277,1. \qquad b'' = + 2363,3.$$

Retranchant les angles observés des angles calculés, on trouve

$$o — 0 = n = + 1'',55$$
$$o' — 0' = n' = + 0,90$$
$$o'' — 0'' = n'' = + 1,24.$$

Nos équations linéaires sont donc

$$\Delta = — 5561,6\, x' + 344,5\, y' + 1,55$$
$$\Delta' = — 5125,7\, x' + 1530,9\, y' + 0,90$$
$$\Delta'' = — 4277,1\, x' + 2363,3\, y' + 1,24.$$

A la rigueur, il était inutile de les transcrire; il était même superflu de former les nombres a, b, etc. : leurs logarithmes nous suffisaient. Au moyen de ces logarithmes et de ceux des n, on formera les coefficients des équations normales, qui sont

$$[an] \qquad [aa] \qquad [ab] \qquad [bn] \qquad [bb]$$
$$— 18537,13 ; + 75497600 ; — 19870530 ; + 4842,12 ; + 8047245.$$

Si nous voulons que x' et y' soient exprimés en millimètres, il suffira de diviser par 1000 leurs coefficients. Nos équations normales seront donc

$$75498\ x' - 19871\ y' - 18537{,}13 = 0$$
$$- 19871\ x' + 8047\ y' + 4842{,}12 = 0\ ;$$

et l'on en tire
$$x' = + 0{,}24896$$
$$y' = + 0{,}01305.$$

Nos coordonnées définitives sont donc

$$x = 20{,}414249$$
$$y = 36{,}946013.$$

Voulons-nous subsidiairement voir quelles sont les corrections que devraient subir nos observations, remplaçons x' et y' par leurs valeurs dans les équations de condition, et nous trouverons

$$\Delta\ = + 0''{,}17$$
$$\Delta'\ = - 0''{,}36 \qquad [\Delta^2] = 0''{,}2026.$$
$$\Delta'' = + 0''{,}21.$$

Valeurs que nous pourrions aussi trouver, en recommençant, avec les éléments *définitifs*, le calcul de o, o', o''.

Pour trouver la précision de notre résultat, formons les équations du poids au moyen des équations normales ; ce qui nous donne :

$$
\begin{aligned}
75498\ Q_1 - 19871\ q_2 - 1 &= 0 \\
- 19871\ Q_1 + 8047\ q_2\ \ \ &= 0
\end{aligned}
\ \Bigg\}\ \text{pour le poids de } x'\ ;
$$

$$
\begin{aligned}
75498\ q_1 - 19871\ Q_2\ \ \ &= 0 \\
- 19871\ q_1 + 8047\ Q_2 - 1 &= 0
\end{aligned}
\ \Bigg\}\ \text{pour le poids de } y'.
$$

Éliminant, on trouve

$$Q_1 = \frac{1}{P_1} = 0{,}0000378364$$

$$Q_2 = \frac{1}{P_2} = 0{,}0003549917.$$

Remarquons que l'unité de poids se rapporte à la seconde pour les angles et au mètre pour les longueurs ; Q_1, Q_2 étant exprimés en unités correspondantes au millimètre, il faut commencer par les diviser par 1000. Cela posé, l'erreur moyenne de l'observation est

$$\varepsilon = \sqrt{\frac{0,2026}{3-2}} = 0'',45 ;$$

donc

$$\varepsilon' = \varepsilon \sqrt{Q_1} = \pm\, 0^m,00008755$$

$$\varepsilon'' = \varepsilon \sqrt{Q_2} = \pm\, 0^m,00026818.$$

L'abscisse est donc déterminée trois fois plus exactement que l'ordonnée, ce qui résulte géométriquement de ce que les angles mesurés sont ceux en A avec AP et non ceux en K avec KP.

§ 138. — Il nous reste encore une question importante à résoudre : c'est de trouver la précision de certaines quantités qui doivent elles-mêmes être calculées *en fonction* des éléments qui ont été déterminés par la méthode des moindres carrés. La solution ne présente aucune difficulté.

Soit u une fonction des éléments x, y, z.... Cette fonction est connue, de sorte que l'on a

$$F (u, x, y, z \ldots) = 0.$$

Nommons h', h'', h''' les coefficients différentiels : nous aurons

$$du = h'dx + h''dy + h'''dz \, . \, .$$

et par suite, en nommant ε_1 l'erreur moyenne de u, et P son poids, nous aurons, comme au § 125,

$$\varepsilon_1{}^2 = h'^2\,\varepsilon'^2 + h''^2\,\varepsilon''^2 + h'''^2\,\varepsilon'''^2 \ldots$$

$$\varepsilon_1 = \sqrt{[h^2\,\varepsilon^2]}.$$

$$\frac{1}{P} = \frac{h'^2}{p'} + \frac{h''^2}{p''} + \frac{h'''^2}{p'''} \ldots$$

$$\frac{1}{P} = \left[\frac{h^2}{p}\right].$$

Application. — Nous avons trouvé dans l'exemple précédent

$$x = 20{,}414249\,;\quad \varepsilon' = \pm\,0{,}00008755$$
$$y = 36{,}946013\,;\quad \varepsilon'' = \pm\,0{,}00026818.$$

Or notre but définitif était de calculer les éléments nécessaires pour réduire au signal K, comme centre, les angles observés à la station A : ces éléments sont l'angle de direction KAP$=$V, et la distance AK$=$R; et on a, pour les déterminer, les relations

$$\operatorname{tang} V = \frac{y}{x} \ldots V = 61°\,4'\,38'',91$$

$$R = \frac{y}{\sin V} = \sqrt{x^2 + y^2} = 42^m,210768.$$

Reste maintenant à calculer l'erreur moyenne de ces deux quantités : la différentiation des deux dernières fonctions donne

$$dV = -\frac{\sin 1''\,\sin V}{R}\,dx + \frac{\sin 1''\,\cos V}{R}\,dy :$$

$$dR = \cos V\,dx + \sin V\,dy.$$

Appliquant les nombres, on obtient

	Pour V		Pour R
$h'^2\,\varepsilon'^2$	$= 0{,}140231$	...	$0,\ 000\ 000\ 001793$
$h''^2\,\varepsilon''^2$	$= 0{,}401682$	...	$0,\ 000\ 000\ 055099$
$[h^2\,\varepsilon^2]$	$= 0{,}541913$	...	$0,\ 000\ 000\ 056892$
ε	$= \pm\,0'',736$	...	$\pm\,0^m,0002385.$

Les éléments de la réduction au centre ne comportent donc que des erreurs insensibles, et cet exemple nous autorise à conclure que, dans les opérations géodésiques, « la grandeur des réductions au centre n'a, « par elle-même, aucun désavantage, pourvu qu'on « mette tous ses soins à bien mesurer les éléments de « cette réduction. »

§ 139. — La méthode du paragraphe précédent suppose que ε', ε'', ε'''... sont les *véritables* erreurs des inconnues, et que celles-ci sont *indépendantes* entre elles. Mais, dans la réalité, les inconnues dépendent, jusqu'à un certain point, l'une de l'autre, puisqu'elles sont fournies simultanément par les mêmes observations. Au lieu donc d'admettre les poids calculés (§ 133) pour x, y, z..., il vaut mieux recourir aux observations, pour trouver d'un seul coup le poids de la *fonction* même.

Supposons cette fonction, qu'on peut toujours ramener à être linéaire (§ 136), représentée par :

$$u = mx + ny + rz + s$$

le nombre des inconnues étant trois, pour fixer les idées.

Si l'on ne peut appliquer à x, y, z la formule du § 125, on peut le faire aux observations dont ces quantités sont fonctions. Or, en intégrant les équations (q), on trouve :

$$x = \mathrm{R} + \alpha_1 0 + \alpha_2 0' + \alpha_3 0'' + \ldots$$
$$y = \mathrm{S} + \beta_1 0 + \beta_2 0' + \beta_3 0'' + \ldots$$
$$z = \mathrm{T} + \gamma_1 0 + \gamma_2 0' + \gamma_3 0'' + \ldots$$

R, S, T étant des constantes. Substituons dans u, à x, y, z, leur valeur en O, O', O''..., il viendra :

$$u = k + (m\alpha_1 + n\beta_1 + r\gamma_1)\,0$$
$$+ (m\alpha_2 + n\beta_2 + r\gamma_2)\,0'$$
$$+ (m\alpha_3 + n\beta_3 + r\gamma_3)\,0''$$
$$\vdots \qquad \vdots \qquad \vdots \quad \vdots$$

k étant une constante. Appliquons maintenant la formule du § 125, en supposant que le poids de O, O', O''.... soit pris pour unité. Nous aurons :

$$\frac{1}{P} = \left(\frac{du}{d0}\right)^2 + \left(\frac{du}{d0'}\right)^2 + \left(\frac{du}{d0''}\right)^2 + \ldots$$

P étant le poids de u. Remplaçons les $\frac{du}{d0}$ par leur valeur, il vient

$$\frac{1}{P} = m^2\,[\alpha\alpha] + 2mn\,[\alpha\beta] + 2mr\,[\alpha\gamma]$$
$$+ n^2\,[\beta\beta] + 2nr\,[\beta\gamma]$$
$$+ r^2\,[\gamma\gamma].$$

Si nous posons maintenant pour abréger :

$$A = m\,[\alpha\alpha] + n\,[\alpha\beta] + r\,[\alpha\gamma]$$
$$B = m\,[\alpha\beta] + n\,[\beta\beta] + r\,[\beta\gamma] \qquad (\text{I})$$
$$C = m\,[\alpha\gamma] + n\,[\gamma\beta] + r\,[\gamma\gamma]$$

$\frac{1}{P}$ devient :

$$\frac{1}{P} = mA + nB + rC.$$

Les quantités $[\alpha\alpha]$, $[\alpha\beta]$ ... étant données par les équations du poids, (I), (II), (III) du § 133, la question est résolue.

On peut éviter de devoir résoudre ces équations du poids en résolvant celles-ci :

$$m = [aa]\,A + [ab]\,B + [ac]\,C$$
$$n = [ab]\,A + [bb]\,B + [bc]\,C \qquad (\text{IV})$$
$$r = [ac]\,A + [bc]\,B + [cc]\,C$$

qui donnent évidemment pour A, B, C, les mêmes valeurs que celles écrites dans (t).

En résumé, on peut donc formuler la règle suivante : « Si des inconnues x, y, z... sont données par les équa- « tions normales

$$[aa]\,x + [ab]\,y + [ac]\,z \ldots + [an] = 0$$
$$[ab]\,x + [bb]\,y + [bc]\,z \ldots + [bn] = 0$$
$$[ac]\,x + [bc]\,y + [cc]\,z \ldots + [cn] = 0\,;$$

« et qu'on cherche le poids P d'une expression

$$u = \alpha x + \beta y + \gamma z + \ldots$$

« tirée de ces équations, on le trouve par la formule

$$\frac{1}{P} = \alpha A + \beta B + \gamma C + \ldots$$

« dans laquelle A, B, C... sont des quantités qui « satisfont aux équations (iv), et qui peuvent en être « déduites. »

§ 140. — Lorsque les observations sont *d'inégale* précision, chacune d'elles a son poids particulier, p', p'', p'''... et son erreur moyenne particulière ε', ε'', ε'''... Maintenant, la quantité à rendre un minimum sera, non plus $[\Delta^2]$, mais (§ 113) la quantité $[p\Delta^2] = [\Delta\sqrt{p}.\,\Delta\sqrt{p}]$; et par suite les équations *normales* seront, comme nous l'avons déjà fait pressentir dans la note du § 129,

$$[paa]\,x + [pab]\,y + [pac]\,z \ldots + [pan] = 0$$
$$[pab]\,x + [pbb]\,y + [pbc]\,z \ldots + [pbn] = 0$$
$$[pac]\,x + [pbc]\,y + [pcc]\,z \ldots + [pcn] = 0 \ldots \text{etc.}$$

La légère modification à apporter au procédé gé-

néral, se traduit donc par cette règle pratique très-
simple :

« Lorsque les observations sont d'inégale précision,
« on forme, pour le passage des équations de condition
« aux équations normales, les produits individuels (p^v),
« comme dans le cas d'une égale précision; mais, avant
« de les additionner, on multiplie chacun d'eux par le
« poids de l'observation correspondante. »

Comme application numérique, reprenons le second
exemple du § 137, en ayant égard à cette circonstance,
que l'angle O a été observé 20 fois, l'angle O', 35 fois
et l'angle O″, 48 fois.

Comme la détermination pratique des poids laisse
toujours un peu de vague, on peut les altérer légère-
ment, dans la vue de simplifier les calculs, et poser

$$p' = 22; \quad p'' = 33; \quad p''' = 44,$$

afin, comme l'unité de poids est arbitraire, de pouvoir
adopter $\qquad p' = 2; \quad p'' = 3; \quad p''' = 4.$
Les coefficients des équations normales deviennent
alors :

$$[paa] \qquad [pab] \qquad [pbn] \qquad [pbb] \qquad [pan]$$
$$+ 213855200; - 67803660; + 16922,82; + 29608070; - 52294,62.$$

Et l'on a pour équations normales :

$$213855\, x' - 67804\, y' - 52294,62 = 0,$$
$$- 67804\, x' + 29608\, y' + 16922,82 = 0;$$

d'où l'on tire par élimination

$$x' = + 0,23114$$
$$y' = - 0,04225.$$

On a donc pour valeurs difinitives des coordonnées

$$x = 20,414231$$
$$y = 36,945958.$$

Quant aux erreurs d'observation, elles deviennent, dans le cas actuel,

$$\Delta' \ = + \ 0'',25$$
$$\Delta'' = - \ 0'',35$$
$$\Delta''' = + \ 0'',15.$$

Pour trouver la précision des observations individuelles, nous devons d'abord calculer l'erreur moyenne, η, de l'unité de poids. Il suffira évidemment, à cet effet, de remplacer, dans la formule de la fin du § 137, la quantité $[\Delta^2]$ par $[p\Delta^2]$.

Quant à la précision des éléments, elle se calculera exactement d'après la règle du § 133, en se rappelant toutefois que les q_1, q_2,... se rapportent maintenant à l'unité de poids.

Pour continuer notre exemple numérique, nous avons ici

$$[p\Delta^2] = 0,5825 \, ;$$

d'où

$$\eta = \sqrt{\frac{[p\Delta^2]}{3-2}} = \pm \ 0'',763.$$

Telle serait l'erreur moyenne de l'unité de poids, c'est-à-dire de l'angle obtenu par 11 répétitions. Quant à celles des angles O', O'', O''', elles sont respectivement

$$\eta_1 = \frac{\eta}{\sqrt{2}} = 0'',54 \, ;$$

$$\eta_2 = \frac{\eta}{\sqrt{3}} = 0'',44 \, ;$$

$$\eta_3 = \frac{\eta}{\sqrt{4}} = 0'',38.$$

Le poids des éléments cherchés s'obtiendra en formant

les équations du poids au moyen des équations normales : on a

$$213855\, Q_1 - 67804\, q_2 - 1 = 0$$
$$-\ 67804\, Q_1 + 29608\, q_2 \qquad = 0$$

pour le poids de x' ;

$$213855\, q_1 - 67804\, Q_2 \qquad = 0$$
$$-\ 67804\, q_1 + 29608\, Q_2 - 1 = 0$$

pour le poids de y'.

On en déduit

$$Q_1 = \frac{1}{P_1} = 0,00001707 \; ;$$

$$Q_2 = \frac{1}{P_2} = 0,00012329 \; ;$$

d'où, comme à la fin du § 137,

$$\varepsilon' = \pm\, 0^m,00009971 \; ;$$
$$\varepsilon'' = \pm\, 0^m,00026799.$$

On voit qu'on n'a rien gagné du côté de la précision
à accorder aux trois observations des poids différents,
et c'est ce qui arrive très-souvent dans la pratique. De
là cette règle importante, que suivent scrupuleusement
tous les bons observateurs : « Lorsque vous pouvez
« disposer des circonstances, faites tout votre possible
« pour que vos observations puissent être considérées
« comme également précises. »

Si nous n'avions adopté que comme une simple *hypothèse* la proportionnalité des poids aux nombres de répétitions, nous aurions dû, une fois arrivés aux valeurs
de r_{i1}, r_{i2}, r_{i3}, voir si elles étaient à peu près proportionnelles à celles de Δ', Δ'', Δ'''. Dans la négative,
nous aurions cherché à corriger les poids au moyen de
la relation

$$p'\Delta'^2 = p''\Delta''^2 = p'''\Delta'''^2 \; ;$$

et, en conservant $p'=20$, nous eussions trouvé $p''=10$,

$p''' = 56$. Recommençant le calcul avec ces nouveaux poids, à partir de la formation des équations normales, nous eussions continué jusqu'à ce que nos η fussent à peu près proportionnels aux Δ obtenus.

APPLICATION AU CALCUL DE L'ERREUR MOYENNE D'UNE BASE GÉODÉSIQUE.

§ 141. — Les erreurs que comporte la mesure d'une base géodésique peuvent provenir de trois causes distinctes :

1° D'une erreur commise dans la comparaison des règles entre elles ;

2° D'une erreur commise dans l'étalonnage de la règle moyenne ;

3° D'erreurs accidentelles commises dans le placement des règles.

Nous allons chercher les formules propres à calculer l'erreur moyenne due à chacune de ces trois causes séparément, pour en déduire ensuite l'erreur moyenne totale. Nous supposons d'ailleurs que la base soit mesurée d'après la méthode allemande, suivie en Belgique par le Dépôt de la guerre (voyez Bessel's und Baeyer's *Gradmessung in Ostpreussen ;* et Baeyer, *die Küstenvermessung und ihre Verbindung,* etc.).

Première cause d'erreur.

Soit m la dilatation linéaire d'une règle, l, pour chacune des divisions du thermomètre métallique ; a le nombre de ces divisions correspondant à la température actuelle de la règle ; désignons par λ la longueur (maximum) de celle-ci, pour la température marquée par $a = 0$: on aura, en général,

$$l = \lambda - am ;$$

et en particulier, pour chacune des quatre règles qui servent à la mesure,

$$\left.\begin{array}{llll}
\text{règle n}^o \text{ 1} & \dots\ l' & = \lambda' & -\ am' \\
- \quad \text{II} & \dots\ l'' & = \lambda'' & -\ bm'' \\
- \quad \text{III} & \dots\ l''' & = \lambda''' & -\ cm''' \\
- \quad \text{IV} & \dots\ l^{\text{IV}} & = \lambda^{\text{IV}} & -\ dm^{\text{IV}}.
\end{array}\right\} \quad \dots\ (a)$$

Posons
$$\lambda' + \lambda'' + \lambda''' + \lambda^{\text{IV}} = 4L \qquad \dots\ (1)$$

L sera la longueur de la règle moyenne, et nous pourrons écrire

$$\left.\begin{array}{ll}
\lambda' & = L + x' \\
\lambda'' & = L + x'' \\
\lambda''' & = L + x''' \\
\lambda^{\text{IV}} & = L + x^{\text{IV}} ;
\end{array}\right\} \qquad \dots\ (2)$$

d'où
$$x' + x'' + x''' + x^{\text{IV}} = 0 \qquad \dots\ (3)$$

Nos équations (a) deviennent donc :

$$\left.\begin{array}{lllll}
\text{règle n}^o \text{ I} & \dots\ l' & = L + x' & -\ am' \\
- \quad \text{II} & \dots\ l'' & = L + x'' & -\ bm'' \\
- \quad \text{III} & \dots\ l''' & = L + x''' & -\ cm''' \\
- \quad \text{IV} & \dots\ l^{\text{IV}} & = L + x^{\text{IV}} & -\ dm^{\text{IV}}.
\end{array}\right\} \quad \dots\ (4)$$

Dans ces formules on connaît a, b, c, d : ce sont les divisions des thermomètres métalliques, indiquées par le prisme en verre. Dès qu'on connaîtra les valeurs de x', x''.... m', m''.... on aura les valeurs *relatives* des quatre règles pour une température quelconque ; leurs valeurs *absolues* s'en déduiront facilement lorsqu'on aura déterminé L.

Le comparateur de Bessel donne, pour la longueur d'une règle, l'expression

$$l = \mathrm{L} + \mathrm{C} - n,$$

dans laquelle C est une constante inconnue qu'il faut éliminer, et n un intervalle connu, mesuré par le prisme en verre faisant fonction de vernier. On a donc pour les quatre règles :

$$
\left.
\begin{aligned}
\text{n}^o\ \mathrm{I}\ \ \dots\ & l' = \mathrm{L} + \mathrm{C} - n' \\
\mathrm{II}\ \dots\ & l'' = \mathrm{L} + \mathrm{C} - n'' \\
\mathrm{III}\ \dots\ & l''' = \mathrm{L} + \mathrm{C} - n''' \\
\mathrm{IV}\ \dots\ & l^{\mathrm{IV}} = \mathrm{L} + \mathrm{C} - n^{\mathrm{IV}};
\end{aligned}
\right\} \quad \dots\ (5)
$$

ou bien, en vertu des équations (4),

$$
\left.
\begin{aligned}
n' &= \mathrm{C} - x' + am' \\
n'' &= \mathrm{C} - x'' + bm'' \\
n''' &= \mathrm{C} - x''' + cm''' \\
n^{\mathrm{IV}} &= \mathrm{C} - x^{\mathrm{IV}} + dm^{\mathrm{IV}}.
\end{aligned}
\right\} \quad \dots\ (6)
$$

Le système (6) renferme *neuf* inconnues, savoir : la constante C, les quatre x et les quatre m ; mais elles se réduisent à *huit,* en vertu de la relation (3) qui permet d'éliminer un x.

Cela posé, comme l'appareil ne reste pas dans les mêmes conditions de température, lorsqu'on passe d'une comparaison des quatre règles à la comparaison suivante, chaque système analogue à (6) renfermera une nouvelle constante, C ; de sorte que p comparaisons fourniront $4p$ équations entre $(p + 7)$ inconnues.

Les comparaisons faites par Bessel, en 1832, lui ont donné neuf systèmes (6), dont chacun est fourni par la moyenne entre trois ou quatre opérations : il s'est donc ainsi procuré 36 équations entre 16 inconnues, qu'il a

résolues par la méthode des moindres carrés. Éliminant
les C entre les 16 équations normales, et introduisant
ensuite la relation (3), il obtient entre les 8 inconnues
x', x'', x''', x^{IV}, m', m'', m''', m^{IV}, 8 équations de la
forme

$$A_1 = \alpha_1 x' + \beta_1 m' + \beta_2 m'' + \beta_3 m''' + \beta_4 m^{\mathrm{IV}}$$
$$A_2 = \alpha_2 x'' + \gamma_1 m' + \gamma_2 m'' + \gamma_3 m''' + \gamma_4 m^{\mathrm{IV}} \;\ldots\; \text{etc.}$$

Les résolvant, et substituant dans (4), il trouve les
valeurs de l', l'', l''', l^{IV}, exprimées en règle moyenne.

Les neuf valeurs C_1, $C_2\ldots$ C_9 seraient inutiles à calculer, si l'on ne voulait apprécier l'erreur moyenne
d'une comparaison individuelle; mais cette donnée est
nécessaire, pour en déduire plus tard l'erreur moyenne
de la base. On calculera donc les C, et on les
substituera, avec les m et les x, dans les neuf systèmes (6); ce qui fournira 36 erreurs, Δ_1, $\Delta_2\ldots$, etc.
On fera la somme $[\Delta^2]$ des carrés de ces erreurs, et
comme 36 équations ont servi à déterminer 16 inconnues, l'erreur moyenne de chacune de ces équations
sera (§ 132)

$$\sqrt{\frac{[\Delta^2]}{36 - 16}}\;;$$

ou, plus généralement,

$$E = \sqrt{\frac{[\Delta^2]}{4p - (p + 7)}} \qquad \ldots\;(10)$$

Pour apprécier l'influence de cette première cause
d'erreur sur la mesure de la base, nous avons maintenant à exprimer la longueur de cette base, de manière
à y mettre en évidence les quantités x', $x''\ldots$ m', $m''\ldots$

Si les quatre règles ont été portées respectivement

M', M'', M''', M^{IV} fois, la longueur de la base sera représentée par

$$B = \left\{ \begin{matrix} (M' + M'' + M''' + M^{IV})\,L + M'x' + M''x'' + M'''x''' + M^{IV}x^{IV} \\ -\,[a]\,m' - [b]\,m'' - [c]\,m''' - [d]\,m^{IV} + R \end{matrix} \right\};$$

formule dans laquelle $[a]$, $[b]$, $[c]$, $[d]$ expriment la somme des indications des thermomètres métalliques, pour chacune des règles en particulier; et où R englobe toutes les autres corrections, telles que la réduction à l'horizon, les intervalles entre les règles, et les distances des deux règles extrêmes aux points de départ et d'arrivée.

Si l'étalonnage a donné pour la règle moyenne la valeur

$$L = R' - x' + a_1 m',$$

la longueur de la base deviendra

$$(M'+M''+M'''+M^{IV})R' - (M''+M'''+M^{IV})x' + M''x'' + M'''x''' + M^{IV}x^{IV}$$
$$+ \left\{ (M'+M''+M'''+M^{IV})a_1 - [a] \right\} m' - [b]m'' - [c]m''' - [d]m^{IV} + R.$$

On pourra donc, en faisant abstraction des termes extrêmes, mettre sous la forme

$$N'x' + N''x'' + N'''x''' + N^{IV}x^{IV} - A'm' - A''m'' - A'''m''' - A^{IV}m^{IV},$$

l'expression qui indique de quelle manière les quantités x', x''... m', m''... ont influencé la mesure de la base. Par conséquent, l'erreur moyenne de cette expression sera en même temps l'erreur moyenne de la base, due à la première cause que nous envisageons. — Calculant, d'après le § 139, le poids, P, de cette fonction, on aura pour son erreur moyenne

$$M = \frac{E}{\sqrt{P}} \,;$$

E étant l'erreur moyenne fournie par la formule (10).

Deuxième cause d'erreur.

Pour trouver la longueur de la règle moyenne, L, en toises du Pérou, on compare l'une des quatre règles, par exemple, l', à la double toise étalon 2T, à l'aide du même appareil qui sert à comparer les quatre règles entre elles. Dans ce cas, on a, par une première comparaison, les équations

$$2T = L + C - n \atop l' = L + C - n';$$
$$\qquad \dots (11)$$

mais comme on a aussi, par les formules (4),

$$l' = L + x' - am',$$

on trouvera, en retranchant les deux premières, et substituant ensuite cette valeur de l',

$$L = 2T - x' + am' + n - n'. \qquad \dots (12$$

Si l'on répète p fois les expériences qui ont conduit aux formules (11), on trouvera, pour L, p valeurs dont on prendra la moyenne; puis on calculera les différences Δ', Δ''... entre cette moyenne et chacune des p valeurs de L : nommant e l'erreur moyenne *d'une* comparaison de la règle avec la double toise, on aura

$$e = \sqrt{\frac{[\Delta^2]}{p-1}}. \qquad \dots (13)$$

Maintenant, soit k le nombre de règles moyennes contenues dans la base : comme la valeur de L repose sur un nombre, p, de déterminations, on aura (§ 123) pour l'erreur moyenne due à la 2ᵉ cause

$$M' = \frac{k}{\sqrt{p}} \cdot e.$$

Troisième cause d'erreur.

L'influence des erreurs accidentelles commises dans le placement des règles s'apprécie en comparant entre eux les résultats de la double mesure de chacune des deux parties de la base.

Soit d la différence entre les deux mesures de la première partie : la somme des carrés des erreurs sera $\frac{d^2}{4}$; et l'erreur moyenne d'une mesure, $\frac{d}{\sqrt{2}}$ (§ 113, k″).

Si cette première partie renferme n règles, le poids de sa mesure sera $\frac{1}{n}$, en prenant pour unité de poids celui de la pose d'une règle (§ 122, n^{ix}). Pour la même raison, l'erreur moyenne d'une mesure de la seconde partie sera $\frac{d'}{\sqrt{2}}$, avec le poids $\frac{1}{n'}$. Donc l'erreur moyenne, M″, de la somme des deux parties, dont le poids est $\frac{1}{n+n'}$, sera donnée par la formule (n^{v}), après avoir tout réduit à la même unité de poids ; et l'on aura

$$\frac{M''}{\sqrt{n+n'}} = \sqrt{\frac{d^2}{2n} + \frac{d'^2}{2n'}} \;;$$

ou, puisque la base a été mesurée deux fois,

$$M'' = \frac{1}{2} \sqrt{\left\{ \frac{n+n'}{n} d^2 + \frac{n+n'}{n'} d'^2 \right\}}.$$

Telle est l'erreur moyenne due à la troisième cause.

Erreur moyenne totale.

Les trois causes d'erreur que nous venons de passer en revue étant indépendantes l'une de l'autre, l'erreur moyenne de la base, résultant de leur concours, sera

$$M''' = \pm \sqrt{M^2 + M'^2 + M''^2}.$$

La base *Trenk-Mednicken*, mesurée par Bessel, a une longueur de 935 toises ; son erreur moyenne, calculée d'après les formules précédentes, ne s'élève qu'à $\pm 1^{\text{lig.}},816$, c'est-à-dire au 445000e de sa longueur. L'influence de cette erreur sur la longueur d'un degré ne serait que de $0^{\text{T}},13$. La base mesurée par le colonel Baeyer, près de Berlin, en 1846, ne présente qu'une erreur moyenne de $\pm 1^{\text{lig.}},341$ sur une longueur de 1198 toises. Celle mesurée en Belgique, à Lommel, en 1852, a une erreur moyenne de $\pm 0^{\text{lig.}},6034$ ($1^{\text{mm}},3612$) ou de $\dfrac{1}{1690000}$, et celle d'Ostende (1853), une erreur moyenne de $\pm 0^{\text{lig.}},4806$ ($1^{\text{mm}},0842$) ou $\dfrac{1}{2290000}$.

APPLICATION A LA MESURE DES ANGLES GÉODÉSIQUES.

§ 142. — La mesure de l'angle simple compris entre deux signaux A et B se compose de quatre opérations à exécuter dans l'ordre suivant :

1° On fixe l'alidade : l'index du vernier correspond à un point (u) de la division du limbe, pour lequel la *lecture* donne m. Le *poids* de cette opération est b.

2° Sans changer le point (u), on amène, par le mouvement général du limbe, la croisée des fils sur le point A : la distance angulaire de ce point à l'origine (γ) des graduations est donc égale à (u). Le *poids* de ce *pointé* est a.

3° On fixe le point (γ), et on tourne l'alidade de

manière à la pointer sur le signal B : l'index est donc amené sur un autre point de division (u'), dont la distance angulaire à l'origine des graduations est $\gamma + x$. Le poids de cette troisième opération est a, comme celui de la précédente.

4° Enfin on fait une seconde lecture, m', dont le poids est égal à b, comme celui de la première.

On aura donc, pour déterminer la valeur de l'angle simple, quatre équations correspondantes aux quatre opérations précédentes, savoir :

$$
\begin{aligned}
u &= m \ \ldots \text{ poids } = b \ ; \text{ erreur moyenne} = \beta \\
\gamma &= u \ \ldots \ \ - \ = a \qquad\qquad - \qquad = \alpha \\
\gamma + x &= u' \ \ldots \ \ - \ = a \qquad\qquad - \qquad = \alpha \\
u' &= m' \ \ldots \ \ - \ = b \qquad\qquad - \qquad = \beta
\end{aligned}
$$

Elles renferment quatre inconnues et donnent, pour valeur déterminée de x,

$$x = m' - m.$$

Si nous voulons trouver le poids de cette expression, observons que l'équation du minimum du carré des erreurs est

$$[\Delta^2] = b\,(u - m)^2 + a\,(\gamma - u)^2 + a(\gamma + x - u')^2 + b\,(u' - m')^2.$$

Égalant à zéro les différentielles prises par rapport à chacune des quatre inconnues, on obtient les quatre équations normales

$$
\begin{aligned}
2a\gamma - au - au' + ax &= 0 \\
-a\gamma + (a + b)\,u - bm &= 0 \\
-a\gamma + (a + b)\,u' - ax - bm' &= 0 \\
a\gamma \qquad - \qquad au' + ax &= 0
\end{aligned}
$$

Éliminant successivement toutes les inconnues à l'exception de x, on trouve pour équation finale,

$$\frac{ab}{2\,(a+b)}\,x - \frac{ab}{2\,(a+b)}\,(m'-m) = 0.$$

Ainsi le *poids* de x est le coefficient

$$\frac{ab}{2\,(a+b)},$$

et l'*erreur moyenne* correspondante est

$$\sqrt{2\alpha^2 + 2\beta^2}.$$

Conclusion à laquelle on aurait pu parvenir immédiatement, en se rappelant (§ 122) qu'un résultat soumis à différentes causes d'erreur indépendantes l'une de l'autre, dont les erreurs moyennes sont respectivement α, β, γ… a lui-même pour erreur moyenne l'expression

$$\sqrt{\alpha^2 + \beta^2 + \gamma^2 + \ldots}$$

Nous venons de considérer une observation unique et indépendante de toutes les observations de même espèce qu'on pourrait faire. Mais ce qui caractérise la *répétition* des angles, c'est que chaque observation *dépend* de celle qui précède, le (u') de celle-ci servant de (u) pour celle-là. Peu importe d'ailleurs que la quatrième opération, la lecture, ait été faite ou omise. Dans ce cas, nous aurons, conformément aux notations précédentes,

Poids $= a$		Poids $= a$		$u \;\; = m$	…	Poids $= b$	;
$u \;\;\;\;\; = \gamma$;		$u' = \gamma + x$;		$u' = m'$	…	$\;-\; = b'$	;
$u' \;\;\; = \gamma'$;		$u'' = \gamma' + x$;		$u'' = m''$	…	$\;-\; = b''$	,
$\vdots$		$\vdots$		$\vdots$			
$u^{(n-1)} = \gamma^{(n-1)}$;		$u^{(n)} = \gamma^{(n-1)} + x$;		$u^{n)} = m^{(n}$		$\;-\; = b^{(n)}$	.

27

C'est pour la généralité de la discussion que nous accordons des poids différents b, b', b''... aux différentes lectures : nous nous réservons d'égaler plus tard à zéro ceux qui correspondraient à des lectures qui n'auraient pas été faites, et d'égaler tous les autres à b.

Le système précédent renferme toujours plus d'équations que d'inconnues, sauf le cas où l'on n'aurait fait que deux lectures, l'une au commencement, l'autre à la fin de l'opération.

Si l'on différentie, par rapport aux γ, l'équation du minimum du carré des erreurs, on a :

$$
\begin{aligned}
2a\gamma \quad &+ ax = a\,(u \quad + u')\,; \\
2a\gamma' \quad &+ ax = a\,(u' \quad + u'')\,; \\
&\ \vdots \\
2a\gamma^{(n-1)} &+ ax = a\,(u^{(n-1)} + u^{(n)}).
\end{aligned}
$$

La différentiant par rapport aux (u), on obtient :

$$
\begin{aligned}
(\,a + b)\,u \quad &= a\gamma \qquad\qquad\quad + bm \qquad\quad ; \\
(2a + b)\,u' \quad &= a\,(\gamma + \gamma' + x) \ + b'\,m' \qquad\quad ; \\
&\ \vdots \\
(2a + b)\,u^{(n-1)} &= a\,(\gamma^{(n-2)} + \gamma^{(n-1)} + x) + b^{(n-1)}\,m^{(n-1)}\,; \\
(\,a + b)\,u^{(n)} \quad &= a\,(\gamma^{(n-1)} + x) \qquad\quad + b^{(n)}\ m^{(n)} \quad .
\end{aligned}
$$

Enfin la différentiation par rapport à x donne

$$
nax + a\,(\gamma + \gamma' + \ldots + \gamma^{(n-1)}) = a\,(u' + u'' + \ldots + u^{(n)}).
$$

Si des n premières équations on tire les valeurs de γ, γ', γ''... $\gamma^{(n-1)}$ pour les substituer dans toutes les autres, et qu'on divise celles-ci, à l'exception de la dernière, par $1/2\,a$ (ce qui est permis, puisqu'on cherche seulement le poids de (x), et non celui des divers (u)), on obtiendra :

$$\left(1 + \frac{2b}{a}\right) u \; - \; u' \; = \; \frac{2b}{a}\, m \; - \; x\,;$$

$$- \, u \; + \left(2 + \frac{2b'}{a}\right) u' \; - \; u'' \; = \; \frac{2b'}{a}\, m' \qquad ;$$

$$- \, u' \; + \left(2 + \frac{2b''}{a}\right) u'' \; - \; u''' \; = \; \frac{2b''}{a}\, m'' \qquad ;$$

$$\vdots$$

$$- \, u^{(n-2)} \; + \left(2 + \frac{2b^{(n-1)}}{a}\right) u^{(n-1)} \; - \; u^{(n)} \; = \; \frac{2b^{(n-1)}}{a}\, m'^{n-1}\,;$$

$$- \, u^{(n-1)} \; + \left(1 + \frac{2b^{(n)}}{a}\right) u^{n} \qquad = \; \frac{2b^{(n)}}{a}\, m^{(n)} + x\,;$$

et enfin
$$\frac{an}{2}\, x \; - \; \frac{a}{2}\, (u^{(n)} - u) = 0.$$

Supposons que les lectures aient été faites après

$$0,\; h,\; i,\; l,\; \ldots\; m,\; n$$

observations, et qu'elles aient donné les nombres

$$m,\; m^{h},\; m^{i},\; m^{l},\; \ldots\; m^{m},\; m^{n}$$

correspondant aux divisions

$$u,\; u^{h},\; u^{i},\; u^{l},\; \ldots\; u^{m},\; u^{n}.$$

On pourra faire, dans les équations générales qui précèdent,

$$b,\; b^{h},\; b^{i},\; b^{l},\; \ldots\; b^{m},\; b^{n}$$

égaux entre eux, et les autres b égaux à zéro. Les
équations pour lesquelles cette dernière circonstance a
lieu, par exemple, celles depuis le rang 2 jusqu'au
rang $(h-1)$ inclusivement, deviennent :

$$-u \; + 2u' \; - \; u'' = 0\,; \quad \text{ou} \quad u' - u = u'' - u'.$$

$$-u' + 2u'' - u''' = 0\,; \quad \text{ou} \quad u'' - u' = u''' - u''.$$

$$\vdots$$

$$-u^{(h-2)} + 2u^{(h-1)} - u^{(h)} = 0\,; \text{ou } u^{(h-1)} - u'^{h-2} = u^{(h)} - u^{(h-1)}.$$

On en déduit que

$$u' - u = u'' - u' = u''' - u'' \ldots = u^{(h)} - u^{(h-1)}.$$

u, u', u'', u'''... forment donc une progression arithmétique de $(h + 1)$ termes, dont la raison est $(u' - u)$, et le dernier terme $u^{(h)}$. Celui-ci est donc égal à

$$u + h\,(v' - u)\,;$$

d'où

$$\frac{u^{(h)} - u}{h} = u' - u.$$

On aurait d'une manière analogue

$$\frac{u^{(i)} - u^{(h)}}{i - h} = u^{(h+1)} - u^{(h)} \ldots \text{etc.}$$

Par suite de ces conditions, les équations restantes, c'est-à-dire celles qui correspondent aux rangs 1, h, i, l... se changent en celles-ci :

$$(\text{H})\quad \begin{cases} \left(\dfrac{2b}{a} + \dfrac{1}{h}\right) u - \dfrac{1}{h} u^{(h)} = \dfrac{2b}{a}\, m - x\,; \\[2ex] -\dfrac{1}{h} u + \left(\dfrac{2b}{a} + \dfrac{1}{h} + \dfrac{1}{i-h}\right) u^{(h)} - \dfrac{1}{i-h} u^{(i)} = \dfrac{2b}{a}\, m^{(h)}\,; \\[2ex] -\dfrac{1}{i-h} u^{(h)} + \left(\dfrac{2b}{a} + \dfrac{1}{i-h} + \dfrac{1}{l-i}\right) u^{(i)} - \dfrac{1}{l-i} u^{(l)} = \dfrac{2b}{a}\, m^{(i)}\,; \\[2ex] \vdots \\[1ex] -\dfrac{1}{n-m} u^{(m)} + \left(\dfrac{2b}{a} + \dfrac{1}{n-m}\right) u^{(n)} = \dfrac{2b}{a}\, m^{(n)} + x. \end{cases}$$

Ces équations permettent d'exprimer très-simplement $u^{(n)}$ et u en fonction de x et des lectures faites. Car, si l'on divise la première par $\dfrac{2bh}{a} + 1$, et qu'on ajoute le quotient à la seconde, la somme ne contiendra plus u. Si l'on divise cette somme par le coefficient dont le terme $u^{(h)}$ y est affecté, et par $(i - h)$, et qu'on ajoute le quotient à la troisième équation, la somme obtenue ne renfermera plus $u^{(h)}$; et ainsi de suite jusqu'à la dernière équation qui sera de la forme

$$\mathrm{L} u^{(n)} = \mathrm{M} + \mathrm{N} x.$$

Appliquant le même procédé en sens inverse, c'est-à-dire en commençant par la dernière équation et finissant par la première, on aura

$$L'u = M' + N'x.$$

Substituant les valeurs de $u^{(n)}$ et de u, déduites de ces deux expressions, dans l'équation

(K) ...
$$\frac{an}{2} x - \frac{a}{2} (u^{(n)} - u) = 0,$$

on aura l'équation finale

$$\frac{a}{2} \left\{ n - \frac{N}{L} + \frac{N'}{L'} \right\} x - \frac{a}{2} \left\{ \frac{M}{L} - \frac{M'}{L'} \right\} = 0;$$

d'où

$$x = \frac{\dfrac{M}{L} - \dfrac{M'}{L'}}{n - \dfrac{N}{L} + \dfrac{N'}{L'}} :$$

le poids de cette détermination étant

$$P = \frac{a}{2} \left\{ n - \frac{N}{L} + \frac{N'}{L'} \right\}.$$

On peut simplifier ces expressions générales de x et de P, soit en supposant que les lectures aient été faites à des intervalles égaux, soit en regardant comme nulle l'une des erreurs moyennes α ou β.

La première hypothèse peut toujours se réaliser dans la pratique : soient donc nh observations pour lesquelles on ait fait n lectures également espacées ; on aura $h = i - h = l - i \ldots = m - n$. Multipliant par h, et faisant $\frac{bh}{a} + 1 = k$, on transformera donc les équations (II) en celles-ci :

$$(\text{H}')\begin{cases} \qquad\qquad (2k-1)\,u - u^{(h)} = 2\,(k-1)\,m \quad - hx; \\ -u \qquad + 2ku^{(h)} \qquad - u^{(2h)} = 2\,(k-1)\,m^{(h)} \qquad ; \\ -u^{(h)} \qquad + 2ku^{(2h)} \qquad - u^{(3h)} = 2\,(k-1)\,m^{(2h)} \qquad ; \\ \vdots \\ -u^{(nh-h)} + (2k-1)\,u^{(nh)} \qquad = 2\,(k-1)\,m^{(nh)} + hx. \end{cases}$$

On déduira de ce système la valeur de $u^{(nh)} - u$, et on la substituera dans l'équation

$$(\text{K}')\ \ldots \qquad \frac{anh}{2}\,x - \frac{a}{2}\,(u^{(nh)} - u) = 0,$$

pour en conclure la valeur et le poids de x.

Dans le cas où l'on n'emploie que les deux lectures faites au commencement et à la fin de l'opération, les équations (H') se réduisent à deux; et en supposant n répétitions, elles deviennent

$$(2k-1)\,u - u^{(n)} = 2\,(k-1)\,m \quad - nx;$$
$$-u + (2k-1)\,u^{(n)} = 2\,(k-1)\,m^{(n)} + nx.$$

Soustrayant la première de la seconde, on a

$$u^{(n)} - u = \frac{(k-1)\,(m^{(n)} - m) + nx}{k};$$

ce qui permet de calculer immédiatement la valeur et le poids de x. Ce dernier, dont nous aurons besoin plus loin, est égal au coefficient de x dans l'équation (K'), après y avoir remplacé nh par n et $u^{(n)} - u$ par sa valeur; ou à...

$$\frac{an}{2} - \frac{an}{2k} = \frac{ab\,n^2}{2\,(bn+a)}.$$

Quant à la valeur la plus probable de x, on trouve ici

$$(\text{K}'')\ \ldots \qquad x = \frac{m^{(n)} - m}{n};$$

c'est-à-dire la différence des lectures au commencement

et à la fin des observations, divisée par le nombre d'observations. Cette méthode est très-souvent employée : elle a été suivie dans la grande triangulation française et dans plusieurs autres.

La valeur de x fournie par la formule précédente est précisément celle qu'on déduirait d'un nombre quelconque d'équations (H'), en supposant *nulle* l'erreur de *lecture*. Dans ce cas, en effet, on a $b = \infty$, d'où $k = \infty$, et ces équations donnent

$$2k\, u = 2k\, m \,;$$
$$2k\, u^{(h)} = 2k\, m^{(h} \,;$$
$$\vdots$$
$$2k\, u^{(nh)} = 2k\, m^{(nh)}.$$

Donc $u^{(nh)} - u = m^{(nh)} - m\,;$ et l'équation (K') devient

$$\frac{anh}{2}\, x = \frac{a}{2}\, (m^{(nh)} - m)\,;$$

d'où

$$(\text{K}''') \ldots \qquad x = \frac{m^{(nh)} - m}{nh}.$$

Si l'on suppose nulle l'erreur de *pointé*, soit $d_{(n)}$ la différence entre la première et la dernière lecture ; $d_{(n-2)}$ la différence entre la seconde et l'avant-dernière, etc., l'équation du minimum du carré des erreurs sera évidemment

$$\Delta^2 = [d_{(n)} - nhx]^2 + [d_{(n-2)} - (n-2)hx]^2 + [d_{(n-4)} - (n-4)hx]^2 + \ldots$$

d'où, en différentiant et en égalant à zéro,

$$(\text{K}^{\text{IV}}) \ldots \quad x = \frac{1}{h}\, \frac{nd_{(n)} + (n-2)\, d_{(n-2)} + (n-4)\, d_{(n-4)} + \ldots}{n^2 + (n-2)^2 + (n-4)^2 + \ldots}\,;$$

formule un peu moins simple que la précédente, mais beaucoup plus commode que la formule *générale* qu'on déduirait de l'élimination entre les équations (H').

Pour décider laquelle des deux formules (K''' ou K^{iv}) on emploiera de préférence, il faut voir si, pour un instrument donné, l'erreur moyenne d'un pointé est supérieure ou inférieure à l'erreur moyenne d'une lecture.

Dans la pratique, on obtient *séparément* chacune des deux erreurs moyennes α et β par une suite d'expériences propres à donner directement l'erreur moyenne d'un pointé, α, ainsi que l'erreur moyenne $\sqrt{2\alpha^2 + 2\beta^2}$ de la mesure d'un angle, due au concours des erreurs de pointé et de lecture.

Cette dernière s'obtiendra aisément en mesurant un grand nombre de fois l'angle entre deux objets terrestres qui puissent s'apercevoir avec une très-grande netteté. Car si l'on désigne par v^2 la somme des carrés des erreurs qui répondent à cette série d'observations, au nombre de n, on aura l'erreur moyenne correspondante, m, par la formule

$$m = \sqrt{\frac{v^2}{n-1}} \; ;$$

d'où

$$\alpha^2 + \beta^2 = \frac{1}{2} m^2.$$

Pour déterminer α, on pointera le fil vertical du théodolite sur celui d'une lunette méridienne douée d'un fort grossissement ; puis, regardant à travers la lunette méridienne, on trouvera généralement que la coïncidence des deux fils n'existe plus, l'écart étant rendu sensible par la supériorité optique du second instrument. On mesurera cet écart à l'aide du système micrométrique de la lunette méridienne, et on aura une première différence.

Cette différence provient de trois causes, savoir : les erreurs de pointé de l'une et de l'autre lunette, et l'imperfection de la lecture du microscope. On peut tenir compte de cette dernière cause en appréciant son erreur moyenne par des lectures réitérées ; quant aux deux premières, on peut les séparer, en admettant que la précision du pointé est proportionnelle au grossissement de la lunette.

Supposons qu'on ait répété p fois l'expérience précédente, et soit c^2 la somme des carrés des écarts *observés* ; $\dfrac{c^2}{p}$ sera le carré de l'erreur moyenne d'une observation ; le diminuant du carré λ^2 de l'erreur moyenne due à la lecture du microscope, il restera $\dfrac{c^2}{p} - \lambda^2$ pour le carré de l'erreur moyenne provenant de l'incertitude des deux pointés réunis.

Soient α^2 le carré de l'erreur moyenne d'un pointé de la lunette du théodolite ; g son grossissement ;

Soient α'^2 et G les mêmes quantités pour la lunette méridienne :

on aura ... $\dfrac{\alpha^2}{\alpha'^2} = \dfrac{G^2}{g^2}$;   d'où $\alpha^2 = \dfrac{G^2}{G^2 + g^2}\,(\alpha^2 + \alpha'^2)$.

Mais $(\alpha^2 + \alpha'^2)$ est précisément la quantité $\dfrac{c^2}{p} - \lambda^2$; donc enfin

$$\alpha^2 = \frac{G^2}{G^2 + g^2}\left(\frac{c^2}{p} - \lambda^2\right) ;$$

et par suite $\qquad \beta^2 = \dfrac{1}{2}\,m^2 - \dfrac{G^2}{G^2 + g^2}\left(\dfrac{c^2}{p} - \lambda^2\right).$

C'est en suivant cette marche que Bessel a déterminé les erreurs moyennes d'un pointé et d'une lecture, pour un théodolite de 12 pouces, muni de 4 verniers, dont chacun donnait les $5''$: la lunette de cet instrument avait 16 pouces de foyer, 16 lignes d'ouverture, et grossissait 27 fois. Il a mesuré un angle 53 fois, en employant différentes parties de la graduation : la somme des carrés des écarts de la moyenne a été de $397'',60$; donc le carré de l'erreur moyenne $= 7'',6461 = m^2$; d'où $\alpha^2 + \beta^2 = 3'',8231.$

Il a pris ensuite 23 pointés réciproques sur le fil d'une lunette méridienne grossissant 280 fois : la somme des carrés des différences a été $9'',3041$; d'où le carré de la différence moyenne $= 0'',4045$. L'erreur moyenne d'une lecture micrométrique lui avait donné $\lambda^2 = 0'',0842$: il restait donc $0'',3203$ pour le carré de l'erreur moyenne des deux pointés combinés; et pour un pointé du théodolite on a, par conséquent,

$$\alpha^2 = \frac{280^2}{280^2 + 27^2}\cdot 0,3203 = 0'',3173.$$

Retranchant cette valeur de celle de $\alpha^2 + \beta^2$, il reste

$$\beta^2 = 3'',5058.$$

Les erreurs moyennes d'un pointé et d'une lecture du théodolite sont donc respectivement

$$\alpha = 0'',563; \quad \beta = 1'',872.$$

Dans les observations géodésiques, le pointé n'est jamais entouré de circonstances aussi favorables que dans les expériences que nous venons de citer. Aussi Bessel a-t-il porté à $0,2$ le rapport $\frac{\alpha^2}{\beta^2}$, qui n'est en réalité que de $0,09$. Conservant pour la *lecture* le nombre $\beta^2 = 3'',5058$, il en déduit pour le *pointé*, $\alpha^2 = 0'',701$, d'où $\alpha = 0'',837$. Nous doutons que cette correction soit suffisante; car l'expérience montre que, dans la mesure des angles, ce sont ordinairement les erreurs dans le *pointé* qui sont les plus considérables, quelque soin qu'on mette d'ailleurs à cette opération.

Il s'agit de savoir maintenant s'il est plus avantageux de prendre les angles par *répétition* que par *réitération*, ce dernier procédé consistant à mesurer plusieurs fois l'angle *simple*, d'abord dans un sens, puis en sens contraire (en prenant pour origine successivement et sur l'étendue entière du limbe, des points espacés de 20° par exemple). Il est clair que la comparaison des erreurs moyennes, correspondant aux résultats obtenus par l'un et l'autre procédé, pourra seule donner des lumières sur ce point.

Le poids d'un angle, x, obtenu par n *répétitions* et par les deux lectures extrêmes, étant

$$P = \frac{ab\, n^2}{2\,(bn + a)},$$

son erreur moyenne sera

$$\varepsilon = \sqrt{\frac{1}{P}} = \sqrt{\left(\frac{2\alpha^2 + \frac{2}{n}\beta^2}{n}\right)}.$$

D'ailleurs, l'erreur moyenne du même angle, *réitéré* par n observations indépendantes, est

$$\varepsilon' = \sqrt{\left(\frac{2\alpha^2 + 2\beta'^2}{n}\right)};$$

donc l'avantage de la première méthode sur la seconde sera mesuré par la différence

$$\varepsilon - {'\varepsilon} = \sqrt{\frac{2}{n}}\left\{\sqrt{\alpha^2 + \beta'^2} - \sqrt{\alpha^2 + \frac{\beta^2}{n}}\right\} = \frac{\left(\beta'^2 - \frac{\beta^2}{n}\right)\sqrt{\frac{2}{n}}}{\sqrt{\alpha^2 + \beta^2} + \sqrt{\alpha^2 + \frac{\beta^2}{n}}}.$$

Cette quantité sera positive ou négative selon qu'on aura :

$$\beta' \gtrless \frac{\beta}{n} \, ;$$

mais les erreurs β' et β résultent de deux causes ; l'une tient à l'observateur et à sa manière de faire la lecture, et l'autre, qui est la plus importante, tient à l'inexacte division du limbe. Or, cette dernière est presque complétement éliminée dans la méthode de réitération, puisque les mesures se font sur toutes les parties du limbe. Il ne reste donc plus que l'erreur due à la manière, propre à l'observateur, dont la lecture est faite ; sa valeur est de l'ordre de celle de d [1] ; elle se réduit donc à moins d'un dixième de seconde. Il faudrait, par suite, un nombre de répétitions très-considérable, beaucoup plus grand que celui qu'on exécute ordinairement, pour donner à la méthode de la répétition la supériorité sur celle de la réitération.

Il y a plus encore : on peut admettre que la mesure *simple* d'un angle géodésique ne comporte, conformément à l'opinion de Bessel, aucune autre cause d'erreur que l'imperfection du pointé et celle de la lecture (cette dernière comprenant les erreurs de graduation de l'instrument). En effet, cette opération est tout à fait *symétrique* pour les deux points de visée : on fixe d'abord le cercle, et on fait mouvoir, dans un même sens, l'alidade rendue libre, de manière à couvrir successivement les deux points. Mais il n'en est pas de même dans la répétition des angles : elle exige que, pendant les deux mouvements de l'instrument, les points que

____

[1] Puisque Bessel a opéré sur les différentes parties de la graduation.

nous avons désignés par (u) et (γ) restent parfaitement immobiles. Les artistes ont cherché à garantir cette immobilité; mais on n'est jamais sûr qu'en tournant le cercle avec l'alidade qui lui est fixée, leur position relative reste invariable (u); ou qu'en tournant l'alidade seule, le cercle n'éprouve aucun changement de position (γ). Dans la réitération simple, ou par des suites comprenant plusieurs directions, un dérangement de l'espèce serait immédiatement mis en évidence par une différence constante dans les lectures quand on exécute la mesure en retour. Cette différence peut à la vérité rester inaperçue, parce que d'autres erreurs tendent à lui enlever sa régularité; mais c'est qu'alors elle n'a pas une valeur considérable et peut être confondue avec l'erreur de pointé. On peut donc, en général, reconnaître par une simple comparaison des lectures si la position de l'instrument a changé sensiblement.

C'est la méthode de réitération qu'ont employée Bessel et Baeyer, avec le grand théodolite de 15 pouces construit par Ertel, dont ils se sont servis pour la triangulation de la Prusse orientale et pour le levé du littoral de la mer Baltique. Cet instrument donnait directement les deux secondes. Dans tous les travaux modernes, en Belgique comme à l'étranger, cette méthode est la seule usitée.

§ 143. — Il nous reste à traiter le dernier des trois cas spécifiés dans le § 128, celui où le problème offre des *conditions* qui doivent être rigoureusement satisfaites.

Lorsqu'il existe entre m quantités observées isolément un nombre c de relations nécessaires, il arrivera presque toujours que les *conditions* qui résultent de ces relations ne seront pas strictement satisfaites. Il faudra donc *d'abord* assujettir les corrections cherchées, Δ, à faire remplir ces conditions aux observations corrigées; *puis* rendre subséquemment $[\Delta^2]$ un minimum. Dans une triangulation géodésique, par exemple, il faut, avant d'employer les angles observés, les modifier de manière à transformer le réseau trigonométrique en un véritable polygone mathématique; et cela, en altérant le moins possible les résultats immédiats des observations. Les modifications à faire reposent donc sur l'emploi de la méthode des moindres carrés, et elles portent sur trois points principaux, savoir :

1° Les trois angles d'un triangle quelconque ayant été observés, il faut que leur somme, diminuée de l'excès sphérique, forme exactement 180°. Cette première condition est la plus simple, et on y a eu égard dès l'enfance de la géodésie.

2° Il faut qu'à chaque station où l'on a observé un tour d'horizon, la somme des angles soit égale à 360°. Mais cette condition, qui paraît si facile à remplir, cesse de l'être lorsqu'on la combine avec la précédente, et qu'on envisage, non pas un triangle isolé, mais le réseau dans son ensemble. En effet, la correction relative à la fermeture du tour d'horizon, faite au sommet A d'un triangle A B C, entraîne pour la fermeture du triangle une certaine correction des angles B et C. Mais ceux-ci peuvent également faire partie d'un tour d'horizon, et toute correction qu'on leur appliquerait de ce chef réagirait sur celle qui est déjà faite au point A : il en est de même de proche en proche pour les triangles adjacents. On voit donc que ces deux espèces de corrections sont liées l'une à l'autre, et qu'elles donnent lieu à des équations de condition *simultanées,* qui doivent embrasser *toute* l'étendue de la triangulation.

3° Le réseau géodésique serait maintenant composé de triangles mathématiques, si chaque sommet n'était déterminé que par l'intersection de *deux* rayons visuels. Mais chaque fois qu'on est en station, il est de règle qu'on vise sur *tous* les sommets qui peuvent être convenablement observés ; de sorte que trois, quatre ou même un plus grand nombre de rayons sont quelquefois dirigés vers un même signal. Or, ici encore, il faut modifier ces directions, le moins possible il est vrai, mais de manière cependant à les faire concourir toutes en un même point géométrique ; et ces corrections, influant sur celles des deux premières classes, ne peuvent pas être faites indépendamment de celles-ci, mais doivent être combinées avec elles dans un système unique d'équations de condition. On voit que, pour une triangulation de quelque étendue, la question s'élargit et se complique singulièrement. Quand toutes ces corrections auront été déterminées, et qu'on les aura appliquées au réseau géodésique, chaque côté calculé ne pourra offrir qu'une seule et même valeur, quel que soit le chemin qu'on ait suivi pour obtenir sa longueur en fonction de celle de la base. Il en sera de même évidemment des coordonnées géographiques de chaque sommet.

En général, lorsqu'on *observe* directement certaines quantités qui pourraient immédiatement être *calculées* en fonction d'autres quantités déjà observées, d'après des relations connues et nécessaires, on fait des observations que nous nommons *surabondantes* ou de *contrôle* (*überschüssige oder Control-Beobachtungen*).

La dépendance entre un résultat d'observation surabondante et les autres résultats qui permettent de le calculer, s'exprimera par des équations de la forme

$$(\text{r}) \ldots \quad \begin{aligned} 0 &= \text{F } (\text{V}', \text{V}'', \text{V}''', \ldots) = f_1 \\ 0 &= \text{F}' (\text{V}', \text{V}'', \text{V}''', \ldots) = f_2 \ldots \text{ etc.;} \end{aligned}$$

chaque équation ne renfermant qu'*une seule* observation surabondante. Si nous substituons aux *véritables* valeurs, V, des inconnues, leurs valeurs réellement *observées*, o, nous obtiendrons, au lieu de zéro pour le premier membre de nos équations (r), des quantités n', n'', n'''... provenant des erreurs d'observation, et pouvant être considérées comme les différentielles des grandeurs, o. Nous déduirons donc de nos observations :

$$(\text{r}') \ldots \quad \begin{aligned} \text{F } (o', o'', o''' \ldots) &= n' \\ \text{F}' (o', o'', o''' \ldots) &= n'' \\ \text{F}'' (o', o'', o''' \ldots) &= n''' \ldots \end{aligned}$$

Soient x', x'', x'''... les corrections *les plus probables* (encore inconnues) à faire subir aux quantités observées, o', o'', o'''... pour qu'elles satisfassent aux conditions (r) : les valeurs les plus probables des inconnues seront alors

$$\begin{aligned} o' \ + x' \ &= \text{V}' \\ o'' + x'' &= \text{V}'' \\ o''' + x''' &= \text{V}''' \ldots \end{aligned}$$

et nos équations (r) deviendront

$$0 = F\,(o' + x'\,;\quad o'' + x''\,;\quad o''' + x'''\,\ldots) =$$
$$F\,(o', o'', o'''\,\ldots) + \frac{d\,F\,(o', o'', o'''\,\ldots)}{do'}\,x' + \frac{d\,F\,(o', o'', o'''\,\ldots)}{do''}\,x'' + \ldots$$

ou bien, en faisant

$$\frac{d\,F\,(o', o'', o'''\,\ldots)}{do'} = a'$$

$$\frac{d\,F\,(o', o'', o'''\,\ldots)}{do''} = a'' \ldots$$

$$\cdot \quad \cdot \quad \cdot \quad \cdot \quad \cdot \quad \cdot \quad \cdot \quad \cdot$$

$$\frac{d\,F'\,(o', o'', o'''\,\ldots)}{do'} = b'$$

$$\frac{d\,F'\,(o', o'', o'''\,\ldots)}{do''} = b'' \ldots \text{ etc.}$$

$$\cdot \quad \cdot \quad \cdot \quad \cdot \quad \cdot \quad \cdot \quad \cdot \quad \cdot$$

$$(\text{r}'') \ldots \quad \begin{aligned} 0 &= n' \;\;+ a'x' + a''x'' + a'''x''' + \ldots \\ 0 &= n'' + b'x' + b''x'' + b'''x''' + \ldots \\ 0 &= n''' + c'x' + c''x'' + c'''x''' + \ldots \end{aligned}$$

$$\cdot \quad \cdot \quad \cdot \quad \cdot \quad \cdot \quad \cdot \quad \cdot \quad \cdot \quad \cdot$$

Telles sont les *équations de condition, linéaires*, qui existent entre les erreurs, et qu'il faut satisfaire rigoureusement. Elles sont en nombre c, et chacune d'elles contient m inconnues, c étant $< m$. Si d'ailleurs quelques inconnues manquaient dans certaines équations, il suffirait d'y supposer leurs coefficients égaux à zéro.

Les m observations immédiates ont fourni les valeurs provisoires de o', o'', o'''... o_m; et la somme des carrés des erreurs doit être un minimum, de sorte que

$$[x^2] = x'^2 + x''^2 + x'''^2 + \ldots + x^2_m = minimum;$$

d'où

$$(\text{r}''') \ldots \quad x'dx' + x''dx'' + x'''dx''' + \ldots + x_m dx_m = 0.$$

S'il n'existait pas d'équation de condition entre les x, le premier membre renfermerait des termes entièrement *indépendants* les uns des autres; le coefficient de chaque différentielle devrait être séparément égalé à zéro, et par suite les corrections les plus probables seraient

$$x' = x'' = x''' = \ldots = x_m = 0;$$

ce qui d'ailleurs est évident pour le cas du minimum *absolu*.

Mais il ne peut être ici question d'obtenir un pareil minimum : celui que nous cherchons est *relatif* et astreint à cette condition, que les seuls x admissibles sont ceux qui satisfont exactement aux équations (r'').

Pour exprimer que les seconds membres de ces dernières équations conservent des valeurs *constantes*, lorsqu'on y introduit les systèmes convenables de valeurs de x, il faut égaler leurs différentielles à zéro. Nous aurons donc

$$\begin{aligned}
& a'dx' + a''dx'' + a'''dx''' + \ldots + a_m dx_m = 0; \\
(\text{r}^{\text{IV}}) \ldots \ & b'dx' + b''dx'' + b'''dx''' + \ldots + b_m dx_m = 0; \\
& c'dx' + c''dx'' + c'''dx''' + \ldots + c_m dx_m = 0.
\end{aligned}$$

Ces équations, en nombre c, montrent que c différentielles peuvent être exprimées au moyen des $(m - c)$ restantes. Si l'on effectue cette élimination, et qu'on substitue dans (r''') les valeurs de ces c différentielles, il y restera encore $(m - c)$ différentielles *indépendantes*, dont les coefficients seront des fonctions de a', a'', $a'''\ldots$ b', b'', $b'''\ldots$ etc. En égalant chacun de ces derniers à zéro, on obtiendra $(m - c)$ équations, qui, jointes aux c équations (r''), fourniront un système de m équations, d'où l'on pourra déduire les valeurs des m inconnues. Le problème est donc théoriquement résolu.

Mais cette marche, assez longue en général, aurait en outre l'inconvénient de laisser purement arbitraire le choix des c différentielles que nous considérons comme surabondantes et dépendantes des autres : ici encore, comme au § 133, on remplacera avec avantage le procédé ordinaire d'élimination par celui des coefficients indéterminés.

Dans ce but, prenons c coefficients arbitraires, k', k'', k'''.... par lesquels nous multiplierons respectivement les c équations (r^{iv}) ; ajoutant ensuite ces équations entre elles, et *identifiant* chacun des coefficients des dx au coefficient correspondant de l'équation (r''') (puisque les dx sont indéterminés), nous obtiendrons, entre les c coefficients k, m équations que nous nommons *corrélatives* et qui sont :

$$(\text{r}^{\text{v}}) \dots \quad \begin{aligned} x' &= a'k' + b'k'' + c'k''' + f'k_c \\ x'' &= a''k' + b''k'' + c''k''' + f''k_c \\ x''' &= a'''k' + b'''k'' + c'''k''' + f'''k_c \dots \text{etc.} \end{aligned}$$

Jusqu'à présent, les k sont exprimés simplement en fonction linéaire des x encore *inconnus ;* mais on les déterminera en substituant aux x, dans les équations de condition, leurs valeurs tirées des équations corrélatives : nous obtiendrons ainsi c équations *normales* entre les c coefficients *corrélatifs :* ce sont

$$(\text{r}^{\text{vi}}) \dots \begin{aligned} 0 &= n' + [aa]\,k' + [ab]\,k'' + [ac]\,k''' + \dots + [af]\,k_c \\ 0 &= n'' + [ab]\,k' + [bb]\,k'' + [bc]\,k''' + \dots + [bf]\,k_c \\ 0 &= n''' + [ac]\,k' + [bc]\,k'' + [cc]\,k''' + \dots + [cf]\,k_c \end{aligned}$$

Déterminant par voie d'élimination les valeurs numériques des k, il ne nous restera plus qu'à les substituer dans (r^v), et nous aurons ainsi les corrections x', x'', x'''... qui donnent la plus petite somme de carrés qu'il soit possible d'obtenir, en satisfaisant aux équations de condition.

§ 144. — La somme des carrés de ces corrections nous donnera $[x^2]$ ou, pour suivre la notation que nous avons adoptée jusqu'ici, $[\Delta^2]$. Nous en avons besoin pour calculer, comme au § 132, la *précision* des observations ; l'*erreur moyenne* sera donnée par la formule (k^x) de ce paragraphe, en remarquant qu'on doit ici prendre $(e - i) = c$, nombre des équations de condition, de sorte qu'on a

$$\varepsilon = \sqrt{\frac{[\Delta^2]}{c}}.$$

§ 145. — *Premier exemple*. — On a mesuré un tour d'horizon au moyen de cinq angles, et on a obtenu les valeurs

$$
\begin{aligned}
o' &= 40^\circ\ 29'\ 17'' \\
o'' &= 80\ \ 35\ \ 26 \\
o''' &= 96\ \ 24\ \ 38 \\
o^{iv} &= 30\ \ \ 7\ \ 26 \\
o^v &= 112\ \ 23\ \ 48.
\end{aligned}
$$

La condition nécessaire que nous avons à remplir est que la somme de ces cinq angles forme exactement 360°. Or, l'observation a donné $360^\circ + 35''$. Nous avons donc ici *une* équation de condition, qui est

$$(r'') \ldots \quad x' + x'' + x''' + x^{iv} + x^v + 35'' = 0.$$

Les cinq équations corrélatives deviennent

$$(\mathrm{r^v}) \dots \quad \begin{aligned} x' &= k' \\ x'' &= k' \\ x''' &= k' \\ x^{\mathrm{IV}} &= k' \\ x^{\mathrm{V}} &= k'. \end{aligned}$$

La substitution dans l'équation de condition donne une équation normale

$$(\mathrm{r^{vI}}) \dots \qquad 0 = 35 + 5k';$$

d'où
$$k' = -7;$$

et par suite $\quad x' = x'' = x''' = x^{\mathrm{IV}} = x^{\mathrm{V}} = -7''.$

$$[x^2] = [\Delta^2] = 5 \times 49 = 245'';$$

et par conséquent, puisque $c = 1$,

$$\varepsilon = \sqrt{245} = \pm 15'',65 \ (^1).$$

Cet exemple confirme la règle pratique suivante :
« Quand un tour d'horizon ne ferme pas exactement, et
« que les observations sont d'égale précision, on doit
« répartir l'erreur *également* sur tous les angles, sans
« s'inquiéter de leur grandeur. »

Deuxième exemple. — Soit un triangle dans lequel
on a mesuré les trois angles

$$\begin{aligned} o' &= 36° 25' 47'' \\ o'' &= 90 \ 36 \ 28 \\ o''' &= 52 \ 57 \ 57. \end{aligned}$$

Ici l'incompatibilité à faire disparaître, c'est la différence

---

(^{1}) Cette erreur moyenne peut paraître considérable par rapport à
l'écart de 35″ dans la somme géométrique des cinq angles; mais il faut
remarquer qu'il est conforme à nos théories générales de probabilité
d'admettre que, dans les cinq erreurs, il y en a de négatives comme de
positives.

de la somme des trois angles à 180° : elle est $+ 12''$; l'équation de condition est donc

$$x' + x'' + x''' + 12'' = 0.$$

Équations corrélatives.	Équation normale.
$x' = + k'$	
$x'' = + k'$	$12 + 3k' = 0.$
$x''' = + k'.$	

On en déduit $k' = - 4$: $x' = x'' = x''' = - 4''$.

$$[\Delta^2] = 48; \quad \varepsilon = \sqrt{48} = \pm 6'',93.$$

Ainsi se trouve justifié ce principe connu :

« L'erreur commise sur la somme des trois angles « d'un triangle doit être répartie *également* sur chacun « d'eux, en admettant que les observations soient éga- « lement exactes. »

Troisième exemple. — La marche précédente s'applique aussi au cas d'une chaîne de triangles.

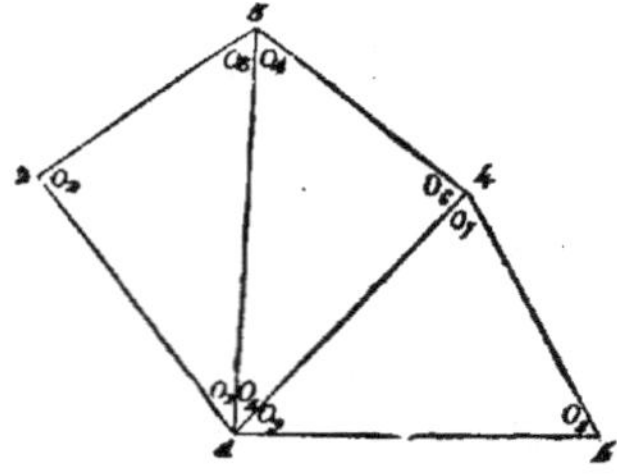

Supposons qu'on ait obtenu

$o_1 = 36° 25' 47''$;	$o_4 = 50° 26' 13''$;	$o_7 = 70° 43' 28''$;
$o_2 = 90\ 36\ 28$;	$o_5 = 42\ 4\ 7$;	$o_8 = 56\ 19\ 37$;
$o_3 = 52\ 57\ 57$;	$o_6 = 87\ 29\ 25$;	$o_9 = 52\ 56\ 34$.
$180°\ 0'\ 12''$;	$179°\ 59'\ 45''$;	$179°\ 59'\ 39''$.

Les trois équations de condition à satisfaire sont donc :

$$x_1 + x_2 + x_3 + 12 = 0$$
$$x_4 + x_5 + x_6 - 15 = 0$$
$$x_7 + x_8 + x_9 - 21 = 0.$$

En les traitant comme ci-dessus, on obtient

Équations corrélatives.	Équations normales.
$x_1 = x_2 = x_3 = k_1$	$+ 12 + 3k_1 \qquad\qquad = 0$
$x_4 = x_5 = x_6 = k_2$	$- 15 \qquad + 3k_2 \qquad = 0$
$x_7 = x_8 = x_9 = k_3.$	$- 21 \qquad\qquad + 3k_3 = 0.$

D'où l'on déduit

$$x_1 = x_2 = x_3 = -4'';$$
$$x_4 = x_5 = x_6 = +5'';$$
$$x_7 = x_8 = x_9 = +7'';$$
$$[\Delta^2] = 3.16 + 3.25 + 3.49 = 270.$$
$$\varepsilon = \sqrt{\frac{270}{3}} = \pm 9'',43.$$

Admettons que, pour fermer le tour d'horizon au point 1, on ait mesuré l'angle *extérieur* formé entre les deux directions 1.2 et 1.5, et qu'on l'ait trouvé de $228° 33' 52'' = o_{10}$. Le comparant avec la somme des trois angles o_1, o_5, o_9, on trouvera que l'excès sur $360°$ est de $+ 20''$; et l'on aura une quatrième équation de condition

$$x_1 + x_5 + x_9 + x_{10} + 20 = 0.$$

Les équations corrélatives seront maintenant

$$x_1 = k_1 + k_4$$
$$x_2 = x_3 = k_1$$
$$x_4 = x_6 = k_2$$
$$x_5 = k_2 + k_4$$
$$x_7 = x_8 = k_3$$
$$x_9 = k_3 + k_4$$
$$x_{10} = k_4$$

et les équations normales

$$0 = + 12 + 3k_1 \qquad\qquad\qquad + k_4$$
$$0 = - 15 \qquad\quad + 3k_2 \qquad\qquad + k_4$$
$$0 = - 21 \qquad\qquad\qquad + 3k_3 + k_4$$
$$0 = + 20 + k_1 + k_2 + k_3 + 4k_4.$$

Éliminant, on trouve

$$k_1 = - \ 0{,}89$$
$$k_2 = + \ 8{,}11$$
$$k_3 = + 10{,}11$$
$$k_4 = - \ 9{,}33 \ ;$$

d'où l'on déduit

$$x_1 \ = - 10''{,}22$$
$$x_2 = x_3 = - \ 0 \ {,}89$$
$$x_4 = x_6 = + \ 8 \ {,}11$$
$$x_5 = - \ 1 \ {,}22$$
$$x_7 = x_8 = + 10 \ {,}11$$
$$x_9 = + \ 0 \ {,}78$$
$$x_{10} = - \ 9 \ {,}33.$$

Appliquant ces corrections, on fera fermer simultanément les triangles et le tour d'horizon.

§ 146. — Lorsque les observations ont des *précisions différentes*, ce n'est plus $[x^2]$, mais bien $[px^2]$ qui doit être rendu un minimum. L'équation (r''') deviendra donc dans ce cas

$$p'x'dx' + p''x''dx'' + p'''x'''dx''' + p_m x_m dx_m = 0.$$

Joignons-la aux équations (r¹ᵛ) qui ne changent pas, comme exprimant des relations géométriques, nous obtiendrons les équations *corrélatives*

$$x' \ = \frac{a'k'}{p'} + \frac{b'k''}{p'} + \frac{c'k'''}{p'} + \ldots + \frac{f'k_c}{p'}$$

$$x'' \ = \frac{a''k'}{p''} + \frac{b''k''}{p''} + \frac{c''k'''}{p''} + \ldots + \frac{f''k_c}{p''}$$

$$x''' = \frac{a'''k'}{p'''} + \frac{b'''k''}{v'''} + \frac{c'''k'''}{p'''} + \ldots + \frac{f'''k_c}{p'''} \ldots \text{ etc.} \ ;$$

qui, substituées dans les équations *de condition*, conduisent aux équations *normales*

$$0 = n' + \left[\frac{aa}{p}\right] k' + \left[\frac{ab}{p}\right] k'' + \left[\frac{ac}{p}\right] k''' + \ldots + \left[\frac{af}{p}\right] k_c$$

$$0 = n'' + \left[\frac{ab}{p}\right] k' + \left[\frac{bb}{p}\right] k'' + \left[\frac{bc}{p}\right] k''' + \ldots + \left[\frac{bf}{p}\right] k_c$$

$$0 = n''' + \left[\frac{ac}{p}\right] k' + \left[\frac{bc}{p}\right] k'' + \left[\frac{cc}{p}\right] k''' + \ldots + \left[\frac{cf}{p}\right] k_c$$

L'élimination et la substitution restent naturellement les mêmes : donc le changement apporté au procédé du § 143 se traduit ainsi :

« Avant le passage des équations corrélatives aux
« équations normales, on divise le second membre de
« chacune des premières par le poids correspondant. »

§ 147. — Pour apprécier l'exactitude des observations, nous aurons, comme au § 144, à calculer d'abord une somme de carrés qui est ici $[p\Delta^2] = [px^2]$; d'après cela, l'erreur moyenne de l'unité de poids sera

$$\eta = \sqrt{\frac{[p\,\Delta^2]}{c}} \, ;$$

et on aura pour celles des observations les valeurs

$$\varepsilon' = \frac{\eta}{\sqrt{p'}} \, ; \quad \varepsilon'' = \frac{\eta}{\sqrt{p''}} \, ; \quad \varepsilon''' = \frac{\eta}{\sqrt{p'''}} \, \ldots \text{ etc.}$$

§ 148. — 1° Pour application, reprenons notre 2ᵉ exemple du § 145 : nous supposons maintenant que le nombre des répétitions est différent pour chacun des angles du triangle, et qu'on a

$$p' = 4 \, ; \quad p'' = 2 \, ; \quad p''' = 3.$$

L'équation de condition ne change pas ; c'est

$$x' + x'' + x''' + 12'' = 0.$$

Équations corrélatives.	Équation normale.

$$x' = + \tfrac{1}{4} k'$$
$$x'' = + \tfrac{1}{2} k'$$
$$x''' = + \tfrac{1}{3} k'.$$

$$12 + \frac{13}{12} k' = 0.$$

On en déduit

$$k' = -\frac{144}{13} = -11{,}077 ;$$

et par suite

$$x' = -2'',77$$
$$x'' = -5\ ,54$$
$$x''' = -3\ ,69.$$

On voit que l'erreur commise sur la somme des trois angles doit se répartir ici sur chacun d'eux *en raison inverse des poids.*

Le calcul de l'erreur moyenne donnera

$$\eta = \sqrt{132{,}8231} = \pm 11'',52 ;$$

d'où $\varepsilon' = \pm 5'',76 ; \quad \varepsilon'' = \pm 8'',15 ; \quad \varepsilon''' = \pm 6'',65.$

2° Puissant (*Nouvelle description géométrique de la France,* 1re partie, p. 65) suit une marche particulière, très-élémentaire et très-simple, pour corriger un tour d'horizon : sa formule, du reste, revient à celle qu'on déduirait de notre procédé général.

Soient A, B, C, D quatre angles horizontaux tels, qu'on ait

$$A + B + C + D = 360° + e \qquad \dots (1)$$

e désignant l'erreur du tour d'horizon. Si l'on représente par x', x'', x''', x^{iv} les corrections respectives de ces angles, elles seront évidemment proportionnelles à l'erreur totale, e, et réciproques aux nombres de répétitions p', p'', p''', p^{iv} qui leur correspondent; c'est-à-dire qu'on aura

$$x' = \frac{k'e}{p'} \;;\quad x'' = \frac{k'e}{p''} \;;\quad x''' = \frac{k'e}{p'''} \;;\quad x^{\text{iv}} = \frac{k'e}{p^{\text{iv}}} :$$

k' étant un facteur commun à déterminer. Or, en appelant A′, B′, C′, D′ les angles corrigés, on devra avoir exactement

$$\text{A}' + \text{B}' + \text{C}' + \text{D}' = 360° \,;$$

et par conséquent $\quad x' + x'' + x''' + x^{\text{iv}} = -\, e \qquad \dots\ (2)$

ou bien $\qquad k' \left\{ \frac{1}{p'} + \frac{1}{p''} + \frac{1}{p'''} + \frac{1}{p^{\text{iv}}} \right\} = -\, 1$

$$k' = -\, \frac{1}{\left[\dfrac{1}{p}\right]}.$$

Il vient donc en définitive

$$x' = -\, \frac{e}{p' \left[\dfrac{1}{p}\right]}$$

$$x'' = -\, \frac{e}{p'' \left[\dfrac{1}{p}\right]}$$

$$x''' = -\, \frac{e}{p''' \left[\dfrac{1}{p}\right]}$$

$$x^{\text{iv}} = -\, \frac{e}{p^{\text{iv}} \left[\dfrac{1}{p}\right]}.$$

3° Quand on a observé la somme ou la différence de certains angles géodésiques entrant dans un tour d'horizon (*Horizont-Abschluss*), il est facile, avons-nous vu (§ 137), de trouver les valeurs les plus probables de chacun d'eux : il reste ensuite à assujettir la somme des angles corrigés à former exactement 360°, en répartissant l'erreur sur chacun d'eux, en raison inverse de son poids.

Ici le nombre des répétitions ne fournit pas directement le poids des angles, parce qu'ils n'ont pas seulement été observés individuellement, mais qu'en outre plusieurs ont été combinés entre eux. On devra donc déduire ces poids du nombre de fois que chaque *direction* a été observée.

Reprenons notre exemple du paragraphe précité, dans lequel nous avons supposé, pour la simplicité des calculs, que chaque angle avait été observé un même nombre de fois; et mettons entre parenthèses, à côté de l'indication de chaque angle, le nombre de fois qu'il a été réellement observé : nous aurons

$$x = A \cdot B \quad (30)$$
$$y = A \cdot C \quad (20)$$
$$z = A \cdot D \quad (26)$$
$$y - x = B \cdot C \quad (25)$$
$$z - x = B \cdot D \quad (28)$$
$$z - y = C \cdot D \quad (44).$$

Il s'ensuit que la direction A a été pointée 76 fois.

—	—	B	—	83 —
—	—	C	—	89 —
—	—	D	—	98 —

Si donc nous prenons pour unité de poids l'observation d'une direction, il nous sera aisé de calculer le poids de l'observation d'un angle, qui est la différence des deux directions, et il viendra (§ 120) :

$$\text{Pour l'angle AOB} \dots P = \frac{76 \times 83}{76 + 83} = 40$$

$$- \quad \text{BOC} \dots P' = \frac{83 \times 89}{83 + 89} = 43$$

$$- \quad \text{COD} \dots P'' = \frac{89 \times 98}{89 + 98} = 47.$$

Puissant (à l'endroit cité plus haut) indique aussi un moyen de répartir dans ce cas l'erreur sur les différents angles; son procédé est plus simple que celui du § 137, mais il ne donne pas les corrections *les plus probables*, et n'a d'autre but que d'introduire, dans la recherche des corrections, une marche directe et exempte d'arbitraire.

Supposons avec lui que, outre les quatre angles A, B, C, D (2°), on ait mesuré la somme $A + B = E$: on aurait la nouvelle relation

$$E + C + D = 360 + e' \qquad \ldots (3)$$

Alors, en représentant par x^v la correction de l'angle E et par p^v le nombre de fois qu'il a été mesuré, on aurait

$$x''' + x^{iv} + x^v = -e' \qquad \ldots (4);$$

ou bien

$$(4') \ldots \qquad x''' + x^{iv} = -e' - x^v ;$$

et comme la relation (2) donne

$$(2') \ldots \qquad x''' + x^{iv} = -e - x' - x'',$$

il s'ensuit que

$$x' + x'' - x^{iv} = e' - e = e''.$$

On a d'ailleurs

$$x' = \frac{k'e''}{p'} ; \; x'' = \frac{k'e''}{p''} ; \; -x^v = \frac{k'e''}{p^v} ;$$

donc

$$k' \left(\frac{1}{p'} + \frac{1}{p''} + \frac{1}{p^v} \right) = 1 ;$$

$$k' = \frac{1}{\left[\frac{1}{p_1} \right]}.$$

Tel est le facteur qu'il conviendrait d'adopter dans ce cas. Il servirait à déterminer x', x'', x^v, puisque les

erreurs e, e' seraient connues. Ensuite l'équation (4′)
ou (2′) procurerait x''' et x^{IV} : en effet, soit

$$x''' + x^{\mathrm{IV}} = - e' - x^{\mathrm{V}} = e''';$$

on aurait $\quad x''' = \dfrac{k''e'''}{p'''}\;;\; x^{\mathrm{IV}} = \dfrac{k''e'''}{p^{\mathrm{IV}}}\;;\; k'' = \dfrac{1}{\dfrac{1}{p'''} + \dfrac{1}{p^{\mathrm{IV}}}}.$

Cette marche peut d'ailleurs être suivie, quel que soit
le nombre des relations analogues à (1) et à (3).

4° La question suivante, relative au nivellement
topographique, présente une application utile des principales formules que nous avons trouvées dans les paragraphes précédents. Elle a été traitée par M. Meyer
(*Mémoires de l'Académie royale de Belgique*, t. XXI).

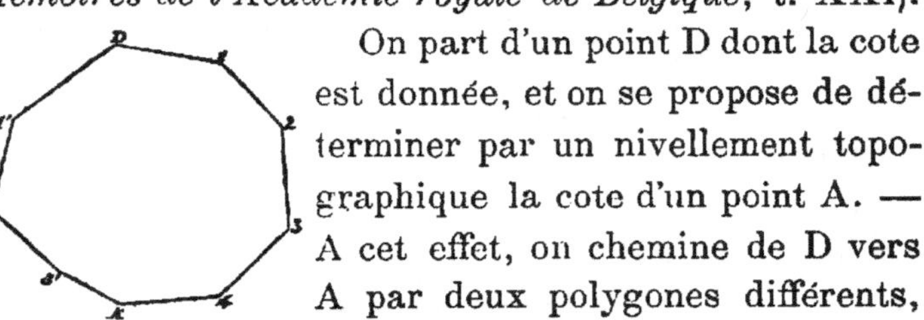

On part d'un point D dont la cote
est donnée, et on se propose de déterminer par un nivellement topographique la cote d'un point A. —
A cet effet, on chemine de D vers
A par deux polygones différents,
D 1 2 3 4... A : D 1′ 2′ 3′... A; et on obtient ainsi deux
cotes différentes pour le point A. Il s'agit de déterminer :

1° La cote la plus probable du point A;

2° Les cotes les plus probables des sommets de
chacun des cheminements.

Nous supposons d'ailleurs que les différences de
niveau de tous les points sont déterminées avec le
même soin et à l'aide du même instrument, et que les
côtés des deux polygones de cheminement sont différents en grandeur et en nombre.

Nous désignerons par d_D, d_1, d_2, ... d_A les cotes des points D, 1, 2... A ; par n_1, n_2... n_A les différences de niveau aux points 1, 2,... A, et nous aurons :

$$(\mathrm{A}) \begin{cases} d_1 = d_\mathrm{D} + n_1 \ ; \\ d_2 = d_\mathrm{D} + n_1 + n_2 \ : \\ \vdots \\ d_\mathrm{A} = d_\mathrm{D} + n_1 + n_2 + n_3 \ .\ .\ + n_\mathrm{A} \ . \end{cases}$$

Ainsi les différences de niveau aux sommets des polygones sont des fonctions linéaires des observations. Il est d'ailleurs inutile de faire remarquer que les n doivent être pris avec leurs signes.

En accentuant les lettres, on aurait des valeurs analogues pour le second cheminement.

L'erreur moyenne, ε, d'une différence de niveau dépendant de l'instrument, et de la distance des deux points observés (distance au milieu de laquelle on est supposé en station), il faudra commencer par construire, au moyen de l'observation, une table de ces erreurs, dont l'argument sera la distance. Dans ce but, on choisira, sur un terrain uni, une station, O, convenable, à partir de laquelle on mesurera des distances égales $01 = 01'$; $02 = 02'$... etc.

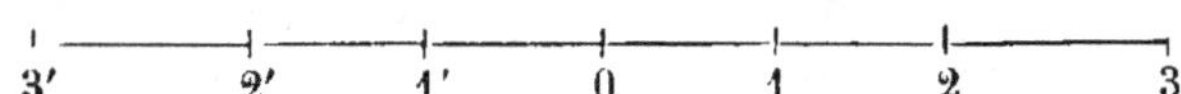

Puis on enfoncera des piquets aux points 1, 2,... 1', 2'...; on fera ensuite dix visées et dix lectures, 1° pour chaque distance 01, 01' ; 02, 02';... 2° pour les distances $1 - 1'$; $2 - 2'$; $3 - 3'$....

Soient N', N'', N'''.... les différences de niveau correspondantes à la distance $01 = 01'$, par exemple ;

N leur valeur moyenne : on retranchera de cette moyenne chacune des dix différences particulières qui l'ont fournie, ce qui donnera les erreurs ε', ε'', ε'''....; et l'on aura (§ 113), pour la distance O1, l'erreur moyenne

$$\varepsilon = \sqrt{\frac{[\varepsilon^2]}{9}}.$$

Le poids de ce résultat sera

$$p = \frac{1}{\varepsilon^2}.$$

Si l'on construit deux tables analogues, l'une pour les distances O1, O2..., relative aux différences de niveau; l'autre pour les distances $1 - 1'$, $2 - 2'$..., relative aux hauteurs de mire, la première servira pour le nivellement par cheminement, la seconde pour le nivellement par rayonnement.

Cela posé, l'erreur moyenne de la cote du point A sera (§ 122) $\quad \varepsilon = \sqrt{\varepsilon^2_1 + \varepsilon^2_2 + \varepsilon^2_3 + \cdots}$ et le poids du résultat

$$\frac{1}{P} = \frac{1}{p_1} + \frac{1}{p_2} + \frac{1}{p_3} + \cdots$$

ε_1, ε_2, $\varepsilon_3 \ldots$; p_1, p_2, $p_3 \ldots$ étant les erreurs moyennes, et les poids correspondants, tirés de la table.

On trouverait deux formules analogues pour l'erreur moyenne ε' et le poids P' de la cote d'_A obtenue par le second cheminement.

Si les côtés du premier polygone étaient égaux entre eux, et que la même particularité se présentât pour les côtés du second, il viendrait, dans le cas de la figure,

$$\varepsilon = \varepsilon_1 \sqrt{5}; \quad P = \frac{p'}{5}$$

$$\varepsilon' = \varepsilon'_1 \sqrt{4}; \quad P' = \frac{p'_1}{4}.$$

Si les côtés des deux polygones étaient tous égaux, on aurait

$$\frac{\varepsilon}{\varepsilon'} = \sqrt{\frac{5}{4}} \; ; \; \frac{P}{P'} = \frac{4}{5}.$$

Connaissant maintenant les poids et les erreurs moyennes des deux déterminations d_A, d'_A, cherchons la cote la plus probable, a, du point A, son poids P_1, et son erreur moyenne E_2. — Il suffit évidemment d'invoquer la formule (F') du § 114, qui donne ici

$$a = \frac{P\,d_A + P'\,d'_A}{P + P'}.$$

Dans le cas où les deux cheminements se composeraient d'un même nombre de points équidistants, cette valeur deviendrait

$$a = \frac{d_A + d'_A}{2}.$$

Pour trouver l'erreur moyenne de la cote la plus probable, représentons par η_2 l'erreur moyenne de l'observation qui aurait pour poids l'unité : il viendra (k)

$$\eta^2_2 = P\,\varepsilon^2$$
$$\eta^2_2 = P'\varepsilon'^2 \ldots$$

ajoutant

$$\eta_2 = \sqrt{\frac{1}{2}\left[P\,\varepsilon^2 + P'\,\varepsilon'^2\right]}.$$

Comme d'ailleurs le nombre d'observations ayant l'unité pour poids est représenté par $(P + P')$, l'erreur moyenne d'une de ces observations sera à celle, E_2, du *résultat moyen*, comme $\sqrt{(P + P')} : 1$; d'où

$$E_2 = \frac{\eta_2}{\sqrt{P + P'}} = \sqrt{\frac{P\,\varepsilon^2 + P'\varepsilon'^2}{2\,(P + P')}} \; ;$$
$$P_1 = P + P'.$$

Nous arrivons maintenant à la seconde partie de

notre question, celle qui a pour but de déterminer les valeurs les plus probables des cotes des différents sommets.

Pour résoudre ce problème nous supposerons exacte la cote, a, obtenue ci-dessus pour le point A. — Désignons par x_1, x_2,... x_A les petites corrections inconnues à apporter aux différences de niveau n_1, n_2,... n_A : nous aurons, pour les cotes corrigées, les expressions suivantes :

Cote corrigée du point 1 ... $d_D + n_1 + x_1 = d_1$

—   —   2 ... $d_D + n_1 + n_2 + x_1 + x_2 = d_2$

$\vdots$

—   —   A ... $d_D + n_1 + n_2 ... + n_A + x_1 + x_2 ... + x_A = d_A$

qui deviennent, en vertu des équations (A),

$$d_1 = d_1 + x_1$$
$$d_2 = d_2 + x_1 + x_2$$
$$\vdots$$
$$d_A = d_A + x_1 + x_2 + x_3 ... + x_A.$$

La question est ramenée par là à déterminer les valeurs les plus probables des inconnues x_1, x_2... x_A, sous la *condition* que $d_A = a$, ou bien que

$$x_1 + x_2 + ... + x_A = a - d_A = \Delta.$$

Notre équation de condition (§ 146) est donc

$$x_1 + x_2 + ... + x_A - \Delta = 0.$$

Nos équations corrélatives, eu égard aux poids, deviennent

$$x_1 = \frac{k'}{p_1} ; \quad x_2 = \frac{k'}{p_2} ... x_A = \frac{k'}{p_A} ;$$

et notre équation normale est

$$k' \left(\frac{1}{p_1} + \frac{1}{p_2} + ... + \frac{1}{p_A} \right) - \Delta = 0 ;$$

d'où
$$k' = \frac{\Delta}{\left[\dfrac{1}{p}\right]} ; \quad x_1 = \frac{\Delta}{p_1\left[\dfrac{1}{p}\right]} ; \quad x_2 = \frac{\Delta}{p_2\left[\dfrac{1}{p}\right]} \ldots \text{etc.}$$

On a donc
$$d_1 = d_1 + \frac{\Delta}{p_1\left[\dfrac{1}{p}\right]} ;$$

$$d_2 = d_2 + \frac{\Delta}{\left[\dfrac{1}{p}\right]} \left(\frac{1}{p_1} + \frac{1}{p_2}\right) ;$$

$$d_3 = d_3 + \frac{\Delta}{\left[\dfrac{1}{p}\right]} \left(\frac{1}{p_1} + \frac{1}{p_2} + \frac{1}{p_3}\right) ;$$

$$d_A = d_A + \Delta = a.$$

On voit aisément ce que deviendraient ces formules, 1° si à la place des poids on introduisait les erreurs moyennes; 2° si l'on supposait les sommets du polygone équidistants, ce qui revient à faire tous les poids égaux entre eux et à l'unité.

Ordinairement on vient *se fermer* au point D, pour lequel on doit retrouver la cote de départ d_D. L'équation de condition serait alors

$$x_1 + x_2 + \ldots + x_D = d_D - d'_D = \Delta.$$

Et le développement des calculs resterait le même.

§ 149. — Chaque fois qu'une mesure angulaire n'est pas isolée; chaque fois, en d'autres termes, qu'on fait un système d'observations combinées, il vaut mieux corriger individuellement les *directions* des côtés des angles, que de corriger d'un seul coup *l'amplitude* de l'angle lui-même. Nous entendons par *direction* d'un côté, l'angle qu'il fait avec une droite arbitraire, passant par le sommet, et prise comme origine des directions. Nous supposerons toujours que cette direction initiale tombe *à gauche* de toutes les directions qu'on lui rapporte.

Pour exposer le plus simplement possible cette méthode de la *compensation des directions*, nous croyons utile d'introduire ici avec Gerling quelques notations nouvelles, propres à abréger le discours.

Nous désignerons les sommets par des chiffres, de sorte que le triangle A B C sera nommé 1 2 3.

La direction de C vue de A sera notée $\frac{3}{1}$; celle de A vue de C serait $\frac{1}{3}$; celle de B vue de C, $\frac{2}{3}$, et ainsi de suite.

Un angle sera désigné par trois chiffres disposés dans le même ordre que les sommets correspondants. Ainsi on aura

$$\widehat{BAC} = \underset{1}{\overset{2 \cdot 3}{}}; \quad \widehat{CBA} = \underset{2}{\overset{3 \cdot 1}{}}; \quad \widehat{ACB} = \underset{3}{\overset{1 \cdot 2}{}}.$$

De ces conventions résultent les équations suivantes :

$$\underset{1}{\overset{2 \cdot 3}{}} = -\frac{2}{1} + \frac{3}{1}; \quad \underset{2}{\overset{3 \cdot 1}{}} = -\frac{3}{2} + \frac{1}{2}; \quad \underset{3}{\overset{1 \cdot 2}{}} = -\frac{1}{3} + \frac{2}{3}.$$

Les longueurs des côtés s'indiqueront en séparant par un point les chiffres de leurs extrémités.

Ainsi $\qquad \overline{AB} = 1 \cdot 2; \quad \overline{BC} = 2 \cdot 3; \quad \overline{CA} = 3 \cdot 1.$

Enfin les *corrections* des directions et des longueurs se noteront comme les directions et les longueurs *observées*, mais seront enfermées entre des parenthèses.

Ainsi : 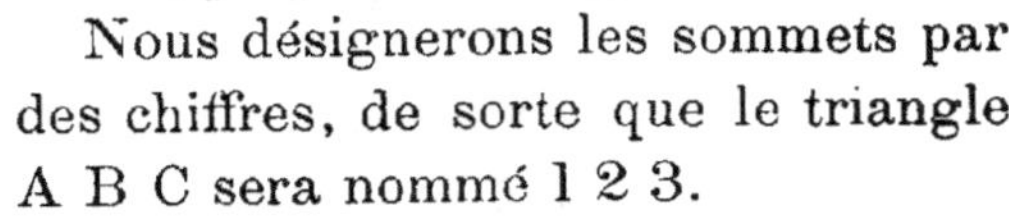

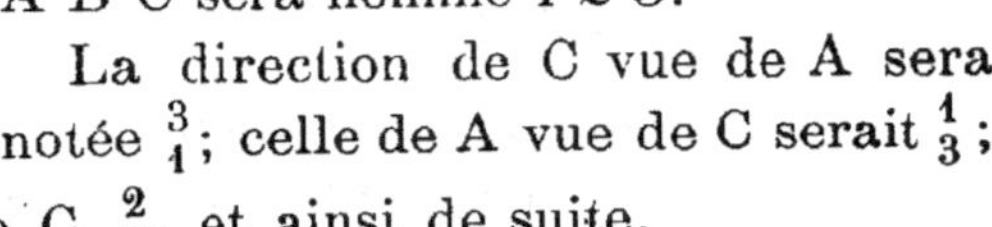

Ces prémisses posées, reprenons notre second exemple du § 145 : l'équation de condition deviendra maintenant :

$$0 = + 12 - \binom{2}{1} + \binom{3}{1} - \binom{3}{2} + \binom{1}{2} - \binom{1}{3} + \binom{2}{3}.$$

Équations corrélatives.

$$\binom{2}{1} = - k_1$$

$$\binom{3}{1} = + k_1$$

$$\binom{3}{2} = - k_1$$

$$\binom{1}{2} = + k_1$$

$$\binom{1}{3} = - k_1$$

$$\binom{2}{3} = + k_1$$

Équation normale.

$$0 = + 12 + 6k_1.$$

On en déduit $k_1 = - 2$, et par conséquent

$$\binom{2}{1} = \binom{3}{2} = \binom{1}{3} = + 2$$

$$\binom{3}{1} = \binom{1}{2} = \binom{2}{3} = - 2.$$

Les angles compensés sont donc, comme dans le premier cas,

$$o' + \Delta' = 36°25'43''$$
$$o'' + \Delta'' = 90\ 36\ 24$$
$$o''' + \Delta''' = 52\ 57\ 53.$$

Voulons-nous apprécier l'exactitude de notre manière d'observer, cherchons l'erreur moyenne d'une *direction*. Ici $[\Delta^2] = 6 \times 2^2 = 24$; d'où $\varepsilon = \sqrt{24} = \pm 4'',90$. Ce résultat s'accorde avec celui qui a été trouvé précédemment ; car les erreurs moyennes d'une direction

et d'un angle doivent être entre elles (§ 120) comme
$1 : \sqrt{2}$.

Quoique cette nouvelle manière de compenser les
angles d'un triangle observé *isolément* soit identique,
quant au résultat, avec celle du § 145, elle en diffère
néanmoins en principe. En effet, au lieu de compenser
trois angles, en faisant varier leurs deux côtés à la fois,
elle opère la compensation de *six* angles, dont chacun
a un côté invariable de position. Dans l'exemple que nous
venons de traiter, comme l'erreur totale $+ 12''$ est positive, chaque direction *de gauche* a laissé fautivement *à
droite* le véritable point de visée ; chaque direction de
droite l'a laissé d'autant à gauche : de sorte que les

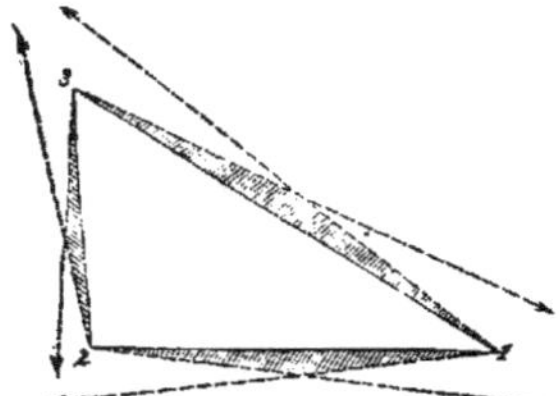

corrections d'une direction, aux
deux extrémités de laquelle on
a fait des visées réciproques,
sont égales et de signes contraires. Les petits triangles
d'erreur, formés par les direc-
tions compensées (marquées en traits pleins dans la
figure ci-jointe), et par les directions observées (marquées en traits ponctués), sont isocèles, semblables,
et *extérieurs* à la figure : ils lui seraient *intérieurs* si
l'erreur totale était négative.

§ 150. — Reprenons maintenant notre troisième
exemple du § 145, qui se rapporte à un système de
triangles liés entre eux. Nous avons les trois équations
de condition

$$0 = + 12 - \binom{2}{1} + \binom{3}{1} - \binom{3}{2} + \binom{1}{2} - \binom{1}{3} + \binom{2}{3}$$

$$0 = -15 - \binom{4}{3} + \binom{1}{3} - \binom{1}{4} + \binom{3}{4} - \binom{3}{1} + \binom{4}{1}$$

$$0 = -21 - \binom{5}{4} + \binom{1}{4} - \binom{1}{5} + \binom{4}{5} - \binom{4}{1} + \binom{5}{1},$$

qui conduisent aux quatorze équations corrélatives :

$$\binom{2}{1} = -k_1 \qquad\qquad \binom{2}{3} = +k_1$$

$$\binom{3}{1} = +k_1 - k_2 \qquad\qquad \binom{4}{3} = -k_2$$

$$\binom{4}{1} = +k_2 - k_3 \qquad\qquad \binom{1}{4} = -k_2 + k_3$$

$$\binom{5}{1} = +k_3 \qquad\qquad \binom{3}{4} = +k_2$$

$$\binom{1}{2} = +k_1 \qquad\qquad \binom{5}{4} = -k_3$$

$$\binom{3}{2} = -k_1 \qquad\qquad \binom{1}{5} = -k_3$$

$$\binom{1}{3} = -k_1 + k_2 \qquad\qquad \binom{4}{5} = +k_3.$$

Substituant dans les équations de condition, nous obtenons les équations normales

$$0 = +12 + 6k_1 - 2k_2 \; ;$$
$$0 = -15 - 2k_1 + 6k_2 - 2k_3 \; ;$$
$$0 = -21 - 2k_2 + 6k_3.$$

On voit que ces équations, aussi bien que les équations de condition, ne sont plus séparées, comme dans le § 145. La raison de cette différence, c'est que nous supposions alors tacitement que l'erreur d'une direction commune à deux triangles pouvait varier, suivant qu'on la considérait comme appartenant à l'un ou à l'autre de ces triangles. Dans l'hypothèse actuelle, cette erreur est nécessairement unique.

L'élimination donne $k_1 = -0,71$; $k_2 = +3,86$; $k_3 = +4,79$. Substituant ces valeurs dans les équations corrélatives, on a

$$\begin{pmatrix} 2 \\ 1 \end{pmatrix} = + 0'',71 \qquad \begin{pmatrix} 2 \\ 3 \end{pmatrix} = - 0'',71$$

$$\begin{pmatrix} 3 \\ 1 \end{pmatrix} = - 4,57 \qquad \begin{pmatrix} 4 \\ 3 \end{pmatrix} = - 3,86$$

$$\begin{pmatrix} 4 \\ 1 \end{pmatrix} = - 0,93 \qquad \begin{pmatrix} 1 \\ 4 \end{pmatrix} = + 0,93$$

$$\begin{pmatrix} 5 \\ 1 \end{pmatrix} = + 4,79 \qquad \begin{pmatrix} 3 \\ 4 \end{pmatrix} = + 3,86$$

$$\begin{pmatrix} 1 \\ 2 \end{pmatrix} = - 0,71 \qquad \begin{pmatrix} 5 \\ 4 \end{pmatrix} = - 4,79$$

$$\begin{pmatrix} 3 \\ 2 \end{pmatrix} = + 0,71 \qquad \begin{pmatrix} 1 \\ 5 \end{pmatrix} = - 4,79$$

$$\begin{pmatrix} 1 \\ 3 \end{pmatrix} = + 4,57 \qquad \begin{pmatrix} 4 \\ 5 \end{pmatrix} = + 4,79$$

Les corrections à faire subir aux angles sont donc :

$$\Delta_1 = - \begin{pmatrix} 2 \\ 1 \end{pmatrix} + \begin{pmatrix} 3 \\ 1 \end{pmatrix} = - 5'',28 ; \quad \Delta_6 = - \begin{pmatrix} 3 \\ 1 \end{pmatrix} + \begin{pmatrix} 4 \\ 1 \end{pmatrix} = + 3'',64 ;$$

$$\Delta_2 = - \begin{pmatrix} 3 \\ 2 \end{pmatrix} + \begin{pmatrix} 1 \\ 2 \end{pmatrix} = - 1,42 ; \quad \Delta_7 = - \begin{pmatrix} 5 \\ 4 \end{pmatrix} + \begin{pmatrix} 1 \\ 4 \end{pmatrix} = + 5,72 ;$$

$$\Delta_3 = - \begin{pmatrix} 1 \\ 3 \end{pmatrix} + \begin{pmatrix} 2 \\ 3 \end{pmatrix} = - 5,28 ; \quad \Delta_8 = - \begin{pmatrix} 1 \\ 5 \end{pmatrix} + \begin{pmatrix} 4 \\ 5 \end{pmatrix} = + 9,58 ;$$

$$\Delta_4 = - \begin{pmatrix} 4 \\ 3 \end{pmatrix} + \begin{pmatrix} 1 \\ 3 \end{pmatrix} = + 8,43 ; \quad \Delta_9 = - \begin{pmatrix} 4 \\ 1 \end{pmatrix} + \begin{pmatrix} 5 \\ 1 \end{pmatrix} = + 5,72.$$

$$\Delta_5 = - \begin{pmatrix} 1 \\ 4 \end{pmatrix} + \begin{pmatrix} 3 \\ 4 \end{pmatrix} = + 2,93 ; \qquad [\Delta^2] = 167,096 ;$$

et par suite $\varepsilon = \sqrt{\dfrac{167,096}{3}} = \sqrt{55,6987} = \pm 7'',46.$

L'erreur moyenne d'un angle est donc $\varepsilon \sqrt{2} = \pm 10'',55$. On voit qu'elle est supérieure à celle du § 145, calculée dans l'hypothèse qu'une seule et même direction, commune à deux triangles, pouvait subir des corrections différentes, suivant qu'elle appartenait à l'un ou à l'autre de ces triangles.

Les résultats de nos calculs peuvent être consignés dans un tableau de la forme suivante :

Triangles.	Sommets.	Angles mesurés.	Corrections Δ.	Angles corrigés.
(I)	1	36° 25′ 47″	— 5″,28	41″,72
	2	90 36 28	— 1 ,42	26 ,58
	3	52 57 57	— 5 ,28	51 ,72
				0 ,02
(II)	3	50 26 13	+ 8 ,43	21 ,43
	4	87 29 25	+ 2 ,93	27 ,93
	1	42 4 7	+ 3 ,64	10 ,64
				0 ,00
(III)	4	70 43 28	+ 5 ,72	33 ,72
	5	56 19 37	+ 9 ,58	46 ,58
	1	52 56 34	+ 5 ,72	39 ,72
				0 ,02

Il est inutile de faire observer que, dans la dernière colonne, les petits excès 0″,02 proviennent de ce qu'on a arrondi les fractions décimales.

Dans la figure ci-contre, nous avons ponctué les directions observées, et marqué en traits pleins les directions compensées. On voit que les petits triangles d'erreur sont encore isocèles, mais que maintenant ils ne sont plus semblables.

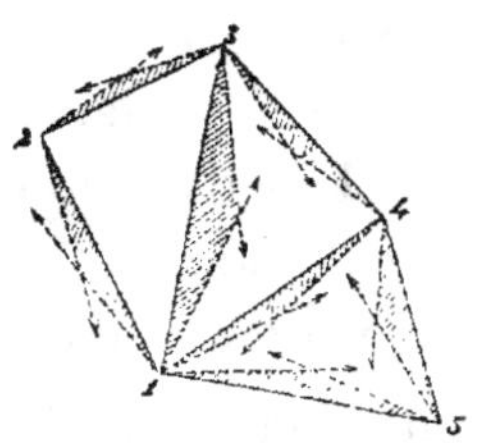

Remarquons que, dans le cas actuel, où les angles ont été observés *par différence* avec une direction azimutale initiale (ou sont traités comme tels), on ne peut plus, comme au § 145, poser une équation de condition relative au tour d'horizon ; car elle est remplie naturellement par la méthode d'observation ou de compensation. C'est ce qui résulte d'ailleurs de la forme de l'équation elle-même qui, dans l'exemple cité, conduirait à l'absurdité

$$0 = + 20 - \binom{2}{1} + \binom{3}{1} - \binom{3}{1} + \binom{4}{1} - \binom{4}{1} + \binom{5}{1} - \binom{5}{1} + \binom{2}{1} = 20.$$

Nous aurons encore occasion de faire une remarque analogue, pour le cas où le point 1 appartiendrait à un réseau qui *se fermerait* autour de lui.

§ 151. — 1° La compensation des angles, au moyen des directions individuelles de leurs côtés, est toujours à recommander dès que l'on considère plus de deux directions ; car elle repose sur ce principe, que l'observateur a toujours *voulu* pointer sur un seul et même point du signal, quel que soit l'angle auquel il appartienne. Dans ce cas, les erreurs commises sur la somme des trois angles des triangles ne doivent plus être réparties *également*; il peut même arriver que la répartition se fasse avec des signes contraires.

2° Les équations corrélatives et normales nous montrent d'une manière générale que les corrections réciproques d'une même direction sont égales et de signes contraires. En effet, si la correction $\binom{2}{1}$, par exemple, apparaît avec le signe *moins* dans la première équation de condition (ce qui donne $\binom{2}{1} = - k_1$ pour la première équation corrélative), c'est que la direction $\frac{2}{1}$ est le côté gauche d'un angle. Mais puisque le triangle est fermé, la direction $\frac{1}{2}$ sera le côté droit d'un autre angle ; donc $\left(\frac{1}{2}\right)$ apparaîtra dans la première équation de condition avec le signe *plus*, d'où résulte une équation corrélative $\left(\frac{1}{2}\right) = + k_1$.

Il en est de même pour les directions qui sont communes à plusieurs triangles, comme $\frac{1}{3}$ et $\frac{3}{1}$; seulement alors il y a lieu de considérer plusieurs équations corrélatives et plusieurs coefficients corrélatifs.

3° L'inspection des équations corrélatives montre que la somme des corrections de direction doit toujours être nulle, pour un même point de station. Pour la station 1, par exemple, nous avons

$$\left(\frac{2}{1}\right) = - k_1$$
$$\left(\frac{3}{1}\right) = + k_1 - k_2$$
$$\left(\frac{4}{1}\right) = \qquad + k_2 - k_3$$
$$\left(\frac{5}{1}\right) = \qquad\qquad + k_3.$$

La raison géométrique de ce fait est encore que, dans chaque triangle, une direction de gauche correspond toujours à une direction de droite, qui lui est opposée.

§ 152. — Occupons-nous maintenant d'une autre espèce d'équations de condition, ayant pour but de faire disparaître les contradictions qui existent entre les rapports de certaines lignes, lorsque le calcul de celles-ci repose sur des observations qui ont besoin d'être corrigées. Nous les nommerons *équations aux côtés*, réservant à celles qui viennent de nous occuper le nom d'*équations aux angles*. Soit un triangle plan 1 2 3, supposé parfaitement exact : ses angles sont

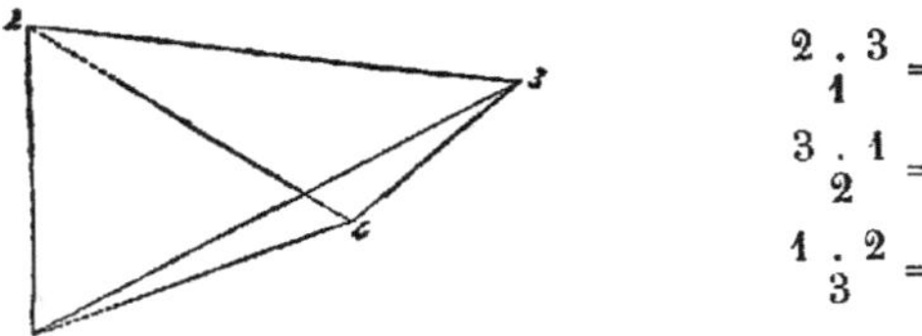

$$\overset{2\ \cdot\ 3}{\underset{1}{}} = 60^\circ\ 39'\ 32''$$

$$\overset{3\ \cdot\ 1}{\underset{2}{}} = 81\quad 9\quad 0$$

$$\overset{1\ \cdot\ 2}{\underset{3}{}} = 38\quad 11\quad 28.$$

Pour fixer la position du point 4, on a mesuré les angles

$$\overset{1\ \cdot\ 2}{\underset{4}{}} = 55^\circ\ 38'\ 2'',\ \text{et}\ \overset{2\ \cdot\ 3}{\underset{4}{}} = 112^\circ\ 32'\ 52''.$$

En outre, on a pris au point 3 une direction de vérification $\overset{4}{\underset{3}{}}$, qui a donné l'angle $\overset{4\ \cdot\ 2}{\underset{3}{}} = 45^\circ\ 54'\ 4''$.

Puisque nous considérons le triangle de base 1 2 3 comme parfaitement exact, la compensation a ici pour but de trouver les quatre corrections de direction

$$\left(\begin{matrix}1\\4\end{matrix}\right),\ \left(\begin{matrix}2\\4\end{matrix}\right),\ \left(\begin{matrix}3\\4\end{matrix}\right)\ \text{et}\ \left(\begin{matrix}4\\3\end{matrix}\right).$$

Partons de l'identité nécessaire

$$\frac{2\ .\ 1}{2\ .\ 4} \times \frac{2\ .\ 4}{2\ .\ 3} \times \frac{2\ .\ 3}{2\ .\ 1} = 1\,;$$

dans laquelle entre le côté nouveau 2 . 4; nous pouvons, sous la réserve des corrections ultérieures à faire aux angles, en déduire l'équation (de condition)

$$\sin\ \overset{1\ \cdot\ 2}{\underset{4}{}} \times \sin\ \overset{4\ \cdot\ 2}{\underset{3}{}} \times \sin\ \overset{2\ \cdot\ 3}{\underset{1}{}} = \sin\ \overset{2\ \cdot\ 4}{\underset{1}{}} \times \sin\ \overset{2\ \cdot\ 3}{\underset{4}{}} \sin \times \overset{1\ \cdot\ 2}{\underset{3}{}}.$$

Deux de ces six angles doivent être considérés comme exacts; trois autres ont été mesurés et doivent être

corrigés ; enfin, le sixième doit d'abord être calculé en
fonction des angles observés, et ensuite être corrigé
d'après eux.

Or on a $\qquad {}^{2}_{1}.^{4} = 360° - {}^{1}_{4}.^{3} - {}^{4}_{3}.^{2} - {}^{3}_{2}.^{1}$;

et en outre $\quad {}^{1}_{4}.^{3} = 168° \ 10' \ 54'' - \left(\dfrac{1}{4}\right) + \left(\dfrac{3}{4}\right)$

$\qquad\qquad\quad {}^{4}_{3}.^{2} = \ \ 45 \ \ 54 \ \ 4 \ \ - \left(\dfrac{4}{3}\right)$

$\qquad\qquad\quad {}^{3}_{2}.^{1} = \ \ 81 \ \ \ \ 9 \ \ \ \ 0$

$$\rule{6cm}{0.4pt}$$

$\qquad\qquad\qquad 295° \ 13' \ 58'' - \left(\dfrac{1}{4}\right) - \left(\dfrac{4}{3}\right) + \left(\dfrac{3}{4}\right)$

d'où $\qquad {}^{2}_{1}.^{4} = \ \ 64° \ 46' \ \ 2'' + \left(\dfrac{1}{4}\right) + \left(\dfrac{4}{3}\right) - \left(\dfrac{3}{4}\right).$

Au point de vue du calculateur, faisons ici une remarque très-utile dans la pratique, en ce qu'elle évite
les différentiations. Si l'on donne $A = N + x$ (x étant
une petite correction), on aura log $A = \log N + x\Delta$,
Δ étant la différence tabulaire pour une unité de N, et
x étant exprimé en fonction de cette unité. Si donc A
est un angle, on posera, par exemple, log sin $(N + x)$
$= \log \sin N + x\Delta$; la quantité x étant exprimée en
minutes, et Δ étant la différence tabulaire pour une
minute. — D'après cela, il vient :

$\qquad \log \sin \ {}^{1}_{4}.^{2} = 9{,}91669 - 8 \left(\dfrac{1}{4}\right) + 8 \left(\dfrac{2}{4}\right)$

$\qquad \log \sin \ {}^{4}_{3}.^{2} = 9{,}85621 - 12 \left(\dfrac{4}{3}\right)$

$\qquad \log \sin \ {}^{2}_{1}.^{3} = 9{,}94038$

$$\rule{6cm}{0.4pt}$$

$\qquad\qquad \text{»} \qquad 9{,}71328 - 8 \left(\dfrac{1}{4}\right) + 8 \left(\dfrac{2}{4}\right) - 12 \left(\dfrac{4}{3}\right)$

$$\log \sin {}^{2}{}_{1}{}^{4} = 9{,}95645 + 6\left(\begin{smallmatrix}1\\4\end{smallmatrix}\right) + 6\left(\begin{smallmatrix}4\\3\end{smallmatrix}\right) - 6\left(\begin{smallmatrix}3\\4\end{smallmatrix}\right)$$

$$\log \sin {}^{2}{}_{4}{}^{3} = 9{,}96547 + 5\left(\begin{smallmatrix}2\\4\end{smallmatrix}\right) - 5\left(\begin{smallmatrix}3\\4\end{smallmatrix}\right)$$

$$\log \sin {}^{1}{}_{3}{}^{2} = 9{,}79119$$

$$\text{»} \quad 9{,}71311 + 6\left(\begin{smallmatrix}1\\4\end{smallmatrix}\right) + 5\left(\begin{smallmatrix}2\\4\end{smallmatrix}\right) - 11\left(\begin{smallmatrix}3\\4\end{smallmatrix}\right) + 6\left(\begin{smallmatrix}4\\3\end{smallmatrix}\right).$$

L'équation de condition est donc

$$0 = +17 - 14\left(\begin{smallmatrix}1\\4\end{smallmatrix}\right) + 3\left(\begin{smallmatrix}2\\4\end{smallmatrix}\right) + 11\left(\begin{smallmatrix}3\\4\end{smallmatrix}\right) - 18\left(\begin{smallmatrix}4\\3\end{smallmatrix}\right).$$

Équations corrélatives :

$$\left(\begin{smallmatrix}1\\4\end{smallmatrix}\right) = -14\,k_1$$

$$\left(\begin{smallmatrix}2\\4\end{smallmatrix}\right) = +3\,k_1$$

$$\left(\begin{smallmatrix}3\\4\end{smallmatrix}\right) = +11\,k_1$$

$$\left(\begin{smallmatrix}4\\3\end{smallmatrix}\right) = -18\,k_1.$$

Équation normale :

$$0 = +17 + 650\,k_1.$$

D'où $\quad k_1 = -0{,}026154;\ \left(\begin{smallmatrix}1\\4\end{smallmatrix}\right) = +0',3662 = +22''$

$$\left(\begin{smallmatrix}2\\4\end{smallmatrix}\right) = -0\,{,}0785 = -5$$

$$\left(\begin{smallmatrix}3\\4\end{smallmatrix}\right) = -0\,{,}2877 = -17$$

$$\left(\begin{smallmatrix}4\\3\end{smallmatrix}\right) = +0\,{,}4708 = +28.$$

Les angles corrigés sont donc

$${}^{1}{}_{4}{}^{2} = 55° 37' 35'';\quad {}^{2}{}_{4}{}^{3} = 112° 32' 40'';\quad {}^{4}{}_{3}{}^{2} = 45° 53' 36'',$$

et l'angle qu'ils servent à calculer est $\quad {}^{2}{}_{1}{}^{4} = 64\ 47\ 9.$

Au moyen de ces valeurs, les logarithmes corrigés
sont

9,91665	9,95652
9,85615	9,96548
9,94038	9,79119
9,71318	9,71319.

Résultats concordants à la dernière décimale près,
laquelle n'est jamais sûre. — Tous les côtés qu'on calculera dans la figure auront maintenant la même valeur,
quel que soit le triangle dont on les déduira.

§ 153. — *Autre exemple.* — Il arrive fréquemment,
dans les travaux topographiques ou géodésiques, qu'on

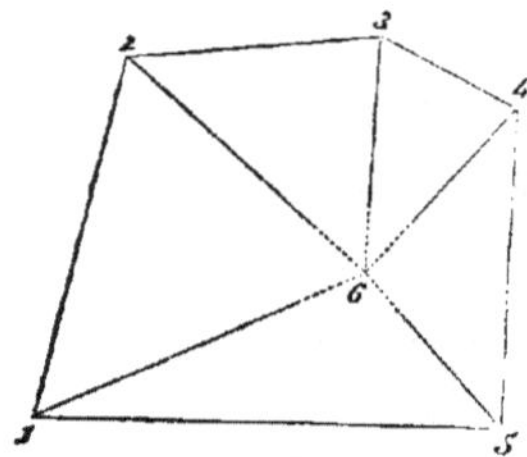

doit déterminer très-exactement
la position d'un point inaccessible. Dans ce cas, il faut rayonner sur lui de trois stations au
moins, et compenser ensuite les
directions qui y aboutissent.

Supposons, par exemple, qu'un
polygone 1 2 3 4 5 ait été levé, et qu'on veuille lui
rattacher un sommet géodésique, 6, où l'on ne peut
stationner. Dans ce but, on a recoupé le point 6 de
tous les sommets du polygone, et on a obtenu

$$6\,{.}\,{}^{5}_{1} = 25° \; 47' \; 23''$$

$$6\,{.}\,{}^{1}_{2} = 56 \;\; 31 \;\; 22$$

$$6\,{.}\,{}^{2}_{3} = 85 \;\; 28 \;\; 57$$

$$6\,{.}\,{}^{3}_{4} = 83 \;\; 12 \;\; 39$$

$$6\,{.}\,{}^{4}_{5} = 41 \;\; 16 \;\; 15.$$

Les angles du polygone, qu'on suppose parfaitement exacts, sont d'ailleurs

$$\frac{2\,.\,5}{1} = 76^{\circ}0'17''$$

$$\frac{3\,.\,1}{2} = 1052324$$

$$\frac{4\,.\,2}{3} = 1472659$$

$$\frac{5\,.\,3}{4} = 1213746$$

$$\frac{1\,.\,4}{5} = 893134;$$

on déduit de ces données et des nouvelles mesures

$$\frac{1\,.\,6}{5} = 48^{\circ}\,15'\,19'' \qquad\qquad \frac{5\,.\,1}{6} = 105^{\circ}\,57'\,18''$$

$$\frac{2\,.\,6}{1} = 501254 \qquad\qquad \frac{1\,.\,2}{6} = 731544$$

$$\frac{3\,.\,6}{2} = 48522 \qquad\qquad \frac{2\,.\,3}{6} = 45391$$

$$\frac{4\,.\,6}{3} = 61582 \qquad\qquad \frac{3\,.\,4}{6} = 344919$$

$$\frac{5\,.\,6}{4} = 38257 \qquad\qquad \frac{4\,.\,5}{6} = 1001838.$$

$$\overline{360\,.0\,0.}$$

Pour corriger les directions aboutissant au point 6, nous partons de l'identité

$$\frac{6\,.\,5}{6\,.\,1} \times \frac{6\,.\,1}{6\,.\,2} \times \frac{6\,.\,2}{6\,.\,3} \times \frac{6\,.\,3}{6\,.\,4} \times \frac{6\,.\,4}{6\,.\,5} = 1,$$

qui comprend tous les rayons aboutissant au point 6, comme nous avons mesuré toutes les directions correspondantes; calculant comme dans l'exemple précédent, nous trouvons

$$\log \sin \frac{6\,.\,5}{1} = 9,63856 - 26\begin{pmatrix} 6 \\ 1 \end{pmatrix} \quad \text{l. } \sin \frac{1\,.\,6}{5} = 9,87280 + 11\begin{pmatrix} 6 \\ 5 \end{pmatrix}$$

$$\log \sin \frac{6\,.\,1}{2} = 9.92122 - 8\begin{pmatrix} 6 \\ 2 \end{pmatrix} \quad \text{l. } \sin \frac{2\,.\,6}{1} = 9,88562 + 11\begin{pmatrix} 6 \\ 1 \end{pmatrix}$$

$$\log \sin {}^6_3 {}^2 = 9{,}99865 - 1 \begin{pmatrix} 6 \\ 3 \end{pmatrix} \quad \text{l. } \sin {}^3_2 {}^6 = 9{,}87690 + 11 \begin{pmatrix} 6 \\ 2 \end{pmatrix}$$

$$\log \sin {}^6_4 {}^3 = 9{,}99694 - 2 \begin{pmatrix} 6 \\ 4 \end{pmatrix} \quad \text{l. } \sin {}^4_3 {}^6 = 9{,}94580 + 7 \begin{pmatrix} 6 \\ 3 \end{pmatrix}$$

$$\log \sin {}^6_5 {}^4 = 9{,}81929 - 14 \begin{pmatrix} 6 \\ 5 \end{pmatrix} \quad \text{l. } \sin {}^5_4 {}^6 = 9{,}79337 + 16 \begin{pmatrix} 6 \\ 4 \end{pmatrix}.$$

$$9{,}37466. \qquad\qquad\qquad 9{,}37449.$$

L'équation de condition est donc

$$0 = + 17 - 37 \begin{pmatrix} 6 \\ 1 \end{pmatrix} - 19 \begin{pmatrix} 6 \\ 2 \end{pmatrix} - 8 \begin{pmatrix} 6 \\ 3 \end{pmatrix} - 18 \begin{pmatrix} 6 \\ 4 \end{pmatrix} - 25 \begin{pmatrix} 6 \\ 5 \end{pmatrix};$$

qui nous conduit à l'équation normale

$$0 = + 17 + 2743\, k_1 ,$$
$$k^1 = - 0{,}006\,1976.$$

Il en résulte
$$\begin{pmatrix} 6 \\ 1 \end{pmatrix} = + 0'{,}22931 = + 14''$$
$$\begin{pmatrix} 6 \\ 2 \end{pmatrix} = + 0{,}11775 = + 7$$
$$\begin{pmatrix} 6 \\ 3 \end{pmatrix} = + 0{,}04958 = + 3$$
$$\begin{pmatrix} 6 \\ 4 \end{pmatrix} = + 0{,}11156 = + 7$$
$$\begin{pmatrix} 6 \\ 5 \end{pmatrix} = + 0{,}15494 = + 9;$$

ce qui donne en définitive pour les angles

corrigés.		calculés.	
${}^6_1 {}^5 = 25° 47'\ 9''$		${}^1_5 {}^6 = 48° 15'\ 28''$	
${}^6_2 {}^1 = 56\ 31\ 15$		${}^2_1 {}^6 = 50\ 13\ 8$	
${}^6_3 {}^2 = 85\ 28\ 54$		${}^3_2 {}^6 = 48\ 52\ 9$	
${}^6_4 {}^3 = 83\ 12\ 32$		${}^4_3 {}^6 = 61\ 58\ 5$	
${}^6_5 {}^4 = 41\ 16\ 6$		${}^5_4 {}^6 = 38\ 25\ 14.$	

Si l'on recommence les calculs avec ces éléments, les résultats devront s'accorder, à la dernière décimale près ; c'est-à-dire que les rapports entre les côtés de la figure resteront les mêmes, quels que soient les triangles qui aient servi à les calculer.

La compensation des directions allant vers le point 6 a pour résultat de les faire passer *toutes* simultanément par ce point : si donc les angles avaient été observés en cette station, l'équation de condition relative au tour d'horizon aurait été superflue ; car elle est nécessairement satisfaite lorsque toutes les directions passent exactement par le point 6.

Avant qu'on eût introduit en géodésie le calcul des compensations, on vérifiait l'exactitude des opérations, en mesurant *toujours* les trois angles des triangles principaux : on était donc forcé parfois de ne pas être trop strict dans la manière d'établir l'instrument au point de station. Mais l'expérience a prouvé qu'un bon établissement est essentiel à l'exactitude des observations ; et, d'ailleurs, la méthode des compensations permet de juger de la précision du travail, mieux que la fermeture des triangles à 180°. Il est donc prudent, chaque fois que certains sommets principaux d'une triangulation ne fournissent pas un bon établissement, de les rejeter comme *stations*, pourvu qu'on puisse les relier, comme *signaux*, au reste du système, en visant sur eux de *trois* autres sommets au moins. On juge alors de l'exactitude des opérations en compensant les directions et en cherchant l'erreur moyenne ; et si le point à déterminer est très-important, on n'admet plus comme rigoureusement exactes les directions entre les points de station, mais on les compense *toutes* par un seul et même calcul.

§ 154. — L'exemple suivant fournit à la fois les deux espèces d'équations de condition, que nous avons, dans ce qui précède, considérées séparément.

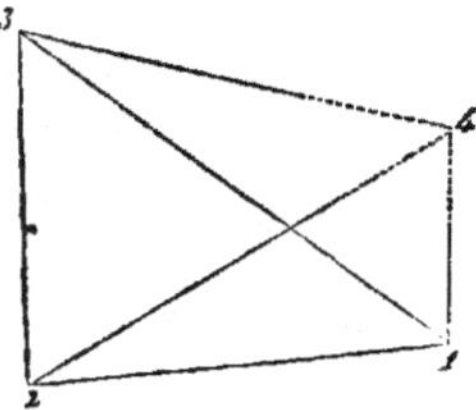

Supposons que le sommet 4 ne puisse servir de station : il a été observé des points 1, 2, 3 et on a obtenu les directions suivantes :

DIRECTIONS OBSERVÉES.

Station 1.	Station 2.	Station 3.
2 . A	3 . A	4 . A
3 . A + 47° 35′ 26″	4 . A + 53° 37′ 20″	1 . A + 24° 28′ 45″
4 . A + 95 23 17	1 . A + 81 10 42	2 . A + 75 42 25.

Nous avons donc d'abord un triangle formé par les points 1, 2, 3; et, pour abréger, nous le considérons comme plan. Il donne

$$2 \underset{1}{.} 3 = 47° 35′ 26″$$
$$3 \underset{2}{.} 1 = 81 10 42$$
$$1 \underset{3}{.} 2 = 51 13 40$$
$$\overline{\qquad 179 59 48\,;}$$

différence à 180° $= - 12″ = - 0′,2$. La *première* équation de condition, relative au triangle 1, 2, 3, est donc

$$0 = - 0,2 - \binom{2}{1} + \binom{3}{1} - \binom{3}{2} + \binom{1}{2} - \binom{1}{3} + \binom{2}{3}.$$

Pour avoir la seconde, nous poserons l'identité

$$\frac{4 \cdot 1}{4 \cdot 2} \times \frac{4 \cdot 2}{4 \cdot 3} \times \frac{4 \cdot 3}{4 \cdot 1} = 1 ;$$

qui exprime la convergence des rayons 1.4, 2.4, 3.4; c'est-à-dire que nous devrions avoir, si toutes les directions étaient parfaitement exactes,

$$\sin \tfrac{4 \cdot 1}{2} \times \sin \tfrac{4 \cdot 2}{3} \times \sin \tfrac{3 \cdot 4}{1} = \sin \tfrac{2 \cdot 4}{1} \times \sin \tfrac{3 \cdot 4}{2} \times \sin \tfrac{4 \cdot 1}{3} ;$$

ou bien, en nombres,

$$\sin 27° 33' 22'' \times \sin 75° 42' 25'' \times \sin 47° 47' 51'' = \sin 95° 23' 17''$$
$$\times \sin 53° 27' 20'' \times \sin 24° 28' 45''.$$

Prenant les logarithmes, comme nous l'avons fait cidessus :

$$9, 66522 - 24 \begin{pmatrix} 4 \\ 2 \end{pmatrix} + 24 \begin{pmatrix} 1 \\ 2 \end{pmatrix} \qquad 9, 99808 - 1 \begin{pmatrix} 4 \\ 1 \end{pmatrix} + 1 \begin{pmatrix} 2 \\ 1 \end{pmatrix}$$

$$9, 98634 - 3 \begin{pmatrix} 4 \\ 3 \end{pmatrix} + 3 \begin{pmatrix} 2 \\ 3 \end{pmatrix} \qquad 9, 90586 - 9 \begin{pmatrix} 3 \\ 2 \end{pmatrix} + 9 \begin{pmatrix} 4 \\ 2 \end{pmatrix}$$

$$9, 86968 - 11 \begin{pmatrix} 3 \\ 1 \end{pmatrix} + 11 \begin{pmatrix} 4 \\ 1 \end{pmatrix} \qquad 9, 61738 - 28 \begin{pmatrix} 4 \\ 3 \end{pmatrix} + 28 \begin{pmatrix} 1 \\ 3 \end{pmatrix}.$$

$$\overline{9, 52124.} \qquad\qquad\qquad \overline{9, 52132.}$$

Notre *seconde* équation de condition est donc

$$0 = + 8 + 1 \begin{pmatrix} 2 \\ 1 \end{pmatrix} + 11 \begin{pmatrix} 3 \\ 1 \end{pmatrix} - 12 \begin{pmatrix} 4 \\ 1 \end{pmatrix} - 24 \begin{pmatrix} 1 \\ 2 \end{pmatrix} - 9 \begin{pmatrix} 3 \\ 2 \end{pmatrix} + 33 \begin{pmatrix} 4 \\ 2 \end{pmatrix}$$
$$+ 28 \begin{pmatrix} 1 \\ 3 \end{pmatrix} - 3 \begin{pmatrix} 2 \\ 3 \end{pmatrix} - 25 \begin{pmatrix} 4 \\ 3 \end{pmatrix}.$$

Ces deux équations de condition conduisent aux équations corrélatives

$$\begin{pmatrix} 2 \\ 1 \end{pmatrix} = - k_1 + k_2 \qquad \begin{pmatrix} 1 \\ 2 \end{pmatrix} = + k_1 - 24 k_2 \qquad \begin{pmatrix} 1 \\ 3 \end{pmatrix} = - k_1 + 28 k_2$$

$$\begin{pmatrix} 3 \\ 1 \end{pmatrix} = + k_1 + 11 k_2 \qquad \begin{pmatrix} 3 \\ 2 \end{pmatrix} = - k_1 - 9 k_2 \qquad \begin{pmatrix} 2 \\ 3 \end{pmatrix} = + k_1 - 3 k_2$$

$$\begin{pmatrix} 4 \\ 1 \end{pmatrix} = - 12 k_2 \qquad \begin{pmatrix} 4 \\ 2 \end{pmatrix} = + 33 k_2 \qquad \begin{pmatrix} 4 \\ 3 \end{pmatrix} = - 25 k_2.$$

Pour avoir les équations normales, nous formons d'abord

$$[aa] = + 6$$
$$[ab] = - 36$$
$$[bb] = + 3430 ;$$

et nous obtenons

$$0 = - 0,2 + 6k_1 - 36k_2$$
$$0 = + 8 - 36k_1 + 3430k_2 ;$$

d'où nous déduisons par élimination

$$k_1 = + 0,02064 ; \quad k_2 = - 0,00212 ;$$

ce qui donne finalement :

$$\binom{2}{1} = - 1'',37 \ldots \binom{1}{2} = + 4''29 \ldots \binom{1}{3} = - 4'',80$$
$$\binom{3}{1} = - 0,16 \ldots \binom{3}{2} = - 0,09 \ldots \binom{2}{3} = + 1,62$$
$$\binom{4}{1} = + 1,53 \ldots \binom{4}{2} = - 4,20 \ldots \binom{4}{3} = + 3,18.$$

Telles sont les corrections à faire subir aux directions. Pour simplifier, nous pouvons supposer que l'azimut indéterminé, que nous avons désigné par A, reste encore A après la correction ; ce qui revient à retrancher de chaque correction celle qui est relative à l'azimut initial correspondant. Il vient dans ce cas

$$\binom{2}{1} = 0 \ldots \binom{1}{2} = + 4'',38 \ldots \binom{1}{3} = - 7'',98$$
$$\binom{3}{1} = + 1'',21 \ldots \binom{3}{2} = 0 \ldots \binom{2}{3} = - 1,56$$
$$\binom{4}{1} = + 2,90 \ldots \binom{4}{2} = - 4,11 \ldots \binom{4}{3} = 0.$$

Nous avons donc :

DIRECTIONS COMPENSÉES.

Station 1.	Station 2.	Station 3.
2.A	... 3.A	... 4.A
3.A +47° 35′ 27″,21	... 4.A +53° 27′ 15″,89	... 1.A +24° 28′ 37″,02
4.A +95 23 19 ,90	... 1.A +81 10 46 ,38	... 2.A +75 42 23 ,44

Lorsqu'il faut relier ce système à d'autres, il reste encore à faire une opération, étrangère, si l'on veut, au calcul des compensations : c'est l'*orientation*, ou la détermination de l'un des A précédents.

Supposons que, pour la station 2, on ait eu A $= 273°\ 39'\ 50''$: les deux autres directions, pour cette station, s'obtiendront par la simple substitution de ce nombre. Pour la station 1, il suffit (toujours dans l'hypothèse d'un système plan) d'ajouter 180° à la direction $\frac{1}{2}$, pour avoir la direction $\frac{2}{1}$, qui est le A de cette première station. Enfin, la direction

$$\frac{4}{3} = 180° + \frac{3}{1} - \frac{4}{3}\cdot\frac{1}{}\ ,\ \text{ou bien} = 180° + \frac{3}{2} - \frac{4}{3}\cdot\frac{2}{}\ .$$

On a donc :

DIRECTIONS DÉFINITIVES.

$2.174°\ 50'\ 36'',38\ \ldots\ 3.273°\ 39'\ 50'',00\ \ldots\ 4.17°\ 57'\ 26'',56$
$3.222\ \ \ 26\ \ \ 3\ ,59\ \ldots\ 4.327\ \ \ 7\ \ \ 5\ ,89\ \ldots\ 1.42\ \ 26\ \ \ 3\ ,58$
$4.270\ \ \ 13\ \ 56\ ,28\ \ldots\ 1.354\ \ 50\ \ 36\ ,38\ \ldots\ 2.93\ \ 39\ \ 50\ ,00.$

Observons que, dans la pratique, lorsqu'on veut obtenir la précision de la seconde, il faut employer les tables à 7 décimales pour calculer les termes connus des équations de condition.

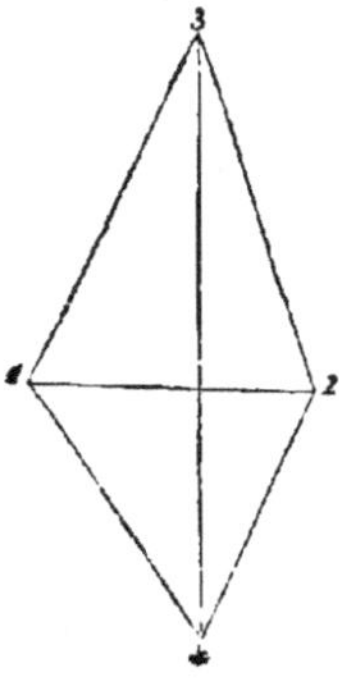

Si l'on avait pu stationner au point 4, on aurait fermé deux triangles de plus, et obtenu deux nouvelles équations de condition *aux angles*. Ce cas se présente fréquemment au commencement d'une triangulation : on relie la base *mesurée*, 1 . 2, à deux autres points, 3, 4, situés dans une direction à peu près perpendiculaire à la première ; on observe tous les angles de la figure 1, 2, 3, 4, et la longueur 3 . 4 forme la *base calculée*. On la relie aux sommets adjacents de la triangulation par des triangles aussi bien conformés que possible.

La compensation du système 1, 2, 3, 4 offre donc ici *trois* équations aux angles, et *une* équation aux côtés ; mais, sauf cette différence, le problème est identique avec celui que nous venons de résoudre. Nous traitons plus loin un cas de l'espèce, mais plus complet.

§ 155. — Prenons enfin un exemple facile dans lequel se rencontrent à la fois des mesures linéaires et des mesures angulaires.

On a observé les éléments suivants du triangle 1 2 3.

$$\begin{array}{ll} {}^2_{1}\!\cdot{}^3 = 57°55' & \qquad 2 \cdot 3 = 69^m{,}8 \\[2mm] {}^3_{2}\!\cdot{}^1 = 46\ 40 & \qquad 3 \cdot 1 = 60\ \ ,4 \\[2mm] {}^1_{3}\!\cdot{}^2 = 75\ 36 & \qquad 1 \cdot 2 = 80\ \ ,1. \end{array}$$

Ici, comme nous avons des quantités hétérogènes à traiter, il faut commencer par chercher l'erreur moyenne de chaque espèce de mesure. Supposons, pour simplifier, qu'elle soit de $1'$ pour les angles et de $0^m{,}1$ pour les côtés : alors il nous suffira, comme nous l'avons vu déjà (§ 126), d'exprimer les grandeurs linéaires en décimètres, pour pouvoir traiter les erreurs comme de simples *nombres* inconnus.

Notre première équation de condition, par rapport aux angles, est

$$0 = +11 - \binom{2}{1} + \binom{3}{1} - \binom{3}{2} + \binom{1}{2} - \binom{1}{3} + \binom{2}{3}.$$

De plus, en divisant les côtés par les sinus des angles opposés, on devra obtenir des quotients égaux.

$$\log 2 \cdot 3 = 2,84386 + 62,5\,(2\cdot3)$$
$$\log \sin\; {}^{2}_{\;1}{}^{\cdot\,3} = 9,92803 - 7,5\binom{2}{1} + 7,5\binom{3}{1}$$
$$\overline{\qquad\qquad 2,91583 + 62,5\,(2.3) + 7,5\binom{2}{1} - 7,5\binom{3}{1}.}$$

$$\log 3 \cdot 1 = 2,78104 + 72\,(3\cdot1)$$
$$\log \sin\; {}^{3}_{\;2}{}^{\cdot\,1} = 9,86176 - 12\binom{3}{2} + 12\binom{1}{2}$$
$$\overline{\qquad\qquad 2,91928 + 72\,(3.1) + 12\binom{3}{2} - 12\binom{1}{2}.}$$

$$\log 1 \cdot 2 = 2,90363 + 54\,(1.2)$$
$$\log \sin\; {}^{1}_{\;3}{}^{\cdot\,2} = 9,98614 - 3,5\binom{1}{3} + 3,5\binom{2}{3}$$
$$\overline{\qquad\qquad 2,91749 + 54\,(1.2) + 3,5\binom{1}{3} - 3,5\binom{2}{3}.}$$

Retranchant du second résultat le premier et le troisième, nous aurons deux nouvelles équations de condition, que nous multiplions par 2, pour chasser les décimales de la dernière; il viendra donc :

$$0 = +11 - \binom{2}{1} + \binom{3}{1} - \binom{3}{2} + \binom{1}{2} - \binom{1}{3} + \binom{2}{3}$$
$$0 = +690 + 144\,(3.1) - 125\,(2.3) + 24\binom{3}{2} - 24\binom{1}{2} - 15\binom{2}{1} + 15\binom{3}{1}$$
$$0 = +358 + 144\,(3.1) - 108\,(1.2) + 24\binom{3}{2} - 24\binom{1}{2} - 7\binom{1}{3} + 7\binom{2}{3}.$$

Les équations corrélatives sont donc

$$\binom{2}{1} = -k_1 - 15k_2 \qquad \binom{1}{2} = +k_1 - 24k_2 - 24k_3 \qquad (1.2) = -108k_3$$
$$\binom{3}{1} = +k_1 + 15k_2 \qquad \binom{1}{3} = -k_1 \qquad\qquad - 7k_3 \qquad (2.3) = -125k_2$$
$$\binom{3}{2} = -k_1 + 24k_2 + 24k_3 \qquad \binom{2}{3} = +k_1 \qquad\qquad + 7k_3 \qquad (3.1) = +144k_2 + 144k_3{'}$$

On a, d'ailleurs,

$$[aa] = + \ 6 \qquad\qquad [bb] = + \ 37963$$
$$[ab] = - \ 18 \qquad\qquad [bc] = + \ 21888$$
$$[ac] = - \ 34 \qquad\qquad [cc] = + \ 33650;$$

et les équations normales sont

$$0 = + \ 11 + \ 6k_1 - \qquad 18k_2 - \qquad 34k_3$$
$$0 = + \ 690 - \ 18k_1 + \ 37963k_2 + \ 21888k_3$$
$$0 = + \ 358 - \ 34k_1 + \ 21888k_2 + \ 33650k_3.$$

L'élimination donne $k_1 = - \ 1,8912$
$$k_2 = - \ 0,01894$$
$$k_3 = - \ 0,000203;$$

et la substitution dans les équations corrélatives

$$\binom{2}{1}=-\binom{3}{1}=+2'10'',5\ldots\binom{3}{2}=-\binom{1}{2}=+1'25'',9\ldots\binom{1}{3}=-\binom{2}{3}=+1'53'',6$$
$$(1.2) \quad =+0,0219 \qquad (2.3) \quad =+2,3675 \qquad (3.1) \quad =-2,7566.$$

Appliquant ces corrections, nous obtiendrons pour éléments du triangle compensé :

$$\overset{2}{\underset{1}{.}}{}^{3} = 57°50'\ 39'' \qquad\qquad 2 \ . \ 3 = 70^m,0368$$
$$\overset{3}{\underset{2}{.}}{}^{1} = 46 \ \ 37 \ \ 8 \qquad\qquad 3 \ . \ 1 = 60 \ \ ,1243$$
$$\overset{1}{\underset{3}{.}}{}^{2} = 75 \ \ 32 \ \ 13 \qquad\qquad 1 \ . \ 2 = 80 \ \ ,1022.$$
$$\overline{\qquad 180 \ \ \ 0 \ \ \ 0. \qquad}$$

§ 156. — La compensation des observations conditionnelles mérite toute notre attention, à cause des applications fréquentes qu'elle trouve dans la haute topographie et dans la géodésie. Les exemples précédents nous ont montré comment on peut, dans les cas les plus simples, former les équations de condition et les traduire en nombres. Mais dès que le problème se complique, il arrive très-souvent qu'on omet certaines équations nécessaires , ou qu'on en pose de superflues. Il est donc intéressant de savoir déterminer, *à priori*, quel est le nombre d'équations de condition, indépendantes les unes des autres, qui doivent exister en général entre un certain nombre de données d'observation.

La question comporte trois cas différents, suivant que les données d'observation renferment des mesures angulaires seulement, ou des mesures linéaires seulement, ou enfin des mesures angulaires jointes à des mesures linéaires. Nous ne nous occuperons que du premier de ces trois cas, parce qu'il est le plus important pour nous, et que les deux autres s'y ramèneraient facilement, au moyen de légères modifications.

Les observations angulaires peuvent offrir trois classes d'équations de condition.

La *première classe* se présente lorsqu'on a observé tous les angles simples qui forment un tour d'horizon. Le nombre de ces équations est si facile à reconnaître, leur formation est si simple, que nous nous dispenserons d'en rien dire, renvoyant toutefois aux deux remarques faites (§§ 150 et 153).

On obtient des équations de condition de *seconde classe*, celles que nous avons nommées équations aux angles (*Winkelgleichungen* des auteurs allemands), lorsqu'on a *observé* les angles aux sommets d'un polygone fermé ; car la théorie permet de *calculer* la somme de ces angles. Le nombre d'équations de condition de cette espèce repose sur le théorème suivant, formulé par Gauss :

« Lorsque p points formant système sont reliés réci-
« proquement par l lignes, le nombre d'équations aux
« angles qu'offre le système est égal à $l - p + 1$. »

Supposons d'abord p points reliés deux à deux par
p lignes : ils formeront un polygone fermé qui donnera
une équation de condition, relative à la somme de ses
angles intérieurs.

A ces p lignes, que nous pouvons considérer comme
formant le *contour* du polygone, ajoutons une *diagonale*
quelconque : elle divisera le polygone en deux autres,
et fournira *deux* équations de condition aux angles
nouvelles; mais, par ce fait, la première équation sera
annulée; car elle est évidemment satisfaite lorsque les
deux autres le sont.

Chaque nouvelle diagonale amènera ainsi une nouvelle équation, de sorte que tout système linéaire, contenant u lignes de trop, offrira $(u + 1)$ équations aux
angles.

Soit donc l le nombre de lignes que présente le système; p le nombre de points qu'elles relient deux à
deux : on a $u = l - p$; et le nombre d'équations de
condition devient $l - p + 1$.

l est *au moins* égal à p, et peut *au plus* être égal à
$\dfrac{p(p-1)}{2}$: le nombre d'équations aux angles est donc
au moins de une, et *au plus* de $\dfrac{p(p-3)}{2} + 1$.

Dans la figure ci-jointe, par exemple, on a $p = 10$,
$l = 21$: il y a donc 12 équations aux angles. Une fois
leur nombre connu, on n'éprouvera pas grande difficulté à les former : ainsi, en procédant à partir de la

ligne 3.10, et en marchant circulairement vers la gauche, on trouvera, jusqu'à la ligne 4.9, une chaîne de *huit* triangles contigus, qui doivent se fermer à 180°. Reste encore à découvrir quatre équations de condition.

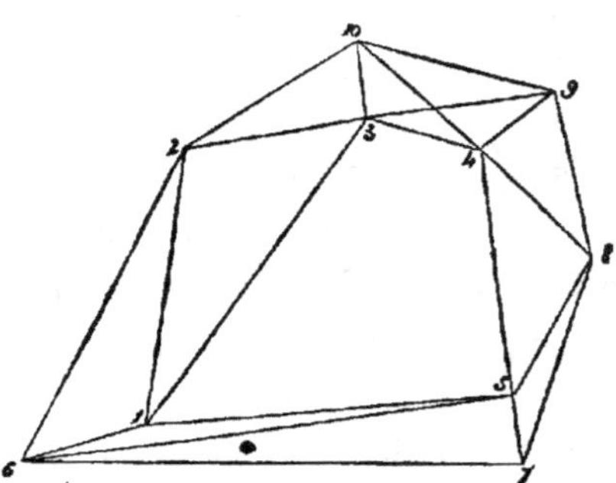

Le petit quadrilatère 3.4.9.10, entre les sommets duquel il existe six lignes, en fournira trois, qui se déduiront de la fermeture à 180° de trois quelconques des quatre triangles ayant mêmes sommets que le quadrilatère.

Enfin la dernière équation de condition est donnée par le quadrilatère 1.3.4.5, dont la somme des angles doit former 360°.

L'expression numérique de ces douze équations n'offrirait rien de particulier.

Enfin nous avons dit déjà que les équations de condition de *troisième classe* (équations aux côtés, *Seitengleichungen*) ont pour but de corriger les angles observés, de manière à les rendre compatibles entre eux, sous le rapport des longueurs relatives des côtés que ces angles servent à calculer. Par ce moyen on obtiendra, pour une longueur relative quelconque, des valeurs identiques, quels que soient les angles qui aient servi à la calculer.

Pour trouver le nombre des équations aux côtés que présente un système linéaire, nous emploierons un second théorème formulé aussi par Gauss, savoir :

« Si p points d'une triangulation sont reliés par « l lignes (dont les directions ne sont observées qu'à « une seule extrémité), il y a $l - 2p + 3$ lignes de « trop; ce qui conduit à $l - 2p + 3$ équations de con- « dition aux côtés. »

Prenons d'abord deux points du système : la direction de la ligne qui les joint est nécessaire pour *orienter* le système ou pour le *relier* à un autre.

Un troisième point, pour être relié trigonométrique- ment aux deux premiers, demande qu'on mesure deux nouvelles directions ; et chaque nouveau point exige deux directions nouvelles et n'en exige que deux (dont une au moins doit être rapportée, médiatement ou im- médiatement, à la direction initiale).

Par conséquent, pour déterminer trigonométrique- ment un système de p points, il faut $2\,(p - 2)$ direc- tions, outre la direction initiale, qui sert à l'orientation; donc $2p - 3$ lignes.

Chaque ligne qu'on ajoutera maintenant aux précé- dentes donnera lieu à une équation de condition aux côtés, puisque sa longueur peut se calculer indépen- damment de toute nouvelle donnée. Si donc on a mené l lignes entre les p points, il existera $l - 2p + 3$ équa- tions aux côtés.

Ce qui précède suppose que chaque ligne surabondante n'a été observée qu'à une seule de ses extrémités : si elle l'avait été aux deux, elle donnerait lieu *en outre,* comme nous le savons déjà, à une équation aux angles.

Les trois premiers points du réseau exigent *au moins* trois directions, et les $(p - 3)$ restants, $2(p - 3)$; il s'ensuit que l est *au moins* égal à $2p - 3$: il est d'ailleurs égal *au plus* à $\dfrac{p(p-1)}{2}$, donc le nombre des équations aux côtés peut varier depuis zéro jusqu'à

$$\frac{p(p-5)}{2} + 3.$$

Posons ce dernier nombre égal à l'unité : il vient $p = 4$ (nous rejetons la racine $p = 1$, qui ne peut s'appliquer à aucun système de points). Il faut donc au moins *quatre* points reliés par *six* lignes, pour qu'il y ait lieu à rechercher les équations de condition de la troisième classe. Il n'y a pas, en effet, deux moyens de calculer les côtés d'un triangle en fonction de l'un d'eux.

Après avoir calculé le nombre d'équations de condition de chaque espèce qui doivent exister dans un système de triangles, il faudra former chacune d'elles, sans commettre d'omission ni de double emploi ; et ce travail ne laisse pas quelquefois de présenter des difficultés. La marche la plus sûre sera de parcourir le réseau, en partant de la base, et en suivant de proche en proche les observations qui ont été faites aux sommets consécutifs de la triangulation. On remarquera que, pour fixer la position d'un point N, il faut deux directions émanant de deux points connus, A et B. Si les observations fournissent plus de deux données, le nombre excédant exprimera celui des équations de condition, provenant de la jonction du point N au réseau de triangles. Ainsi l'angle entre A et B, observé du point N, apporte une *troisième* donnée, donc une *première* équation de condition, qui est ici *angulaire*.

Le point N est-il observé de trois stations connues A, B, C, lesquelles, à leur tour, sont observées de N ? Nous aurons dans ce cas *cinq* données ; donc *trois* équations de condition (deux aux angles et une aux côtés).

Et en général, si le point N est observé de m points connus, et que réciproquement ceux-ci soient observés du point N, il y aura $(2m-1)$ données, donc $(2m-3)$ équations de condition, savoir $(m-1)$ pour les angles et $(m-2)$ pour les côtés.

Bessel a résumé ce qui précède dans la règle que voici : « Pour rattacher un point, il est nécessaire et « suffisant d'observer deux directions simples. L'obser- « vation d'une nouvelle direction introduit une équation « aux côtés ; et celle de l'angle fourni par deux direc- « tions nouvelles, une équation aux angles. »

Nous reproduisons, comme exemple[1], la recherche des équations de condition que fournit la triangulation faite par ce grand observateur entre Trunz et Memel (voyez *Gradmessung in Ostpreussen*), en faisant abstrac- tion des petits triangles qui rattachent la base mesurée

---

[1] Voir plus loin une application complète avec tous les calculs, empruntée à la triangulation belge.

à la base calculée, et en partant du côté 1.2 (*Galtgarben-Condehnen*).

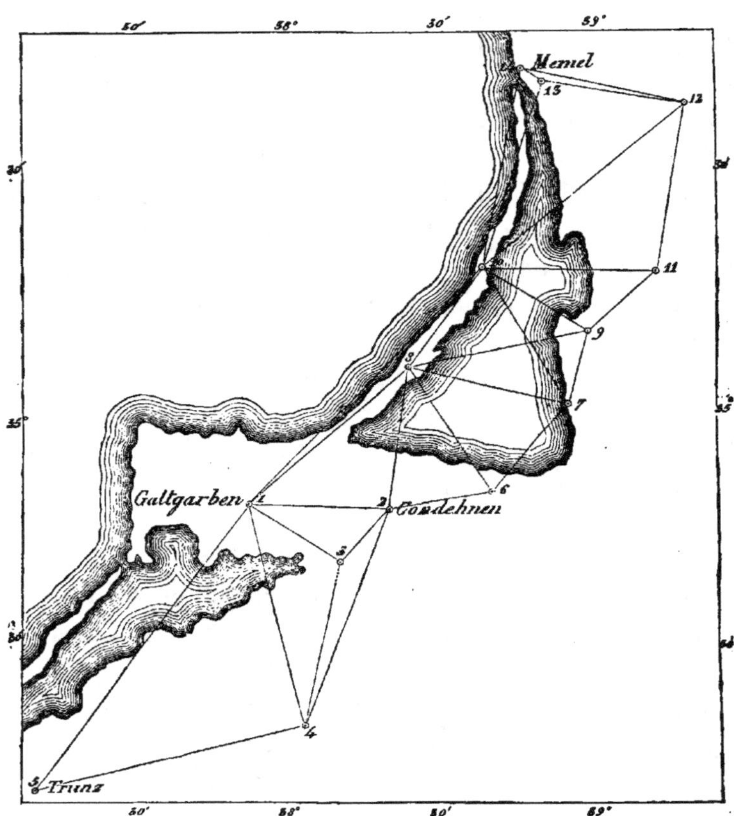

A partir de ce premier côté, le sommet 4 est déterminé seulement par deux directions ; mais il a servi de station pour prendre l'angle $^{1}_{\ \ 4}.^{2}$, ce qui donne une équation aux angles $a_1 = 1.2.4$, dans le triangle désigné par ces trois chiffres.

3 a été observé de trois points 1, 2, 4; ce qui donne une équation aux côtés entre ces quatre points : $c_1 =$ 1.2.3.4.

L'angle $^{1}_{3}{}^{2}$ est surabondant, d'où $a_2 = 1 . 2 .3.$ — La direction $^{4}_{3}$ n'a pas été observée.

A Trunz l'angle observé est surabondant; d'où $a_3 =$ 1.4.5.

Au nord du côté de départ, nous avons d'abord quatre triangles dont les trois angles ont été observés, et qui donnent :

$$a_4 = 1 . 2 . 8; \quad a_5 = 2 . 6 . 8; \quad a_6 = 6 . 7 . 8; \quad a_7 = 7 . 8 . 9.$$

Ensuite le point 10 est déterminé par quatre directions, au lieu de deux, et ces directions sont réciproques; ce qui donne trois équations aux angles et deux aux côtés : $a_8 = 7.8.10$; $a_9 = 8.9.10$; $a_{10} = 1.8.10$; $c_2 = 7.8.9.10$; $c_3 = 1.2.6.7.10.8$.

Viennent maintenant $a_{11} = 9.10.11$; $a_{12} = 10.11.12$; $a_{13} = 10.12.14$ (on n'a pas observé du point 13). Enfin ce dernier point, 13, ayant été recoupé de trois autres, on a $c_4 = 10.12.14.13$.

Le nombre des équations de condition que nous venons de trouver s'accorde avec les deux théorèmes de Gauss, que nous avons énoncés plus haut. En effet, pour les équations aux angles, on a $p = 13$ (le point 13 ne compte pas, puisqu'on n'a fait que rayonner vers lui); $l = 25$, nombre de directions observées réciproquement; d'où $l - p + 1 = 13$.

Pour les équations aux côtés, on a $p = 14$; $l = 29$ (nombre des directions simples); donc $l - 2p + 3 = 4$.

DIRECTIONS LES PLUS PROBABLES DÉDUITES DES OBSERVATIONS FAITES A UNE STATION.

§ 157. — Si, lorsqu'on est en station, on pouvait toujours observer l'un après l'autre *tous* les signaux environnants, la moyenne de toutes les lectures conduirait bien simplement aux directions les plus probables. Mais il est rarement possible d'opérer ainsi : on doit n'observer que dans des circonstances favorables, et ne viser que sur les signaux qui sont nettement éclairés et qui ne paraissent pas ondulants. Voyons comment, dans ce cas, le calcul peut conduire au résultat le plus probable.

Soient le nombre des signaux	1	2	3....	m
— les directions observées	0	a	b....	
— — les plus probables	0	A	B....	

retranchant les dernières des premières :   0; a—**A**; b—**B**,....

Ces différences doivent être égales entre elles, puisqu'elles se rapportent à des signaux qui ont été observés un même nombre de fois dans des circonstances identiques : les égalant donc à une inconnue, x, on obtiendra autant d'équations qu'on a observé de signaux, savoir,

$$0 = x; \quad a - A = x; \quad b - B = x \ldots$$

Pour un autre nombre de signaux, on obtient d'autres équations et d'autres valeurs pour x : ainsi, par exemple, pour 4 signaux, on a :

$$0 = x'; \quad \alpha - A = x'; \quad \beta - B = x', \quad \gamma - C = x'.$$

Supposons maintenant qu'on ait répété plusieurs fois

l'observation des trois premiers signaux, et plusieurs fois aussi celle des quatre signaux : il résultera, de ces deux séries, deux groupes d'équations, savoir :

$$
\begin{array}{ccccc}
 & 1 & 2 & \ldots\ldots & m \\
1 & x = 0; & x + A = a; & & x + B = b \\
2 & x = 0; & x + A = a'; & & x + B = b' \ldots \quad (1) \\
n & \vdots & \vdots & & \vdots
\end{array}
$$

$$
nx = 0; \quad nx + nA = (a + a' \ldots); \quad nx + nB = (b + b' + \ldots).
$$

Ajoutant ces dernières équations, on obtient

$$
mnx = (a + a' + \ldots + b + b' + \ldots) - n (A + B);
$$

d'où
$$
nx = \left(\frac{a + a' + \ldots + b + b' + \ldots}{m} \right) - \frac{n}{m} (A + B) \ldots \quad (1')
$$

m représente ici le nombre des signaux observés, et n celui des observations du groupe.

Le second groupe sera

$$
\begin{array}{ccccc}
 & 1 & 2 & 3 \ldots\ldots & m' \\
1 & x' = 0; & x' + A = \alpha; & x' + B = \beta; & x' + C = \gamma. \\
2 & x' = 0; & x' + A = \alpha'; & x' + B = \beta'; & x' + C = \gamma'. \\
3 & x' = 0; & x' + A = \alpha''; & x' + B = \beta''; & x' + C = \gamma'' \ldots \quad (2) \\
n' & \vdots & \vdots & \vdots & \vdots
\end{array}
$$

$$
n'x' = 0; \quad n'x' + n'A = [\alpha]; \quad n'x' + n'B = [\beta]; \quad n'x' + n'C = [\gamma].
$$

Additionnons et tirons la valeur de $n'x'$; il viendra :

$$
n'x' = \frac{[\alpha] + [\beta] + [\gamma]}{m'} - \frac{n'}{m'} (A + B + C) \ldots \quad (2')
$$

Le nombre des inconnues x, x'... est égal à celui des groupes que les observations ont fournis. Dans le cas actuel, il y a donc cinq inconnues, x, x', A, B, C; et pour les déterminer, nous avons les six équations du premier groupe et les douze du second, nombre que l'observateur pourrait encore augmenter à volonté.

C'est donc ici le cas d'appliquer la méthode des moindres carrés.

Représentons par 2S la somme des carrés des erreurs dans les deux groupes, nous aurons :

$$\begin{aligned}
2S = {} & x^2 + (A + x - a\ )^2 + (B + x\ - b)^2 + \ldots + x^2 + (A + x - a'\ )^2 \\
& + (B + x - b'\ )^2 + \ldots + x'^2 + (A + x' - \alpha\ )^2 + (B + x' - \beta\ )^2 \\
& + (C + x' - \gamma\ )^2 + \ldots + x'^2 + (A + x' - \alpha'\ )^2 + (B + x' - \beta'\ )^2 \\
& + (C + x' - \gamma'\ )^2 + \ldots + x'^2 + (A + x' - \alpha'')^2 + (B + x' - \beta'')^2 \\
& + (C + x' - \gamma'')^2 + \ldots
\end{aligned}$$

[1] La différentiation par rapport à x et à x' donne :

$$\frac{dS}{dx} = 0 = + mnx + n\,(A + B) - (a + a' + \ldots + b + b' + \ldots) \ldots (3)$$

$$\frac{dS}{dx'} = 0 = + m'n'x' + n'\,(A + B + C + \ldots) - ([\alpha] + [\beta] + [\gamma]) \ldots (4)$$

De ces deux équations on déduit pour nx et $n'x'$ les mêmes valeurs qui ont été fournies plus simplement par la somme des équations (1) et (2). De plus, en différentiant par rapport à A, B, C, on obtient :

$$\frac{dS}{dA} = 0 = nA - (a + a' + \ldots) + nx + n'A - [\alpha] + n'x' \ldots (5)$$

$$\frac{dS}{dB} = 0 = nB - (b + b' + \ldots) + nx + n'B - [\beta] + n'x' \ldots (6)$$

$$\frac{dS}{dC} = 0 = n'C - [\gamma] + n'x'. \qquad\qquad \ldots (7)$$

Substituant dans ces trois dernières équations les valeurs précédentes de nx et de $n'x'$, on obtient les équa-

---

[1] Dans cette recherche nous n'avons pas introduit la notion du poids des observations, parce que ce poids est supposé le même pour toutes dans les circonstances ordinaires d'un travail régulièrement exécuté. Si cependant il arrivait qu'on dût reconnaître des poids différents aux observations, il suffirait de multiplier les termes des équations (1), (1'), (2), (2') par la racine carrée des poids correspondants, ou ceux de l'expression de 2S par ces mêmes poids.

tions finales. Par exemple celle qui se déduit de (5) sera

$$0 = nA - (a + a' + \ldots) + \frac{1}{m}(a + a' + \ldots + b + b' + \ldots) - \frac{n}{m}A - \frac{n}{m}B$$
$$0 = n'A - [\alpha] \qquad + \frac{1}{m'}([\alpha] + [\beta] + [\gamma]) - \frac{n'}{m'}A - \frac{n'}{m'}B - \frac{n'}{m'}C \qquad \Biggr\} \ (8)$$

ou bien, en additionnant et en désignant par $[aa]$, $[ab]$, $[ac]$ les sommes des coefficients de A, B, C; et par $[an]$ le terme tout connu :

$$[an] = [aa]\,A - [ab]\,B - [ac]\,C.$$

Opérant de même sur les équations (6) et (7) on obtiendrait des résultats analogues ; de sorte que le système des équations finales est

$$\begin{aligned}
[an] &= + [aa]\,A - [ab]\,B - [ac]\,C \\
[bn] &= - [ab]\,A + [bb]\,B - [bc]\,C \\
[cn] &= - [ac]\,A - [bc]\,B + [cc]\,C
\end{aligned} \Biggr\} \qquad \ldots \qquad (9)$$

et l'élimination ordinaire fera connaître les directions les plus probables A, B, C.

Si l'on a chaque fois observé *tous* les signaux, le second groupe n'existe pas; donc $n' = 0$, et par suite $[aa] = [bb] = [cc] = n - \dfrac{n}{m}$. Quant aux autres coefficients, ils sont tous égaux entre eux et à $\dfrac{n}{m}$.

Pour simplifier les calculs, et n'avoir affaire qu'à de petits nombres, on peut attribuer aux directions observées des valeurs approximatives, qu'on exclut du calcul; de sorte, par exemple, que A, B, C ne représentent que les *variations* qui peuvent avoir lieu dans les unités de seconde. Ainsi, supposons que la direction du premier signal soit représentée par $0°$; celle du second par $56°$ $30'\ 24'',5$: on posera celle-ci égale à $56°\ 30'\ 20'' + A$;

et on obtiendra dans le groupe (1) l'équation correspondante $x + A = 4'',5$. — De même pour les autres signaux.

Les équations (9) sont symétriques ; et on voit que pour déduire, par exemple, la seconde de la première, il suffit de changer dans celle-ci a et A en b et B. Par suite, on peut leur donner cette autre forme symétrique

$$\left.\begin{aligned}
A &= [an] \cdot [\alpha\alpha] + [bn] \cdot [\alpha\beta] + [cn] \cdot [\alpha\gamma] \\
B &= [an] \cdot [\alpha\beta] + [bn] \cdot [\beta\beta] + [cn] \cdot [\beta\gamma] \\
C &= [an] \cdot [\alpha\gamma] + [bn] \cdot [\beta\gamma] + [cn] \cdot [\gamma\gamma]
\end{aligned}\right\} \quad \dots \quad (10)$$

dans laquelle $[\alpha\alpha]$, $[\alpha\beta]$, $[\alpha\gamma]$... sont des coefficients qui se déduisent de ceux des équations (9) de la manière suivante.

Substituons d'abord à $[an]$, $[bn]$, $[cn]$ leurs valeurs tirées des équations (9); il vient

$$A = \left\{\begin{aligned}
&[\alpha\alpha]\,(+ [aa]\,A - [ab]\,B - [ac]\,C) \\
&+ [\alpha\beta]\,(- [ab]\,A + [bb]\,B - [bc]\,C) \\
&+ [\alpha\gamma]\,(- [ac]\,A - [bc]\,B + [cc]\,C).
\end{aligned}\right.$$

$$B = \left\{\begin{aligned}
&[\alpha\beta]\,(+ [aa]\,A - [ab]\,B - [ac]\,C) \\
&+ [\beta\beta]\,(- [ab]\,A + [bb]\,B - [bc]\,C) \\
&+ [\beta\gamma]\,(- [ac]\,A - [bc]\,B + [cc]\,C).
\end{aligned}\right.$$

$$C = \left\{\begin{aligned}
&[\alpha\gamma]\,(+ [aa]\,A - [ab]\,B - [ac]\,C) \\
&+ [\beta\gamma]\,(- [ab]\,A + [bb]\,B - [bc]\,C) \\
&+ [\gamma\gamma]\,(- [ac]\,A - [bc]\,B + [cc]\,C).
\end{aligned}\right.$$

Ordonnons maintenant les seconds membres par rapport à A, B, C, nous aurons :

$$A = \left\{\begin{aligned}
&A\,(+ [aa] \cdot [\alpha\alpha] - [ab] \cdot [\alpha\beta] - [ac] \cdot [\alpha\gamma]) \\
&+ B\,(- [ab] \cdot [\alpha\alpha] + [bb] \cdot [\alpha\beta] - [bc] \cdot [\alpha\gamma]) \\
&+ C\,(- [ac] \cdot [\alpha\alpha] - [bc] \cdot [\alpha\beta] + [cc] \cdot [\alpha\gamma]).
\end{aligned}\right.$$

$$B = \begin{cases} A\ (+ [aa] \cdot [\alpha\beta] - [ab] \cdot [\beta\beta] - [ac] \cdot [\beta\gamma]) \\ + B\ (- [ab] \cdot [\alpha\beta] + [bb] \cdot [\beta\beta] - [bc] \cdot [\beta\gamma]) \\ + C\ (- [ac] \cdot [\alpha\beta] - [bc] \cdot [\beta\beta] + [cc] \cdot [\beta\gamma]). \end{cases}$$

$$C = \begin{cases} A\ (+ [aa] \cdot [\alpha\gamma] - [ab] \cdot [\beta\gamma] - [ac] \cdot [\gamma\gamma]) \\ + B\ (- [ab] \cdot [\alpha\gamma] + [bb] \cdot [\beta\gamma] - [bc] \cdot [\gamma\gamma]) \\ + C\ (- [ac] \cdot [\alpha\gamma] - [bc] \cdot [\beta\gamma] + [cc] \cdot [\gamma\gamma]). \end{cases}$$

Ces équations devant être identiques avec les équations (10), la valeur de A doit être indépendante de B et de C ; celle de B, indépendante de A et de C... etc. Ce qui exige que, dans la première équation, les coefficients de B et de C soient identiquement nuls ; que, dans la seconde, les coefficients de A et de C soient identiquement nuls, et ainsi de suite. Chaque équation en fournit donc trois pour la détermination des coefficients inconnus, savoir :

$$\left. \begin{aligned} 1 &= + [aa] \cdot [\alpha\alpha] - [ab] \cdot [\alpha\beta] - [ac] \cdot [\alpha\gamma] ; \\ 0 &= - [ab] \cdot [\alpha\alpha] + [bb] \cdot [\alpha\beta] - [bc] \cdot [\alpha\gamma] ; \\ 0 &= - [ac] \cdot [\alpha\alpha] - [bc] \cdot [\alpha\beta] + [cc] \cdot [\alpha\gamma] ; \\ 0 &= + [aa] \cdot [\alpha\beta] - [ab] \cdot [\beta\beta] - [ac] \cdot [\beta\gamma] ; \\ 1 &= - [ab] \cdot [\alpha\beta] + [bb] \cdot [\beta\beta] - [bc] \cdot [\beta\gamma] ; \\ 0 &= - [ac] \cdot [\alpha\beta] - [bc] \cdot [\beta\beta] + [cc] \cdot [\beta\gamma] ; \\ 0 &= + [aa] \cdot [\alpha\gamma] - [ab] \cdot [\beta\gamma] - [ac] \cdot [\gamma\gamma] ; \\ 0 &= - [ab] \cdot [\alpha\gamma] + [bb] \cdot [\beta\gamma] - [bc] \cdot [\gamma\gamma] ; \\ 1 &= - [ac] \cdot [\alpha\gamma] - [bc] \cdot [\beta\gamma] + [cc] \cdot [\gamma\gamma] ; \end{aligned} \right\} \quad \ldots \ (11)$$

et à chacun des groupes on appliquera le procédé d'élimination de Gauss, que nous avons exposé au § 129.

§ 158. — La détermination de A, B, C..., au moyen des équations (9) ou (10), est conforme aux résultats des observations de direction faites à la station considérée. Mais, comme les observations de toutes les stations, combinées entre elles, doivent constituer un réseau satisfaisant exactement à de nouvelles conditions, il en résulte que les directions A, B, C... doivent subir de nouvelles corrections, encore inconnues, que nous représentons par (1), (2), (3)... Or, quand on remplace, dans les seconds membres des équations (9), A, B, C... par A + (1) ou A′, B + (2) ou B′, C + (3) ou C′... les premiers membres subissent eux-mêmes des changements, et se transforment par exemple en $[an]$ + [1], $[bn]$ + [2], $[cn]$ + [3]. Faisant ces substitutions dans les équations (9) et réduisant, nous aurons

$$[1] = + [aa]\,(1) - [ab]\,(2) - [ac]\,(3)$$
$$[2] = - [ab]\,(1) + [bb]\,(2) - [bc]\,(3) \qquad \ldots (12)$$
$$[3] = - [ac]\,(1) - [bc]\,(2) + [cc]\,(3).$$

Si l'on fait les mêmes substitutions dans les équations (10), et qu'on y remplace ensuite A, B, C par leurs valeurs les plus probables, ces équations deviennent

$$(1) = [\alpha\alpha]\,[1] + [\alpha\beta]\,[2] + [\alpha\gamma]\,[3]$$
$$(2) = [\alpha\beta]\,[1] + [\beta\beta]\,[2] + [\beta\gamma]\,[3] \qquad \ldots (13)$$
$$(3) = [\alpha\gamma]\,[1] + [\beta\gamma]\,[2] + [\gamma\gamma]\,[3].$$

Les équations (12) et (13) se rapportent donc uniquement à la compensation du réseau trigonométrique, et expriment la dépendance qui existe entre les corrections de A, B, C... par suite de la manière dont ces directions ont été observées du point de station. Nous reviendrons plus tard à ces deux groupes.

Lorsqu'on suit la marche adoptée par le **général Baeyer**, les calculs qu'exigent les observations faites à chaque station consistent :

1° A résoudre les équations (9) pour déterminer les directions probables, A, B, C... ;

2° A résoudre les équations (11) pour déterminer les coefficients des équations (13);

3° A transporter dans le groupe (13) les valeurs numériques de ces coefficients.

§ 159. — Pour éclaircir ce qui précède, nous allons effectuer le développement des calculs, en traitant un exemple numérique fort simple. Les données sont extraites de la triangulation effectuée en 1850, sous la direction de feu le général Nerenburger, pour relier la petite base d'essai de Linthout à l'Observatoire royal de Bruxelles.

Dans la dernière colonne de ce tableau, on a, conformément à la remarque faite p. 489, attribué aux directions observées des valeurs approximatives, afin de n'avoir à chercher que de petites corrections. Il est bon de remarquer toutefois que cette marche revient (§ 136) à assimiler les corrections à de véritables différentielles, et à négliger les ordres supérieurs : il faut donc que les *suppositions* ne s'écartent pas trop des valeurs moyennes. Ainsi, par exemple, on a supposé, dans la première série, que la direction du signal B était de $94^e,7670'',00$; ou, plus simplement, de $70'',00$, en n'ayant égard qu'à l'ordre des chiffres variables dans la série. Cette hypothèse donne $840'',00$ pour la somme des 12 observations; dans la réalité, cette somme n'est que de $793'',75$: la différence ($-46,25$) est le nombre porté dans la troisième colonne, sous la première série.

Station au terme B de la base.

TERME A.	A WOLUWE- Sᵗ-PIERRE.	B WOLUWE Sᵗ-LAMBERT.	SUPPOSITIONS.
0,0000,0 (G)	66,2798,75 (G)	94,7671,25 (G)	Terme A . . . . 0,0000″,00 (G)
0,0	807,50	63,75	Woluwe-Sᵗ-Pierre 66,2800 ,00+A
0,0	797,50	65,00	Woluwe-Sᵗ-Lambert 94,7670 ,00+B
0,0	800,00	57,50	
0,0	796,25	62,50	
0,0	792,50	51,25	
0,0	796,25	60,00	$12\,x\ldots\ldots=\quad 0,0$
0,0	818,75	81,25	$12\,x + 12\,A = +\,27,50$
0,0	793,75	67,50	$12\,x + 12\,B = -\,46,25$
0,0	808,75	68,75	$12\,x = -\,6,25 - 4\,(A+B)$
0,0	806,25	65,00	
0,0	811,25	80,00	
(12)	+ 27,50	— 46,25	
0,0000,0		94,7655,00	
0,0		56,25	
0,0		66,25	
0,0		67,50	$12\,x'\ldots\ldots=\quad 0,0$
0,0		70,00	$12\,x' + 12\,B = -\,26,25$
0,0		55,00	$12\,x' = -\,13,1250 - 6,0000\,B$
0,0		73,75	
0,0		72,50	
0,0		72,50	
0,0		68,75	
0,0		85,00	
0,0		71,25	
(12)	»	— 26,25	»

On conçoit, d'après cela, la formation des équations inscrites dans la dernière colonne : elles correspondent aux équations (1′), (2′) du § 157.

Nous avons maintenant à former les équations finales, d'après (5), (6), (7) et (8) du même paragraphe. Remarquons que, pour A, nous avons à faire dans la formule (8)

$$n = 12 \qquad n' = 0 \qquad m = 3$$
$$a + a' + \ldots = + 27,50$$
$$b + b' + \ldots = - 46,25.$$

Il vient donc

$$0 = 12A - 27,5000 - \frac{1}{3}(18,75) - 4A - 4B,$$

ou bien

$$(a) \ldots \qquad + 33,7500 = + 8,0000 \, A - 4,0000 \, B.$$

Pour la direction B, nous avons en outre $n' = 12$, $m' = 2$ et $\beta + \beta' + \beta'' + \ldots = - 26,25$. Il vient donc

$$0 = 12B + 46,2500 - \frac{1}{3}(18,75) - 4A - 4B$$
$$+ 12B + 26,2500 - \frac{1}{2}(26,25) - 6B \ldots,$$

ou bien

$$(b) \ldots \qquad - 53,1250 = - 4,0000 \, A + 14,0000 \, B.$$

Les équations à résoudre, (a) et (b), comparées au type (9), donnent :

$$[an] = + 33,7500 ; \quad [aa] = + 8,0000 ; \quad [ab] = - 4,0000 ;$$
$$[bn] = - 53,1250 ; \quad [bb] = + 14,0000.$$

Les calculs numériques sont exposés dans le tableau suivant.

$[an] = +33,7500$	$[aa] = +8,0000$	$[ab] = -4,0000$	$[bn] = -53,1250$	$[bb] = +14,0000$
$\log [an] = 1,52827$ $\log \dfrac{[an]}{[aa]} = 0,62518$ $\dfrac{[an]}{[aa]} = +4,219$ $- B \dfrac{[ab]}{[aa]} = -1,511$	$\log [aa] = 0,90309$	$\log [ab] = 0,60206_n$ $\log \dfrac{[ab]}{[aa]} = 9,69897_n$ $\log\ B = 0,48013_n$ $\log B \dfrac{[ab]}{[aa]} = 0,17910$	$- \dfrac{[ab]}{[aa]} [an] = +16,875$ $[bn.1] = -36,250$ $\log [bn.1] = 1,55931_n$ $\log \dfrac{[bn.1]}{[bb.1]} = 0,48013_n$	$- \dfrac{[ab]}{[aa]} [ab] = -2,000$ $[bb.1] = +12,000$ $\log [bb.1] = 1,07918$
$A = +2,708$			$B = -3,021$	
$[an] = 1$			$[bn] = 0$	
$\log [an] = 0,00000$ $\log \dfrac{[an]}{[aa]} = 9,09691$ $\dfrac{[an]}{[aa]} = +0,12500$ $-[\alpha\beta] \dfrac{[ab]}{[aa]} = +0,02083$			$- \dfrac{[ab]}{[aa]} [an] = +0,500$ $[bn.1] = +0,500$ $\log [bn.1] = 9,69897$ $\log \dfrac{[bn.1]}{[bb.1]} = 8,61979$	
$[\alpha\alpha] = +0,14583$			$[\alpha\beta] = +0,04167$ $\log \dfrac{1}{[bb.1]} = 8,92082$ $[\beta\beta] = +0,08333$	

Il suit de là que les directions probables sont

Terme **A**. . . . . $= 0^g,0000'',000$
Woluwe-Saint-Pierre. . . . $= 66\ ,2802\ ,708 + (1)$
Woluwe-Saint-Lambert . . . $= 94\ ,7666\ ,979 + (2).$

On n'oubliera pas que les corrections (1) et (2) résultent des conditions ultérieures, dues à la liaison réciproque des diverses lignes de la triangulation. — Les équations (12) deviennent donc

$$[1] = + 8,0000\ (1) - 4,0000\ (2)$$
$$[2] = - 4,0000\ (1) + 14,0000\ (2); \qquad \cdots (12')$$

et les équations (13)

$$(1) = 0,14383\ [1] + 0,04167\ [2]$$
$$(2) = 0,04167\ [1] + 0,08333\ [2] \qquad \cdots (13')$$

Pour la compensation générale du réseau trigonométrique, Baeyer (*die Küstenvermessung,* etc.) n'emploie que les équations (13'), et les équations (12') lui sont inutiles. Bessel, au contraire (*Gradmessung in Ost-preussen*), n'emploie que le groupe (12') et ne fait aucun usage de l'autre. Nous suivrons la méthode de Baeyer, qui a été adoptée en Belgique par le Dépôt de la guerre (Institut cartographique militaire).

L'avantage des équations (11) est subsidiairement de donner immédiatement les poids des inconnues. Ces poids sont, en effet, d'après le § 133, $\dfrac{1}{[\alpha\alpha]}$ pour A, $\dfrac{1}{[\beta\beta]}$ pour B, etc....... Dans l'exemple numérique que nous avons traité, on trouve

$$P_A = 6,85 \qquad\qquad P_B = 12.$$

l'unité d'erreur étant la seconde (centésimale).

THÉORIE DE LA COMPENSATION D'UN RÉSEAU TRIGONOMÉTRIQUE.

§ 160. — Lorsque les directions et les angles, pris à une même station, peuvent être considérés comme des grandeurs observées immédiatement, et *indépendantes* les unes des autres, le calcul de leurs corrections n'offre aucune difficulté. En effet, les observations des diverses stations étant reliées entre elles de manière à former des triangles, des quadrilatères, etc., il en résulte un système polygonal qui présente plus ou moins d'équations *surabondantes ;* de là naissent des *conditions* qui doivent être exactement remplies, pour que le réseau soit mathématiquement formé, et la solution du problème tombe dans le cas que nous avons traité, §§ 143 et suivants. Cette marche est celle qu'ont suivie Gauss, Hansen, Gerling, etc., dans leurs calculs géodésiques.

Mais il en est autrement lorsqu'on regarde, avec Bessel et Baeyer, les directions observées à chaque station comme liées entre elles par des équations (9) : c'est dans cette hypothèse que nous allons exposer la théorie de la compensation d'un réseau trigonométrique.

Soient les équations de condition suivantes, tirées de la constitution polygonale du réseau :

$$\begin{aligned}
u &= 0 = \mathfrak{A} + \alpha A' + \alpha' B' + \alpha'' C' \ldots \\
u' &= 0 = \mathfrak{B} + \beta A' + \beta' B' + \beta'' C' \ldots \\
u'' &= 0 = \mathfrak{C} + \gamma A' + \gamma' B' + \gamma'' C' \ldots
\end{aligned} \qquad \ldots (14)$$

Multiplions-les successivement par les coefficients corrélatifs I, II, III... (pour suivre la notation de Bessel et
de Baeyer); différentions-les par rapport à A, B, C...,
en remarquant que $d(1)$, $d(2)$, $d(3)$ sont des différentielles de 2e ordre, et ajoutons-les aux équations (5),
(6), (7); il viendra

$$0 = \frac{dS}{dA} + \frac{du}{dA}\,I + \frac{du'}{dA}\,II + \frac{du''}{dA}\,III \ldots$$

$$0 = \frac{dS}{dB} + \frac{du}{dB}\,I + \frac{du'}{dB}\,II + \frac{du''}{dB}\,III \ldots \qquad \ldots \ (15)$$

$$0 = \frac{dS}{dC} + \frac{du}{dC}\,I + \frac{du'}{dC}\,II + \frac{du''}{dC}\,III \ldots$$

Comme les valeurs de $\frac{dS}{dA}$, $\frac{dS}{dB}$... ne sont autre chose que
les expressions (9), et qu'en outre $\frac{du}{dA}=\alpha$; $\frac{du}{dB}=\alpha'$; $\frac{du}{dC}=\alpha''$...,
le système précédent se transformera en

$$+\,[aa]\,A' - [ab]\,B' - [ac]\,C' \ldots = [an] + \alpha\ I + \beta\ II + \gamma\ III \ldots$$
$$-\,[ab]\,A' + [bb]\,B' - [bc]\,C' \ldots = [bn] + \alpha'\ I + \beta'\ II + \gamma'\ III \ldots \ (16)$$
$$-\,[ac]\,A' - [bc]\,B' + [cc]\,C' \ldots = [cn] + \alpha''I + \beta''II + \gamma''III \ldots$$

Éliminant A', B', C'... de ces équations, et les exprimant en fonction des coefficients indéterminés I, II,
III..., on trouve une expression de la forme

$$A' = P + q\ I + r\ II + s\ III \ldots$$
$$B' = Q + q'\ I + r'\ II + s'\ III \ldots \qquad \ldots \ (17)$$
$$C' = R + q''\ I + r''\ II + s''\ III \ldots$$

Si maintenant on substitue ces valeurs dans les
équations (14), on fera disparaître A', B', C'..., et on
obtiendra autant d'équations que de coefficients corrélatifs : leur solution donnera donc les valeurs de I,
II, III...; et ces derniers, remplacés dans (17), permettront de calculer les directions les plus probables A',
B', C'... qui satisfont à l'ensemble des conditions.

Telle est la marche la plus simple en théorie : mais lorsqu'on veut l'appliquer, on doit attendre, pour commencer les calculs, que *toutes* les observations soient terminées. Or, ces calculs sont si longs que, pour une triangulation un peu considérable, leur accumulation présente un travail effrayant. Baeyer a cherché à éviter cette accumulation, en disposant les calculs de telle sorte qu'on puisse opérer par parties successives, sans nuire à l'exactitude de la solution.

Dans ce but, on commence par calculer, comme nous l'avons fait (§ 157), les directions probables A, B, C..., eu égard seulement aux observations faites à la station; puis on forme les expressions (12) et (13) relatives aux équations de condition qui résulteront plus tard de la constitution géométrique du réseau. Jusqu'ici donc, les calculs peuvent être conduits indépendamment les uns des autres, pour chaque station individuelle, et se faire d'année en année, après la campagne d'observations.

Dans les équations (14), les valeurs de A', B', C'... embrassent *toutes* les conditions ; mais si l'on veut séparer les directions probables fournies à chaque station, des corrections dues à la forme polygonale du réseau, il faudra remplacer A', B'... par A + (1), B + (2)... Les équations de condition (14) comprendront de nouvelles inconnues (1), (2), (3).... En effet, puisqu'on part, pour leur formation, des valeurs probables obtenues à chaque station, la première de ces équations devient

$$0 = \mathfrak{A} + \alpha\,[A + (1)] + \alpha'\,[B + (2)] + \alpha''\,[C + (3)];$$

ou bien
$$0 = \mathfrak{A}' + \alpha\,(1) + \alpha'\,(2) + \alpha''\,(3) \ldots$$

en remplaçant par $\mathfrak{A}'$ la quantité toute connue

$$\mathfrak{A} + \alpha A + \alpha' B + \alpha'' C \; \ldots$$

De même pour le reste du groupe (14) qui sera remplacé par le suivant

$$
\begin{aligned}
0 &= \mathfrak{A}' + \alpha\,(1) + \alpha'\,(2) + \alpha''\,(3) \ldots \\
0 &= \mathfrak{B}' + \beta\,(1) + \beta'\,(2) + \beta''\,(3) \ldots \qquad\qquad \ldots (18) \\
0 &= \mathfrak{C}' + \gamma\,(1) + \gamma'\,(2) + \gamma''\,(3) \ldots
\end{aligned}
$$

Dans la même hypothèse, c'est-à-dire en partant des directions probables observées aux diverses stations, la première des équations (16) se transforme en celle-ci :

$$
[aa]\,A - [ab]\,B - [ac]\,C \ldots + [aa]\,(1) - [ab]\,(2) - [ac]\,(3) \ldots
$$
$$
= [an] + \alpha\,I + \beta\,II + \gamma\,III \ldots
$$

Mais, par suite de notre hypothèse, nous avons (9) :

$$[aa]\,A - [ab]\,B - [ac]\,C \ldots = [an]$$

et de plus (12)

$$[aa]\,(1) - [ab]\,(2) - [ac]\,(3) \ldots = [1].$$

Il s'ensuit que le groupe (16) deviendra

$$
\begin{aligned}
[1] &= \alpha\,I + \beta\,II + \gamma\,III \ldots \\
[2] &= \alpha'\,I + \beta'\,II + \gamma'\,III \ldots \qquad\qquad \ldots (19) \\
[3] &= \alpha''I + \beta''II + \gamma''III \ldots
\end{aligned}
$$

Si l'on transporte les valeurs de [1], [2], [3]... dans les équations (13), on obtient les corrections (1), (2), (3)... exprimées en I, II, III. Les introduisant dans (18), on obtient les équations finales, dont la résolution fait connaître les valeurs de I, II, III... Enfin, transportant ces coefficients connus dans les expressions (13) des corrections, on en déduit les valeurs de ces dernières. Ces valeurs doivent rendre les équations (18) identiquement nulles.

§ 161. — Les directions corrigées qu'on trouve de cette manière pour chaque station, se rapportent à la direction arbitraire du premier objet, prise comme point zéro (§ 149) : cette direction est en effet indifférente lorsqu'on ne considère que la valeur des angles des triangles, ou l'accord des séries d'observation ; mais on a besoin de connaître l'influence que la compensation des directions a exercée sur le point zéro d'un sommet quelconque, pour apprécier la grandeur des changements que doivent subir les directions observées à ce sommet. Dans ce but, laissons la direction initiale indéterminée et désignons-la par z : alors les autres directions deviendront $z + A$, $z + B$... et nos premières équations (§ 157) seront remplacées par celles-ci :

Directions observées	0	a	$b \ldots$
— probables	z	$z + A$	$z + B \ldots$
Différences	$- z$;	$a - z - A$;	$b - z - B \ldots$

Ces différences, égalées à une variable x, donnent les équations

$$0 = x + z; \quad 0 = z + A + x - a; \quad 0 = z + B + x - b \ldots \text{ etc.};$$

et si l'on pose

$$2S = (x+z)^2 + (z+A+x-a)^2 + (z+B+x-b)^2 + \ldots + (z+x)^2$$
$$+ (z+A+x-a')^2 + (z+B+x-b')^2 + \ldots + (z+x')^2$$
$$+ (z+A+x'-\alpha)^2 + (z+B+x'-\beta)^2 + (z+C+x'-\gamma)^2 + \ldots$$

on trouve

$$\frac{dS}{dz} = 0 = (mn + m'n')\,z + mnx + m'n'x' + n\,(A+B) + n'\,(A+B+C)$$
$$- a + a' + \ldots) - (b + b' + \ldots) - [\alpha] - [\beta] - [\gamma].$$

Remplaçant A par A $+$ (1); B par B $+$ (2)... et supprimant les quantités qui s'annulent en vertu des équations (3) et (4), on obtient

$$0 = (mn + m'n')\, z + (n + n')\,(1) + (n + n')\,(2) + n'\,(3).$$

Or mn exprime le nombre total de tous les pointés dans le groupe (1)

$m'n'$ —	—		—	(2)
$n+n'$ —	—		—	de A
$n+n'$ —	—		—	de B
n' —	—		—	de C.

Si donc on désigne par h le nombre de tous les pointés du premier objet pour chaque station ; par h' le nombre des pointés de A ; par h'' le nombre des pointés de B, etc., on aura

$$0 = z\,(h + h' + h'' + h''' ...) + h'\,(1) + h''\,(2) + h'''\,(3) ...$$

Mettant pour (1), (2), (3)... les corrections trouvées, on déduit de cette équation la valeur de z. Ce procédé est évidemment applicable à chaque station.

La marche complète du calcul de la compensation d'un réseau trigonométrique se résume donc ainsi :

1° Rechercher les équations de condition (18);

2° Former les équations (19), qui donnent les quantités [1], [2], [3]... en fonction des coefficients I, II, III...;

3° Exprimer les corrections (1), (2), (3)... au moyen des facteurs I, II, III... d'après les équations (13);

4° Substituer les valeurs de (1), (2), (3)... dans les équations de condition, pour obtenir les équations finales, en nombre égal à celui des coefficients corrélatifs;

5° Résoudre les équations finales, ou déterminer les coefficients I, II, III... ;

6° Transporter ces valeurs dans les expressions trouvées (3°) pour la détermination de (1), (2), (3)... ;

7° Déterminer les changements à apporter au point zéro pour chaque station ;

8° Enfin ajouter les corrections précédentes à celles déjà trouvées, pour que les directions définitives satisfassent à toutes les conditions, et que l'observation de chacune d'elles ait le même poids.

§ 162. — La longueur des calculs de la compensation croît avec le nombre de triangles et, par suite, avec l'étendue du réseau auquel elle s'applique. L'accroissement est même très-rapide, comme le montrent les formules de Gauss (§ 136), surtout, ce qui est ordinairement le cas, si le nombre de directions observées est considérable. Pour un territoire de quelque étendue, le travail devient absolument impraticable. Quand on veut néanmoins régulariser autant que possible le réseau géométrique, on a recours à la compensation par *groupes* de triangles. Ces groupes ne comprennent pas en général tous les triangles, parce qu'ils sont déterminés d'après les seules conditions de vérification qu'on considère comme les plus essentielles à remplir. Ainsi on les établit d'une base mesurée à une autre, ou suivant les frontières de raccord avec les triangulations des pays limitrophes. Ils sont limités par des lignes polygonales déterminées de façon que les groupes contigus aient un côté commun. Dans ce cas, ce côté doit avoir la même valeur dans les deux groupes, ce qui donne lieu à une équation de condition spéciale.

La discussion du mode de détermination des groupes à compenser ne fait pas partie de cet ouvrage. On sait que les idées à ce sujet sont loin d'être fixées. Le Dépôt de la guerre de Belgique (Institut cartographique militaire) a exécuté, sous la direction du lieutenant-colonel Adan, les calculs de compensation d'un certain nombre de groupes établis par cet officier supérieur. Nous donnons comme exemple des procédés de calcul, la compensation spéciale à laquelle a donné lieu le passage de la base mesurée à Lommel à la base calculée.

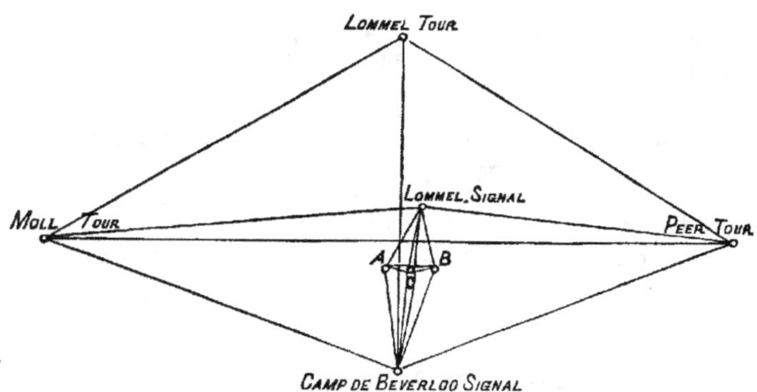

La base mesurée est comprise entre les termes A et B, la base à calculer entre les sommets Lommel (signal) et Camp (signal). La figure représente aussi les premiers triangles de raccord aux sommets de la triangulation.

On a stationné en A, B, C, Lommel (s) et Camp (s).

Établissement des équations de condition.

1.

$$
\begin{aligned}
\text{Terme C} \quad &= \quad 92^{\text{G}},3109'',13863 + (1) \\
\text{Terme B} \quad &= \quad 82 \ \ ,9927 \ ,51446 + (8) \\
\text{Lommel (s)} &= \quad 24 \ \ ,6964 \ ,16014 + (12) - (10)
\end{aligned}
$$

$$
\begin{aligned}
\text{Somme} \quad & 200 \ \ ,0000 \ ,81323 + (1) + (8) - (10) + (12) \\
200 + \varepsilon^* = \ & 200 \ \ ,0000 \ ,01869
\end{aligned}
$$

$$
\text{Différence} \quad\quad 0'',79454
$$

$$
0 + 0'',79454 + (1) + (8) - (10) + (12).
$$

2.

$$
\begin{aligned}
\text{Terme C} \quad &= 102^{\text{G}},3948'',39519 - (3) \\
\text{Camp (s)} \quad &= \ 15 \ ,0953 \ ,26841 + (14) \\
\text{Terme B} \quad &= \ 82 \ ,5098 \ ,05654 + (9) - (8)
\end{aligned}
$$

$$
\begin{aligned}
\text{Somme} \quad & 199 \ ,9999 \ ,72014 - (3) - (8) + (9) + (14) \\
200 + \varepsilon = \ & 200 \ ,0000 \ ,03023
\end{aligned}
$$

$$
\text{Différence} \quad - \quad 0'',31009
$$

$$
0 = - 0'',31009 - (3) - (8) + (9) + (14).
$$

3.

$$
\begin{aligned}
\text{Terme C} \quad &= 107^{\text{G}},6859'',62375 + (2) - (1) \\
\text{Lommel (s)} &= \ 29 \ ,6168 \ ,86069 + (10) \\
\text{Terme A} \quad &= \ 62 \ ,6970 \ ,82291 + (6) - (4)
\end{aligned}
$$

$$
\begin{aligned}
\text{Somme} \quad & 199 \ ,9999 \ ,30735 - (1) + (2) - (4) + (6) + (10) \\
200 + \varepsilon = \ & 200 \ ,0000 \ ,02566
\end{aligned}
$$

$$
\text{Différence} \quad - \quad 0'',71831
$$

$$
0 = - 0'',71831 - (1) + (2) - (4) + (6) + (10).
$$

* Excès sphérique calculé.

4.

$$
\begin{aligned}
\text{Terme C} \;\; &= \;\; 97^\text{G},6082'',84243 + (3) - (2) \\
\text{Terme A} \;\; &= \;\; 81,5794,88542 + (4) \\
\text{Camp (s)} \;\; &= \;\; 20,8122,32902 + (15) - (14)
\end{aligned}
$$

$$
\begin{aligned}
\text{Somme} \;\;\;\; & 200,0000,05687 - (2) + (3) + (4) - (14) + (15) \\
200 + \varepsilon = \;\; & 200,0000,04150
\end{aligned}
$$

$$
\begin{aligned}
\text{Différence} \;\;\;\; & 0'',01537 \\
0 = \;\; & 0'',01537 - (2) + (3) + (4) - (14) - (15).
\end{aligned}
$$

5.

$$
\begin{aligned}
\text{Lommel (s)} \;\; &= \;\; 54^\text{G},3133'',02083 + (12) \\
\text{Terme A} \;\; &= \;\; 62,6957,60416 + (6) - (5) \\
\text{Terme B} \;\; &= \;\; 82,9909,48321 + (7)
\end{aligned}
$$

$$
\begin{aligned}
\text{Somme} \;\;\;\; & 200,0000,10820 - (5) + (6) + (7) + (12) \\
200 + \varepsilon = \;\; & 200,0000,04434
\end{aligned}
$$

$$
\begin{aligned}
\text{Différence} \;\;\;\; & 0'',06386 \\
0 + \;\; & 0'',06386 - (5) + (6) + (7) + (12).
\end{aligned}
$$

6.

$$
\begin{aligned}
\text{Camp (s)} \;\; &= \;\; 22^\text{G},8429'',24713 + (15) - (13) \\
\text{Lommel (s)} \;\; &= \;\; 32,8805,98079 + (11) \\
\text{Terme A} \;\; &= \;\; 144,2765,70833 + (6)
\end{aligned}
$$

$$
\begin{aligned}
\text{Somme} \;\;\;\; & 200,0000,93625 + (6) + (11) - (13) + (15) \\
200 + \varepsilon = \;\; & 200,0000,07356
\end{aligned}
$$

$$
\begin{aligned}
\text{Différence} \;\;\;\; & 0'',86269 \\
0 = \;\; & 0'',86269 + (6) + (11) - (13) + (15).
\end{aligned}
$$

7.

$$
\frac{\sin C_s\, L_s\, A \,.\, \sin C_s\, B\, L_s \,.\, \sin C_s\, A\, B}{\sin C_s\, A\, L_s \,.\, \sin C_s\, L_s\, B \,.\, \sin C_s\, B\, A} = 1
$$

ce qui en chiffres donne :

$$
\begin{aligned}
0 = \; & 4'',36415 + 0,297681.(5) + 0,834616.(6) + 0,281832.(7) \\
& - 1,942978.(9) + 4,618093.(11) - 2,857241.(12).
\end{aligned}
$$

8.

$$\frac{\text{Sin } L_s \, C\, A \,.\, \sin L_s \, B\, C \,.\, \sin L_s \, A\, B}{\sin L_s \, A\, C \,.\, \sin L_s \, C\, B \,.\, \sin L_s \, B\, A} = 1$$

ou

$$0 = -\,0'',04776 - 0,000050.(1) - 0,121321.(2) + 0,663710.(4)$$
$$-\,0,663740.(5) + 0,000030.(6) - 0,273722.(7) + 0,273691.(8).$$

9.

$$\frac{\text{Sin } C\, L_s \, B \,.\, \sin C\, A\, L_s \,.\, \sin C\, C_s \, A \,.\, \sin C\, B\, C_s}{\sin L_s \, B\, C \,.\, \sin A\, L_s \, C \,.\, \sin C_s \, A\, C \,.\, \sin B\, C_s \, C} = 1$$

ou

$$0 = +\,25'',00235 + 0,961414.(4) - 0,663710.(6) + 0,555554.(8)$$
$$-\,0,281863.(9) + 4,439314.(10) - 2,447156.(12) + 7,087108.(14)$$
$$-\,2,949115.(15).$$

10.

$$\frac{A\, C.\sin C\, L_s \, B.\sin C\, A\, L_s}{B\, C.\sin C\, B\, L_s.\sin A\, L_s \, C} = 1$$

ou

$$0 = 3'',32939 - 0,663710.(4) + 0,663710.(6) - 0,273691.(8)$$
$$-\,4,439314.(10) + 2,447156.(12).$$

On a donc pour équations dérivées, (α) :

$$[1] = +\,I - III - 0,000050 \text{ VIII.}$$
$$[2] = +\,III - IV - 0,121321 \text{ VIII.}$$
$$[3] = -\,II + IV.$$
$$[4] = -\,III + IV + 0,663710 \text{ VIII} + 0,961414 \text{ IX} - 0,663710 \text{ X.}$$
$$[5] = -\,V + 0,297681 \text{ VII} - 0,663740 \text{ VIII.}$$
$$[6] = +\,III + V + VI + 0,834616 \text{ VII} + 0,000030 \text{ VIII} -$$
$$0,663710 \text{ IX} + 0,663710 \text{ X.}$$
$$[7] = +\,V + 0,281832 \text{ VII} - 0,273722 \text{ VIII.}$$
$$[8] = +\,I - II + 0,273691 \text{ VIII} + 0,555554 \text{ IX} - 0,273691 \text{ X.}$$
$$[9] = +\,II - 1,942978 \text{ VII} - 0,281863 \text{ IX.}$$
$$[10] = -\,I + III + 4,439314 \text{ IX} - 4,439314 \text{ IX.}$$
$$[11] = +\,VI + 4,618093 \text{ VII.}$$
$$[12] = +\,I + V - 2,857244 \text{ VII} - 2,447156 \text{ IX} + 2,447156 \text{ X.}$$
$$[13] = -\,VI.$$
$$[14] = +\,II - IV + 7,087108 \text{ IX.}$$
$$[15] = +\,IV + VI - 2,949115 \text{ IX.}$$

Les équations de poids, (β), sont :

(1) $= 0,03384716$ [1] $+ 0,00990099$ [2] $+ 0,01283140$ [3]
(2) $= 0,00990009$ [1] $+ 0,01980198$ [2] $+ 0,00990009$ [3]
(3) $= 0,01283140$ [1] $+ 0,00990009$ [2] $+ 0,03437256$ [3]
(4) $= 0,04583333$ [4] $+ 0,02083333$ [5] $+ 0,01666667$ [6]
(5) $= 0,02083333$ [4] $+ 0,04583333$ [5] $+ 0,01666667$ [6]
(6) $= 0,01666667$ [4] $+ 0,01666667$ [5] $+ 0,03333333$ [6]
(7) $= 0,04506597$ [7] $+ 0,02006536$ [8] $+ 0,01196278$ [9]
(8) $= 0,02006536$ [7] $+ 0,04506537$ [8] $+ 0,01196278$ [9]
(9) $= 0,01196278$ [7] $+ 0,01196278$ [8] $+ 0,03160537$ [9]
(10) $= 0,04477834$ [10] $+ 0,01536658$ [11] $+ 0,01666667$ [10]
(11) $= 0,01536658$ [10] $+ 0,04477834$ [11] $+ 0,01666667$ [10]
(12) $= 0,01616667$ [10] $+ 0,01666667$ [11] $+ 0,03333333$ [10]
(13) $= 0,03232759$ [13] $+ 0,01508620$ [14] $+ 0,01508620$ [15]
(14) $= 0,01508620$ [13] $+ 0,03232759$ [14] $+ 0,01508620$ [15]
(15) $= 0,01508620$ [13] $+ 0,01508620$ [14] $+ 0,03232759$ [15].

Par la substitution des valeurs de [1], [2],.... des équations α dans les équations de poids, on obtient l'expression des corrections (1), (2),.... en fonction des facteurs I, II,....

Ces expressions, substituées dans les équations de condition, forment les équations finales qui, résolues, donnent :

(1) $=$	$0,2157451$	(9) $=$	$1,6922522$
(2) $=$	$0,0665147$	(10) $=$	$0,8251150$
(3) $=$	$- 2,3044074$	(11) $=$	$0,1736244$
(4) $=$	$- 1,3615666$	(12) $=$	$0,0936107$
(5) $=$	$- 1,4441561$	(13) $=$	$- 0,5310598$
(6) $=$	$- 1,3191403$	(14) $=$	$- 3,9653531$
(7) $=$	$- 0,2824872$	(15) $=$	$- 0,2482333$
(8) $=$	$- 0,2787840$		

Ces valeurs vérifient les équations de condition de la manière suivante :

$$
\begin{array}{llll}
\text{I} & \ldots\ 0 = -0{,}000003 & \text{VI} & \ldots\ 0 = 0{,}000001 \\
\text{II} & \ldots\ 0 = 0{,}000000 & \text{VII} & \ldots\ 0 = 0{,}000002 \\
\text{III} & \ldots\ 0 = -0{,}000001 & \text{VIII} & \ldots\ 0 = -0{,}000001 \\
\text{IV} & \ldots\ 0 = 0{,}000001 & \text{IX} & \ldots\ 0 = -0{,}000021 \\
\text{V} & \ldots\ 0 = -0{,}000001 & \text{X} & \ldots\ 0 = 0{,}000016
\end{array}
$$

On calcule ensuite les corrections z relatives aux directions initiales.

Terme C $323\,z'' = -61\,(1) - 101\,(2) - 60\,(3)$
$$z = 0{,}3665205 \text{ pour } (1),\ (2),\ (3).$$

Terme A $200\,z = -40\,(4) - 40\,(5) - 60\,(6)$
$$z = 0{,}9568866 \text{ pour } (4),\ (5),\ (6).$$

Terme B $213\,z = -40\,(7) - 40\,(8) - 60\,(9)$
$$z = -0{,}3712877 \text{ pour } (7),\ (8),\ (9).$$

Lommel (s) $200\,z = -40\,(10) - 40\,(11) - 60\,(12)$
$$z = -0{,}2278311 \text{ pour } (10),\ (11),\ (12).$$

Camp (s) $246\,z = -60\,(13) - 60\,(14) - 60\,(15)$
$$z = 1{,}1572308 \text{ pour } (13),\ (14),\ (15).$$

Les corrections à introduire dans les directions probables sont par suite :

	Terme B	0,3665205
Station en C	Lommel (s)	0,5822656
	Terme A	0,4330352
	Camp (s)	— 1,9378869
	Camp (s)	0,9568866
Station en A	Terme C	— 0,4046800
	Terme B	— 0,4872695
	Lommel (s)	— 0,3622537
	Lommel (s)	— 0,3712877
Station en B	Terme A	— 0,6537749
	Terme C	— 0,6500727
	Camp (s)	1,3209645

Station à Lommel (s)		
Terme A	—	0,2278311
Terme C		0,5972839
Camp (s)	—	0,0542067
Terme B	—	0,1342264

Station au Camp (s)		
Terme B		1,1572308
Lommel (s)		0,6261710
Terme C	—	2,8081223
Terme A		0,9089975

Les directions définitives sont ainsi :

Station en C				
Terme B	0	,0000	,36652 05
Lommel (s).	92^G,3109″	,72089 56
Terme A.	199	,9969	,19541 52
Camp (s).	297	,6079	,66692 31

Station en A				
Camp (s)	0	,0000	,95688 66
Terme C	81^G,5794″	,48074 00
Terme B	81	,5807	,61690 05
Lommel (s).	144	,2765	,34607 63

Station en B				
Lommel (s).	— 0	,0000	,37128 77
Terme A.	82^G,9928″	,82943 51
Terme C	82	,9926	,86438 83
Camp (s).	165	,5026	,89196 45

Station de Lommel(s)				
Terme A.	— 0	,0000	,22783 11
Terme C	29^G,6169″	,45797 39
Camp (s).	32	,8805	,92658 33
Terme B	54	,3132	,88660 96

Station au Camp (s)				
Terme B	0	,0001	,15723 08
Lommel (s).	13^G,0646″	,97647 10
Terme C	15	,0950	,46028 77
Terme A	35	,9076	,50642 75

Vient enfin le *calcul définitif des triangles*. On obtient :

Triangle : Lommel (s), Terme A, Terme C ou L_s A C :

Côté C A = 682^T,93481 ou 1331^m,06493

— L_s C = 1238^T,3554

— L_s A = 1511^T,2155.

Triangle : Lommel (s), Terme C, Terme B ou L_s C B :

Côté B C $=$ 497$^\tau$,42894 ou 969^m,50720
 — L_s B $=$ 1305$^\tau$,4224
 — L_s C $=$ 1238$^\tau$,3554.

Triangle : Camp (s), Terme C, Terme A ou C_s C A :

Côté A C $=$ 682$^\tau$,93481
 — A C_s $=$ 2125$^\tau$,1533
 — C C_s $=$ 2038$^\tau$,2477.

Triangle : Camp (s), Terme B, Terme C ou C_s B C :

Côté C B $=$ 497$^\tau$,42894
 — C C_s $=$ 2038$^\tau$,2477
 — B C_s $=$ 2116$^\tau$,1661.

Triangle : Camp (s), Lommel (s), Terme A ou C_s L_s A :

Côté L_s A $=$ 1511$^\tau$,2155
 — A C_s $=$ 2125$^\tau$,1533
 — L_sC_s $=$ 3303$^\tau$,9003.

Triangle : Camp (s), Terme B, Lommel (s) ou C_s B L_s :

Côté L_sB $=$ 1305$^\tau$,4224
 — L_sC_s $=$ 3303$^\tau$,9003
 — B C_s $=$ 2116$^\tau$,1661.

Triangle : Lommel (s), Terme A, Camp (s) ou L_s A C_s :

Côté C_sA $=$ 2125$^\tau$,1533
 — L_sC_s $=$ 3303$^\tau$,9003
 — L_sA $=$ 1511$^\tau$,2155.

Triangle : Lommel (s), Camp (s), Terme B ou L_s S_s B :

Côté C_sB $=$ 2116$^\tau$,1661
 — L_sB $=$ 1305$^\tau$,4224
 — L_sC_s $=$ 3303$^\tau$,9003.

La moyenne des quatre valeurs de la base calculée est :

3303$^\tau$,9000268746 ou en mètres : 6439^{m}42251680.

THÉORIE DU NIVELLEMENT TRIGONOMÉTRIQUE.

§ 163. — La détermination directe de la différence de niveau entre deux sommets géodésiques s'obtient par l'observation des distances zénithales. La méthode des distances zénithales réciproques et simultanées repose sur l'hypothèse que la trajectoire lumineuse fait des angles *égaux* avec la droite qui joint ses deux extrémités : les observations de Bessel (*Gradmessung*, p. 172) et celles de Baeyer (*Nivellement zwischen Swinemunde und Berlin*) ont prouvé que cette méthode est la plus exacte de toutes celles que l'on connaît aujourd'hui. Elle part cependant d'une hypothèse évidemment inexacte, puisqu'elle admet une réfraction *égale* en des points où la densité de l'air est *différente ;* mais l'erreur n'a qu'un effet très-peu sensible, lorsque les différences de niveau ne sont pas considérables.

Soient h, h' les hauteurs de deux points A et B au-dessus du niveau de la mer ; C le point de rencontre de leurs verticales ; les distances zénithales des points B et A, observées des points A et B, sont respectivement $z + dz$, $z' + dz'$, en représentant par dz et dz' les petits angles de réfraction aux points A et B.

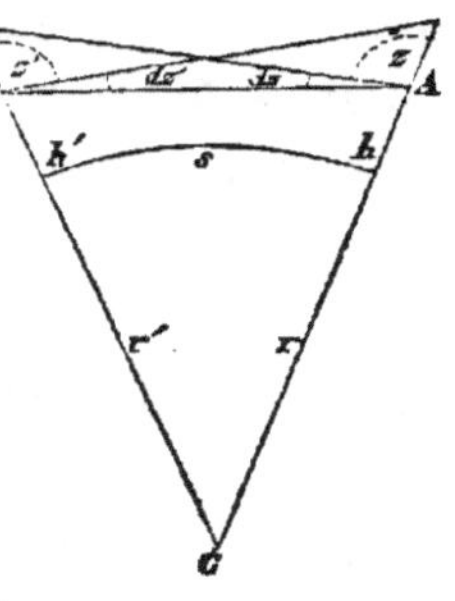

Or, le triangle rectiligne A B C donne

$$l'angle\ A = 180° - z - dz$$
$$— \quad B = 180 - z' - dz'$$
$$— \quad C = C$$
$$\overline{180° = 360° + C - (z + dz + z' + dz') ;}$$

d'où l'on déduit

$$(1)\ldots\ 180° + C = z + dz + z' + dz'$$

$$(2)\ldots\ \frac{1}{2}(A + B) = 90° - \frac{1}{2}C$$

$$(3)\ldots\ \frac{1}{2}(A - B) = \frac{1}{2}(z' + dz' - z - dz) = 90° - \left(z + dz - \frac{1}{2}C\right)$$
$$= -\left\{90° - \left(z' + dz' - \frac{1}{2}C\right)\right\}.$$

Si l'on désigne par s la distance entre les verticales de A et de B, réduite au niveau de la mer, et par r le rayon de courbure moyen de l'arc s, on obtient, pour le cas où l'angle C est très-petit.

$$C = \frac{s}{r \sin 1''} = \frac{sR''}{r} ;$$

R'' étant, comme on sait, égal au nombre de secondes compris dans l'arc égal au rayon, ou à $206264'',8$.

Faisons en outre $dz + dz' = kC$: la quantité k est ce que Gauss nomme le *coefficient de réfraction*[1]. Introduisant kC dans l'équation (1), et substituant à C sa valeur trouvée plus haut, on obtient

$$(4)\ldots\ \ \ \ \ \ 1 - k = (z' + z - 180°)\frac{r}{sR''} ;$$

formule qui donne le coefficient de réfraction en fonction de la distance s, et des distances zénithales réciproques et correspondantes observées aux points A et B.

---

[1] Il est bon d'observer que les auteurs français donnent le nom de *coefficient de réfraction* à la quantité n dans l'équation

$$\frac{dz + dz'}{2} = nC ;$$

de sorte que $n = \frac{1}{2}k$.

Dans le triangle A B C, il existe entre les deux côtés $r+h$, $r+h'$, et l'angle compris C, la relation connue

$$2r + h + h' : h' - h = \tan \tfrac{1}{2}(A + B) : \tan \tfrac{1}{2}(A - B)$$

$$= \cot \tfrac{1}{2} C : \tan \tfrac{1}{2}(z' + dz' - z - dz) ;$$

d'où $h' - h = \left(1 + \dfrac{h' + h}{2r}\right) 2r \tan \tfrac{1}{2} C \tan \tfrac{1}{2}(z' + dz' - z - dz).$

Comme h et h' sont négligeables par rapport à $\boldsymbol{r}$, et que C est un angle très-petit, on peut faire la première parenthèse égale à l'unité, et remplacer $2r \tan \tfrac{1}{2} C$ par la distance s. Transportant ces valeurs, et celles (3) de $\tfrac{1}{2}(A - B)$, dans la dernière équation, on obtient, pour la différence de niveau entre A et B, les expressions :

(5) ...

$$h' - h = s \tan \tfrac{1}{2}(z' + dz' - z - dz)$$

$$= s \cot\left(z + dz - \tfrac{1}{2} C\right) ;$$

$$h - h' = s \cot\left(z' + dz' - \tfrac{1}{2} C\right).$$

En outre, si l'on admet que l'angle de réfraction est le même en A et en B, on a

$$dz = dz' = \frac{kC}{2} = \frac{ksR''}{2r} ;$$

et les formules précédentes deviennent

(6) ...

$$h' - h = s \tan \tfrac{1}{2}(z' - z)$$

$$= s \cot \left\{ z - \frac{sR''}{2r}(1 - k) \right\} ;$$

$$h - h' = s \cot \left\{ z' - \frac{sR''}{2r}(1 - k) \right\}.$$

On pourrait introduire, au lieu de la distance zénithale, l'angle de hauteur, e, que la droite A B fait avec l'horizon de A : on a

$$e = 90^\circ - z ,$$

d'où
$$z = 90^\circ - e ;$$

et par suite :

$$h' - h = s \operatorname{cotg} \left\{ 90^\circ - \left[e + \frac{sR''}{2r} (1 - k) \right] \right\} = s \operatorname{tang} \left\{ e + \frac{sR''}{2r} (1 - k) \right\};$$

ou bien, en remplaçant la tangente par l'arc, ce qui est permis, vu la petitesse de l'angle e :

$$(7) \ldots \qquad h' - h = \frac{es}{R''} + s^2 \left(\frac{1 - k}{2r} \right).$$

Lorsque, d'un point A, on a observé la distance zénithale de l'horizon de la mer, AB devient une *tangente* au point B; par suite $h'=0$ et $z'=90^\circ$. Dans ce cas, on tire de l'équation (4)

$$(8) \ldots \qquad 1 - k = \frac{r}{sR''} (z - 90^\circ) ;$$

et de l'équation (6)

$$- h = s \operatorname{tang} \frac{1}{2} (90^\circ - z).$$

ou (9) $\ldots$
$$h = s \operatorname{tang} \frac{1}{2} (z - 90^\circ).$$

Prenant la valeur de z dans l'équation (8), et la transportant dans la deuxième des équations (6), on trouve

$$h = s \operatorname{tang} \frac{sR''}{2r} (1 - k) ;$$

ou bien, en remplaçant la tangente par l'arc,

$$(10) \ldots \qquad h = s^2 \left(\frac{1 - k}{2r} \right).$$

Transportant enfin cette valeur de

$$s = \sqrt{\frac{2rh}{1-k}}$$

dans l'équation (9), on obtient, en fonction de la distance zénithale de l'horizon de la mer, la hauteur du point de station A, indépendamment de la distance ; savoir :

$$(11)\ldots h = \frac{2r}{1-k}\operatorname{tg}^2\frac{1}{2}(z-90^\circ) = \frac{r}{2(1-k)}\left(\frac{z-90^\circ}{R''}\right)^2 = \frac{r}{2(1-k)}\left(\frac{-e}{R''}\right)^2.$$

Lorsqu'on égale entre elles les expressions (10) et (11), on obtient

$$(12)\ldots s = \frac{2r}{1-k}\operatorname{tg}\frac{1}{2}(z-90^\circ) = \frac{r}{1-k}\left(\frac{z-90^\circ}{R''}\right) = \frac{-re}{(1-k)R''}.$$

Dans la dernière expression, e est négatif par lui-même, puisqu'il indique la dépression de l'horizon de la mer. La valeur de s est donc toujours positive.

Les formules que nous venons de trouver renferment tout ce qui est nécessaire au calcul d'un nivellement trigonométrique.

Quand on a observé plusieurs fois les distances zénithales réciproques et correspondantes entre deux stations, on calculera de la manière suivante l'erreur probable des observations.

M étant la valeur moyenne de $\frac{1}{2}(z'-z)$ dans l'équation (6), l'erreur de chaque valeur particulière est

$$\Delta = M - \frac{1}{2}(z'-z) ;$$

l'erreur moyenne $\varepsilon = \sqrt{\frac{[\Delta^2]}{n-1}},$

33

n étant le nombre des observations ; l'erreur probable

$$r'' = 0,6745\ \varepsilon,\ \text{en secondes} ;$$

ou bien $\qquad r_1 = \dfrac{sr''}{R''},\ \text{en fonction de la distance } s.$

Soient r', r'', r'''... les erreurs probables relatives à différents couples de stations successives ; l'erreur probable du résultat définitif sera

$$R = \sqrt{\ [r'^2 + r''^2 + r'''^2 \ldots]}.$$

COMPENSATION DES ERREURS D'UN NIVELLEMENT TRIGONOMÉTRIQUE, D'APRÈS LA MÉTHODE DES MOINDRES CARRÉS.

§ 164. — Lorsque, dans une chaîne de triangles, on a mesuré *plus* de distances zénithales qu'il n'est absolument nécessaire pour la détermination des différences de niveau entre les sommets, il en résulte des équations de condition, comme dans la mesure des angles horizontaux ; et ces équations doivent être rigoureusement satisfaites, si l'on veut que les hauteurs déterminées, comparées entre elles, ne présentent aucune contradiction. Ces conditions sont exprimées en fonction des *erreurs*, c'est-à-dire des différences qui existent entre les déterminations qui sont indispensables et celles qui sont superflues : elles peuvent, par conséquent, comme les équations de condition d'un réseau horizontal, être traitées par la méthode des moindres carrés.

La première chose à faire, pour établir ces conditions, est de chercher une règle qui en fasse connaître le nombre, de manière à n'introduire dans le calcul ni trop ni trop peu de conditions.

Dans un triangle A B C on peut observer *trois* différences de niveau, savoir : entre A et B, entre A et C, et entre B et C. Prenons pour point de départ le sommet A (dont la cote est supposée connue) : les deux premières différences de niveau détermineront les cotes des points B et C : la troisième fournit donc une équation de condition, tout comme la mesure du troisième angle d'un triangle. Ainsi « lorsque, dans un triangle, « on a observé les différences de niveau entre les som« mets pris deux à deux, il existe une équation de con« dition relative au nivellement (*eine Höhenbedin-* « *gung*). »

La formation de cette espèce d'équation est bien simple. En effet, supposons que l'on parte d'un sommet du triangle, et qu'on en suive le contour, de manière à revenir au point de départ; soient h_1, h_2, h_3 les cotes des trois sommets : la somme de leurs différences de niveau sera

$$(h_1 - h_2) + (h_2 - h_3) + (h_3 - h_1).$$

valeur identiquement nulle. Par suite, « la somme des « différences de niveau entre les trois sommets d'un « triangle doit être égale à zéro. »

La même relation a lieu évidemment pour tous les sommets d'un polygone quelconque.

De plus, « cette relation sera né« cessairement satisfaite dès que la

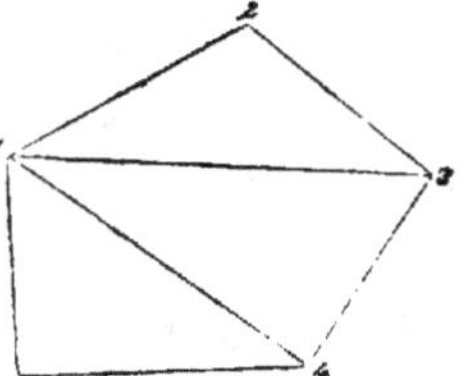

« condition précédente sera remplie pour les triangles qui composent le polygone. » Soit, en effet, le pentagone 1. 2. 3. 4. 5; et supposons qu'on donne

$$(h_1 - h_2) + (h_2 - h_3) + (h_3 - h_1) = 0$$
$$(h_1 - h_3) + (h_3 - h_4) + (h_4 - h_1) = 0$$
$$(h_1 - h_4) + (h_4 - h_5) + (h_5 - h_1) = 0. \quad \text{Ajoutant, on a}$$

$$(h_1 - h_2) + (h_2 - h_3) + (h_3 - h_4) + (h_4 - h_5) + (h_5 - h_1) = 0;$$

et de même pour un polygone quelconque.

Cette considération facilite beaucoup la formation des équations de condition; car il en résulte que, dans toute figure composée de triangles, il suffit de chercher les équations de condition dans ces triangles mêmes : dès qu'elles seront satisfaites, il en sera de même pour toutes celles que peut présenter la figure; et chaque sommet, abaissé d'une quantité égale à sa cote, se trouvera sur une seule et même surface de niveau, *celle de comparaison*.

On n'éprouvera donc aucune difficulté à déterminer le nombre d'équations de condition qui existent dans une triangulation : il est égal au nombre de différences de niveau observées, moins le nombre de différences de niveau qui (à partir d'un point initial) est strictement nécessaire pour la détermination des autres points. Supposons que la triangulation ait n sommets; elle exige $(n-1)$ différences de niveau : si donc on en a réellement observé m, il y aura $m-n+1$ équations de condition.

Pour le triangle, $m=3$, $n=3$: il y a donc 1 équation de condition.

Pour le quadrilatère avec deux diagonales, $m = 6$, $n = 4$: donc 3 équations.

Pour le quadrilatère avec 1 point intérieur, $m = 8$, $n = 5$: donc 4 équations, etc.

Représentons par H la différence de niveau entre deux points A et B; par z la distance zénithale de B observée de A : nous aurons, d'après l'équation (6),

$$H = s \cot \left\{ z - \frac{sR''}{2r}(1 - k) \right\}$$

Pour connaître la variation de différence de niveau qui correspond à une erreur sur la distance zénithale observée, différentions l'expression précédente par rapport à H et à z; il vient

$$dH = - \frac{sdz}{\sin^2 \left\{ z - \frac{sR''}{2r}(1 - k) \right\}}.$$

Mais, dans les observations géodésiques, l'angle

$$\left\{ z - \frac{sR''}{2r}(1 - k) \right\}$$

s'écarte toujours très-peu de 90°; et l'on peut, par une approximation suffisante, faire son sinus égal à l'unité; il vient donc

$$dH = - sdz.$$

Si dz exprime des secondes, il faudra le diviser par R'', et alors dH sera exprimé dans la même unité que la distance s. On a donc en définitive

$$dH = - \frac{sdz''}{R''}.$$

Cette formule s'explique géométriquement d'une manière très-simple. Z A B' étant l'angle z; B' A B'' l'erreur dz, on aura, en supposant le triangle différentiel B' A B'' rectangle en B',

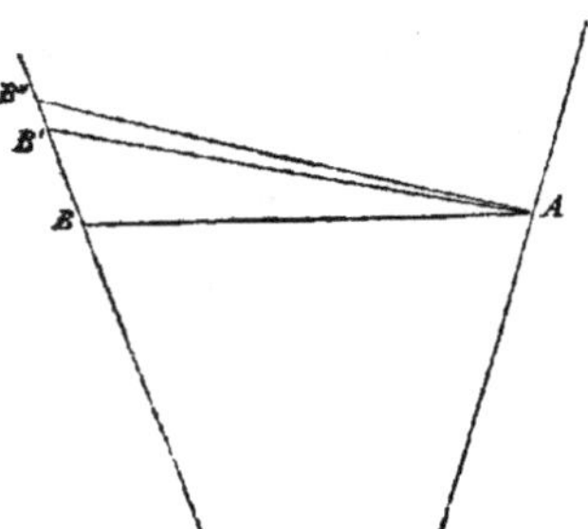

$$B'B'' = B''A \sin dz;$$

mais B'B'' n'est autre chose que dH; B''A diffère très-peu de s; donc

$$d\mathrm{H} = s \sin dz = sdz'' \sin 1'' = \frac{sdz''}{\mathrm{R}''}.$$

Telle est la valeur *absolue* de dH. Quant aux signes, on voit que, lorsque z augmente, H diminue; c'est-à-dire que dH et dz sont toujours de signes contraires.

D'après cela, si les différences de niveau des trois sommets d'un triangle sont $+ \mathrm{H}_1$, $+ \mathrm{H}_2$, $- \mathrm{H}_3$; les longueurs des côtés s_1, s_2, s_3; les corrections inconnues à faire subir aux distances zénithales (1), (2), (3); on formera l'équation de condition en ajoutant

$$- \frac{s_1}{\mathrm{R}''}(1) \text{ à } + \mathrm{H}_1; \quad - \frac{s_2}{\mathrm{R}''}(2) \text{ à } + \mathrm{H}_2 \text{ et } + \frac{s_3}{\mathrm{R}''}(3) \text{ à } - \mathrm{H}_3;$$

et l'on aura

$$0 = \mathrm{H}_1 + \mathrm{H}_2 - \mathrm{H}_3 - \frac{s_1}{\mathrm{R}''}(1) - \frac{s_2}{\mathrm{R}''}(2) + \frac{s_3}{\mathrm{R}''}(3);$$

ou bien, en remplaçant par $\mathfrak{A}$ la quantité toute connue H_1, $+ \mathrm{H}_2$, $- \mathrm{H}_3$, et par a, a', a'' les coefficients des corrections,

$$0 = \mathfrak{A} + a\,(1) + a'\,(2) + a''\,(3).$$

Pour généraliser la question, nous admettrons que

le nombre de répétitions des observations zénithales n'est pas le même aux différentes stations : il faudra donc accorder aux résultats des poids p_1, p_2, p_3... proportionnels aux nombres d'observations, et il s'agira de réduire à un minimum relatif la fonction

$$2S = p_1 \, (1)^2 + p_2 \, (2)^2 + p_3 \, (3)^2 \, \ldots \qquad \ldots \, (1)$$

eu égard aux conditions suivantes

$$
\begin{aligned}
u &= 0 = \mathfrak{A} + a \, (1) + a' \, (2) + a'' \, (3) \\
u' &= 0 = \mathfrak{B} + b \, (1) + b' \, (2) + b'' \, (3) \ldots \text{etc.}
\end{aligned} \qquad \ldots \, (2)
$$

Si l'on multiplie respectivement ces équations par les facteurs indéterminés I, II...; qu'on les différentie par rapport à (1), (2), (3)..., et qu'on ajoute les coefficients différentiels (qui, d'après la condition du minimum, doivent être égaux à zéro) aux coefficients différentiels analogues tirés de (1), on aura :

$$
\begin{aligned}
0 &= \frac{dS}{d\,(1)} + \frac{du}{d\,(1)}\,I + \frac{du'}{d\,(1)}\,II + \ldots \\[2mm]
0 &= \frac{dS}{d\,(2)} + \frac{du}{d\,(2)}\,I + \frac{du'}{d\,(2)}\,II + \ldots \qquad \ldots \, (3)\\[2mm]
0 &= \frac{dS}{d\,(3)} + \frac{du}{d\,(3)}\,I + \frac{du'}{d\,(3)}\,II + \ldots
\end{aligned}
$$

Mais, d'après l'équation (1),

$$\frac{dS}{d\,(1)} = p_1 \, (1)\,; \quad \frac{dS}{d\,(2)} = p_2 \, (2)\,; \quad \frac{dS}{d\,(3)} = p_3 \, (3) \, \ldots$$

En outre, on a

$$\frac{du}{d\,(1)} = a, \quad \frac{du'}{d\,(1)} = b \, \ldots \quad \frac{du}{d\,(2)} = a', \quad \frac{du'}{d\,(2)} = b' \, \ldots$$

Ces valeurs, substituées dans les équations précédentes, les transforment en

$$0 = p_1 \,(1) + a \,\; I + b \,\; II + \ldots$$
$$0 = p_2 \,(2) + a' \,\; I + b' \,\; II + \ldots$$
$$0 = p_3 \,(3) + a'' I + b'' II + \ldots$$

et l'on a

$$(1) = -\frac{1}{p_1} \left\{ a \;\; I + b \;\; II + \ldots \right\}$$
$$(2) = -\frac{1}{p_2} \left\{ a' \; I + b' \; II + \ldots \right\} \qquad \ldots (4)$$
$$(3) = -\frac{1}{p_3} \left\{ a'' I + b'' II + \ldots \right\}$$

Transportant ces valeurs de (1), (2), (3)..... dans les équations (2), on pourra déterminer les coefficients I, II...; et ceux-ci, introduits dans les équations (4), permettront de déterminer les corrections (1), (2), (3)...

Pour opérer avec facilité, on négligera le signe *moins* qui précède le second membre des équations (4), en transportant les valeurs de (1), (2), (3) dans les équations (2) : on obtiendra ainsi les équations finales

$$-\mathfrak{A} = \left[\frac{aa}{p}\right] I + \left[\frac{ab}{p}\right] II + \ldots$$
$$-\mathfrak{B} = \left[\frac{ab}{p}\right] I + \left[\frac{bb}{p}\right] II + \ldots \qquad \ldots (5)$$

La résolution de ces équations donne les valeurs des coefficients I, II...; et si on les substitue dans les équations (4), débarrassées de leurs signes moins, on aura les corrections (1), (2), (3)...

Ces corrections expriment, en secondes, les changements qu'il faut faire subir aux distances zénithales observées, pour que le nivellement trigonométrique soit exactement compensé. Les variations de niveau

correspondantes, que nous désignons par Δ_1, Δ_2, Δ_3...
s'obtiendront par la formule

$$\Delta_i = \frac{s_i}{R''} \ (1).$$

§ 165. — Pour déterminer la hauteur du Müggelsberg, Baeyer en a observé la distance zénithale, en

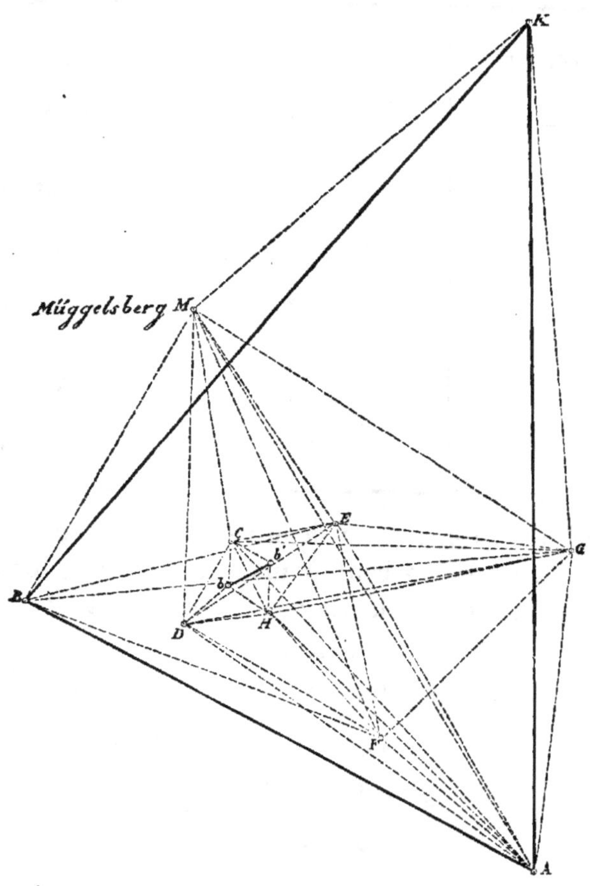

sept stations dont les cotes étaient déjà connues : les différences de niveau qu'il a obtenues sont consignées dans le tableau suivant.

ENTRE	NOMBRE D'OBSERVATIONS.	DIFFÉRENCES DE NIVEAU.
B et Müggelsberg.	10	$+\ 4^{\mathrm{T}},859 - \dfrac{s_1}{\mathrm{R}''}\ (1)$
C —	4	$+\ 13\ ,516 - \dfrac{s_2}{\mathrm{R}''}\ (2)$
D —	9	$+\ 15\ ,206 - \dfrac{s_3}{\mathrm{R}''}\ (3)$
E —	3	$+\ 14\ ,413 - \dfrac{s_4}{\mathrm{R}''}\ (4)$
F —	2	$+\ 13\ ,109 - \dfrac{s_5}{\mathrm{R}''}\ (5)$
G —	6	$+\ 1\ ,548 - \dfrac{s_6}{\mathrm{R}''}\ (6)$
A —	2	$+\ 5\ ,098 - \dfrac{s_7}{\mathrm{R}''}\ (7)$

Comme sept différences de niveau ont été observées, et qu'il n'y a qu'un seul point à déterminer, les équations de condition sont au nombre de six, savoir :

$$1°\ \mathrm{B}\ .\ \mathrm{M}\ .\ \mathrm{C}.$$

$$\text{Entre B et M} \ldots +\ 4,859 - \frac{s_1}{\mathrm{R}''}\ (1)$$

$$\text{»}\quad \text{M et C} \ldots -\ 13,516 + \frac{s_2}{\mathrm{R}''}\ (2)$$

$$\text{»}\quad \text{C et B} \ldots +\ 8,582$$

$$0 = -\ 0,075 - \frac{s_1}{\mathrm{R}''}\ (1) + \frac{s_2}{\mathrm{R}''}\ (2).$$

Les cinq autres équations de condition ont été formées d'une manière analogue : ce sont

2°) .. B . M . E $\qquad 0 = + 0{,}361 - \dfrac{s_4}{R''}\,(1) + \dfrac{s_4}{R''}\,(4)$

3°) ... B . M . G $\qquad 0 = + 0{,}196 - \dfrac{s_4}{R''}\,(1) + \dfrac{s_6}{R''}\,(6)$

4°) ... B . M . D $\qquad 0 = + 0{,}596 - \dfrac{s_4}{R''}\,(1) + \dfrac{s_3}{R''}\,(3)$

5°) ... D . F . M $\qquad 0 = - 0{,}199 + \dfrac{s_3}{R''}\,(3) - \dfrac{s_5}{R''}\,(5)$

6°) ... A . D . M $\qquad 0 = + 0{,}290 - \dfrac{s_3}{R''}\,(3) - \dfrac{s_7}{R''}\,(7)$

Les valeurs des s sont données par leurs logarithmes dans le tableau suivant, ce qui permet de former les expressions numériques des corrections (1), (2), (3)... (7) en fonction des coefficients indéterminés I, II, III... VI.

$$
\begin{aligned}
BM &\;...\; 3{,}984\ 0791\\
CM &\;...\; 3{,}832\ 4575\\
DM &\;...\; 3{,}966\ 4442\\
EM &\;...\; 3{,}858\ 3222\\
FM &\;...\; 4{,}128\ 3087\\
GM &\;...\; 4{,}085\ 4495\\
AM &\;...\; 4{,}277\ 2733.
\end{aligned}
$$

$$(1) = \frac{1}{10}\left\{ 0{,}04673 \,.\, (-\,\mathrm{I} - \mathrm{II} - \mathrm{III} - \mathrm{IV}) \right\}$$

$$(2) = \frac{1}{4}\left\{ 0{,}03296 \,.\, (+\,\mathrm{I}) \right\}$$

$$(3) = \frac{1}{9}\left\{ 0{,}04488 \,.\, (+\,\mathrm{IV} + \mathrm{V} - \mathrm{VI}) \right\}$$

$$(4) = \frac{1}{3}\left\{ 0{,}03499 \,.\, (+\,\mathrm{II}) \right\}$$

$$(5) = \frac{1}{2}\left\{ 0{,}06515 \,.\, (-\,\mathrm{V}) \right\}$$

$$(6) = \frac{1}{6} \left\{ 0,05202 \; . \; (- \text{III}) \right\}$$

$$(7) = \frac{1}{2} \left\{ 0,09180 \; . \; (- \text{VI}) \right\}.$$

Les équations finales à résoudre pour la détermination des facteurs sont donc

$$+ 0,075 = + 0,000\ 49000\ \text{I} \; + 0,000\ 21835\ [\text{II} + \text{III} + \text{IV}]$$
$$- 0,361 = + 0,000\ 62636\ \text{II} \; + 0,000\ 21835\ [\text{III} + \text{IV}]$$
$$- 0,196 = + 0,000\ 79898\ \text{III} + 0,000\ 21835\ \text{IV}$$
$$- 0,596 = + 0,000\ 44212\ \text{IV} + 0,000\ 22377\ [\text{V} - \text{VI}]$$
$$+ 0,199 = + 0,002\ 34573\ \text{V} \; - 0,000\ 22377\ \text{VI}$$
$$- 0,290 = + 0,004\ 43750\ \text{VI}.$$

Et l'élimination donne

$$\text{I} \; = + 1152,853 \ldots \quad \text{IV} = - 2015,226$$
$$\text{II} = - \; 301,041 \ldots \quad \text{V} = + \; 262,409$$
$$\text{III} = + \; 72,630 \ldots \quad \text{VI} = - \; 153,740.$$

Substituant enfin ces valeurs dans les expressions des corrections, on trouve d'abord les corrections des distances zénithales ; et celles-ci, multipliées par les $\frac{s}{R''}$ correspondants, font connaître ensuite les corrections des différences de niveau. Les dz et les $d\text{H}$ doivent être ici affectés des mêmes signes, puisqu'on a déjà eu égard à leur opposition naturelle, dans la formation des équations de condition. On obtient ainsi

CORRECTION DES

distances zénithales.	différences de niveau.
$(1) = + 5'',097$	$+ 0^r,238$
$(2) = + 9\ ,500$	$+ 0\ ,313$
$(3) = - 7\ ,974$	$- 0\ ,358$
$(4) = - 3\ ,511$	$- 0\ ,123$
$(5) = - 8\ ,548$	$- 0\ ,557$
$(6) = + 0\ ,714$	$+ 0\ ,042$
$(7) = + 7\ ,057.$	$+ 0\ ,648$

Ces corrections feront concorder entre elles toutes les différences de niveau portées dans le premier tableau, et donneront une cote unique au Müggelsberg.

Remarque. — La figure qui vient de nous servir (p. 525) montre, d'une manière très-complète, comment on peut agrandir successivement, par le calcul, la base mesurée bb', et la rattacher au triangle de premier ordre A B K, ainsi qu'on l'a déjà vu dans celle du § 162, relative à la base de Lommel. On y distingue, enveloppés l'un dans l'autre, trois quadrilatères avec leurs diagonales, savoir : 1° b C b' H ; 2° C D H E ; 3° D M G F ; et les sommets du dernier servent de stations pour déterminer les sommets du premier triangle géodésique.

§ 166. — Souvent, dans une triangulation, le nivellement des sommets n'est qu'une opération d'une importance secondaire. Dans ce cas, on peut procéder à la compensation des résultats par un moyen moins rigoureux, mais beaucoup plus expéditif que le précédent. C'est ce qu'a fait Bessel (*Gradmessung in Ostpreussen*, p. 203). Nous allons exposer la marche qu'il a suivie pour compenser le système pentagonal formé par les cinq premiers sommets de sa triangulation.

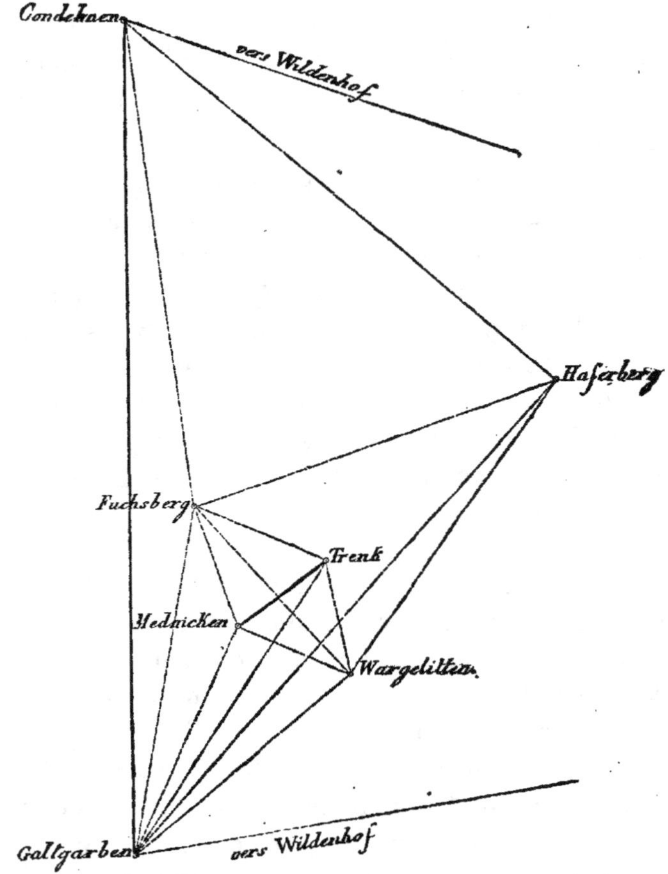

Les résultats immédiats de ses distances zénithales lui ont fourni les différences de niveau suivantes.

	Mednicken . .	$+$ 0ᵀ, 413	2 observations.	
TRENK . . .	Fuchsberg . .	$+$ 17 , 930	2	—
	Wargelitten. .	$+$ 5 , 030	2	—
	Galtgarben . .	$+$ 38 , 475	2	—

MEDNICKEN.	Trenk	— 0^T, 652	2	observations.
	Wargelitten. .	+ 4 , 655	2	—
	Galtgarben . .	+ 38 , 371	3	—
	Fuchsberg . .	+ 17 , 290	2	—
FUCHSBERG.	Wargelitten. .	— 12 , 825	5	—
	Mednicken . .	— 17 , 570	3	—
	Galtgarben . .	+ 21 , 254	3	—
	Trenk	— 17 , 302	2	—
WARGELITTEN.	Fuchsberg . .	+ 12 , 882	2	—
	Trenk	— 5 , 190	2	—
	Galtgarben . .	+ 33 , 832	2	—
	Mednicken . .	— 4 , 740	2	—
GALTGARBEN.	Wargelitten. .	— 33 , 836	4	—
	Fuchsberg . .	— 20 , 892	2	—
	Mednicken . .	— 38 , 634	5	—
	Trenk	— 39 , 055	4	—

Il commence par réunir en un seul chaque double résultat provenant des observations réciproques de deux sommets : pour cela il prend la moyenne des deux différences de niveau, en ayant égard au nombre des observations. Soit donc T la hauteur absolue de Trenk, M celle de Mednicken, etc., il obtient

T =	M =	F =	W =	G =
T ———————	T + 0^T,533	T +17^T,994	T + 5^T,110	T +38^T,862
M— 0^T,533	M———————	M +17 ,458	M + 4 ,698	M +38 ,535
F —17 ,994	F —17 ,458	F———————	F —12 ,841	F +21 ,109
W— 5 ,110	W— 4 ,698	W+12 ,841	W———————	W+33 ,835
G —38 ,862	G— 38 ,535	G —21 ,109	G —33 ,835	G———————

Qu'on imagine maintenant un point dont la cote, S, soit la moyenne arithmétique de celles des cinq points en question : on aura, par Trenk, par exemple,

$$5 \text{ ou } \frac{T + M + F + W + G}{5} = T + \frac{0,533 + 17,994 + 5,110 + 38,862}{5},$$

d'où

$$5\,T = (T + M + F + W + G) - 0,533 - 17,994 - 5,110 - 38,862;$$

$$\text{ou} \qquad\qquad T = S - 12,500$$

$$\text{On aurait de même } M = S - 12,032$$

$$F = S + 5,437$$

$$W = S - 7,374$$

$$G = S + 26,468.$$

Ces équations font connaître les *différences* de niveau des cinq points en question. Pour avoir la cote absolue, S, du point fictif, il suffit de rattacher l'un ou l'autre des cinq points à un point dont la cote absolue, H, soit déjà connue. Ainsi, Bessel a trouvé, d'autre part,

$$F = H - 6,994 = S + 5,437$$
$$W = H - 19,626 = S - 7,374$$
$$G = H + 14,182 = S + 26,468$$

$$\overline{\text{Moyenne} \ldots S = H - 12,323.}$$

Enfin, pour déterminer les cotes des autres points de sa triangulation, qui ont été observés de plusieurs sommets connus, Bessel prend la moyenne des résultats, en supposant les poids proportionnels aux nombres d'observations, et réciproques aux distances.

Remarque. — La figure de la page 530 offre un nouvel exemple de la manière dont on peut relier une petite base au premier côté géodésique d'une triangulation. La base *Trenk-Mednicken*, de 935 toises, est commune à deux triangles, dont les sommets, *Fuchs-berg* et *Wargelitten*, sont distants de 2,953 toises. La droite qui joint ceux-ci sert elle-même de base à deux triangles dont les sommets, *Galtgarben* et *Haferberg*, sont éloignés l'un de l'autre de 10,782 toises ; enfin, la ligne qui unit ces deux derniers points, aussi bien que les lignes *Galtgarben-Fuchsberg* et *Fuchsberg-Hafer-berg*, déterminent le plus petit côté, *Galtgarben-Con-dehnen*, du triangle de 1er ordre, *Galtgarben-Con-dehnen-Wildenhof*. On a donc mesuré 25 angles au lieu de 10 qui auraient suffi à la rigueur, ce qui donne 15 équations de condition entre les angles observés.

Bessel ne doute pas de l'exactitude rigoureuse du côté *Galtgarben-Condehnen*. Les principales raisons qu'il en donne sont : 1° la précision avec laquelle la petite base a pu être mesurée ; 2° celle avec laquelle son théodolite permettait d'observer les angles ; 3° enfin les vérifications nombreuses qu'offre le petit réseau destiné à dilater la base jusqu'à la longueur du premier côté.

§ 167. — Lorsqu'il existe quelque doute sur la valeur du coefficient de réfraction, l'incertitude qui en rejaillit sur les différences de niveau est d'autant plus grande qu'on opère sur des points plus éloignés : elle croît, avons-nous vu (§ 163, formule 10), comme le carré de la distance. Si donc on veut joindre deux points A et B par un nivellement composé, l'erreur probable qu'en-traîne, à chaque station, l'incertitude du coefficient k, est inversement proportionnelle au carré du nombre n

de parties dans lesquelles on a partagé la distance A B.
D'ailleurs, l'erreur probable du résultat définitif est
(§ 122) directement proportionnelle à la racine carrée
du nombre n : on peut donc la représenter par

$$\frac{\sqrt{n}}{n^2} = \frac{1}{\sqrt{n^3}} ;$$

et l'on voit qu'elle diminue rapidement lorsqu'on augmente le nombre des stations intermédiaires. C'est le
moyen qu'a adopté le colonel Corabœuf, dans son nivellement des Pyrénées entre la Méditerranée et
l'Océan, et il lui a parfaitement réussi. Il est vrai
que cet habile observateur avait en outre l'avantage
d'opérer dans une région très-élevée, et que ses rayons
visuels étaient ordinairement très-éloignés de la surface du sol.

Dans la pratique, on détermine la valeur du coefficient de réfraction, k, par des distances zénithales
réciproques et simultanées ; et on la calcule au moyen
de la formule (4), § 163 :

$$1 - k = \frac{r}{sR''} (z + z' - 180^\circ).$$

Baeyer adopte, dans le voisinage des côtes de la mer,
la valeur

$$k = 0,1362; \text{ d'où } \log \frac{R''}{2r}(1 - k) = \overline{2},43458 ;$$

et, dans l'intérieur des terres, il prend

$$k = 0,1239; \text{ d'où } \log \frac{R''}{2r}(1 - k) = \overline{2},44080.$$

Ces valeurs paraissent devoir convenir moyennement à
notre pays.

Il y a quelque chose de forcément arbitraire dans la fixation du poids d'une série d'observations, faites dans le but de déterminer la valeur de k, par des distances zénithales.

Si k, en effet, était une grandeur constante, dont l'erreur ne pût dépendre que des erreurs d'observation dz, l'erreur probable d'une détermination fondée sur un nombre a d'observations serait (§ 125)

$$\varepsilon = \sqrt{ \left\{ \frac{1}{a} \cdot \frac{r^2\, dz^2}{s^2\, R''^2} \right\} };$$

et l'erreur probable déduite de a observations faites à une station, et de b observations faites à la station réciproque, serait

$$\varepsilon = \sqrt{ \left\{ \left(\frac{1}{a} + \frac{1}{b} \right) \frac{r^2\, dz^2}{s^2\, R''^2} \right\} }.$$

Le poids correspondant serait donc

$$P = \frac{1}{\varepsilon^2} = \frac{ab\, s^2\, R''^2}{(a+b)\, r^2 dz^2}.$$

D'ailleurs, comme les poids sont simplement des quantités relatives, on peut supprimer la constante $\frac{R''^2}{r^2\, dz^2}$, et prendre pour poids

$$P = \frac{ab \cdot s^2}{a + b}.$$

Mais, d'un autre côté, si l'inconstance de k était la seule cause d'incertitude, le poids P serait indépendant de la distance, et on aurait $\frac{1}{P}$ proportionnel à $\frac{1}{a} + \frac{1}{b}$, ou bien

$$P = \frac{ab}{a + b}.$$

« Il n'est pas douteux, dit Bessel, que l'incertitude
« provenant de l'inconstance de k ne soit plus à craindre
« que les erreurs commises dans la mesure des distances
« zénithales ; ainsi, pour avoir égard à la fois aux deux
« causes d'erreurs, nous admettrons

$$\text{« P} = \frac{ab\sqrt{s}}{a+b} \text{ . »}$$

Dans le cas où les observations sont réciproques et
simultanées, on a nécessairement $a = b$; le poids d'une
série est donc alors

$$\text{P} = \frac{a}{2}\sqrt{s}.$$

§ 168. — L'opinion de Bessel est aujourd'hui bien
établie par l'expérience, et le nivellement trigonométrique, reconnu peu exact par suite de cette incertitude
des réfractions, ne s'emploie plus que dans des circonstances exceptionnelles, quand le nivellement topographique (ou géométrique) est absolument impraticable
ou serait trop long ; il n'en a pas été fait usage en
Belgique, et en Suisse, en France, etc., on a repris,
à l'aide des niveaux, la détermination des cotes faite
premièrement avec le théodolite.

L'Association internationale de géodésie, ne considérant que le nivellement géométrique, a décidé, dans
la Conférence de Berlin en 1864, que l'erreur moyenne
ne pouvait dépasser 3^{mm} par kilomètre, avec une tolé-
rance jusque 5^{mm} pour les cas les plus défavorables.
Il résulte de cette donnée que l'erreur moyenne d'un
nivellement étendu sur m kilomètres a pour limite

$0^m,003 \sqrt{m}$. Le même chiffre s'appliquerait naturellement aux opérations avec le théodolite, qui se font généralement à de grandes distances; mais, comme nous l'avons dit, l'incertitude des réfractions le rend dans ce cas presque illusoire.

Dans la pratique du nivellement topographique, on mesure deux fois chaque différence de niveau partielle : de l'avant à l'arrière et de l'arrière à l'avant. La moyenne des deux différences obtenues donne la valeur cherchée; l'erreur de chacune des deux déterminations est donc supposée la même, mais leur signe est inverse.

La somme des carrés des erreurs a par suite la forme :

$$S = 2\,(\delta'^2 + \delta''^2 + \delta'''^2 + \ldots + \delta_n^2) = 2\,[\delta^2]$$

et l'erreur moyenne d'une observation est :

$$\sqrt{\frac{2\,[\delta^2]}{2\,n - n}} = \sqrt{\frac{2\,[\delta^2]}{n}}.$$

D'ailleurs, comme chaque différence de niveau est la moyenne entre deux observations, son erreur moyenne est :

$$\sqrt{\frac{[\delta^2]}{n}} = \varepsilon_1.$$

Si le nombre n de points nivelés correspond à une longueur de k kilomètres, on doit avoir, d'après ce qui précède :

$$0^m,003 \sqrt{k} \text{ limite de } \sqrt{[\delta^2]} \text{ ou } \varepsilon_1 \sqrt{n}.$$

Le poids du résultat d'un nivellement opéré par l'intermédiaire de n différences de niveau partielles, est, en prenant le poids d'une différence pour unité, $\dfrac{1}{n}$, c'est-à-dire qu'il est inversement proportionnel au nombre d'observations ; et, comme normalement ce nombre dépend de la distance entre les deux points à niveler, on peut dire que le poids du nivellement est inversement proportionnel à la longueur de la ligne nivelée.

La compensation d'un nivellement géométrique se fait comme celle d'un nivellement trigonométrique. Si l'on suppose, par exemple, un quadrilatère dont on ait mesuré les différences de niveau h_1, k_2, h_3, h_4 d'un sommet au suivant, on aura comme équation de condition :

$$h_1 + h_2 + h_3 + h_4 + (1) + (2) + (3) + (4) = 0.$$

Soient s^I, s^II, s^III, s^IV les longueurs des côtés ; nous prendrons pour poids des nivellements

$$\frac{1}{s^\mathrm{I}},\ \frac{1}{s^\mathrm{II}},\ \frac{1}{s^\mathrm{III}},\ \frac{1}{s^\mathrm{IV}}.$$

Les équations corrélatives seront :

$$(1) = s^\mathrm{I}\ \mathrm{I}$$
$$(2) = s^\mathrm{II}\ \mathrm{I}$$
$$(3) = s^\mathrm{III}\ \mathrm{I}$$
$$(4) = s^\mathrm{IV}\ \mathrm{I}$$

c'est-à-dire que les corrections à faire sont en raison directe de la longueur des côtés. Soit $[h] = \Delta$, on aura :

$$(1) = -\Delta \frac{s^\mathrm{I}}{[s]},\quad (2) = -\Delta \frac{s^\mathrm{II}}{[s]},\quad (3) = -\Delta \frac{s^\mathrm{III}}{[s]},\quad (4) = -\Delta \frac{s^\mathrm{IV}}{[s]}.$$

Cherchons maintenant l'erreur moyenne du nivellement après la compensation faite. Si l'on suppose que d, d', d''... représentaient les erreurs du nivellement

pour les différents kilomètres du côté s^{I} par exemple,
après la compensation, ces erreurs deviendront :

$$\delta' + \frac{(1)}{s^{\mathrm{I}}}, \quad \delta'' + \frac{(1)}{s^{\mathrm{I}}}, \quad \delta''' + \frac{(1)}{s^{\mathrm{I}}}, \quad \delta^{\mathrm{IV}} + \frac{(1)}{s^{\mathrm{I}}}$$

et la somme des carrés des erreurs pour ce côté, sera :

$$[\delta^2] + s^{\mathrm{I}} \left(\frac{(1)}{s^{\mathrm{I}}}\right)^2 = [\delta^2] + \frac{(1)^2}{s^{\mathrm{I}}}.$$

Pour chacun des côtés s^{II}, s^{III}, s^{IV}, on aura une somme
analogue ; l'expression de la somme totale des carrés
des erreurs sera par conséquent de la forme :

$$\Sigma\,[\delta^2] + \left(\frac{(1)^2}{s^{\mathrm{I}}} + \frac{(2)^2}{s^{\mathrm{II}}} + \frac{(3)^2}{s^{\mathrm{III}}} + \frac{(4)^2}{s^{\mathrm{IV}}}\right).$$

Mais $\quad \dfrac{(1)^2}{s^{\mathrm{I}}} = \Delta^2 \dfrac{s}{[s]^2}, \quad \dfrac{(2)^2}{s^{\mathrm{II}}} = \Delta^2 \dfrac{s^{\mathrm{II}}}{[s]^2}, \quad$ etc...,

donc $\dfrac{(1)^2}{s^{\mathrm{I}}} + \dfrac{(2)^2}{s^{\mathrm{II}}} + \dfrac{(3)^2}{s^{\mathrm{III}}} + \dfrac{(4)^2}{s^{\mathrm{IV}}} = \Delta^2 \dfrac{s^{\mathrm{I}} + s^{\mathrm{II}} + s^{\mathrm{III}} + s^{\mathrm{IV}}}{[s]^2} = \dfrac{\Delta^2}{[s]}.$

La somme des carrés des erreurs est donc égale à :

$$\Sigma\,[\delta^2] + \frac{\Delta^2}{[s]}.$$

Avec les m observations et l'équation de condition
on a $m + 1$ équations pour n points à niveler, l'erreur
moyenne est donc finalement :

$$\mathrm{E} = \pm \sqrt{\frac{\Sigma\,[\delta^2] + \dfrac{\Delta^2}{[s]}}{n + 1}}.$$

§ 169. — Les observations conditionnelles, que
nous avons appris à compenser (§ 143), servent en
général à calculer d'autres quantités qui en sont des
fonctions connues : il nous faut apprécier *la précision*

de ces fonctions qui ne renferment pas nécessairement toutes les observations compensées ensemble. Cette question doit être envisagée sous un point de vue tout particulier. Comme, par hypothèse, les observations sont en nombre *surabondant*, la quantité à calculer ne doit renfermer *extérieurement*, dans son expression, que les observations strictement nécessaires, et les observations surabondantes n'y *apparaîtront* pas : cependant, puisque la compensation *a été opérée* au moyen de *toutes* les observations, les résultats surabondants se trouvent *implicitement* dans la fonction.

Soit donc u la fonction à calculer, liée à un certain nombre d'observations (non à *toutes*) par la relation directe

$$u = \mathrm{f}\,(\mathrm{V}', \mathrm{V}'', \mathrm{V}''' \ldots). \qquad \ldots (s)$$

On a calculé exactement

$$u = \mathrm{f}\,(o' + x';\quad o'' + x'';\quad o''' + x''' \ldots),$$

en remplaçant les V par des $(o + x)$.

Si ces V seuls avaient été observés, et s'ils étaient indépendants les uns des autres, nous n'aurions qu'à poser (§ 125)

$$du = l'\,d\mathrm{V}' + l''\,d\mathrm{V}'' + l'''\,d\mathrm{V}''' \ldots. \qquad \ldots (s')$$

et, en supposant les observations également exactes, nous en déduirions immédiatement

$$\varepsilon = \varepsilon' \sqrt{[l^2]};\quad \frac{1}{\mathrm{P}} = [l^2];$$

en prenant pour unité de poids l'observation elle-même.

Mais tel n'est pas le cas. Nous ne pouvons employer

l'équation (s') que pour déduire, des variations *données*
des V, les variations *correspondantes* de u : elle n'est
donc plus applicable ici, dans le sens du § 125, parce
que les dV ne sont plus indépendants les uns des autres,
mais sont liés aux V et dV qui n'apparaissent pas dans
la formule (s), et, par conséquent, liés aussi entre eux,
par les équations

$$0 = a'dV' + a''dV'' + a'''dV''' + a^{iv}dV^{iv}...$$
$$0 = b'dV' + b''dV'' + b'''dV''' + b^{iv}dV^{iv}... \qquad ...(s'')$$
$$0 = c'dV' + c''dV'' + c'''dV''' + c^{iv}dV^{iv}...$$

qui ne sont autre chose que les différentielles des
équations (r) du § 143, dans lesquelles nous faisons les
$df = 0$, puisque les équations de condition (r'') sont
satisfaites par la compensation que nous supposons
avoir été effectuée. N'oublions pas d'ailleurs que nous
ne pouvons admettre pour les dV que des valeurs qui
rendent $[\Delta^2]$ un minimum pour *toutes* les observations.

Si donc nous voulons, de l'erreur moyenne des observations, conclure l'erreur moyenne de la quantité u,
nous ne pouvons pas opérer sur les équations (s) et (s');
nous chercherons d'abord à former une autre équation

$$u = f'(V', V'', V''', V^{iv}...) \qquad ...(s''')$$

qui jouisse de la double propriété : 1° de renfermer
toutes les quantités observées et compensées; 2° de
donner pour u, lorsqu'on y remplace les V par les
$(o + x)$, la même valeur que l'équation (s).

On peut trouver un nombre infini de pareilles équations : il suffit pour cela d'ajouter à l'équation (s) les
équations (r), après avoir multiplié chacune de ces der-

nières par un coefficient arbitraire, r; on obtient ainsi

$$u = \mathrm{f}(\mathrm{V'}, \mathrm{V''}, \mathrm{V'''}\ldots) + r_1 f_1 + r_2 f_2 + r_3 f_3 \ldots \quad \ldots (\mathrm{s^{IV}})$$

Or, si l'on remplace dans cette équation les V par des $(o + x)$, les derniers termes s'évanouiront d'eux-mêmes, par le fait de la compensation supposée effectuée.

Nous verrons tout à l'heure comment il faut déterminer les r convenables : pour le moment, remarquons que l'équation ($\mathrm{s^{IV}}$), étant différentiée, donnera une équation de la forme générale

$$du = \mathrm{L'}d\mathrm{V'} + \mathrm{L''}d\mathrm{V''} + \mathrm{L'''}d\mathrm{V'''} + \mathrm{L^{IV}}d\mathrm{V^{IV}} \ldots, \quad \ldots (\mathrm{s^{V}})$$

qui diffère de l'équation ($\mathrm{s'}$) en ce qu'elle contient *tous* les V. Si donc nous pouvions déterminer tous les L, le problème serait résolu, car nous aurions

$$\varepsilon = \varepsilon' \sqrt{[\mathrm{L^2}]}$$
$$\frac{1}{\mathrm{P}} = [\mathrm{L^2}],$$

qui nous feraient connaître l'erreur moyenne ou le poids de la fonction.

Or, en égalant ($\mathrm{s^V}$) à la différentielle de ($\mathrm{s^{IV}}$), on a

$$\mathrm{L'}d\mathrm{V'} + \mathrm{L''}d\mathrm{V''} + \mathrm{L'''}d\mathrm{V'''} + \mathrm{L^{IV}}d\mathrm{V^{IV}}\ldots$$
$$= d\mathrm{f}(\mathrm{V'}, \mathrm{V''}, \mathrm{V'''} \ldots) + r_1 df_1 + r_2 df_2 + r_3 df_3\ldots;$$

ou bien, d'après ($\mathrm{s'}$) et ($\mathrm{s''}$),

$$= l'd\mathrm{V'} + l''d\mathrm{V''} + l'''d\mathrm{V'''} + r_1(a'd\mathrm{V'} + a''d\mathrm{V''} + a'''d\mathrm{V'''} + a^{IV}d\mathrm{V^{IV}}\ldots)$$
$$+ r_2(b'd\mathrm{V'} + b''d\mathrm{V''} + b'''d\mathrm{V'''} + b^{IV}d\mathrm{V^{IV}}\ldots)$$
$$+ r_3(c'd\mathrm{V'} + c''d\mathrm{V''} + c'''d\mathrm{V'''} + c^{IV}d\mathrm{V^{IV}}\ldots)$$

Égalant les coefficients des différents $d\mathrm{V}$, on a

$$\begin{aligned}
\mathrm{L'} &= l' + a' r_1 + b' r_2 + c' r_3 + \cdots \\
\mathrm{L''} &= l'' + a'' r_1 + b'' r_2 + c'' r_3 + \cdots \\
\mathrm{L'''} &= l''' + a''' r_1 + b''' r_2 + c''' r_3 + \cdots \\
\mathrm{L^{IV}} &= l^{IV} + a^{IV} r_1 + b^{IV} r_2 + c^{IV} r_3 + \cdots \text{ etc.}
\end{aligned} \quad \ldots (\mathrm{s^{IV}})$$

Reste à déterminer les valeurs convenables des r.

Pour cela, nous savons que les seuls dV admissibles sont ceux qui, dans le cas particulier où dV$' = - x'$, dV$'' = - x''$... rendent $[x^2]$ un minimum pour toutes les observations. Pour exprimer cette condition, nous avons donc à différentier de nouveau (s^v) en regardant du comme constant, et en faisant $d . d$V $= - dx$. Il vient ainsi

$$0 = \mathrm{L}'dx' + \mathrm{L}''dx'' + \mathrm{L}'''dx''' + \mathrm{L}^{\mathrm{iv}}dx^{\mathrm{iv}}... \quad ... \text{(s}^{\mathrm{vii}})$$

Comparant cette expression avec l'équation (r''') déjà satisfaite,

$$0 = x'dx' + x''dx'' + x'''dx''' + x^{\mathrm{iv}}dx^{\mathrm{iv}}... \quad ... \text{(r''')}$$

nous en conclurons que les L jouissent de l'importante propriété d'*être proportionnels aux x;* en d'autres termes, que $[\mathrm{L}^2]$ doit aussi *être un minimum.* Telle est la condition qui doit nous servir à déterminer les r.

Nous emploierons à cette détermination les équations (s^{vi}), en posant

$$\frac{d\,[\mathrm{L}^2]}{dr_1} = 0; \quad \frac{d\,[\mathrm{L}^2]}{dr_2} = 0; \quad \frac{d\,[\mathrm{L}^2]}{dr_3} = 0 \text{ ... etc.;}$$

et elles deviendront

$$
\begin{aligned}
[a\mathrm{L}] &= 0 \\
[b\mathrm{L}] &= 0 \qquad\qquad ... \text{(s}^{\mathrm{viii}}) \\
[c\mathrm{L}] &= 0 \text{ .: etc.}
\end{aligned}
$$

Substituant dans ces dernières expressions les valeurs des L, tirées de (s^{vi}), nous obtenons en définitive, pour déterminer les r (qui sont en nombre c), les équations suivantes qui sont aussi en nombre c.

$$
\begin{aligned}
[al] + [aa]\,r_1 + [ab]\,r_2 + [ac]\,r_3 ... &= 0 \\
[bl] + [ab]\,r_1 + [bb]\,r_2 + [bc]\,r_3 ... &= 0 \\
[cl] + [ac]\,r_1 + [bc]\,r_2 + [cc]\,r_3 ... &= 0 \text{ ... etc.}
\end{aligned}
$$

Ces équations, que nous appellerons, avec Gerling, *équations de transport* (*Uebertragungs-Gleichungen*), sont bien faciles à former; car elles ont les mêmes coefficients que les équations *normales,* et n'en diffèrent que par le terme constant. Ayant trouvé les valeurs numériques des r (*coefficients de transport*), on les transportera dans les équations (s^{vi}), et on en déduira les valeurs des L. Il ne restera plus alors qu'à calculer

$$\varepsilon = \varepsilon' \sqrt{[L^2]};$$

$$\frac{1}{P} = [L^2].$$

§ 170. — Comme exemple de calcul, reprenons le triangle A B C [§ 145, 2ᵉ exemple], et calculons le côté A C $= u$, en fonction du côté connu B C $= a$ $= 50000^m$, et des angles compensés. Nous avons ici

$$o' \;\; = A = 36° \; 25' \; 43''$$
$$o'' \;\; = B = 90 \;\; 36 \;\; 24$$
$$o''' = C = 52 \;\; 57 \;\; 53.$$

La formule (s) est maintenant

$$u = \frac{a \sin o''}{\sin o'},$$

$$u = 84198^m.$$

D'après la remarque qui termine le paragraphe précédent, nous savons déjà que cette valeur de u est **la** plus exacte qu'*on puisse* tirer des observations données. Pour estimer son *degré* de précision, calculons son erreur moyenne.

L'équation $\qquad u = \dfrac{a \sin o''}{\sin o'},$

étant différentiée, devient

$$du \sin 1'' = - u \cot g\, o'\, do' + u \cot g\, o''\, do''.$$

Il faut maintenant traduire en nombres cette équation différentielle : nous avons

$$\log \frac{u}{\sin 1''} = 9{,}64087$$

$$\log \cot o' = 0{,}01392 \ \dots \ \log l' = 9{,}62479_n \ \dots \ l' = -\,0{,}421494$$

$$\log \cot o'' = 8{,}02484_n \ \dots \ \log l'' = 7{,}63571_n \ \dots \ l'' = -\,0{,}004322$$

$$l''' = -\,0.$$

Comme nous n'avons ici qu'une seule équation de condition, dans laquelle $a' = a'' = a''' = +\,1$, il s'ensuit que $[al] = -\,0{,}425813$. Notre équation normale du § 145 nous conduit donc à l'équation de transport

$$-\,0{,}425813 + 3r_1 = 0\,;$$

d'où
$$r_1 = +\,0{,}141938.$$

Nos équations (s^{vi}) deviennent par là :

$$L' = 0{,}279553$$
$$L'' = +\,0{,}137616$$
$$L''' = +\,0{,}141938.$$

D'où
$$[L^2] = 0{,}117234,$$

par élévation au carré et addition.

Comme nous avons trouvé, dans le § 145, l'erreur moyenne d'un angle $= \pm\,6'',93$, il vient

$$\varepsilon' = \pm\,6{,}93 \sqrt{0{,}117234} = \pm 2^m,37.$$

Telle est l'erreur à craindre sur le calcul d'un côté : elle provient uniquement de ce que les angles employés à ce calcul sont affectés d'erreurs inévitables, et de ce que la compensation n'est pas absolument rigoureuse; mais la base a est supposée parfaitement exacte. Nous avons ici, en petit, ce qui se passe en grand dans une triangulation : la base, adoptée comme exacte, est transportée par le calcul sur tous les autres côtés du réseau, et on obtient pour ces côtés une précision plus ou moins grande, suivant le *nombre* et la *qualité* des angles intermédiaires ; mais si la base est affectée d'une erreur, cette erreur se transporte sur les côtés calculés, *proportionnellement* à leur *grandeur*, et s'ajoute à la première.

Voulons-nous nous convaincre, d'une manière pratique, de ce que nous avons gagné en précision par l'observation des trois angles et par la compensation? Calculons le $[l^2]$ que nous aurions dû employer, d'après le § 125, s'il n'y avait pas eu d'observations surabondantes : on a dans ce cas

$$[l^2] = 0,177679,$$

d'où
$$\varepsilon' = \pm\, 6,93 \sqrt{0,177679} = \pm\, 2^m,92.$$

Ainsi, la compensation des deux angles indispensables, au moyen du troisième angle surabondant, a augmenté de près de 1/5 la précision du côté calculé.

Une marche analogue à la précédente permettrait de calculer, dans le 3ᵉ exemple du § 145, le côté $4 . 5 = u$, en fonction du côté $1 . 2 = a$, au moyen de la chaîne de triangles qui réunit ces deux côtés. L'équation (s) serait ici

$$u = a\, \frac{\sin o_2 \sin o_4 \sin o_9}{\sin o_3 \sin o_6 \sin o_8}.$$

§ 171. — Lorsque les observations sont de diverses précisions, les formules à employer pour calculer l'erreur moyenne et le poids de la fonction u seront (§ 125, n^{XVII} et n^{XVIII})

$$\varepsilon' = \sqrt{[\varepsilon^2 L^2]}; \qquad \frac{1}{P} = \left[\frac{L^2}{p}\right]:$$

reste à savoir comment il faut déterminer, dans ce cas, les coefficients de transport. Or, l'équation (s^{VII}), qui ne change pas, doit maintenant être comparée à

$$0 = p'x'dx' + p''x''dx'' + p'''x'''dx''' \dots;$$

d'où il résulte que les L doivent être proportionnels aux px, les L^2 aux p^2x^2, et les $\frac{L^2}{p}$ aux px^2. Ceci nous montre que les r doivent maintenant être déterminés de manière que $\left[\frac{L^2}{p}\right]$ soit un minimum : on en conclut facilement que les équations (s^{VIII}) doivent être remplacées par

$$\left[\frac{aL}{p}\right] = 0$$

$$\left[\frac{bL}{p}\right] = 0$$

$$\left[\frac{cL}{p}\right] = 0 \dots \text{etc.}$$

Transportant dans ces équations les valeurs des L, tirées des équations (s^{VI}) non modifiées, nous trouvons, pour les nouvelles équations de transport,

$$\left[\frac{al}{p}\right] + \left[\frac{aa}{p}\right] r_1 + \left[\frac{ab}{p}\right] r_2 + \left[\frac{ac}{p}\right] r_3 + \dots = 0$$

$$\left[\frac{bl}{p}\right] + \left[\frac{ab}{p}\right] r_1 + \left[\frac{bb}{p}\right] r_2 + \left[\frac{bc}{p}\right] r_3 + \dots = 0$$

$$\left[\frac{cl}{p}\right] + \left[\frac{ac}{p}\right] r_1 + \left[\frac{bc}{p}\right] r_2 + \left[\frac{cc}{p}\right] r_3 + \dots = 0 \dots \text{etc.}$$

Reste à éliminer les r et à les substituer dans (s^{VI}). On voit qu'il n'y a rien de changé à la marche tracée dans le § 169, sauf l'introduction du diviseur p.

PRATIQUE DES CALCULS.

§ 172. — Il est facile de juger, d'après l'exposé qui précède, de la haute utilité de la méthode des moindres carrés, et des précieuses ressources qu'elle offre dans un ordre très-étendu de questions. Pourquoi donc son usage est-il si peu répandu? Cette espèce d'anomalie s'explique, à notre avis, par les calculs longs et pénibles qu'exige son emploi, et par l'aspect compliqué sous lequel on présente souvent ses formules. Ces deux inconvénients sont réels : aussi, les plus grands géomètres de l'Allemagne, Gauss, Jacobi, Encke, Bessel, etc., n'ont-ils pas dédaigné de descendre, à ce sujet, dans de minutieux détails, pour chercher les moyens d'abréger ou de régulariser le travail. Le calcul devient ici un élément essentiel, plus qu'il ne l'est dans aucune autre espèce de questions.

Grâce aux notations de Gauss, les formules *littérales* sont aujourd'hui aussi simples qu'élégantes ; mais leurs applications *numériques* sont encore très-laborieuses. Cependant, ici comme en toutes choses, les premiers pas sont les plus pénibles, et tel calcul, qui paraît effrayant dans les commencements, se simplifie à mesure qu'on le pratique, jusqu'à s'exécuter en quelque sorte mécaniquement.

Un point très-important pour le calculateur qui veut opérer promptement et avec une exactitude suffisante, c'est de choisir une table de logarithmes *convenable* : j'entends par là qu'elle ne doit pas renfermer plus de décimales qu'il n'en faut ; car les tables volumineuses sont longues à feuilleter. Encke, qu'on peut citer comme l'un des calculateurs les plus habiles et les plus expérimentés de notre époque, dit à ce sujet : « Les « durées d'un même calcul, fait avec des tables à 7, « 6 ou 5 décimales, sont comme les nombres 3, « 2, 1. »

Quand on s'arrête à *la minute* dans le calcul des angles, et à 1/4000 dans celui des longueurs, des tables à 4 décimales sont suffisantes. Elles doivent aller à 5 décimales, si l'on veut avoir les angles exacts à 5″ près, et les longueurs avec l'approximation de 1/40000 — 6 décimales donnent presque sûrement la demi-seconde, et 7 décimales le vingtième de la seconde.

Un bon calculateur doit bien connaître la théorie de la question qu'il entreprend. Lorsqu'il s'en sera suffisamment pénétré, il distinguera avec tact ce qui est essentiel de ce qui ne l'est pas ; ce qui est indispensable à la rigueur du résultat, de ce qui ne conduirait qu'à une exactitude apparente et illusoire.

L'*ordre*, la *division* du travail facilitent singulièrement les calculs les plus compliqués. Les calculateurs exacts peuvent en général travailler longtemps sans fatigue, parce qu'ils introduisent dans la conduite de leur travail une régularité déjà nommée *mécanique*.

Évitez de faire des opérations *de tête*, à moins que vous n'ayez pour elles une aptitude particulière. En général, il sera plus sûr, et par conséquent plus court, d'*écrire* tous les calculs que vous avez à faire.

Donnez-vous des moyens fréquents de vérification, surtout dans les commencements d'un long calcul : c'est alors que les erreurs sont les plus communes et les plus fâcheuses.

Enfin, faites d'une seule traite chaque genre d'opérations. Ainsi, consacrez plusieurs heures, s'il le faut, rien qu'à former les canevas de vos tableaux numériques ; puis, transcrivez *tous* vos logarithmes ; une fois occupé à calculer, effectuez *tous* vos calculs (ordinairement ce ne sont que des additions et des soustractions) ; enfin, ouvrez de nouveau les tables, pour chercher *tous* les nombres correspondants aux logarithmes calculés.

La solution d'une question par la méthode des moindres carrés comporte, en général, quatre parties distinctes : on doit

1° Déterminer les indices de précision, h, h', h''... et multiplier par eux les équations primitives ;

2° Établir les équations du minimum, ce qui exige le calcul des coefficients sommatoires ;

3° Éliminer les inconnues, ce qui exige le calcul des coefficients auxiliaires ;

4° Enfin, calculer les poids des inconnues.

Nous allons entrer dans quelques développements

sur les trois premiers points, le dernier n'exigeant aucune considération nouvelle.

DÉTERMINATION DES INDICES DE PRÉCISION.

La détermination des divers indices de précision (h), ou, ce qui revient au même, des erreurs probables (r), ou des poids (p), à attribuer à chaque observation, doit précéder les calculs. Si les h sont donnés, on remplacera les équations littérales (p', § 129) par les suivantes :

$$h \; \Delta \;\; = a \; h \; x + b \; h \; y + c \; h \; z + d \; h \; v \ldots + n \; h$$
$$h' \; \Delta' \; = a' \; h' \; x + b' \; h' \; y + c' \; h' \; z + d' \; h' \; v \ldots + n' \; h'$$
$$h'' \Delta'' = a'' h'' x + b'' h'' y + c'' h'' z + d'' h'' v \ldots + n'' h'' \ldots \text{etc.};$$

et il faudra rendre un minimum la somme des carrés des seconds membres. Il est clair d'ailleurs que, pour la détermination des valeurs absolues de x, y, $z\ldots$ il est indifférent de rapporter h à telle ou telle unité; de sorte qu'il ne s'agit que d'effectuer les multiplications par une suite de nombres proportionnels à

$$h, \; h', \; h'' \ldots;$$

ou à
$$\frac{1}{r}, \;\; \frac{1}{r'}, \;\; \frac{1}{r''} \ldots;$$

ou enfin à
$$\sqrt{p}, \; \sqrt{p'}, \; \sqrt{p''} \ldots$$

La détermination de ces différents h est la seule partie de la méthode qui laisse un certain arbitraire : c'est assurément la plus délicate, et celle qui exige le plus de tact et d'expérience. Elle est très-aisée lorsque les résultats fournis sont des moyennes entre plusieurs observations *également* précises : dans ce cas, les h sont proportionnels à la racine carrée du nombre des observations (§ 109). Mais il devient très-difficile d'exprimer numériquement l'exactitude relative, pour des observations d'espèces différentes ; et plus difficile encore d'apprécier l'influence des circonstances extérieures, ou bien de traduire par un h convenable ce sentiment intime qui fait qu'un observateur se juge *mieux disposé* à tel instant qu'à tel autre.

L'exemple des observateurs les plus distingués montre combien est réelle cette difficulté d'estimer exactement la mesure de précision : Gauss, Bessel, Struve, dans leurs observations géodésiques, paraissent avoir pris pour principe de n'observer, autant que possible, que là où les circonstances étaient complétement favorables. Souvent, lorsqu'ils auraient pu faire un grand nombre d'observations de valeur inégale, ils abandonnaient cette occasion pour ne pas être forcés d'apprécier numériquement les précisions relatives de leurs résultats.

« Nous avons pris pour règle invariable, dit Bessel
« (*Gradmessung in Ostpreussen*) de regarder l'existence
« même des observations comme un indice suffisant des
« circonstances favorables qui les accompagnaient ;
« c'est-à-dire que nous avons fait concourir à la for-
« mation du résultat, et avec des poids *égaux, toutes*
« les observations qui ont été faites ; sans regarder
« comme un motif d'exclusion la coïncidence fortuite
« entre des circonstances défavorables pour observer,
« et un écart considérable dans le résultat. Il n'y a,

« croyons-nous, que la stricte observance de cette
« règle qui puisse bannir tout arbitraire de nos cal-
« culs. D'ailleurs, si les observations faites par des
« circonstances très-favorables présentent souvent un
« remarquable accord, il arrive aussi parfois que cet
« accord n'est pas plus grand que pour le cas de cir-
« constances défavorables. Il semble que le temps plus
« long que l'on emploie, et que l'on doit employer aux
« observations dans ce dernier cas, compense en grande
« partie les influences extérieures ; et que souvent cer-
« taines causes d'erreur, dont l'observateur ne se doute
« pas, n'ont pas moins d'action que celles qui se mani-
« festent ouvertement à lui. »

Quand on n'est pas libre de choisir les circonstances,
comme cela arrive dans la plupart des observations
astronomiques, il vaudra mieux, dans les modifications
à apporter aux grandeurs h, faire trop peu que trop.
Si l'on ne juge pas certaines observations assez dou-
teuses pour devoir être rejetées, il ne faut pas leur
accorder des poids tellement faibles, qu'elles soient
pour ainsi dire annulées par le fait. En ne laissant
ainsi varier les h que dans d'étroites limites, on aura
du moins l'avantage de n'altérer sensiblement ni les
observations ni les conséquences qu'on en tire ; car, il
faut le dire, cette altération se fait rarement avec une
entière bonne foi ; et l'on ne saurait trop se défier de
la tendance ordinaire, et pour ainsi dire instinctive,
qui entraîne l'observateur et le calculateur vers les
résultats qui paraissent leur offrir le plus de concordance.

CALCUL DES COEFFICIENTS SOMMATOIRES.

Le calcul des coefficients sommatoires $[aa]$, $[bb]$... $[ab]$, $[ac]$, etc., est une opération très-laborieuse, qui exige beaucoup d'ordre. Voici la marche que Encke recommande pour cette partie du travail.

On commence par remplir le tableau suivant.

Valeurs de n	$\log n$	$\log n'$	$\log n''$	$\log n'''$	$\log n^{\text{IV}}$	...
Coeff. de x...a	$\log a$	$\log a'$	$\log a''$	$\log a'''$	$\log a^{\text{IV}}$	...
Coeff. de y...b	$\log b$	$\log b'$	$\log b''$	$\log b'''$	$\log b^{\text{IV}}$	...
Coeff. de z...c	$\log c$	$\log c'$	$\log c''$	$\log c'''$	$\log c^{\text{IV}}$	...
Coeff. de v...d	$\log d$	$\log d'$	$\log d''$	$\log d'''$	$\log d^{\text{IV}}$	...
$\vdots$ $\vdots$						
Somme des coeff. ...s	$\log s$	$\log s'$	$\log s''$	$\log s'''$	$\log s^{\text{IV}}$	...

Puis, sur le bord inférieur d'une feuille de papier, on inscrit les $\log n$, $\log n'$... $\log n^{\text{IV}}$, de manière qu'ils puissent correspondre aux colonnes du tableau, $\log n$ au-dessus de $\log n$; $\log n'$ au-dessus de $\log n'$.... etc. Additionnant les deux logarithmes qui se correspondent verticalement, on aura $\log n'n'$;... $\log n^{\text{IV}}n^{\text{IV}}$.

On glisse ensuite le papier une ligne plus bas, $\log n$ du papier au-dessus de $\log a$ du tableau; $\log n'$ au-dessus de $\log a'$.... On obtient ainsi $\log an$; $\log a'n'$;... $\log a^{\text{IV}}n^{\text{IV}}$. En continuant de même jusqu'à $\log dn$; $\log d'n'$... on aura épuisé toutes les multiplications par n.

On inscrit ensuite sur le bord inférieur d'une feuille

de papier les log a, log a'... log a^{iv}; on commence par placer cette feuille au-dessus de la ligne du tableau qui renferme les log a; on additionne, et on a les log aa; puis, baissant successivement le papier, on va jusqu'aux log ad, ce qui termine les multiplications par a. On continue ainsi jusqu'à la dernière ligne, qui donne les log dd.

Passant aux nombres, et additionnant ceux qui correspondent à une même position du papier mobile, on trouve les quantités que nous avons représentées par $[nn]$, $[an]$, $[bn]$, $[aa]$..... jusqu'à $[dd]$.

Faisons ici quelques remarques pratiques.

Lorsqu'on doit ajouter ou soustraire *deux* logarithmes, il est avantageux de faire l'opération de gauche à droite, et non de droite à gauche, comme on la fait ordinairement. De cette manière on obtient en premier lieu les chiffres les plus importants, et on écrit le nombre plus vite et plus régulièrement. Quant aux reports, un peu d'habitude permet d'en tenir compte à vue, tant qu'on n'opère que sur deux logarithmes.

Pour les *signes* des quantités, dans le calcul logarithmique, la meilleure méthode, employée par les calculateurs allemands et anglais, consiste à placer un petit n à droite du logarithme d'un nombre *négatif*. Un nombre *pair* de n se détruisent dans la combinaison des logarithmes; un nombre *impair* laissent subsister le n au résultat.

Le calcul des coefficients sommatoires, servant de base au reste de l'opération, a besoin d'une preuve facile et exacte. Dans ce but, on fera, pour chaque équation, la somme algébrique de tous les coefficients des inconnues.

$$a + b + c + d \ldots = s$$
$$a' + b' + c' + d' \ldots = s' \ldots \text{etc.};$$

et on traitera les s comme les coefficients d'une *cinquième* inconnue (puisque nous raisonnons dans l'hypothèse de *quatre* inconnues, pour fixer le discours). Les plaçant à la dernière ligne du tableau précédent, on formera les nombres

$$sn = an + bn + cn + dn \ldots$$
$$s'n' = a'n' + b'n' + c'n' + d'n' \ldots \text{etc.};$$

de sorte que

$$[sn] = [an] + [bn] + [cn] + [dn]$$
$$[as] = [aa] + [ab] + [ac] + [ad]$$
$$[bs] = [ab] + [bb] + [bc] + [bd]$$
$$[cs] = [ac] + [bc] + [cc] + [cd]$$
$$[ds] = [ad] + [bd] + [cd] + [dd].$$

De cette manière, par la formation de *cinq* nouvelles sommes, on vérifie toutes les autres, à l'exception de $[nn]$; et cela, d'autant plus sûrement que la plupart d'entre elles se présentent deux fois, dans deux différentes sommations.

Apprécions enfin la longueur du travail qu'entraîne le calcul des coefficients sommatoires, dans le cas de m inconnues. Le nombre de ces coefficients est égal au nombre de combinaisons deux à deux de $(m + 1)$ éléments (avec répétition) $= \frac{1}{2}(m + 1)(m + 2)$. S'il y a λ équations, chacun de ces coefficients renfermera λ termes, de sorte qu'il faut faire $\frac{1}{2}\lambda(m + 1)(m + 2)$ carrés ou produits, et les réunir en $\frac{1}{2}(m + 1)(m + 2)$ sommes.

Les coefficients primitifs a, b, c... n; a', b', c',... n'... peuvent être donnés directement, ou par leurs logarithmes. Dans le premier cas, on doit d'abord chercher leurs logarithmes, et ensuite $\frac{1}{2} \lambda (m + 1) (m + 2)$ nombres correspondants : on doit, par conséquent, ouvrir les tables un nombre de fois représenté par $(m + 1) \lambda + \frac{1}{2} \lambda (m + 1) (m + 2) = \frac{1}{2} \lambda (m + 1) (m + 4)$. Dans le second cas, on est dispensé de la première partie du travail, et l'on ne doit ouvrir les tables que $\frac{1}{2} \lambda (m + 1) (m + 2)$ fois.

CALCUL DES COEFFICIENTS AUXILIAIRES.

Pour procéder à l'*élimination* des inconnues entre les équations du minimum (équations normales), et pour calculer les *poids*, on doit former, avons-nous vu, les coefficients auxiliaires de Gauss, depuis $[bb. 1]$ jusqu'à $[dd. 3]$. « En considérant leur forme, dit Encke,
« on reconnaît facilement une loi simple, d'après
« laquelle ces coefficients dérivent les uns des autres.
« Tous ceux qui renferment dans la parenthèse le
« chiffre 1 et la lettre b, sont formés par la différence
« entre la parenthèse renfermant les mêmes lettres
« sans chiffre, et un produit dont l'un des facteurs,
« $\frac{ab}{aa}$, est le même pour tous, tandis que l'autre fac-
« teur présente les combinaisons successives de la
« lettre a avec toutes les autres lettres. — Une règle
« analogue a lieu pour les lettres c, d,...
« Les coefficients qui renferment dans la parenthèse

« le chiffre 2 se forment de la même manière, par le
« moyen de ceux qui sont affectés du chiffre 1. »

La disposition suivante se comprendra donc d'elle-même. On écrit d'abord sur une ligne horizontale les quantités

$$[aa] \ [ab] \ [ac] \ [ad] \ \dots \ [\dots] \ [as] \ [an],$$

et au-dessous leurs logarithmes.

Sous ces logarithmes, à partir du second, on place les quantités

$$[bb] \ [bc] \ [bd] \ \dots \ [\dots] \ [bs] \ [bn]$$

On prend alors le logarithme de $\dfrac{[ab]}{[aa]}$, et on l'ajoute successivement aux logarithmes de $[ab]$, $[ac]\dots [an]$, c'est-à-dire à tous les logarithmes qui sont à droite du numérateur de cette fraction, y compris le numérateur même. On place le nombre correspondant à la somme de ces deux logarithmes sous la quantité qui lui correspond verticalement; en d'autres termes, on place le produit

$$\frac{[ab]}{[aa]} \, [ab] \text{ sous } [bb]$$
$$\frac{[ab]}{[aa]} \, [ac] \text{ sous } [bc]$$
$$\frac{[ab]}{[aa]} \, [ad] \text{ sous } [bd] \dots \text{ etc.}$$

On retranche ces deux nombres l'un de l'autre et on obtient les quantités

$$[bb \cdot 1]; \ [bc \cdot 1]; \ [bd \cdot 1]; \ \dots [bs \cdot 1]; \ [bn \cdot 1],$$

sous chacune desquelles on inscrit son logarithme.

On traite ensuite de la même manière les quantités

$$[cc] \ [cd] \ \dots \ [\dots] \ [cs] \ [cn];$$

c'est-à-dire qu'on place le produit

$$\frac{[ac]}{[aa]} \, [ac] \text{ sous } [cc]$$

$$\frac{[ac]}{[aa]} \, [ad] \text{ sous } [cd]$$

$$\frac{[ac]}{[aa]} \, [as] \text{ sous } [cs]$$

$$\frac{[ac]}{[aa]} \, [an] \text{ sous } [cn].$$

Puis, par une simple soustraction, on obtient les produits

$$[cc \, . \, 1]; \; [cd \, . \, 1]; \; [cs \, . \, 1]; \; [cn \, . \, 1];$$

et ainsi de suite.

Ici encore, le calcul se vérifie au moyen de la quantité s. En effet, comme

$$[as] = [aa] + [ab] + [ac] + [ad]$$

et que

$$[bs] = [ab] + [bb] + [bc] + [bd]; \text{ on a}$$

$$[bs.1] = [bs] - \frac{[ab]}{[aa]} \, [as]$$

$$= [bb] - \frac{[ab]}{[aa]} \, [ab] + [bc] - \frac{[ab]}{[aa]} \, [ac] +$$

$$+ [bd] - \frac{[ab]}{[aa]} \, [ad] + \ldots$$

$$= [bb \, . \, 1] + [bc \, . \, 1] + [bd \, . \, 1] \ldots$$

L'analogie suffit pour montrer comment on calculerait les parenthèses renfermant les chiffres 2, 3... etc.

PRINCIPES ET FORMULES

RÉSUMANT

LE CALCUL DES PROBABILITÉS

ET

LA THÉORIE DES ERREURS.

----

1) La *probabilité mathématique* d'un événement est représentée par une fraction dont le numérateur est le nombre de cas ou de *chances* favorables à l'événement, et dont le dénominateur est le nombre de toutes les chances. — Celles-ci sont supposées *également possibles*.

2) La *certitude* est représentée par l'*unité*.

3) La somme de la probabilité d'un événement et de sa *probabilité contraire* est égale à l'unité.

4) La probabilité ne varie pas lorsque, le *nombre* des chances variant, leur *rapport* reste le même.

5) Le nombre de *combinaisons distinctes* qu'on peut former avec m éléments pris n à n est

$$m\, C_n = \frac{m\,(m-1)\,(m-2)\dots(m-n+1)}{1\,.\,2\,.\,3\dots n}.$$

Le nombre d'*arrangements* est

$$m\, A_n = m\,(m-1)\,(m-2)\dots(m-n+1).$$

Le nombre de *permutations* de n éléments est

$$A_n = 1\,.\,2\,.\,3\dots n.$$

Remarque. — Les combinaisons de $(m + n)$ éléments m à m ou n à n sont en même nombre.

6) Le nombre d'*arrangements avec répétition* de m éléments pris n à n est

$$m \, A\Lambda_n = m^n .$$

Le nombre des *combinaisons avec répétition* est

$$m \, CC_n = \frac{m \, (m + 1) \, (m + 2) \dots (m + n - 1)}{1 \cdot 2 \cdot 3 \dots n}.$$

Remarque. Les combinaisons avec répétition de m éléments n à n, et de $(n + 1)$ éléments $(m - 1)$ à $(m - 1)$, sont en même nombre.

7) La probabilité d'un événement qui peut arriver dans diverses hypothèses est la *somme* des probabilités prises par rapport à chaque hypothèse.

8) La probabilité *relative* d'un événement est le quotient qu'on obtient, en divisant la probabilité *absolue* de cet événement par la somme des probabilités absolues des événements que l'on compare.

9) La probabilité *composée* est le *produit* des probabilités *simples*. Ces dernières sont *absolues*, si les événements simples sont *indépendants* les uns des autres ; *relatives*, si l'un quelconque des événements *dépend* de l'arrivée des autres.

10) Soient A et B deux événements simples ayant respectivement p et q pour probabilités. Dans le développement du binôme $(p + q)^m$, chaque terme exprime la probabilité d'un événement *composé* de A, répété autant de fois que le marque l'exposant de la lettre p,

et de B, répété autant de fois que le marque l'exposant de la lettre q.

La *somme* des termes du développement, depuis le premier jusqu'au terme général inclusivement, exprime donc la probabilité que, sur m épreuves, l'événement A n'arrivera *pas moins* de $(m - n)$ fois (arrivera $(m - n)$ fois, ou plus); ou, ce qui revient au même, la probabilité que l'événement contraire, B, n'arrivera *pas plus* de n fois (arrivera n fois ou moins).

11) Le *plus grand* terme du développement de $(p + q)^m$ est de la forme $M\, p^{mp}\, q^{mq}$, et correspond par conséquent à la combinaison pour laquelle le rapport du nombre des événements A, au nombre des événements *contradictoires* B, est précisément le même que celui de la probabilité de l'événement A à la probabilité de l'événement B.

Il en résulte que l'événement *composé* le plus probable est celui dans lequel le nombre des événements simples A est au nombre des événements simples B, dans le rapport de la probabilité de A à celle de B.

12) A mesure qu'on s'approche des extrémités du développement de $(p + q)^m$, on arrive à des termes dont le rapport avec le terme maximum décroît; de manière qu'on peut toujours assigner à m une valeur assez grande pour que ce rapport devienne aussi petit qu'on voudra.

13) D'où il résulte qu'on peut toujours assigner un nombre d'épreuves tel, qu'il donne une probabilité aussi approchante de la certitude qu'on le voudra, que le rapport du nombre de répétitions du même événement, au

nombre total des épreuves, ne s'écartera pas de la probabilité simple de cet événement, au delà de certaines limites données, quelque resserrées qu'on suppose ces limites.

14) Dans tout jeu équitable, les enjeux des joueurs doivent être proportionnels aux nombres de chances qu'ils ont en leur faveur.

15) La mise de chaque joueur doit être égale à l'*espérance mathématique* qu'il a sur le fonds du jeu. — L'espérance mathématique est le produit qu'on obtient en multipliant la valeur d'une chose, en unités monétaires, par la fraction qui exprime la probabilité mathématique du gain de cette chose.

16) Lorsque l'on rompt une partie avant qu'elle ne soit terminée, les joueurs doivent se partager le fonds du jeu dans la proportion des probabilités de gain qu'ils ont en leur faveur, à l'instant où la partie est rompue.

17) Lorsque les mises de deux joueurs sont proportionnelles à leurs chances de gain, l'événement le plus probable, après un certain nombre de parties, est qu'aucun des deux n'ait perdu ni gagné. — Il s'ensuit qu'en multipliant suffisamment le nombre des parties, la perte ou le gain de chaque joueur pourra être représenté par une fraction aussi petite qu'on voudra *de sa mise totale*.

18) Mais il y aura une probabilité qui variera peu que la perte ou le gain surpassera une *somme* donnée, quelque considérable que soit cette somme.

19) Quelque petite qu'on suppose la différence entre les espérances mathématiques des deux joueurs, on

pourra toujours, en multipliant suffisamment le nombre des épreuves, obtenir telle probabilité qu'on le voudra que le joueur favorisé sera en gain et l'autre en perte.

20) Le jeu le plus égal entraîne toujours une *perte* absolue d'aisance.

21) Buffon prend pour mesure de l'importance *morale* d'une somme ajoutée à un bien quelconque, le *rapport* de l'une à l'autre.

22) D. Bernoulli pose en principe que la *valeur morale*, dy, d'un accroissement, dx, du capital x, est directement proportionnelle à cet accroissement, et inversement proportionnelle à la valeur absolue du bien physique de son possesseur. On a donc $dy = \dfrac{k\,dx}{x}$; d'où

$$y = k \log x + \log h,$$

en représentant par k et $\log h$ deux constantes arbitraires.

23) La *fortune morale éventuelle* correspondant à un bien physique, A, susceptible de recevoir des variations $a, a', a''\ldots$ dont les probabilités sont $p, p', p''\ldots$ est

$$Y = pk \log (A + a) + p'k \log (A + a') + \ldots + \log h.$$

24) La *fortune physique éventuelle* correspondant au bien physique A, sera

$$X = (A + a)^p \cdot (A + a')^{p'} \cdot (A + a'')^{p''} \ldots$$

On n'oubliera pas que $p + p' + p'' + \ldots = 1$; et que, parmi les variations $a, a', a''\ldots$, il peut y en avoir de positives, de négatives ou de nulles.

La différence $X - A$ est l'*espérance morale* : sa valeur se confond avec celle de l'espérance *mathéma-*

tique, lorsque la fortune A peut être considérée comme infiniment grande en présence des pertes ou des gains éventuels a, a', a''...

25) Les probabilités des causes (ou des hypothèses) sont *proportionnelles* aux probabilités que ces causes donnent pour les événements observés. La probabilité de l'une de ces causes ou hypothèses *est* une fraction qui a pour numérateur la probabilité de l'événement par suite de cette cause, et pour dénominateur la somme de toutes les probabilités semblables, relatives à toutes les causes ou hypothèses.

26) La probabilité d'un nouvel *événement* simple s'obtient en calculant, d'après les événements passés, la probabilité des diverses hypothèses possibles, et faisant la somme des produits de ces probabilités par celles de l'événement prises dans chaque hypothèse.

27) Soient A et B deux événements contradictoires, dont l'un a été observé m fois et l'autre n fois. La probabilité des *hypothèses* attribuant à A la probabilité x sera

$$P = \frac{x^m (1 - x)^n}{S [x^m (1 - x)^n]},$$

pour le cas de la discontinuité, et

$$P = \frac{x^m dx (1 - x)^n dx}{\int_0^1 x^m dx (1 - x)^n dx},$$

pour le cas de la continuité.

On peut aussi dire que la probabilité de l'hypothèse est égale au rapport de la probabilité *particulière* de l'événement, à sa probabilité *moyenne*, prise dans toutes les hypothèses possibles.

28) La probabilité de l'arrivée d'un *nouvel* événement A est
$$\frac{m+1}{m+n+2};$$
et celle de l'arrivée d'un nouvel événement B,
$$\frac{n+1}{m+n+2}.$$

Si l'événement A a été observé m fois *de suite*, la probabilité qu'il se reproduise encore une fois sera $\frac{m+1}{m+2}$; et, en général, la probabilité qu'il se reproduise encore p fois de suite sera $\frac{m+1}{m+p+1}$.

29) La plus probable de toutes les hypothèses est celle où les probabilités simples des événements A et B sont égales au rapport du nombre de fois que chacun des événements est arrivé, au nombre total d'événements.

Elle peut être regardée comme s'approchant sans cesse de la véritable probabilité, à mesure que le nombre des observations (événements) devient plus considérable.

30) Quand un événement a été observé m fois sans interruption, la probabilité qu'il existe une cause facilitant sa reproduction est $\frac{2^{m+1}-1}{2^{m+1}}$.

31) On regarde la *moyenne* de plusieurs quantités qui représentent des phénomènes ou des objets de même nature, comme exprimant le mieux ce phénomène quant à ce qu'il renferme de commun à tous ceux considérés, ou cet objet défini par les propriétés communes à tous ceux que l'on compare ensemble.

Si l'objet est une variable x dont les valeurs sont inégalement probables, la moyenne se formera en multipliant chaque valeur particulière par sa probabilité, y, et en divisant la somme des produits par la somme des probabilités.

Si x varie d'une manière continue, l'expression de la moyenne sera

$$\frac{\int_a^b x \cdot y \, dx}{\int_a^b y \, dx}.$$

32) On admet que la moyenne arithmétique d'une série de valeurs observées pour une même quantité, exprime la valeur la plus probable de cette quantité, pour les conditions d'observation.

33) Si l'on admet en outre que la probabilité d'une erreur accidentelle est une fonction analytique de sa grandeur (absolue), qui diminue rapidement à mesure que l'erreur augmente, l'expression

$$\frac{h}{\sqrt{\pi}} e^{-h^2 x^2} \, dx$$

représente la probabilité que l'erreur soit comprise entre x et $x + dx$.

h est ce qu'on nomme l'*indice de précision*; la probabilité pour une même erreur x croît ou décroît avec lui.

On entend par *courbe de probabilité* des erreurs, la courbe dont l'équation est :

$$y = \frac{h}{\sqrt{\pi}} e^{-h^2 x^2}.$$

34) La probabilité que l'erreur *ne dépasse pas* la limite a, est la quantité finie

$$P = \frac{h}{\sqrt{\pi}} \int_{-a}^{+a} e^{-h^2 x^2}\, dx\,;$$

ou

$$\frac{2h}{\sqrt{\pi}} \int_{0}^{a} e^{-h^2 x^2}\, dx.$$

35) Si l'on fait $h\,x = t$, il vient

$$P = \frac{2}{\sqrt{\pi}} \int_{0}^{ah} e^{-t^2}\, dt.$$

qui exprime la probabilité qu'une erreur, t, tombe entre les limites 0 et $\pm ah$.

36) Dans deux espèces d'observations :

1° Les erreurs qui ont des probabilités égales varient en raison inverse de la précision des observations;

2° Les *limites* d'erreurs qui ont des probabilités égales varient aussi en raison inverse de la précision des observations.

Autrement dit : lorsqu'une urne contient des boules blanches et des boules noires en nombre égal :

1° Les *écarts relatifs* également probables varient en raison inverse de la racine carrée du nombre de boules qui entrent dans les tirages;

2° Les limites *relatives*, qui correspondent à des probabilités égales, varient dans le même rapport.

37) Pour deux genres d'observations, les mesures de précision sont inversement proportionnelles aux erreurs également probables.

38) Si, dans l'expression

$$P = \frac{1}{\sqrt{\pi}} \int_{-hx}^{+hx} e^{-t^2}\, dt = \frac{2}{\sqrt{\pi}} \int_{0}^{hx} e^{-t^2}\, dt,$$

on fait $P = \frac{1}{2}$, on trouve

$$hx = \rho = 0{,}476936\,;$$

d'où

$$x = \frac{\rho}{h} = r.$$

Cette valeur remarquable de x est l'*erreur probable* de l'espèce d'observations dont la précision est h. Il est aussi probable de commettre une erreur supérieure qu'une erreur inférieure à r. — Sa probabilité est à peu près les $\frac{4}{5}$ de celle d'une erreur nulle.

39) De

$$r = \frac{\rho}{h}, \; r' = \frac{\rho}{h'},$$

on déduit

$$r : r' = h' : h\,;$$

c'est-à-dire que « les erreurs probables sont en raison « inverse des mesures de précision. »

40) Soit m le rapport des probabilités de deux erreurs x et x' : on aura

$$m = \frac{1}{e^{-h^2\,(x'^2 - x^2)}}\,;$$

d'où l'on peut calculer h par logarithmes. Si l'on fait $x = 0$, il vient

$$m = \frac{1}{e^{-h^2 x'^2}}.$$

Ainsi « quand la probabilité d'une erreur nulle est à « celle d'une erreur x' comme $1 : e^{-px^2}$, on doit, pour « l'espèce d'observations, prendre la mesure de préci- « sion égale à $\sqrt{p}$. »

41) La valeur la plus probable d'une inconnue, déterminée par plusieurs observations, étant la moyenne entre tous les résultats immédiats fournis par l'observation, la somme des carrés des erreurs est un *minimum*.

42) L'*erreur moyenne*, ε_2, est la quantité qu'on obtient en divisant la somme des carrés des erreurs réelles, par le nombre des observations, et en extrayant ensuite la racine carrée du quotient.

Autrement dit, c'est une erreur telle, que si elle existait seule dans chacune des p observations indistinctement, la somme des carrés de ces p erreurs égales serait la même que la somme des carrés des p erreurs inégales réellement commises.

$$p . \varepsilon_2^2 = S (\varepsilon^2) = [\varepsilon^2].$$

43) Le carré de la mesure de précision, multiplié par le carré de l'erreur moyenne, est égal à $\frac{1}{2}$:

$$h = \frac{1}{\varepsilon_2 \sqrt{2}} .$$

44) L'erreur probable est égale à l'erreur moyenne multipliée par $\rho \sqrt{2} = \frac{2}{3} \varepsilon_2$, en nombres ronds. D'où l'erreur moyenne $= \frac{3}{2}$ de l'erreur probable.

45) Au point qui correspond à l'erreur moyenne, la courbe de probabilité présente une inflexion, et la tangente s'approche le plus de la verticale.

46) $h \sqrt{p}$ est la mesure de précision de la moyenne entre p observations dont la précision individuelle est h. Ainsi « la précision d'une moyenne croît comme la

« racine carrée du nombre d'observations qui ont con-
« couru à la former. »

47) On nomme *poids* d'un résultat le nombre d'observations également précises, requis pour que leur
moyenne ait la même précision que ce résultat; la
précision de chaque observation simple étant prise
pour unité de précision.

48) Le poids d'une valeur est donc proportionnel au
carré de sa mesure de précision.

49) On ramène différents résultats à la même unité
de précision, en les multipliant par les racines carrées
de leurs poids.

50) Si plusieurs observations, o, o', o''... ont des
poids différents p, p', p''... leur véritable moyenne est

$$\mathrm{M} = \frac{po + p'o' + p''o'' + \ldots}{p + p' + p'' + \ldots}$$

51) L'expression $h = \dfrac{1}{\varepsilon_2 \sqrt{2}}$ revient à celle-ci

$$h = \frac{1}{\sqrt{2 \left\{ \frac{[o^2]}{p} - \left(\frac{[o]}{p} \right)^2 \right\}}} \, ;$$

en représentant par $[o]$ la somme des résultats d'observation. Ainsi, « le carré de $\dfrac{1}{h}$ est égal au double de
« l'excès de la valeur moyenne du carré de la variable,
« sur le carré de sa valeur moyenne. »

Lorsque l'on passe à la continuité, l'expression précédente devient :

$$h = \frac{1}{\sqrt{2 \left\{ \int ydx \cdot x^2 - \int (ydx \cdot x)^2 \right\}}} \, .$$

52) Les poids sont réciproquement proportionnels aux carrés des erreurs moyennes ou des erreurs probables.

53) Il y a un à parier contre un que la véritable valeur de h est comprise entre

$$\frac{1}{\varepsilon_2 \sqrt{2}}\left\{1 + \frac{\rho}{\sqrt{p}}\right\}$$

et

$$\frac{1}{\varepsilon_2 \sqrt{2}}\left\{1 - \frac{\rho}{\sqrt{p}}\right\};$$

ou que la véritable valeur de r est comprise entre les limites

$$\varepsilon_2 \rho \sqrt{2}\left\{1 \mp \frac{\rho}{\sqrt{p}}\right\}$$
$$= 0,674489\,\varepsilon_2\left\{1 \mp \frac{0,476936}{\sqrt{p}}\right\}.$$

54) Dans l'équation $p\varepsilon_2^2 = [\varepsilon^2]$, le second membre exprime la somme des carrés *des écarts par rapport à la moyenne ;* ε_2 représente donc l'*écart* moyen, mais on nomme plus exactement *erreur* moyenne la quantité

$$\varepsilon_2 = \sqrt{\frac{[\varepsilon^2]}{p-1}}.$$

55) L'erreur moyenne E_2 de la moyenne entre p observations est

$$\frac{\varepsilon_2}{\sqrt{p}} = \sqrt{\frac{[\varepsilon^2]}{p\,(p-1)}},$$

et son poids $\qquad P = p_1 + p_2 + p_3 \ldots = [p].$

56) Soit η_2 l'erreur moyenne de l'unité de poids : on a

$$E_2 = \frac{\eta_2}{\sqrt{[p]}} = \frac{1}{\sqrt{\left[\frac{1}{\varepsilon^2}\right]}}.$$

57) Soit une fonction $u = o' \pm o''$:

ε l'erreur moyenne de u ;   P   son poids ;
ε' — o' ; p' —
ε'' — o'' ; p'' —

On a
$$\begin{cases} \varepsilon = \pm \sqrt{\varepsilon'^2 + \varepsilon''^2}; \\ \dfrac{1}{P} = \dfrac{1}{p'} + \dfrac{1}{p''}. \end{cases}$$

Et, en général, quel que soit le nombre des observations :

$$\begin{cases} \varepsilon = \pm \sqrt{[\varepsilon^2]}; \\ \dfrac{1}{P} = \left[\dfrac{1}{p}\right]. \end{cases}$$

Si elles sont en nombre n, et d'égale précision, on a

$$\begin{cases} \varepsilon = \varepsilon' \sqrt{n} \\ \dfrac{1}{P} = \dfrac{n}{p'}. \end{cases}$$

58) Soit
$$u = a' o' ;$$

on a
$$\begin{cases} \varepsilon = \pm a' \varepsilon' ; \\ P = \dfrac{p'}{a'^2}. \end{cases}$$

59) Soit
$$u = a'o' + a''o'' + a'''o''' + \ldots$$

on a
$$\begin{cases} \varepsilon \pm \sqrt{[a^2 \varepsilon^2]} ; \\ \dfrac{1}{P} = \left[\dfrac{a^2}{p}\right]. \end{cases}$$

60) Soit
$$u = f(o', o'', o''' \ldots)$$

ou plus généralement

$$F(u, o', o'', o''' \ldots) = 0.$$

Les erreurs moyennes sont de véritables différentielles, et il vient

$$du = \frac{du}{do'}\,do' + \frac{du}{do''}\,do'' + \frac{du}{do'''}\,do''' + \ldots$$

ou
$$\pm\,\varepsilon = \pm\,l'\,\varepsilon' \pm l''\,\varepsilon'' \pm l'''\,\varepsilon''' \pm \ldots$$

On en déduit
$$\begin{cases} \varepsilon = \pm\sqrt{[l^2\,\varepsilon^2]}\,; \\ \dfrac{1}{P} = \left[\dfrac{l^2}{p}\right]. \end{cases}$$

61) Soient m équations *linéaires* entre $(m-n)$ inconnues :

$$\begin{aligned}
a\ \ x + b\ \ y + c\ \ z + d\ \ v + \ldots + n\ \ &= \Delta \\
a'\ x + b'\ y + c'\ z + d'\ v + \ldots + n'\ &= \Delta' \\
a''x + b''y + c''z + d''v + \ldots + n'' &= \Delta'' \ldots \text{etc.}
\end{aligned}$$

Leur résolution par la méthode des moindres carrés conduit à $(m-n)$ équations *normales* de la forme

$$\begin{aligned}
[aa]\,x + [ab]\,y + [ac]\,z + [ad]\,v + \ldots + [an] &= 0 \\
[ab]\,x + [bb]\,y + [bc]\,z + [bd]\,v + \ldots + [bn] &= 0 \\
[ac]\,x + [bc]\,y + [cc]\,z + [cd]\,v + \ldots + [cn] &= 0 \ldots \text{etc.}
\end{aligned}$$

entre lesquelles il suffit d'éliminer par la méthode ordinaire.

N. B. Si les équations primitives n'étaient **pas** linéaires, on ramènerait ce cas au précédent au **moyen** d'une solution indirecte.

62) L'erreur moyenne d'une *observation* est

$$\varepsilon_\partial = \pm\sqrt{\frac{[\Delta^2]}{n}}.$$

63) Pour trouver le poids, P_n, d'une *inconnue*, z, on remplace dans l'équation normale relative à z, la quantité toute connue par -1; dans les autres équations normales, on la remplace par zéro; en même

temps, on met Q_n à la place de z, et l'on élimine toutes les inconnues restantes. On trouve ainsi

$$Q_n = \frac{1}{P_n}.$$

L'erreur moyenne de l'inconnue z est donc

$$\varepsilon_n = \frac{\varepsilon_2}{\sqrt{P_n}} = \varepsilon_2 \sqrt{Q_n}.$$

64) Une autre règle pour trouver le poids d'une inconnue, consiste à éliminer simplement entre les équations normales, en ayant soin de n'introduire aucun facteur d'élimination. Le *coefficient* de l'inconnue qui reste la dernière *est le poids* de cette inconnue.

65) Si des inconnues x, y, z... sont données par les équations normales (61), et qu'on veuille chercher le poids P d'une expression

$$u = \alpha x + \beta y + \gamma z,$$

tirée de ces équations, on le trouvera par la formule

$$\frac{1}{P} = \alpha A + \beta B + \gamma C \ldots$$

dans laquelle A, B, C... sont des quantités qui satisfont aux équations suivantes et qui peuvent s'en déduire :

$$[aa]\, A + [ab]\, B + [ac]\, C \ldots = \alpha$$
$$[ab]\, A + [bb]\, B + [bc]\, C \ldots = \beta$$
$$[ac]\, A + [bc]\, B + [cc]\, C \ldots = \gamma \ldots$$

66) Lorsque les observations à traiter sont d'inégale précision, les équations normales (61) se changent en

$$[paa]\, x + [pab]\, y + [pac]\, z + \ldots + [pan] = 0$$
$$[pab]\, x + [pbb]\, y + [pbc]\, z + \ldots + [pbn] = 0$$
$$[pac]\, x + [pbc]\, y + [pcc]\, z + \ldots + [pcn] = 0 \ldots$$

67) Entre m quantités observées isolément, il existe c relations nécessaires : ces relations sont telles, que les m erreurs x', x'', x'''… sont liées entre elles par les *équations de condition* suivantes

$$0 = n' \; + a'x' + a''x'' + a'''x''' \ldots + a_m x_m$$
$$0 = n'' + b'x' + b''x'' + b'''x''' \ldots + b_m x_m$$
$$\vdots$$
$$0 = n_c + h'x' + h''x'' + h'''x''' \ldots + h_m x_m.$$

Les corrections les plus probables sont alors déterminées par les m *équations corrélatives*

$$x' \; = a' k' + b' k'' + c' k''' \ldots + h' k_c$$
$$x'' = a''k' + b''k'' + c''k''' \ldots + h''k_c$$
$$\vdots$$
$$x_m = a_m k' + b_m k'' + c_m k''' \ldots + h_m k_c.$$

Les c *coefficients corrélatifs* k', k'', k'''… k_c sont d'ailleurs fournis par voie d'élimination entre les c *équations normales*

$$0 = n' \; + [aa]\,k' + [ab]\,k'' + [ac]\,k''' + \ldots + [ah]\,k_c$$
$$0 = n'' + [ab]\,k' + [bb]\,k'' + [bc]\,k''' + \ldots + [bh]\,k_c$$
$$\vdots$$
$$0 = n_c + [ah]\,k' + [bh]\,k'' + [ch]\,k''' + \ldots + [hh]\,k_c.$$

68) L'erreur moyenne d'une observation est, dans ce cas,

$$\varepsilon_2 = \sqrt{\frac{[x^2]}{c}}.$$

69) Lorsque les observations sont de précisions différentes, les équations corrélatives deviennent

$$x' \; = \frac{a'k'}{p'} + \frac{b'k''}{p'} + \frac{c'k'''}{p'} + \ldots + \frac{h'k_c}{p'}$$
$$x'' = \frac{a''k'}{p''} + \frac{b''k''}{p''} + \frac{c''k'''}{p''} + \ldots + \frac{h''k_c}{p''} \ldots \text{etc.}$$

et les équations normales

$$0 = n' + \left[\frac{aa}{p}\right] k' + \left[\frac{ab}{p}\right] k'' + \left[\frac{ac}{p}\right] k''' + \ldots + \left[\frac{ah}{p}\right] k_c \ldots \text{etc.}$$

70) L'erreur moyenne de l'unité de poids est, dans ce cas,

$$\eta_2 = \sqrt{\frac{[px^2]}{c}};$$

et celles des observations sont

$$\varepsilon' = \frac{\eta_2}{\sqrt{p'}}; \quad \varepsilon'' = \frac{\eta_2}{\sqrt{p''}}; \quad \text{etc.}$$

71) Soit $u = F(V', V'', V''')$ une *fonction* de certaines observations qui ont été compensées à l'aide des c équations de condition (67).

On tire d'abord, de la fonction donnée, les coefficients différentiels l', l'', l'''.... par la formule

$$du = l'dV' + l''dV'' + l'''dV''' + \ldots$$

Puis on forme les c *équations de transport*

$$0 = [al] + [aa]\, r_1 + [ab]\, r_2 + [ac]\, r_3 + \ldots$$
$$0 = [bl] + [ab]\, r_1 + [bb]\, r_2 + [bc]\, r_3 + \ldots$$
$$\vdots$$
$$0 = [hl] + [ah]\, r_1 + [bh]\, r_2 + [ch]\, r_3 + \ldots$$

qui permettent de déterminer par élimination les c *coefficients de transport*, r. — Transportant ceux-ci dans les équations

$$L' = l' + a'\, r_1 + b'\, r_2 + c'\, r_3 + \ldots$$
$$L'' = l'' + a''r_1 + b''r_2 + c''r_3 + \ldots$$
$$\vdots$$
$$L_{\mathrm{IV}} = \quad \ldots a^{\mathrm{IV}}r_1 = b^{\mathrm{IV}}r_2 + c^{\mathrm{IV}}r_3 + \ldots$$

on en déduit les valeurs des L; puis on a

$$\begin{cases} \varepsilon_2 = \varepsilon\sqrt{[L^2]}; \\ \dfrac{1}{P} = [L^2]. \end{cases}$$

72) Lorsque les observations sont d'inégale précision, on a

$$\begin{cases} \varepsilon_2 = \sqrt{[\varepsilon^2 L^2]}; \\ \dfrac{1}{P} = \left[\dfrac{L^2}{p}\right]. \end{cases}$$

Dans ce cas, les équations de transport sont

$$0 = \left[\frac{al}{p}\right] + \left[\frac{aa}{p}\right] r_1 + \left[\frac{ab}{p}\right] r_2 + \left[\frac{ac}{p}\right] r_2 + \ldots \text{ etc.}$$

Les valeurs de L', L'', L'''.... sont fournies par les équations (71 non modifiées.

FIN.

Table n° 1.

VALEURS DE LA FONCTION $y = \dfrac{1}{\sqrt{\pi}} e^{-x^2}$.

Pour $x = 0,0\ldots$	$y = 0,56419$	Pour $x = 1,7\ldots$	$y = 0,03135$
$= 0,1$	$= 0,55858$	$= 1,8$	$= 0,02210$
$= 0,2$	$= 0,54206$	$= 1,9$	$= 0,01526$
$= 0,3$	$= 0,51562$	$= 2,0$	$= 0,01033$
$= 0,4$	$= 0,48077$	$= 2,1$	$= 0,00686$
$= 0,5$	$= 0,43939$	$= 2,2$	$= 0,00446$
$= 0,6$	$= 0,39362$	$= 2,3$	$= 0,00284$
$= 0,7$	$= 0,34564$	$= 2,4$	$= 0,00178$
$= 0,8$	$= 0,29749$	$= 2,5$	$= 0,00109$
$= 0,9$	$= 0,25098$	$= 2,6$	$= 0,00065$
$= 1,0$	$= 0,20755$	$= 2,7$	$= 0,00039$
$= 1,1$	$= 0,16824$	$= 2,8$	$= 0,00022$
$= 1,2$	$= 0,13368$	$= 2,9$	$= 0,00012$
$= 1,3$	$= 0,10411$	$= 3,0$	$= 0,00007$
$= 1,4$	$= 0,07947$	$= 3,1$	$= 0,00004$
$= 1,5$	$= 0,05947$	$= 3,2$	$= 0,00001$
$= 1,6$	$= 0,04361$	$= 3,3$	$= 0,00000$

Dans la formule, l'unité des abscisses est la mesure de précision $\left(h,\text{ ou }\dfrac{1}{\sqrt{p}}\right)$. Quand on prend une autre unité, il faut remplacer les valeurs de x par $\dfrac{0,1}{h}$, $\dfrac{0,2}{h}\ldots$ etc.

Table n° 2.

—

VALEURS DE L'INTÉGRALE DÉFINIE $P_2 = \dfrac{2}{\sqrt{\pi}} \displaystyle\int_0^t e^{-t^2}\, dt.$

t	$\dfrac{2}{\sqrt{\pi}} \displaystyle\int_0^t e^{-t^2}\, dt.$	Différences	t	$\dfrac{2}{\sqrt{\pi}} \displaystyle\int_0^t e^{-t^2}\, dt.$	Différences
0,0	0,000		1,2	0,910	
		112			24
0,1	0,112		1,3	0,934	
		111			18
0,2	0,223		1,4	0,952	
		106			14
0,3	0,329		1,5	0,966	
		99			10
0,4	0,428		1,6	0,976	
		92			8
0,5	0,520		1,7	0,984	
		84			5
0,6	0,604		1,8	0,989	
		74			4
0,7	0,678		1,9	0,993	
		64			2
0,8	0,742		2,0	0,995	
		55			2
0,9	0,797		2,1	0,997	
		46			1
1,0	0,843		2,2	0,998	
		37			1
1,1	0,880		2,3	0,999	
		30			0
1,2	0,910		2,4	0,999	

Cette table s'applique immédiatement aux observations pour lesquelles la mesure de précision, h, est égale à l'unité. On y voit que la probabilité qu'une erreur d'observation ne dépassera pas $\pm$ 0,1, est exprimée par le nombre 0,112, etc. En d'autres termes, on peut espérer que, sur 1,000 erreurs commises, il en tombera 112 entre $+$ 0,1 et $-$ 0,1 ; 223 entre $+$ 0,2 et $-$ 0,2, etc. Ou bien encore, on peu parier 112 contre 888 que l'erreur d'une observation subséquente sera moindre que 0,1 ; 223 contre 777, qu'elle sera moindre que 0,2, etc.

Quand h n'est pas égal à l'unité, il faut partout, à la place de 0,1 ; 0,2 . ., mettre $\dfrac{0,1}{h}$; $\dfrac{0,2}{h}$ …

Table N° 3.

VALEURS DE L'INTÉGRALE DÉFINIE $P_2 = \dfrac{2}{\sqrt{\pi}} \displaystyle\int_0^t e^{-t^2}\,dt$, POUR DES VALEURS DE t EXPRIMÉES EN FONCTION DE ρ PRIS POUR UNITÉ.

$\dfrac{t}{\rho}$	$\dfrac{2}{\sqrt{\pi}}\displaystyle\int_0^t e^{-t^2}\,dt.$	Différences	$\dfrac{t}{\rho}$	$\dfrac{2}{\sqrt{\pi}}\displaystyle\int_0^t e^{-t^2}\,dt.$	Différences
0,0	0,000		2,5	0,908	
0,1	0,054	54	2,6	0,921	13
0,2	0,107	53	2,7	0,931	10
0,3	0,160	53	2,8	0,941	10
0,4	0,213	53	2,9	0,950	9
0,5	0,264	51	3,0	0,957	7
0,6	0,314	50	3,1	0,963	6
0,7	0,363	49	3,2	0,969	6
0,8	0,411	48	3,3	0,974	5
0,9	0,456	45	3,4	0,978	4
1,0	0,500	44	3,5	0,982	4
1,1	0,542	42	3,6	0,985	3
1,2	0,582	40	3,7	0,987	2
1,3	0,619	37	3,8	0,990	3
1,4	0,655	36	3,9	0,991	1
1,5	0,688	33	4,0	0,993	2
1,6	0,719	31	4,1	0,994	1
1,7	0,748	29	4,2	0,995	1
1,8	0,775	27	4,3	0,996	1
1,9	0,800	25	4,4	0,997	1
2,0	0,823	23	4,5	0,998	1
2,1	0,843	20	4,6	0,998	0
2,2	0,862	19	4,7	0,998	0
2,3	0,879	17	4,8	0,999	1
2,4	0,895	16	4,9	0,999	0
2,5	0,908	13	5,0	0,999	0

Cette table est indépendante de la précision des observations : elle donne la probabilité que l'erreur, pour une espèce quelconque d'observations, ne dépasse pas une certaine valeur exprimée en fonction de l'erreur probable.

Elle montre que, sur 1000 erreurs, il en reste 54 au-dessous de 0,1 de l'erreur probable; 107 au-dessous de 0,2, etc. En d'autres termes, on peut parier 54 contre 946 que l'erreur que l'on commettra, dans une espèce quelconque d'observations, sera moindre que 0,1 de l'erreur probable; 107 contre 893 qu'elle sera moindre que 0,2 de l'erreur probable, etc.

TABLE DES MATIÈRES.

DEUXIÈME SECTION.

PARTIE PHYSIQUE. — PROBABILITÉS A POSTERIORI.

CHAPITRE CINQUIÈME.

DÉTERMINATION DE LA PROBABILITÉ DES CAUSES PAR LES OBSERVATIONS.
PROBABILITÉ D'UN NOUVEL ÉVÉNEMENT.

CHAPITRE NEUVIÈME.

DÉTERMINATION DU RÉSULTAT LE PLUS EXACT DÉDUIT DE PLUSIEURS OBSERVATIONS. — PRÉCISION DE CE RÉSULTAT.

(UNE SEULE INCONNUE A DÉTERMINER.)

CHAPITRE DIXIÈME.

PRÉCISION DES FONCTIONS DE QUANTITÉS OBSERVÉES.

CHAPITRE ONZIÈME.

DÉTERMINATION DU RÉSULTAT LE PLUS EXACT DÉDUIT DE PLUSIEURS OBSERVATIONS. — PRÉCISION DE CE RÉSULTAT.

(PLUSIEURS INCONNUES A DÉTERMINER. — MÉTHODE DES MOINDRES CARRÉS.)

FIN DE LA TABLE DES MATIÈRES.